The SAKE Catalog & Bible

日本酒の教科書

木村克己

はじめに

神戸の灘で生まれ育ちながら、選んだ職業はソムリエだった。1986年の第1回パリ国際ソムリエコンクールに出場して以降、海外のワイン関係者や料理人と接するうちに、日本の「サケ」について尋ねられることが増えた。その要旨は「サケには赤・白ワインのように誰でも判別できるタイプがあるのか」「サケは温めて飲用するらしいが、それはどのような理論に基づいて、何℃にし、どのような道具を用いるのか」「サケを飲む器の材質、形状、容量と注ぐ分量はどのくらいなのか」「サケにはヴィンテージやヌーボー、熟成の概念はあるのか」「サケと料理の関係を日本人はどのように実践しているのか、どのような理論で決定するのか」というものであった。

そのどれも答えられない自分が恥ずかしく、自国のことを知らずに済ませて来たことに罪悪感さえ覚えた。

これが後に、日本酒サービス研究会・酒匠研究会連合会（S・S・I）と唎酒師呼称資格制度を創設することにつながっていく。

同会の会長スポークスマンとして全国の市町を巡る好運と知己にも恵まれた。ある年か

ら国際食糧飲料見本市に出展するために、全国の約1600銘柄の日本酒をテイスティングする役を3年務めた。データと較べながらの4週間におよぶ過酷な仕事だった。

やがて、それぞれの県や地域ごとの大まかな特徴が見えてきた。それは精米歩合や酵母などの醸造の違い以上に、水をキャンバスにした、その土地の環境が酒の輪郭と奥行きを表すということであった。

さらに、酒を醸す人、お米を作る人の思いや情念が隠されていることにも気がついた。

浅学の輩である。「教科書」との不遜な書名の無礼をお許しいただき、また、至らぬ箇所も多々あり、ご指摘もいただきたいと思う。

ワインを濃密で彩りあでやかな油絵だとすれば、日本酒は水墨画に例えてみたい。モノトーンの中にある、やわらかさや勢い、奥深さを知る縁にしていただければ幸いである。

東京　三田にて　木村克己

Contents

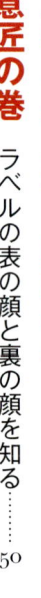

はじめに……2

第1章 日本酒を造る……7

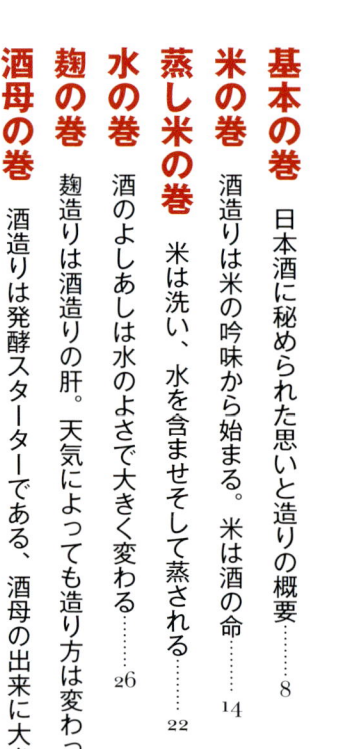

基本の巻 日本酒に秘められた思いと造りの概要……8

米の巻 酒造りは米の吟味から始まる。米は酒の命……14

蒸し米の巻 米は洗い、水を含ませそして蒸される……22

水の巻 酒のよしあしは水のよさで大きく変わる……26

麹の巻 麹造りは酒造りの肝。天気によっても造り方は変わってくる……30

酒母の巻 酒造りは発酵スターターである、酒母の出来方に大きく左右される……36

仕込み&醪の巻 タンクの中で醪は育ち、おいしい酒に生まれ変わる……42

上槽&火入れ&貯蔵の巻 いつしぼるかは杜氏の腕の見せどころ……46

意匠の巻 ラベルの表の顔と裏の顔を知る……50

蔵の24時間

酒蔵の構造……56　酒蔵の一年……70

Column 日本酒の歴史　口嚙ノ酒から僧坊酒へ。一千年前の日本酒……71
72

第2章 日本酒を味わう……73

- 日本酒の4つのタイプ……74
- 日本酒と料理の相性……78
- 日本酒のおいしい飲み方……82
- 日本酒のテイスティング……90
- 日本酒の作法と不作法……100
- 日本酒と美しき酒器……104

Column 日本酒と神様　全国の蔵で信仰される松尾大社の秘密……112

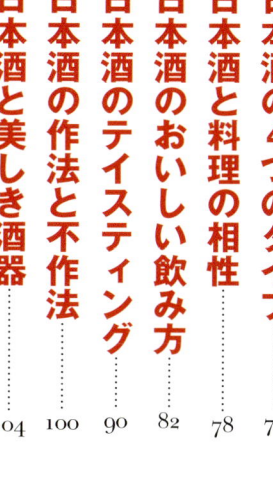

第3章 美味い日本酒を知る

久保田／越乃寒梅／八海山 有名銘柄のランク違いを飲み比べ……114

厳選の日本酒351……122

北海道・東北……124
北海道……124／青森……125／岩手……126／宮城……130／秋田……133／山形……137／福島……142

関東……145
茨城……145／栃木……147／群馬……150／埼玉……151／千葉……153／東京……155／神奈川……156

甲信越……158
山梨……158／長野……159／新潟……164

北陸……174
富山……174／石川……175／福井……178

東海……182
岐阜……182／静岡……186／愛知……189／三重……193

関西……196
滋賀……196／大阪……199／京都……200／兵庫……202／奈良……209／和歌山……211

中国……213
鳥取……213／島根……214／岡山……217／広島……221／山口……224

四国……226
徳島……226／香川……227／愛媛……228／高知……230

九州……232
福岡……232／佐賀……235／長崎……236／熊本……237／大分……239

INDEX……241　問い合わせ先一覧……246

Staff
撮影　大内光弘（酒器）、Y・Kスタジオ／小塚恭子（日本酒ボトル）
　　　田中雅（泉橋酒造）
　　　浜村多恵（大七酒造、泉橋酒造、増田徳兵衛商店）
イラスト　服部ともあき
撮影協力　泉橋酒造、大七酒造、増田徳兵衛商店
編集・制作　バブーン株式会社
　　　矢作美和、長縄智恵、宮毛麻奈美、古里文香
デザイン　GRID（釜内由紀江、井上大輔）
本書の画像は各蔵元より借用したものであり、複写転載を禁じます。また情報はすべて2010年1月末現在のものです。

第1章 日本酒を造る

基本の巻
日本酒に秘められた思いと造りの概要

酒は醸造酒、蒸留酒、混成酒の3つに分類される。日本酒はワインやビールなどと同じ、醸造酒にあたる。

醸造酒とはさまざまな原料を酵母（36ページ参照）により発酵させて造る酒類のことだが、なかでも日本酒は複雑で高度な醸造方法をとる。

そもそも、日本酒の原料である米は糖分を含まないため、そのままではアルコール発酵が起こらない。そこで、第一段階として麹によって米のデンプン質を糖化（デンプンを糖類に分解すること）させ、第2段階で酵母によって発酵させる。同じ容器のなかで、糖化と発酵が同時に行われるこの醸造方式を、並行複発酵（へいこうふくはっこう）と呼ぶ。この方式をとる醸造酒は世界でも数少ない。

ちなみに、ワインは原料のブ

8

複雑かつ精緻(せいち)。まさに人智を尽くして日本酒は醸される

ドウに糖分が含まれているので、しぼり汁に直接酵母を加えて発酵させる。これを単発酵という。ビールは原料の大麦を発芽させた「麦芽」により糖化し、ホップと一緒に煮沸させた糖化液(麦汁)に酵母を加えて発酵させる。糖化と発酵を個別に行うので、単行複発酵と呼ぶ。

繊細な日本酒造り

よく日本酒造りは「一麹、二酛(にもと)、三造(さんつく)り」といわれる。麹が糖化させて造り出した糖類が酵母の栄養源になるため、麹は酛にも醪(もろみ)(仕込み)にも使われる。麹の出来が、酛や醪(仕込み)の出来を決めてしまう。

酛(酒母(しゅぼ)・36ページ参照)は醪の発酵を促すために酵母を大量に培養したものだ。よい日本酒を造るためには、優秀な酵母が必要であり、酒母はまさに酒の母といえる。

酒母ができたら、いよいよ造り(仕込み・42ページ参照)だ。酒母に麹、蒸し米、水を加えたものが醪で、3段階に分けて仕込まれる。一度に全量を仕込むと酵母の働きがにぶくなり、雑菌が繁殖して腐造のおそれがあるからだ。三段仕込みと呼ばれるこの独特な仕込み方法は、手間はかかるが、日本酒造りのもっとも大きな特徴のひとつといえるだろう。

3週間ほどで発酵を終えた醪は、酒と酒粕に分けられる。これをしぼり(上槽(じょうそう))という。しぼられた新酒は濾過される。生酒はそのまま冷蔵貯蔵、それ以外は火入れと呼ばれる加熱殺菌を行い、発酵を止めた状態で貯蔵し、その後、瓶詰めして出荷される。

並行複発酵に加え、仕込みを3回に分け、低温でじっくり発酵させる日本酒は、酵母が最後まで働き、完全に発酵が行われる。そのため、日本酒の原酒は、アルコール分が約20%と高くなるのだ。

日本酒の造り方

温度と湿度の管理が重要な麹造り
蒸し米に黄麹菌（きこうじきん）の胞子をまんべんなく振りかけ、繁殖させたものが麹。温度と湿度を管理しながら、麹は3日ほどで完成する。

日本酒造りは精米から始まる
雑味の原因となる玄米の外側の糠（ぬか）部分を削る作業が精米。通常飯米は90％程度の精米歩合（玄米に対する白米の重量パーセント）だが、酒用では70～50％以下が一般的。

酒母（酛） ← 製麹 ← 蒸米 ← 浸漬 ← 洗米 ← 精米

米の表面の糠（ぬか）を落とす作業が洗米
精米した米の表面に残る細かい糠を取り除くために洗米する。現在では一部機械化されているが、繊細な大吟醸酒などの造りでは手や水流で洗う蔵も多い。

強い蒸気で米を蒸す
吸水した米は甑（こしき）という大型の蒸し籠に入れて蒸される。蒸し米は麹、酒母、仕込み（醪）のすべてに使われる。もっとも基礎になる工程だ。

まさに酒の母 酒母（酛）造り
酒母（酛ともいう）は蒸し米、水、麹に酵母を加えて造られ、優良な酵母を培養した酒造りの元で、速醸系と生酛・山廃系がある。前者は15日前後でき上がるが、後者は完成までに1ヶ月近くかかる。

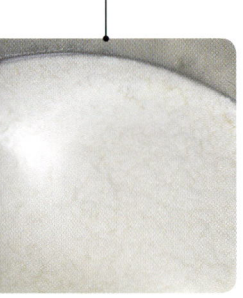

浸漬は秒単位で管理される
洗米された米は一定時間冷たい温度の水に漬けて、水分を含ませる（吸水）。これを浸漬という。米の品種や精米歩合などの違いで、浸漬時間は秒単位で変わってくるため、細心の作業だ（写真は水切り）。

10

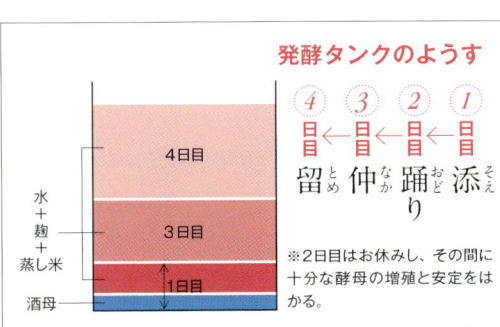

発酵タンクのようす

④4日目 ← ③3日目 ← ②2日目 ← ①1日目
留（とめ） 仲（なか） 踊（おど）り 添（そえ）

※2日目はお休みし、その間に十分な酵母の増殖と安定をはかる。

水＋麹＋蒸し米／酒母　4日目／3日目／1日目

上槽後と瓶詰め後の2回火入れする
しぼった酒は酵母と酵素の活性を止めるため、60〜65℃ぐらいに加熱してから貯蔵される。また、瓶詰め後も出荷前に殺菌のため火入れが行われる。

出荷 ← 火入れ・瓶詰め ← 加水（割り水）← 貯蔵 ← 火入れ ← おり引き・濾過 ← 上槽（じょうそう）← 醪（もろみ）← 仕込み

原酒は加水調整される
日本酒の原酒はアルコール度数が約20％と高いので、瓶詰め前に加水（割り水）して調整する。原酒と表示する場合もアルコール度数の変化が1度以内の加水調整は認められている。

荒々しい新酒は貯蔵されてまろやかに
貯蔵タンクで数ヶ月寝かせられ（調熟という）新酒はまろやかな味わいに。通常春にしぼった新酒は夏をタンクで過ごし、秋に出荷される。

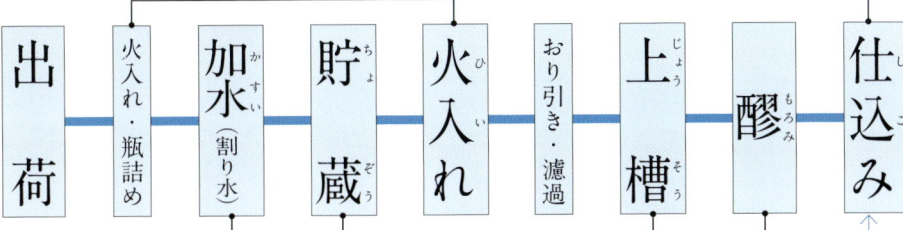

醪がしぼられ新酒が誕生する
醪をしぼることを上槽といい、自動圧濾圧搾機などが使われる。ただし、吟醸酒、大吟醸酒などは槽（ふね）と呼ばれる強固な長方形の容器に入れて、上方向から圧をかける方法なども使われる。

タンクの中で醪はじっくり発酵する
3回に分けて仕込まれた醪はその後3〜4週間かけて発酵させていく。その間、アルコール発酵で目標の酒質になるよう、温度管理が徹底される。

日本酒の分類
3タイプの特定名称酒

吟醸酒

米を60%以下に精米し、低温でじっくり醸造する、いわゆる吟醸造りをした酒のこと。最大の特徴は吟醸香と呼ばれる、華やかな香りと透明感のある味わいだ。

純米酒

醸造アルコールを添加せず、米と米麹のみで醸す酒のこと。精米歩合についての規制は2004年に撤廃されたため、精米歩合が高い純米酒も登場している。

本醸造酒

70%以下に精米した米と米麹、醸造アルコールを使って造られた酒。醸造アルコールの使用量は米の総重量の約1/10までと制限され、醪の最終日ごろに加えられる。

清酒の分類

原料区分			精米歩合				
			規制なし	70%以下		60%以下	50%以下
			麹米の使用割合				
			規制なし	15%以上			
			原料米の等級				
			規制なし	3等以上（整粒割合45%以上、異物混入30%以下などの基準をクリアした米）			
醸造アルコール使用割合	不使用	不使用		純米酒		純米吟醸酒	純米大吟醸酒
				特別純米酒			
	糖類など		普通酒		本醸造酒	吟醸酒	大吟醸酒
	10%以下				特別本醸造酒		
	規制なし	規制なし					

特定名称酒には、吟醸酒、純米酒、本醸造酒の3タイプがあり、上記表の規定どおり、純米酒、特別純米酒、純米吟醸酒、純米大吟醸酒、吟醸酒、大吟醸酒、本醸造酒、特別本醸造酒の8つがある。ちなみに、特別純米酒、特別本醸造酒とは、各々純米酒、本醸造酒の基準を満たした上で、精米歩合60%以下にするか、または特別な製造方法（説明表示が必要）のものに、許されている呼称である。

吟醸酒や純米大吟醸酒と特別純米酒は、原料や精米歩合が同じ場合もあるが、条件を満たしていれば、どう名のるかは酒蔵側の判断にゆだねられている。

ちなみに、吟醸酒の条件である吟醸造りに明確な定義はないが、精米歩合の低い米を使い低温でじっくり発酵させて、いわゆる吟醸香を引き出す製法をいう。

日本酒のいろいろ

生詰め酒
上槽した後に、火入れした状態で貯蔵されるが、瓶詰め後の火入れはしない、新鮮さを残した酒のこと。

生貯蔵酒
上槽した後、火入れせず生のまま貯蔵し、瓶詰め時に火入れして出荷される酒。一般的に軽い酒質。

生酒
上槽した後も、瓶詰め後もいっさい火入れを行わない酒。もっとも造りたての香味が楽しめるとされる。

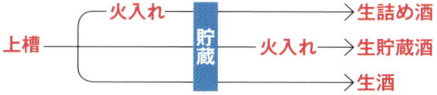

新酒
日本酒の製造年度は毎年7月から翌年6月と定められているが、通常年度内に出荷されたものが新酒である。

古酒
製造後1年以上たってから出荷された酒。明確な規定はないが、2年以上たつものを大古酒と呼ぶこともある。

原酒（げんしゅ）
醪をしぼった後、加水（割り水）しない（アルコール度数1％未満の加水調整はできる）濃厚な酒のこと。

冷やおろし
一度火入れされた後、春・夏を蔵で過ごし、秋口に火入れせずに生詰めで出荷される酒。

荒走り（あらばしり）
醪をしぼると、最初は白くにごって炭酸ガスの残った酒が出るが、これを荒走りという。

生酛（きもと）
伝統的な酒母の造り方。あらかじめ乳酸を加えず、自然に出てくる乳酸菌で酵母を殖やす。

山廃酛（やまはいもと）
明治時代に開発された生酛の省略版。生酛で行われる山おろし（酛すりのこと）を廃止した造り方。

生一本（きいっぽん）
昔は寒造りの酒を、容器からそのまま樽詰めすることを指した。現在は単一の製造場で造られた純米酒のこと。

樽酒（たるざけ）
杉樽に入れたて杉の香りをつけた酒。現在では鏡開きなどお祝いの席などで用いられることが多い。

にごり酒
醪を目の粗い布で軽くこした酒。活性清酒ともいう。生のものは炭酸ガスを含むので取り扱いに注意が必要。

貴醸酒（きじょうしゅ）
仕込み水のかわりに日本酒で仕込んだ特殊な酒。非常に甘く濃密な味わい。神話時代からある高貴な存在。

おり酒
醪をこした後にタンクの底に沈殿しているおりの混ざった酒のこと。白くにごり、新鮮な味わいがある。

凍結酒（とうけつしゅ）
特別な容器を用いて、酒をシャーベット状に凍らせた商品。

長期熟成酒
満3年以上蔵で熟成させた、糖類添加酒をのぞく清酒が長期熟成酒と規定される。特有の個性と価値を持つ。

ソフト酒
アルコール分を押さえた酒。アルコール度数が8～12度と低く、口当たりがソフトで酒の弱い人にも向く。

発泡酒
炭酸ガスを吹き込んだ酒。アルコール度数は8度前後と低い。名前や瓶のデザインに凝ったものも多い。

高酸味酒
日本酒は黄麹菌を使うが、白麹菌や紅麹菌、ワイン酵母などを使って醸される、酸味を強調した酒。

低アルコール酒
低濃度酒ともいう。アルコール度数が13度以下、平均8度ぐらいの軽い酒。酒税法的な定義はまだない。

米の巻
酒造りは米の吟味から始まる。米は酒の命

日本酒の原料である「米」。米のよしあしが酒の品質に大きく影響する。コシヒカリやササニシキといったいわゆる「食べておいしい米（飯米）」＝「おいしい酒を醸せる米」とは限らない。酒を造るためのお米には、次のような条件が必要だ。

(1) 米粒が大きく、心白（しんぱく）（16ページ参照）の比率が高いこと。

(2) デンプン質の含有量が多いこと。

(3) 吸水性がよく、糖化されやすいこと。

これらの条件を満たすのが、酒造り用の特別な米である「酒造好適米」だ。専業農家による非常な労苦によって生産される。山田錦や五百万石、美山錦などが代表的で、すべての日本酒が酒造好適米で造られているわけではないが（飯米も使用される）、いい酒造りには、酒造好適米は欠かせない。

酒造好適米のいろいろ

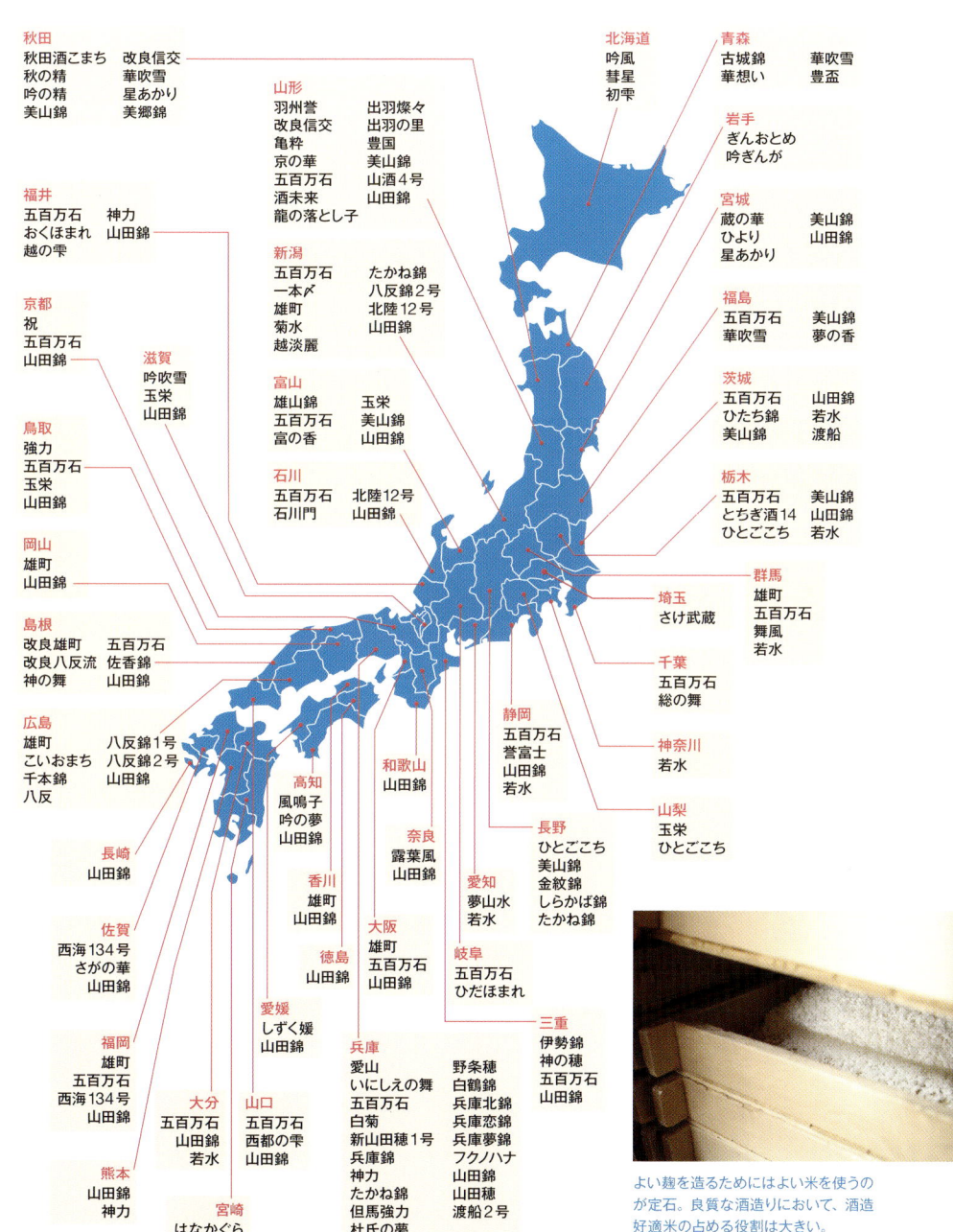

秋田
秋田酒こまち / 改良信交
秋の精 / 華吹雪
吟の精 / 星あかり
美山錦 / 美郷錦

福井
五百万石 / 神力
おくほまれ / 山田錦
越の雫

京都
祝
五百万石
山田錦

鳥取
強力
五百万石
玉栄
山田錦

岡山
雄町
山田錦

島根
改良雄町 / 五百万石
改良八反流 / 佐香錦
神の舞 / 山田錦

広島
雄町 / 八反錦1号
こいおまち / 八反錦2号
千本錦 / 山田錦
八反

長崎
山田錦

佐賀
西海134号
さがの華
山田錦

福岡
雄町
五百万石
西海134号
山田錦

大分
五百万石
山田錦
若水

熊本
山田錦
神力

山形
羽州誉 / 出羽燦々
改良信交 / 出羽の里
亀粋 / 豊国
京の華 / 美山錦
五百万石 / 山酒4号
酒未来 / 山田錦
龍の落とし子

新潟
五百万石 / たかね錦
一本〆 / 八反錦2号
雄町 / 北陸12号
菊水 / 山田錦
越淡麗

富山
雄山錦 / 玉栄
五百万石 / 美山錦
富の香 / 山田錦

石川
五百万石 / 北陸12号
石川門 / 山田錦

滋賀
吟吹雪
玉栄
山田錦

北海道
吟風
彗星
初雫

青森
古城錦 / 華吹雪
華想い / 豊盃

岩手
ぎんおとめ
吟ぎんが

宮城
蔵の華 / 美山錦
ひより / 山田錦
星あかり

福島
五百万石 / 美山錦
華吹雪 / 夢の香

茨城
五百万石 / 山田錦
ひたち錦 / 若水
美山錦 / 渡船

栃木
五百万石 / 美山錦
とちぎ酒14 / 山田錦
ひとごこち / 若水

群馬
雄町
五百万石
舞風
若水

埼玉
さけ武蔵

千葉
五百万石
総の舞

神奈川
若水

山梨
玉栄
ひとごこち

長野
ひとごこち
美山錦
金紋錦
しらかば錦
たかね錦

静岡
五百万石
誉富士
山田錦
若水

高知
風鳴子
吟の夢
山田錦

愛媛
しずく媛
山田錦

香川
雄町
山田錦

徳島
雄町
山田錦

和歌山
山田錦

奈良
露葉風
山田錦

大阪
雄町
五百万石
山田錦

愛知
夢山水
若水

岐阜
五百万石
ひだほまれ

兵庫
愛山 / 野条穂
いにしえの舞 / 白鶴錦
五百万石 / 兵庫北錦
白菊 / 兵庫恋錦
新山田穂1号 / 兵庫夢錦
兵庫錦 / フクハナ
神力 / 山田錦
たかね錦 / 山田穂
但馬強力 / 渡船2号
杜氏の夢

三重
伊勢錦
神の穂
五百万石
山田錦

山口
五百万石
西都の雫
山田錦

宮崎
はなかぐら
山田錦

よい麹を造るためにはよい米を使うのが定石。良質な酒造りにおいて、酒造好適米の占める役割は大きい。

酒造好適米の特徴

機能的な特徴

1. 精米しやすい
精米歩合70〜50％まで削る、高度の精米に耐えるよう大粒でしっかりした均質のもの。

2. タンパク質が少ない
タンパク質は酒の旨みになるが多すぎると雑味の元になる。デンプン質の比率が高いもの。

3. 吸水性がよい
割れたりせず、目標の吸水率に設定しやすいことが、よい蒸し米のための条件になる。

4. 麹が生育しやすい
内部組織が柔らかく内側に水分を保持でき、菌糸が食い込んでいきやすいこと。

5. 糖化されやすい
麹菌の産み出す糖化酵素がほどよく働き、酒母のなかで糖化速度が管理しやすいこと。

6. 醪(もろみ)にとけやすい
蒸し米が外硬内軟に仕上げやすい反面、醪のなかでは溶けやすいものがよい。

外見上の特徴

1. 粒が大きく、稲穂も高い

2. 心白が大きい

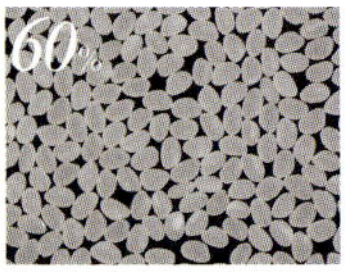

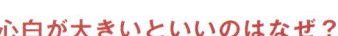

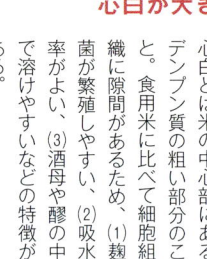

写真左は食用米を60％まで削ったもの。右は山田錦を58％に削ったもの。写真を見てわかるように、酒造好適米である山田錦は心白と呼ばれる中心部が大きい。

心白が大きいといいのはなぜ？

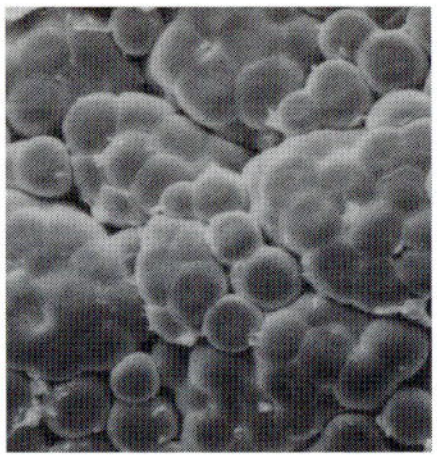

心白とは米の中心部分にあるデンプン質の粗い部分のこと。食用米に比べて細胞組織に隙間があるため、(1)麹菌が繁殖しやすい、(2)吸水率がよい、(3)酒母や醪の中で溶けやすいなどの特徴がある。

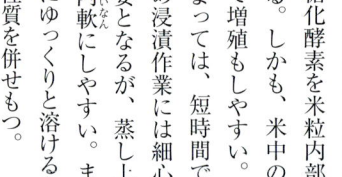

酒造好適米の特徴は硬く、大粒で、米の中心に心白と呼ばれる白い部分があること。心白はデンプンの細胞同士が粗くつらなる構造なので白く見える。

より上質の酒を造るためには、雑味の元になるタンパク質や脂質(糠)が少なく、デンプンの純度が高いことが求められる。

酒造好適米は米の表層部にタンパク質があり、中心部にデンプンが集中しているので精米によって高品質な酒が造れる。

麹造りの際、デンプン組織の隙間に、菌糸が入り込みやすいので、糖化酵素を米粒内部に注入できる。しかも、米中の水分を吸って増殖もしやすい。精米歩合によっては、短時間で吸水するため浸漬作業には細心の注意が必要となるが、蒸し上がりは外硬内軟(がいこうないなん)にしやすい。また酒母や醪にゆっくりと溶けるなど、多くの性質を併せもつ。

写真提供：兵庫県酒米試験地

実った山田錦。粒が大きく酒造りに適している。

酒造好適米も地元で

かつて鑑評会に出品される酒は「山田錦」を使ったものが全盛だったが山田錦の産地はどうしても限られている。そのため、最近では、地元産の米で醸す酒造りが盛んになってきた。各地の農業試験場が中心となって、山田錦を超えるような品質で、山田錦を超えるような品質で、地各様の酒造好適米に対する取り組みが起こっている。

また、一度は絶えてしまった酒米を復活する試みもあり、各

なおかつ地元に合った米がいくつも開発されている。北海道の「吟風」「彗星」、青森の「華吹雪」、秋田の「吟の精」、山形の「出羽燦々」新潟の「越淡麗」などがこれにあたる。

山田錦はどこがすぐれているの？

短稈渡船（父）┐
山田穂（母）　┴ 山田錦

昭和11年、兵庫県立農事試験場・種芸部で、山田錦が誕生した。酒造好適米として優れているが草丈が高く倒れやすかった山田穂を母親に、草丈の短い短稈渡船を父親として交配された。山田錦は酒造好適米としてすべてに優れているが、それだけではない。山田錦は融通性が高い米なのだ。たとえば、吸水の過不足があっても、調整がきき、最終的にはよい状態になる。しかも味わいもふくらみがありながらすっきりとしたタイプに仕上がりやすい。

中央が山田錦。左が山田穂、右が短稈渡船にもっとも特性が似ている渡船2号。短稈渡船は現存しない。山田錦でも穂まで含めると130cmとなるが、母親である山田穂はそれよりもかなり草丈が高いことがわかる。

	山田錦	キヌヒカリ（食用米）
茎の長さ	106cm	85cm
穂の長さ	19.8cm	17.4cm
1株の穂の数	18.6本	21.1本
芒（のぎ）の有無	なし	極まれにある
籾（もみ）の取れやすさ	取れやすい	取れにくい
田植え時期	6月5日	6月2日
穂の出る時期	8月27日	8月8日
米が実る時期	10月8日	9月15日
玄米1000粒の重さ	27.7g	22.6g
収穫量	466kg/10a	581kg/10a
心白の多少	多い	かなり少ない
倒れにくさ	倒れやすい	倒れにくい

資料提供：兵庫県立 農林水産技術総合センター 農業技術センター作物部
写真提供：兵庫県三木市

データで見る酒造好適米

酒造好適米の作付量

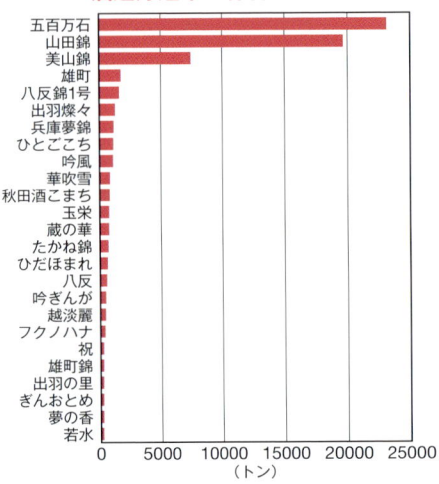

第一位は五百万石で、23155トン、第二位は山田錦の19687トン、第三位は美山錦の7482トンで、この三銘柄で全体の70%近い。とはいえ、山形県の出羽燦々や、長野県のひとごこち、北海道の吟風などは年間作付量が1000トンを越す。

山田錦と五百万石が作られる地域

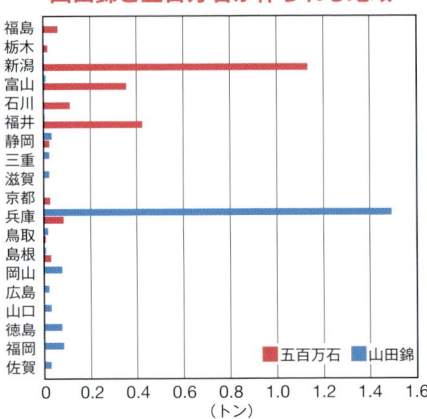

上のグラフを見ると、五百万石は新潟や富山、福井など北陸などで作られている。一方、山田錦は兵庫産の割合が80%以上と高い。ちなみに、兵庫でも山田錦が作られるのは六甲山地の北側などで、昼夜の寒暖差が大きい地域で良質なものがとれる。

山田錦と五百万石の米の等級

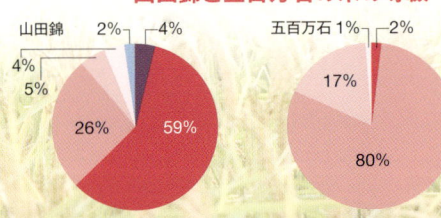

作付量では五百万石に一歩譲った山田錦だが、等級では抜群の強さを誇る。なんと特等以上が63%とかなり質が高い。

各地の山田錦の等級

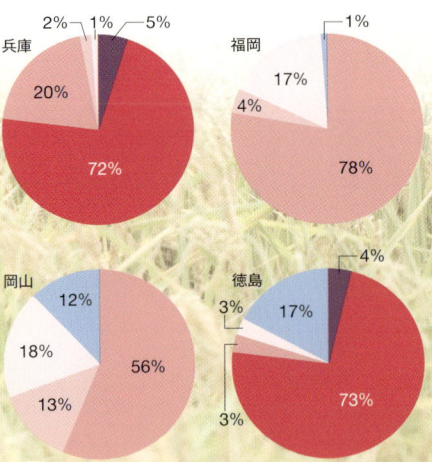

生産量も多いが、兵庫県産の山田錦は等級が高い。実に75%以上が特等以上と高品質なことがわかる。ちなみに、生産量では、大きな差がない福岡、岡山、徳島だが、品質は異なる。兵庫に次いで優れているのが徳島産の山田錦で、等級では兵庫と並ぶ。土地によっては特等以上の品質のものが少ないのが現状だ。

最近は醸造用の米を自家や契約した田んぼで作る酒蔵も増えた。

農林水産省「平成19年産米の検査結果 醸造用玄米」より

さまざまな酒造好適米開発秘話

雄町（おまち）
もっとも古くからある酒造好適米。慶応2年にはすでに作られていた。当時は二本草と名づけられていたが、酒造好適米としての評判が高まり、作られていた土地の名をとって雄町米となった。昭和40年代には生産量がかなり減ったが、再び作付面積が増えつつある。全生産量のうち90％以上が岡山産である。

純系分離
備前雄町 → 雄町（二本草）

五百万石（ごひゃくまんごく）
新潟県が育成した品種で、昭和32年に誕生した。五百万石という名は、新潟県の米生産量が五百万石を突破したことからきている。雄町や神力、亀の尾などが系統に名を連ねる。新潟の淡麗辛口の酒の一端を担った米である。

```
                    純系分離    中支旭
        備前雄町 → 雄町（二本草） ─ 菊水
        石白 ─ 万石                交系290号
        早稲神力 ─ 変種 ─ 新200号  （五百万石）
        亀の尾4号 ─ 奥羽2号
```

美山錦（みやまにしき）
長野、秋田を中心に、山形、福島などでも作られる。長野県で昭和47年に誕生し、昭和53年に名前がついた。冷涼な地域でも育つ品種で、山形県の出羽燦々や岩手県の吟ぎんがなど、寒い地域で作られる酒造好適米は、美山錦の子孫にあたるものが多い。

```
        奥羽2号 ─ 北陸12号
        万石    ─ たかね錦 ─ ガンマ線照射による突然変異
        旭（朝日、京都旭）          信放酒1号
        東北25号 ─ 亀の尾（農林17号）  （美山錦）
```

秋田酒こまち（あきたさけこまち）
秋田県農業試験場が15年かけて作りだした品種。平成15年に秋田県の奨励品種に登録された。大粒で高精白が可能な秋田酒こまちは、蒸し米に弾力があり麹が造りやすい。また、タンパク質が少なく、デンプン質が溶けやすいのも大きな特徴だ。

吟風（ぎんぷう）
北海道立中央農業試験場で10年近くかけて育成された品種で、平成12年から作付を開始した。交配は広島の酒造好適米八反錦2号と上育404号と、北海道を代表する食用米であるきらら397の組み合わせ。まろやかでやわらかい味の酒を醸す。

蔵の華（くらのはな）
美山錦に替わる酒造好適米を作ろうと、宮城県で育成された品種。宮城県の蔵元と宮城県古川農業試験場の協力で誕生した。山田錦を母にもつ。酒造好適米としては穂の丈が短いため倒れにくく、寒さや病気にも強いので育てやすいのが特徴だ。

越淡麗（こしたんれい）
山田錦以上の酒造特性を持ちつつ、コシヒカリより後に収穫できるものを作ろうと、15年に及ぶ研究開発を経て、新潟県で平成17年に誕生した。山田錦を母に、五百万石を父に持つ。大粒で玄米タンパク含有率が低く、40％以上の高精白にも耐える。

八反錦1号（はったんにしきいちごう）
広島を代表する酒造好適米。昭和59年に品種登録された。父である八反35号より、穂丈が10cmほど短いため、育てやすい。吸水率がよく、醪や酒母にとけやすいのが特徴で、吟醸香がたかく、きれいな酒ができる酒米として定評がある。

華吹雪（はなふぶき）
青森県農業試験場で、おくほまれと、ふ系103号を交配。昭和61年に奨励品種として登録された。寒さに強く、倒れにくく、大粒で心白が大きい。高精白に耐えられないという弱点はあるが、酒造特性、栽培特性ともに安定しており、味のよい耐寒品種である。

ひとごこち
長野県農事試験場によって育成され、平成10年に奨励品種として登録された。白妙錦を母に、信交444号を父とする。美山錦より大粒で、心白発現率は高く、淡麗で幅広い味の酒を醸す。長野県のほか、山梨や栃木でも作付されている。

兵庫夢錦（ひょうごゆめにしき）
兵庫県の西播磨地域に適した酒造好適米。兵庫県で育成され、平成5年に奨励品種に採用された。菊栄と山田錦を交配したF2と兵系23号を両親に持つ。大粒で心白の発生率が高く、酒蔵適性は高い。山田錦よりもやや早めに収穫できる。

たかね錦（たかねにしき）
北陸12号を母に東北25号を父として、昭和27年に品種登録された酒造好適米。もともと美山錦は、たかね錦の突然変異株だ。いったんは衰退しかけたが、近年になり、徐々に復活。淡麗ながらふくよかな味わいの酒を醸す米として知られる。

出羽燦々（でわさんさん）
山形酵母に適合する酒造好適米をと、平成9年に品種登録された。山形県で出羽燦々100％使用、山形酵母使用、麹菌に山形県開発のオリーゼ山形を使用、かつ精米歩合55％以下の純米吟醸酒を純正山形酒「DEWA33」というブランドにしている。

吟ぎんが（ぎんぎんが）
出羽燦々と秋田県49号を両親にもつ酒造好適米。岩手オリジナルの品種として、平成11年に奨励品種に採用された。美山錦より耐冷性があり、倒れにくい上に、玄米1000粒の重量を比較すると吟ぎんがのほうが重い。また、心白の発現率も高く、醸造特性は優れている。

神力（しんりき）
兵庫県原産の酒造好適米で、明治時代末から昭和初期には代表的な酒米のひとつだった。いったんは栽培されなくなるが、熊本県で復活した。いわゆる幻の酒米のひとつで、五百万石をはじめ、多くの酒造好適米の祖先米となった。

雄町、五百万石、美山錦の交配図は、独立行政法人 農業・食品産業技術総合研究機構 作物研究所イネ品種・特性データベース検索システムによる

米の磨き方が酒の枠組みを決める

精米は3日ぐらいかけて行われる。写真は扁平精米された米（大七酒造）。扁平精米とは米の表面をどこも同じ厚みで削る精米方法のこと。

真精米歩合(しんせいまいぶあい)が重要

タンパク質や脂肪など酒の雑味の原因になる成分が多い外側（糠）を削り、中心部を残すことを、精米という。精米歩合70%は、外側を30%削って70%残したという意味だ。一方、精白率30%とは外側を30%削り、中心部を70%だけ残すということ。つまり精米率70%と精白率30%は同じ意味となる。

精米歩合は日本酒の味わいや香りに多大な影響を及ぼす。同じ米、同じ酵母を使っても、精米歩合80%と70%の酒は大きく異なる。米は最表層部になるほど、タンパク質や脂肪が多いので、より玄米に近い「黒い米」（光が透過しない）で造った酒は、味の多い、味が濃い、旨味が多い酒になる。一方、精米率が高いほど「白い米」になっていき、すっきりとした香り高いタイプの酒になる。

ちなみに、タンパク質や脂肪は精米歩合70%ぐらいまでは急速に減少するが、70%を超えると減少率はゆるやかになる。精米歩合を上げても50〜60%ぐらいで糠はほぼ削り取られるので、35%ぐらいが上限とされている。どの程度原形のまま米が削れているかは、数値上の精米歩合よりも大切である。

また、精米歩合を上げれば上げるほど、米粒を割らずに磨くのは難しい。米粒の形を残しながら精米することを原形精米という。精米歩合が20数%や10%台という極端に米を磨いた酒もあるが、これは技術的な研究と工芸品の

ような酒を求める趣味性の高い酒造りだといえる。

枯らしの期間、米は常温で置かれる。時間をかけて米を冷やし、減った水分を取り戻させるのだ。

20

精米歩合違いの米の状態

玄米
90%
80%
70%
58%
48%
35%

90％は食用米。他は酒造好適米。35％では、ほぼ心白のみになる。精米には70％で10〜30時間、35％で70〜100時間もかかる。

真精米歩合の計算方法

精米後の*1000*粒重量÷玄米*1000*粒の重量×*100*

100キロの米を30キロに削ると見掛精米歩合が30％となるが、この中から米の形状を保った米1000粒を抜き出して千粒重の重さを計り、それを元の玄米1000粒の重さで割った真精米歩合が重要なのである。

枯らしはなぜ必要？

「枯らし」だ。

精米直後の米はまさつ熱などで水分が飛んでおり、その状態のまま浸漬すると急速に水を吸い、べたついた蒸し米になりやすい。このため、一定期間米に吸湿させて、水分含有率を整えておく。精米されたばかりの米は表面が乾燥し、中心部の水分が多いが、枯らしの期間を経て、水分分布が均一化する。また、水につけたときに米が割れにくくもなる。

精米後の米はすぐに酒造りに使われない。最長1ヶ月は袋に詰めた状態で保管する。これが枯らしも重要な過程である。

精米機の中では砥石が回り米が削られる。

蒸し米の巻
米は洗い、水を含ませ そして蒸される

ふつうのごはんは「炊く」が、日本酒は洗米、吸水させた米を、甑（こしき）という大型せいろと釜で「蒸す」という作業を行う。

もともと、甑は杉材でできた木製のものだったが、近年はアルミニウム製やステンレス製で洗浄や消毒が容易なものも多い。

また、連続式蒸米機を使用する場合もある。これはベルトコンベア状の装置で1時間ぐらいの間に、米を蒸し、出口付近の放冷機で冷やした状態の米が出てくるという仕組みだ。

連続式蒸米機は、甑から専用

酒の仕込みにおける蒸し米を行う回数

※酒の一仕込みで蒸米(じょうまい)作業は計8回にのぼる

酒母に使用する蒸し米。目標温度まで放冷してから仕込まれる。

のスコップで100℃に近い米をすくい出す、蔵人の大変な重労働を軽減する利点がある。

とはいえ、甑のほうが後述するさまざまな条件に合った良好な蒸し米に仕上がるため、仕込み用には機械式の蒸し米を使っても、麹用米は甑を使用したり、吟醸以上の酒には別個に甑で蒸した米を使ったりする蔵も多い。

甑の底の穴からは、非常に高温で乾燥した蒸気が送り込まれる。

蒸し終わった米は甑から掘り出され、冷やされる。放冷機を使う蔵が多いが、昔ながら床に広げて寒冷な自然の冷気で冷ます場合もある。

作業の仕組みは、水を張った釜の上に甑をのせて順次米を入れ、バーナーなど様々な熱源で釜を熱して、蒸気を発生させる。

蒸した米はすぐ冷却

甑で米を蒸す場合にかかる時間は45分から1時間。どの蔵も蒸し米の作業は明け方から早朝に行われる。

甑の底の穴からは、非常に高温で乾燥した蒸気が送り込まれる。蒸し米には、酒母用、添用、仲用、留用と4種類があり、それぞれの仕込みに向いた温度が数度単位で違ってくるので、ここにも蔵人の苦労がある。

目標温度になった蒸し米は、使用目的に応じて麹室や酒母室、タンクなどに送られる。人手で運ばれるほか、コンベアやエアシューターなども使われている。

蒸し米は、麹に使われるもの(掛け米(か))に分けられる。掛け米にも、

洗米と浸漬は秒単位で正確に行われる

酒造りの蒸し米は、吸水率をきわめて正確に合わせる必要がある。目標数値より多いと蒸し米はべたつくことになる。酒造好適米、なかでも吟醸酒、純米酒用は精妙な吸水をさせるが、これは吸水によっては酒造計画に狂いが生じるからだ。

とりわけ、難しいのが麹に使う蒸し米だ。麹の菌糸が水を求めて米粒深部まで菌糸を伸ばしてゆくためには、米粒の外側には水分がなく、内側にある程度水分が残っている状態に蒸し上げなければならない。さらに米の外側に水分がなければ米同士がくっつかず、麹の生育と仕込みの作業が容易になる。

洗米作業（米を水洗いして表面の糠を落とす）も、浸漬作業（吸水）も麹米用のものは秒単位の時間で行う。米の品種と精米歩合、当日の気候や水温（地下水などの仕込み水を桶にくみ入れ、夜間早朝の冷気でさらに冷やす場合がある）の違い、その米がもともと保持している水分量でも吸水時間が変わる。

とりわけ、吟醸や大吟醸用の米は小さく磨かれており、数秒の差で水分含有率が違ってしまう。吟醸用の米などはストップウォッチによる厳格な吸水時間の管理（限定吸水法）をしている蔵も多い。

予定の時間、浸漬した米は、水切りする。この時間に米と水の物理的な作用の「吸水熱」が起こる。これを冷ましながら米内部の水分分布を均一にするためにひと晩程度浸漬米の枯らしをする。通常は、前日の午後に米を洗って浸漬し、ひと晩かけて水を切り、翌朝に蒸

浸漬は米の中心まで水を吸わせる作業 写真の3つのうち、ひとつに洗濯ばさみがついているのは、米の品種が違うための目印だ。

24

蒸し米の理想は「外硬内軟」

蒸し米の状態をチェックする杜氏（増田德兵衛商店）。蒸し米が仕上がったときに、ひねりもちを作って確認することも。

そもそも、なぜ日本酒造りでは米を炊くのではなく蒸すのだろうか？　第一に、米のデンプン質を適度にα化（糊化すること）して、糖化しやすい状態にするためだ。第二に米を完全に殺菌するための加熱処理。第三に蒸し米の理想は「外硬内軟」といわれ、外はさらさらで硬く、米同士がパラパラとしてくっつかないようにし、中心部は柔らかく水分が保たれている状態にするためである。

よい蒸し米にするための条件は、砕米をなくし、真精米歩合を高くすること、吸水率をぴったり合わせることである（※1）。この際に重要になることは、100℃を越える高温かつ乾燥した、強い蒸気で米を蒸すということ。水分の多い蒸気で米を蒸すと、吸水率にいくら気を配っても、表面に粘りのある仕上がりになる。蒸気を乾燥させるために、ヒーターで蒸気を過熱し、乾燥させる仕組みを考案した酒蔵もある。

また、抜けがけ法と呼ばれるやり方もある。蒸気が上がってきた甑のなかに、少量の米を平らに広げ、蒸気が吹き抜けたら、仕切り布を敷いた上に再度適量の米を置く。これを繰り返し、精米歩合の違いや分量、用途によって順序と時間を厳密に計画しなければできない、非常に高度な技術である。クラスの高い酒を造るときには、この方法で蒸米作業を行う蔵もある。

よい蒸し米にするための条件

1. 時間をかけて原型のまま精米すること
2. 吸水率をぴったり合わせること
3. 乾燥した高温の強い蒸気で均等に蒸すこと

※1 米の収穫年と出来によっても調整は必要である。

水の巻
酒のよしあしは水のよさで大きく変わる

日本酒の成分のうち約8割は水である。米を洗う水、米をつける水、酒母に使用する水、仕込みに使う水など、日本酒にとって水は不可欠の要素だ。よい水あるところによい酒あり、といっても過言ではない。多くの蔵では自家の井戸水を使う。湧き水や近くの川の水を使っている蔵もある。遠方から、わざわざタンクローリーで水を運んで酒造りする蔵さえある。米の品種や精米歩合、酵母に何を選ぶかもちろん重要だが、水がよくなければいい酒はできないと断言できる。

日本全国 酒造りの水脈一例

よい酒を造る蔵が同じ地域に集まっている理由のひとつが水。下の例であげた水系の近くはよい酒蔵が銘醸地を形成している。覚えておこう！

写真提供：北海道上川郡東川町

旭岳（2291m）
大雪山の雪解け水が長い年月をかけて、地下水として湧く。大雪旭岳源水は、名水百選にも選ばれた。

写真提供：山形県飽海郡遊佐町

鳥海山（2236m）
山形県と秋田県にまたがる名山。鳥海山の万年雪を水源とし、長い年月を経て湧き出る伏流水。

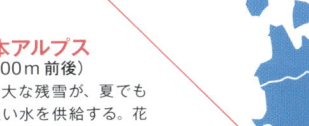
写真提供：名水遊戯

日本アルプス（3000m前後）
ぼう大な残雪が、夏でも冷たい水を供給する。花崗岩層を通るため、ミネラル分も豊富だ。

写真提供：盛岡八幡宮南部會

岩手山（2038m）
南部片富士ともいわれる岩手山は森が広がる。湧き出る水はミネラル分が豊富だ。

六甲山（931m）
いわずと知れた宮水の源。灘の酒の隆盛は、宮水の発見抜きでは語れない。まさに酒造りに適した水だ。

大山（1709m）
山陰随一の巨大な山。大手飲料メーカーやミネラルウォーターの水源ともなっている。

写真提供：湧水十色

写真提供：特定非営利活動法人グラウンドワーク三島

富士山（3776m）
日本一の高さを誇る富士山。周辺は豊富な地下水源に恵まれている。カルシウムとマグネシウム以外のミネラルに富んだ軟水だ。

白山（2702m）
広大なブナ原生林が残る日本三名山。火山連峰だけあって、湧き出でる水はやや硬水。ミネラル分も多い。

吉野山（858m）
名水百選にも選ばれた「ごろごろ水」が有名。カルスト地形を通ってくるため、カルシウムを多く含む。

阿蘇山（1592m）
阿蘇周辺は水源が豊富。平成の名水百選の水がある南阿蘇村は、水の生まれる里とも呼ばれる。

写真提供：熊本県阿蘇郡南阿蘇村

山と水脈
山は天然の水の浄化槽であり、巨大なタンクといえる。とくに海抜1000mを越えるとすそ野も広大になり、その周辺には清冽で豊かな水が湧く。強い圧力がかかった水はきめ細かく、いろいろな鉱物成分がイオンの形で溶け込んでいるので酒造りに向く。地元の山を見直してみよう。

宮水が酒造りに適している理由とは？

兵庫県神戸市で、古くから酒造りに適した水として有名な「灘の宮水」も、酵母の増殖に欠かせないリン酸やカリウムの含有量が高い上に、有害な鉄分は通常の半分以下であり、酵母の持ちのよい酒が仕込める。

宮水は花崗岩層を通った六甲山系の伏流水で、軟水の多い日本ではめずらしく硬度が高く硬水に近い。これは宮水の出る地層のすぐ下に貝殻層があるためとも、昔は海浜だったからともされており、宮水はミネラル塩を適度に含んでいる。これも、灘の酒質を安定させて、江戸などの遠方にまで運んでも弱らない強さをそなえさせることにひと役買ったといえる。

酒造りに適した水は、マグネシウム、カリウムといった鉱物性のミネラルを豊富に含んでいる。ミネラル類は麹菌や酵母の栄養になるからだ。ただし、鉄やマンガン、銅などの金属は日本酒に酸化を促し、色を赤くし劣化させるので、これらを含まないことも条件だ。

日本酒は仕込みに用いる水で口当たりが変わってくる。酒蔵によっては、地下水や湧き水だけでなく、ミネラル豊富な海洋深層水や深さの違う井戸から水質の異なる水を使い分けている。

宮水発祥の地、梅の木井戸の近くに建つ石碑。

宮水の歴史

宮水は櫻正宗の六代目当主、山邑太左衛門が、江戸時代の天保11年（1840）に発見した。当時、山邑家は西宮と魚崎で酒を造っていたが、米を同じにしても、酒を入れ替えても、常に西宮のほうがうまい酒ができる。もしかしたら仕込み水が原因ではないかと、西宮の梅の木井戸の水を魚崎に運んで酒を造ったところ同様の良質な酒になった。当初は、蔵人たちに抵抗も見られたが、酒が大評判となり、皆が西宮の井戸水を利用するようになったという。

水の硬度（1000ml 当たり）

硬度 (mg)
＝
Ca（カルシウム）(mg) × 2.5
＋
Mg（マグネシウム）(mg) × 4

※ペットボトル入りミネラルウォーターの成分表示には1L当たりではなく、その10分の1の100mlあたりの含有量が表記されていることがある。

宮水発祥の地にある梅の木井戸。この水を井戸を持たない酒蔵に売る水屋もいた。

写真提供：西宮観光協会

酒と水の硬度の関係
男酒と女酒という言葉の指す意味

京都市伏見区にある月桂冠大倉記念館にある井戸。昭和36年に掘られたもので、地下50ｍからくみあげている。

　灘の男酒、伏見の女酒という言葉がある。これは、硬度の高い宮水で造った酒ははっきりとした辛口になり、宮水より硬度が低い伏見の水で仕込んだ京の酒はまろやかで飲み心地が柔らかい酒になるという意味である。宮水は硬度100前後で国際基準では中硬水に分類される。一方、伏見の水は硬度が80〜90で、中硬水になり、広島など軟水地域に比べればどちらも硬度は高い。したがって、冒頭の言葉は、互いにライバルであり、何かと比較された灘と伏見のふたつを比べての話である。

　硬度が高い水には、カルシウムやマグネシウムなどのミネラル分が多く含まれているので、酵母の体を再生産するための栄養分となって発酵が早く進みやすくなる。これが切れのよい辛口の酒になるひとつの要因である。一方、硬度の低い水は、発酵を進ませるミネラル分が少ないので、発酵はゆるやかに進み、ほのかな甘味を残したソフトなタイプの酒となる。

　もともと、酵母の栄養分でもあるミネラルが少ない軟水で酒を仕込むのは難しいことだった。実際、宮水で仕込む灘の酒蔵の醪（もろみ）期間が15日前後なのに対して、硬度30前後の軟水である広島の蔵では25日前後もかかる。日本のほとんどは軟水地域であ

るなかで、灘や伏見の酒が隆盛を極めたのは、硬度の高さ、水の成分と無縁ではないだろう。その弱点を払拭したのが、広島・安芸津（あきつ）の醸造家、三浦仙三郎（せんざぶろう）の考案による軟水醸造法だ。広島の水に合ったこの手法は、麹（こうじ）をしっかり育てることで、米の糖化を進めていく。長い時間をかけてじっくり発酵させることで、きめ細やかで香り高い酒を造り出す。結果的に、広島は灘、伏見と並ぶ銘醸地域となっ

広島・賀茂泉酒造の次郎丸井戸。西条では8つの蔵で仕込み水の試飲が可能。

ていったのである。

写真提供：上）Otani Kazunori　下）賀茂泉酒造

麹の巻

麹造りは酒造りの肝。天気によっても造り方は変わってくる

麹(こうじ)とは黄麹菌(きこうじきん)の胞子を蒸し米に繁殖させたもの。デンプンが多く糖類を含まない米は、そのままではアルコール発酵ができない。デンプン質はブドウ糖が固く連鎖した分子構造をしているが、麹はこれを分解（糖化）

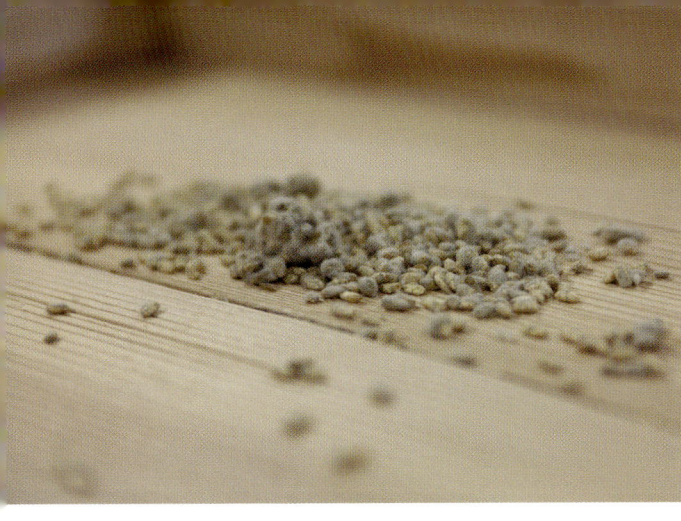

種麹。黄麹菌の胞子で「もやし」とも呼ばれている。

させるための多量の酵素を生産する。また、酵母の栄養となるビタミン類を生成する。副産物である酸類やアミノ酸、芳香物質も造り出し、でき上がった酒の風味を豊かにする働きがある。

麹は酒母にも醪にも使われ、酒造りの最重要な工程である。

近年では、機械で麹を造ることも多いが、ここでは昔ながらの蓋麹法を説明する。

まず、蒸し米が30〜35℃ぐらいまで冷えたら、麹室に運ぶ。これを「引き込み」という。麹室は麹造り専用の部屋のことで、麹菌が繁殖しやすい、温度30℃、湿度60％ぐらいに保たれ、温度、湿度を微妙に調節できる構造を持つ。

蒸し米に黄麹菌の胞子（種麹）をふりかけよく混ぜ込んだら（「床もみ」）、ひとまとめにして積み上げ（「もみ上げ」）、布を掛けて保温し、そのまま置く。

10〜14時間もすると、蒸し米はかたまりになるので、いったんばらばらにほぐす。これは米の温度を一定にするためで、「切り返し」といい、再びまとめて保温する。

丸1日たつと、麹菌がかなり繁殖してくるので、小さな木の箱（麹蓋）に小分けにする（「盛り」）。

その後、また温度が上昇するので、麹をかき回して米を広げたり（「手入れ」）、また麹蓋の場所を適宜いれかえて（「積み替え」）、温度と菌糸の育ちを均一にする作業を行う。

約50時間して、栗のような香ばしい香りがしてきたら麹室から麹を出し（「出麹」）、暗く乾燥した所で20時間ほど寝かせる（「枯らし」）。枯らしを含めると、麹造りには丸3日もかかる。この間、蔵人は睡眠をたびたび中断して作業をくり返してゆくのだ。

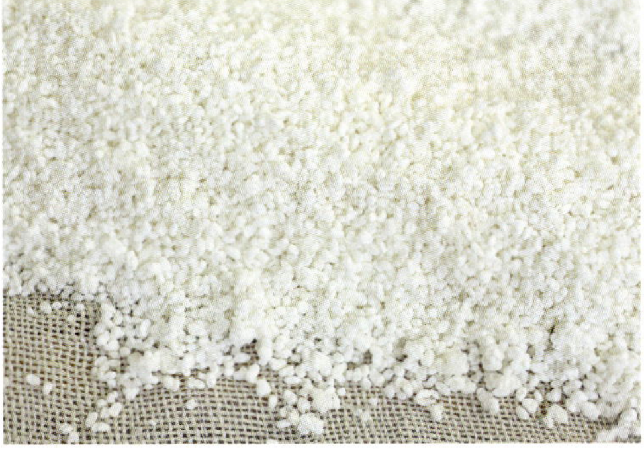

でき上がった状態の麹。麹を造ることを製麹という。

麹に含まれる酵素

酵素は主に2種類ある。まずは、糖化酵素であるアミラーゼ。強い酵素力で、米のデンプン質を糖質に変える。米麹をそのまま食べると甘いのはこの酵素の働きによる。もうひとつがタンパク質の分解酵素・プロテアーゼで、米のタンパク質をアミノ酸やペプチドに変化させて、酒に旨味やコクをもたらす。

麹ができるまで
〈蓋麹法(ふたこうじ)〉

切り返し

1日目の夜には蒸し米はかたまりになっている。これをほぐすのが切り返しだ。

布で保温し、10〜14時間置いておく。

蒸し米はこんもりかたまりになっている。

まずは、ぶんじと呼ばれる道具でくずす。

蔵人皆で米を一粒一粒にほぐす。

ほぐした米は木枠に入れて、再度布で覆う。

床(とこ)もみ&もみ上げ

蒸し米は種麹をふりかけられ、よくもんでからまとめて積み上げられる。

麹室の台に広げ、適温まで待つ。

蒸し米をほぐして一定温度にする。

種麹をふりかけたら、よくもむ。

適温になったら蒸し米を積み上げる。

引き込み

1日目の朝、蒸した米を冷ましてから麹室に運び入れる。蔵人総出の作業だ。

甑から蒸し上がった米をスコップで出す。

蒸し米はむしろの上で冷まされる。

ある程度冷えたら麹室に運び入れる。

出麹(でこうじ)&枯らし

3日目の午前中に麹は麹室を出る。再度ほぐして冷暗所で乾燥させる。

麹蓋から仕上がった麹を出す。麹はかたまりになっている。

かたまりになった麹をほぐす。手ではらばらになるようにする。

麻布につつんで麹室から外へ出す。これを出麹という。

でき上がった麹は広げた状態で乾燥させる。

手入れ&積み替え

麹蓋に盛られた麹は発熱するので、2日目昼から夜はていねいな温度管理が必要だ。

麹蓋は数時間おきに積み替える。

盛った米は7〜9時間後に広げる(仲仕事)。

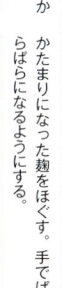

5〜6時間後に再度広げる(しまい仕事)。

積み替えは2日目深夜、3日目早朝にも。

盛(も)り

2日目の朝、再度米を切り返して、麹蓋に盛っていく。これが盛りだ。

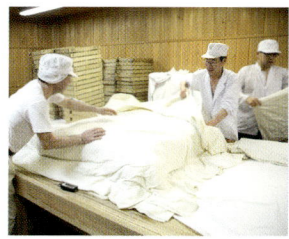

保温のために覆っていた布をはずす。

木枠に入っていたため四角いかたまりに。

一粒一粒に米をほぐす作業を行う。

麹蓋に一定量(米1升分)ずつ盛っていく。

蒸し米→麹となる過程

蒸し米は丸3日かけて麹に変わる。
その形状の変化を、米に焦点をあてて追ってみた。

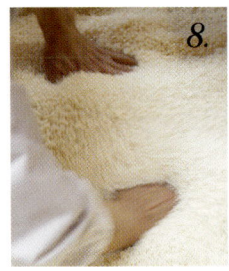

5. 麹蓋に盛られた状態。最初はこんもりと。

1. 外硬内軟の状態の蒸し米。ばらばらとしている。

6. 中心に盛られていた米の表面積を広げた状態。

2. 種麹をかけて10〜14時間後。かたまっている。

8. かたまった7を手でほぐす。

7. 出麹直前。かたまっている。

3. かたまっていた2を切り返してほぐした状態。

9. 麹の完成状態。一粒一粒に麹の白い菌糸が繁殖している。

4. 切り返しから7〜8時間後。またかたまりに。

一麹、二酛、三造りといわれる大切な麹。麹造りの鍵が「はぜ」である。はぜは破精と書き、蒸し米に菌糸が繁殖して白く見える現象であり、その部分のことだ。米の表面にはぜが広がっている状態を「はぜ廻り」、中心部に菌糸が入った状態を「はぜ込み」という。

よい麹のひとつが「総はぜ」と呼ばれる、はぜ廻りもはぜ込みも適当に入っている状態で、一般的な酒造りによく使われる。

一方、表面には菌糸が点々とついている反面、中心部に菌糸が詰まった状態の麹を「つきはぜ」と呼び、留用の麹などに向く。酒が上品で淡麗に仕上がるといわれ、吟醸酒や大吟醸酒でよく使われる。

ちなみに、失敗した麹には「ばかはぜ」と「ぬりはぜ」がある。前者ははぜ廻りもはぜ込みも過剰な、麹菌がつきすぎた状態。

後者ははぜ廻りはいいがはぜ込みが悪く、中心部には菌糸が入れたり、温度を下げて麹室を乾かし、菌糸がはぜ込む（米の内部に入っていく）ようしむける。

麹室の温度管理は、麹にどんな働きをする酵素を造らせたいかにかかわる。一般的には、タンパク質分解酵素は37〜38℃で、デンプン分解酵素は40℃以上で多く出るので、米の品温が37〜38℃の時間を短くして、42〜43℃に上げると糖化酵素の力価が高まるといわれている。

麹室の温度湿度は重要

つきはぜの麹造りで、大切なのは水分量だ。生き物である麹菌は水を求める。蒸し米の表面に水気があれば、中心に菌糸を伸ばさなくなる。そこで、麹菌がある程度広がったら、風を入り込まず、表面にだけ浅くついた状態をいう。

麹の造られ方にはいろいろある

30〜33ページでは、麹蓋と呼ばれる小型の杉の箱を使って、麹造りをする蓋麹法という方法を紹介したが、これはもっとも昔ながらの方法だ。今は機械麹や箱麹のほうが一般的ともいえる。機械麹は、製麹の操作をすべて機械が行う方法で、全自動式のものと半自動式のものがある。箱麹は麹蓋ではなく、大型の箱を使う方法。ちなみに、つきはぜの麹を造るためには、やはり麹蓋がもっとも優れているといわれている。

機械麹のようす。温度、湿度、送風などがコンピュータ管理されている。

箱麹のようす。箱には30kgの蒸し米を盛ることができる。

酒母の巻

酒造りは発酵スターターである、酒母の出来に大きく左右される

清酒酵母（以下酵母）は糖類を分解してアルコールを生成するが、大量の米を発酵させるためには、選び抜かれた何百億、何千億の酵母が必要だ。その準備として、少量の醪の中で大量に酵母を培養した強力なスターターが必要で、これを酒母、または酛という。

生酛系酒母を仕込んでいるようす。

酒母には大きく分けて、生酛系（もとけい）と速醸系（そくじょうけい）の2種類がある。

酒母に順調に仕事をしてもらうためには、雑菌や野生酵母（空気中や植物に自然に存在する酵母）を駆逐する酸が必要だ。目指す酒質に悪影響を及ぼす酸を自然の乳酸菌に生成させてから酵母を投入する方法が生酛系酒母で、この工程を省略して乳酸を添加してから酵母を入れる簡易的な方法が速醸系だ。生酛系は酒母が完成するまでに30日近くかかるが、速醸系は15日前後と短縮できる。

生酛系と速醸系の違い

速醸系は、最初に乳酸を加えるからだ。生酛系ならではの酒になるのは、生酛系の酵母は多くの種類の微生物や雑菌に打ち勝ち抜いてきただけに強く、堂々としていて、たくましい。また非常に安定した酒質となり、筆者の経験でも2～3年間は十分に若さを保つほどである。

ちなみに、生酛系酒母には「生酛」と「山廃酛（やまはいもと）」がある。生酛は仕込み時に、酛すりと呼ばれる作業を行う（右ページ写真）。一方、生酛系は自然環境下で乳酸を生成させるのでその管理は困難を極める。

それでも生酛系の酒母を用いるのは、日本酒の大半が速醸系の酒母で造られている。現在では、日本酒の大半が速醸系の酒母で造られている。現在では、日本酒の大半が速醸系の酒母で造られている。

つぶす、時間と根気のいる作業である。酛すりは山卸（やまおろし）とも呼ばれるが、これを行わずに酒母を仕込む方法を山廃酛という。「山廃」とは、山卸廃止を省略した酒造用語である。

これは、櫂で蒸し米と麹をすり

生酛系酒母のなかで起こる微生物の戦い

酛を仕込んだ直後は、低温で栄養分の少ないうどんの天下になる。ここまでで約2週間、ここからが硝酸塩を亜硝酸にして野生酵母に第一波の攻撃を行う。しばらくして温度が上がり、麹が少しずつ栄養を造り出すと、酒蔵にすみついている乳酸菌が活動を開始する。すると今度は硝酸還元菌や野生酵母は乳酸菌の作る酸に攻撃され、タンクの中は乳酸菌の天下になる。

ここまでで約2週間、清酒酵母が添加されるのもこのころだ。この後、世代交代が起きるように乳酸菌は急速に死滅し、清酒酵母がふえ始める。硝酸還元菌には弱く、乳酸には強い清酒酵母は、天文学的に増殖していく。このようにしてできた生酛系酵母は野生酵母にも強く、純度の高い酒母ができるといわれる。

←亜硝酸生成→ ←乳酸生成→ ←清酒酵母生成→

硝酸還元菌　乳酸菌　　　　清酒酵母
野生酵母
産膜酵母

0　　　　7　　　　15　　　　　30
生酛系
↑　　　　　　　　↑
何も加えない　　　清酒酵母

※産膜酵母とは液面に膜を張るように繁殖する酵母

生酛系酒母の造り方

酒母を造る方法でもっとも古くから行われているのが生酛。ここでは生酛造りで知られる大七酒造の特別な許可のもと、どのような手順で生酛系酒母が造られるか、追いかけてみた。

1. 仕込み

1日目。布に包み、10数時間冷やした蒸し米と麹、水を底の浅い桶に入れる。この桶を半切り桶という。そのまま、手で全体を混ぜる。

2. 手酛

しばらくたち、米が水分をすっかり吸収した後、木のへらで混ぜる。この攪拌する作業を手酛という。手酛が終わったら、布をかぶせて、そのまま置いておく。

3. 酛すり

2日目早朝に、半切り桶に入った蒸し米と麹を、櫂櫂と呼ばれる道具で3回にわたり、すりつぶす。この作業は山卸とも呼ばれる。だいたい2人1組で行われる。

4. 酒母タンクへ

2日目の午後、8つの半切り桶の酒母は、酒母用の小タンクに集められる。その後、3日ぐらいは低温期間。この期間を打瀬という。

5. 暖気入れ

5〜6日目から、暖気樽という道具で、少しずつ酒母の温度を上げていく。暖気樽は湯たんぽのようなしくみで、回したり、沈めたりといろいろな操作方法がある。ちなみに、打瀬と暖気で使われる道具は同じである。

38

生酛系酒母の変化のようす

仕込まれた後、酒母タンクのなかでどう変わっていくのか。
そのようすを順に追いかけてみた。

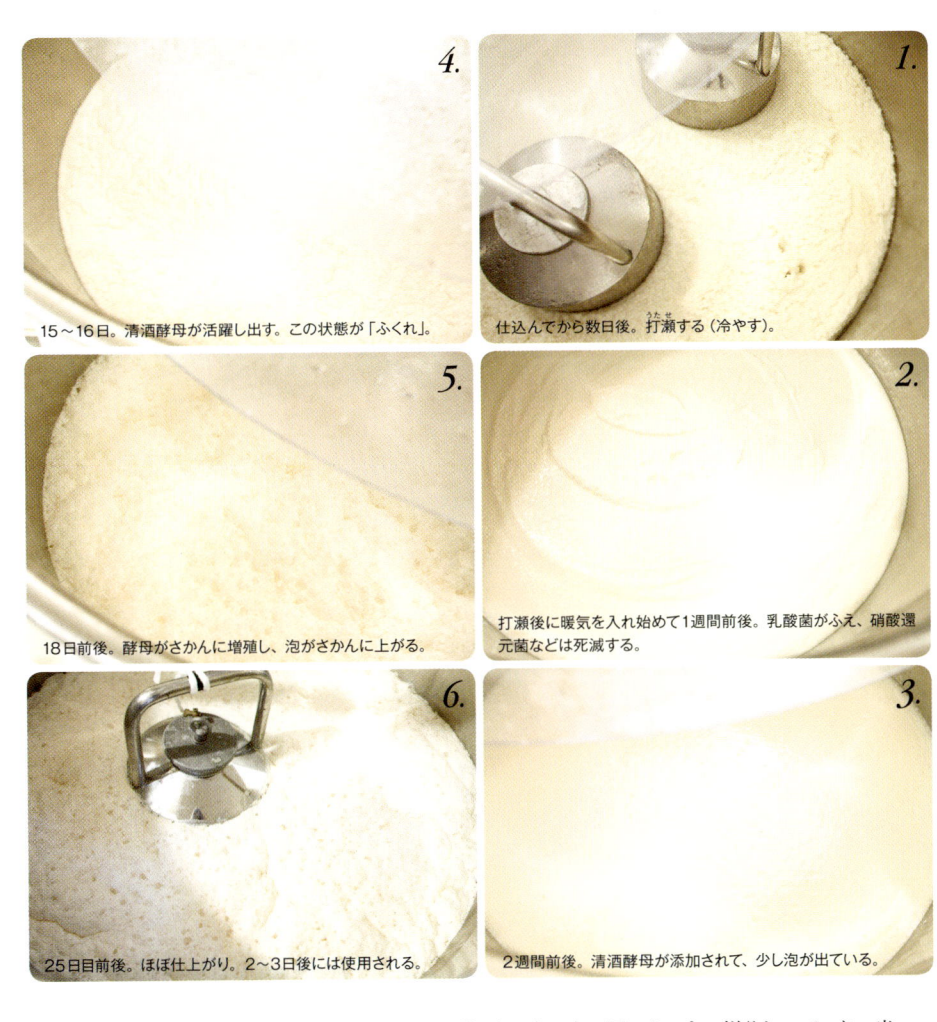

4. 15〜16日。清酒酵母が活躍し出す。この状態が「ふくれ」。

1. 仕込んでから数日後。打瀬する（冷やす）。

5. 18日前後。酵母がさかんに増殖し、泡がさかんに上がる。

2. 打瀬後に暖気を入れ始めて1週間前後。乳酸菌がふえ、硝酸還元菌などは死滅する。

6. 25日目前後。ほぼ仕上がり。2〜3日後には使用される。

3. 2週間前後。清酒酵母が添加されて、少し泡が出ている。

仕込まれた直後は、米や麹がまだ残っており、硝酸還元菌の働きで、野生酵母は抑えられている。これを暖気樽で暖めると、麹の働きによって糖化が進み、かなりなめらかになる。同時に乳酸菌のはたらきが活発になる。ちょうどヨーグルトのような状態で、食べると甘ずっぱい。

2週間前後で清酒酵母が投入。乳酸菌に支配された中から、清酒酵母は急速に増殖を始め、ぶつぶつと炭酸ガスの泡が盛んに出てくる。泡はさらに盛り上がり、18〜20日には高泡という状態に。その後4〜5日で酒母は本仕込みに使われる。

取材協力：大七酒造

酵母と吟醸香 きってもきれない関係

日本酒は米を主な原料としているのに、香りや味わいは千差万別になる。その要因のひとつが酵母の違いだ。とりわけ、大きな影響を与えるのが吟醸香と呼ばれる不思議な香気だ。

もともと穀物である米には果物や花、ハーブの香りは存在しない。ところが、吟醸酒や大吟醸酒のなかには、梨やリンゴ、桃などの果物や花の香りを放つものがある。炊いたごはんの香りからは想像もできない吟醸香は、酵母が造り出す。

そもそも、生物である酵母は糖質を食べて（＝分解して）アルコールを造り出す。ところが、吟醸用麹は非常にゆっくりとデンプン質（酵母の栄養にはならない）を糖質にかえていくため、酵母はいつもおなかをすかせた状態となる。また、吟醸酒は、精米歩合も高く、タンパク質などの栄養成分も極度に少ない上に、極低温で発酵させるので生物として多くのストレスもかかる。そのため酵母の代謝に異変が起こり、果物香のもとでもあるエステル類を生み出し、吟醸香につながっていく。

吟醸酒は1980年前後から市場で販売されるようになり、大きなブームとなるが、これらは協会系の7号酵母や9号酵母が主流だ。最近では、高エステル生成酵母やリンゴ酸高生産多酸酵母、花酵母など、強い香りを出す酵母も開発されている。

泡あり酵母と泡なし酵母

清酒酵母には同じ系統でも、泡が高い泡あり酵母と、泡の少ない泡なし酵母の2種類がある。もともとの性質は泡あり酵母だが、発酵中の泡はかなり高くなるので、タンクから泡が飛び出ないよう、夜中に巡回が必要であるし、泡の分だけタンクを大きくしなければならない。泡には雑菌も入りやすい。そうした管理の難しさを解消したのが泡なし酵母で、今では多くの蔵で使われている。

泡あり酵母は70％の酵母が泡部分におり発酵がゆるやかだが、泡なし酵母の発酵は早い。そのため、発酵が進みすぎないよう、醪の温度を抑えなければならない。ちなみに、発酵経過さえ目標に合わせられれば、大きな香味の差はない。

泡あり酵母の醪
ボコボコと泡を出す。タンクを大きくする「泡がさ」という補助具も必要に。

泡なし酵母の醪
もともとは泡あり酵母の突然変異。ぶくぶくといった感じの泡。

協会系酵母と自治体や研究機関による開発酵母

泡なし酵母の701号と901号。7号系と9号系はよく使用されている。

協会酵母は日本醸造協会が販売している。現在、6号系、7号系、9号系、10号系、11号系、14号系と、泡なしの1501号(秋田流・花酵母)がある。また別途、高エステル生成酵母、少酸性酵母、リンゴ酸高生産多酸酵母、尿素非生産性酵母、赤色清酒酵母(ピンク色の酒になる酵母)なども販売している。

使用頻度が高いのは7号系や9号系で、9号系は味がきれいにまとまり、香りがよく出ることから高級酒に使用される。

協会が販売する酵母に並んで、各県、各地域でもさまざまな酵母が開発されているほか、自家酵母を使う蔵もある。

ただそのなかで、協会酵母は専門機関によって管理されているので、毎年、性質が安定しているところが最大の利点といえるだろう。

酵母のいろいろ

協会系酵母	番号		番号	特徴
	泡あり	6号	601号	発酵力が強く、香りはやや低くまろやか。淡麗な酒質になりやすい
		7号	701号	華やかな香り。吟醸酒から普通酒まで幅広く使われる
		9号	901号	醪期間が短期でも華やかな香りとなる。吟醸香も高い
		10号	1001号	醪期間が低温かつ長期で、酸が少なく、吟醸香が高くなる
		11号	なし	醪期間が長くなってもきれいよく、アミノ酸の少ない酒となる
		14号	1401号	別名金沢酵母。酸が少なく、吟醸香が高く特定名称酒に適す
			1501号	別名秋田流・花酵母AK-1。低温長期型醪の経過をとり、吟醸香が高い
	その他			契約が必要な酵母として、高エステル生成酵母(まろやかな味わいと華やかな香りが特徴)、少酸性酵母(酸度が少なくカプロン酸エチルを多く生成)、リンゴ酸高生産性多酸酵母(貴醸酒や長期熟成酒に向く)、尿素非生産性酵母(尿素を生成しない)、赤色清酒酵母(桃色のにごり酒用)も販売している

自治体や研究機関による開発酵母	名称	特徴
	山形酵母	香りが高く爽やかな酒を造り出す。山形酵母に合う酒造好適米をと育種されたのが出羽燦々である
	静岡酵母	フルーティーできれいな酒を造り出す酵母。静岡県が地酒の銘醸地になるのに一役買った
	花酵母	花から分離した酵母。東京農大短期大学部醸造学科の中田教授が分離に成功。花酵母研究会が販売している

※独自の酵母を開発していないところを探すのが難しいほど、各地各県で開発が行われている

仕込み&醪の巻

タンクの中で醪は育ち、おいしい酒に生まれ変わる

麹、酒母が完成すると本仕込みに入る。日本酒は三段仕込みと呼ばれる、1本仕込みを3段階、4日に分ける入念で合理的な方法で仕込まれる。

1日目は、桶または小さめのタンク（これを添タンクという）に、酒母と麹、水、蒸し米を入れて混ぜる。これを「添(そえ)」仕込

みという（最初から発酵タンクで仕込む蔵も多い）。2日目は酵母の増殖を充分に進ませて圧倒的に優位な数になるのを待つために1日休む（「踊り」）。この間、酵母は2時間あたり1回の分裂増殖を行う。3日目に、発酵タンクに移し替えて麹、蒸し米、水を足す。（「仲」仕込み）。4日目にさらに麹、蒸し米、水を足して（「留」仕込み）、仕込みを完了する。それぞれ、仕込みの分量は、添が全量の1/6、仲が2/6、留が3/6とする。

少量から段階的に増やしながら仕込む理由は、常に酵母が満員の状態にして、他の雑菌などが乗り込む余地をなくすのである。添で酵母の数が減っても、2日目の増殖期間で元の数に戻る。仲、留でも酵母は薄まるが、この時点では酵母の増殖に勢いがついているので、雑菌などは駆除される環境になっているのだ。

仕込みの過程

泉橋酒造の仕込み方法を紹介する（酒蔵によって仕込み方法は違う）。

1日目（添）[全量の1/6の仕込み量]

添タンクに蒸し米を運ぶ。泉橋酒造では手で運んでいる。

酒母と水の入った添タンクに、麹を入れておく。

蒸し米を投入し終えたら、櫂入れして混ぜておく。

麹を入れたばかりの状態。酒母と水と麹を混ぜるのが添の水麹（みずこうじ）。

2日目（踊り）

仕込みは休み。何も手を加えない。

酵母が増殖するよう、添タンクにふたをして何もせず置いておく。

蒸し米は冷却してから添タンクへ。このとき水麹の温度も計る。

3日目（仲）[全量の2/6の仕込み量]

添タンクの醪を大きな発酵タンクに移してから、仕込みを行う。

4日目（留）[全量の3/6の仕込み量]

4日目も3日目と同じく、麹と水と蒸し米を投入する。

取材協力：泉橋酒造

発酵タンクのなかのようす

仕込み後、タンクのなかではさまざまな変化が起こり、さまざまな段階で泡の状態も変わってくる。
その視覚的な変化を追いかけてみた。

水泡（みずあわ）

留（とめ）

岩泡（いわあわ）

筋泡（すじあわ）

仕込み直後。発酵が始まると、まだ固い醪表面が下から押し上げられて割れた状態になり、2〜3本の筋状態の泡ができる。これを筋泡という。

水泡は筋泡後にあらわれる、まっ白で軽い泡。その後、糖化が進むことで醪中に糖分が加わり、泡の粘度が増して、消えづらい岩肌のような泡が形成される。

泡の状態及び日数は醪の温度設定などで変化する。

玉泡(たまあわ)

高泡(たかあわ)

地(じ)

落泡(おちあわ)

発酵が盛んになると、炭酸ガスの勢いも増し高泡は岩泡を通り抜けて、さらに高く盛り上がる。岩泡より緻密になり、消えにくくなる。その後、生成された多量のアルコールが粘りをなくすので、泡が少し消えていく。この状態が落泡だ。

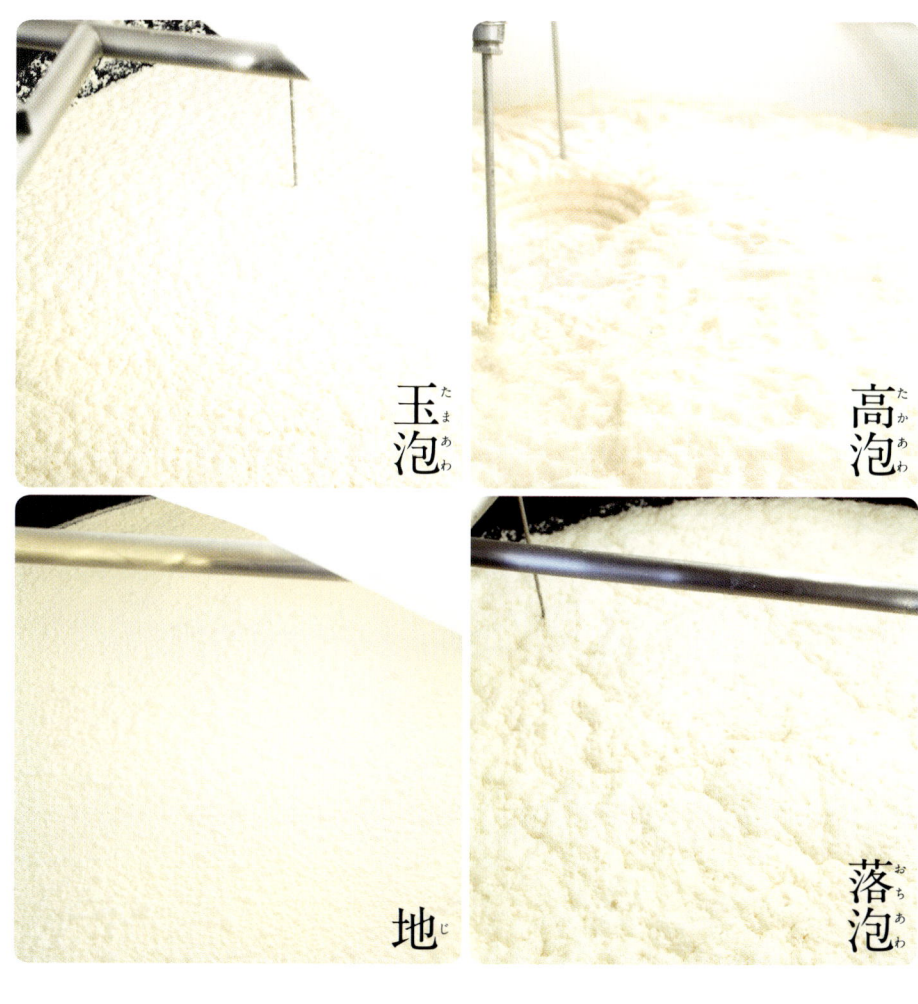

泡が落ちていき、醪の表面に玉のような泡が浮かぶ。これが玉泡。その後発酵は最終段階をむかえ、泡は消える。これが地で、すぐに「しぼり」の段階となる。これ以上の発酵はさせない。

45　取材協力：大七酒造

上槽＆火入れ＆貯蔵の巻

いつしぼるかは杜氏の腕の見せどころ

醪の最終段階は白濁したにごり酒のようなものであり、法律上、清酒とは呼べない。醪をしぼることを上槽といい、「しぼる」または「こす」ことによって、晴れて清酒となる。上槽する日は杜氏が決定する。

醪は発酵初期にはデンプン糖化が進むために、泡は粘っこい

しぼりたての原酒は青緑ががかっている

しぼって最初の頃の酒は少しにごっているが、しばらくすると透き通ってくる。しぼりたての原酒は、うっすら青緑がかっていることがある。

が、後半はアルコール濃度が上がるため、粘りを失って、泡はすぐに消える。醪表面に泡がない状態になった頃が「しぼり」時の目安となる。つまり、糖化、発酵、アルコールと炭酸ガスの生成とその勢いなどを視覚的に確認するのである。

この間醪の状態は日々刻々と変わる。天気、気温は毎年違うなか、計画通りの状態にしてしぼるために、杜氏は毎日、醪の酒質検査を行い、結果判断をしながら作業を調整していく。

酒質検査では日本酒度とアミノ酸度を計る。これはアルコール生成の進行具合を追認するためだ。アミノ酸度は酵母の元気のバロメーターで、数値が高くなるほど酵母が疲れていることを示す。日本酒度とアミノ酸度、泡の状態を確認しながら目的の酒造りを追求し、酵母が元気なうちにしぼる。これができるのが名杜氏だ。

上槽のいろいろ

上槽とは醪を清酒と酒粕に分ける作業で2つの方法がある。普及型が自動圧濾圧搾機。袋を横に並べ、横方向からの圧力をかける。しぼり始めから終わりまで均質の酒になる。一方、高級酒などで使われるのが槽（ふね）だ。酒袋に醪を詰め、上からの圧力でしぼる。ほかに、酒袋を上からつるしてしぼる袋掛け法もある。

現在は圧倒的に機械しぼりが多い。

槽のようす。上方向から圧を加える。

袋掛け法。非常に手間がかかるため高級酒用だ。

粕歩合（かすぶあい）

粕歩合とは、仕込んだ米全量としぼった後に残る粕の重量比である。普通酒は約20％が、本醸造酒では25％前後が、純米酒で30％前後が粕となる。大吟醸酒ではなんと50％もが粕となる。まさに高級酒なのである。

火入れ、加水、濾過はなぜ行われるのか

上槽の最初は強く荒々しい酒が出てくる(荒走り)。次いで、安定した酒が出る(中取り)、後半の最後に出てくるのが押し切りだ。通常これらは最終的には混ぜられるので、各々のパートを飲むことは難しい。

しぼりたての原酒は、淡くにごっているので、タンクに10日ほど置き、細かな固形物を沈殿させ、上澄みの部分を取り出す。これを「おり引き」という。おり引き後、活性炭濾過をして、より澄ませるのが一般的だ。

この状態ではまだ糖化酵素やタンパク質分解酵素、わずかな酵母も残っているために、貯蔵時に酒質が変わる可能性がある。殺菌と酵素の活性を止めるために火入れをして、酒質を安定させる。ちなみにこの火入れは、フランスのパストゥールによる「低温殺菌法」の発見より何百年も前の江戸時代初期には確立されていた。

火入れ後、新酒はひと夏を蔵で過ごし、秋以降に順次出荷される。また、原酒はアルコール度数が20度前後と高いので、仕込み用の水を加えて(違う水を用いる蔵もある)、度数と味のバランスを調整する。

その後、殺菌のため再度火入れし、熱いまま瓶詰めした後、冷却して打栓し、ラベルが貼られて出荷される。

火入れは62〜63℃に保った蛇管といわれる熱交換器に酒を通し、急速に冷やす。写真は2回目の火入れ後に冷却するさま。

しぼりで最初に出てくる原酒は少しにごっている。

無濾過生は難しい!?

無濾過生酒(むろかなまざけ)とは、活性炭濾過や火入れをいっさい行っていない酒という意味だ。たしかに、しぼりたての酒はフレッシュ感があり、火入れすると安定とひきかえにフレッシュさは消える。また、活性炭濾過により味や香り、色の成分も一部失われる。とはいえ、濾過も火入れも酒質を安定させ、常温での流通を可能にするために行われていること。しなければ劣化リスクは格段に高くなる。無濾過生酒は、冷蔵保存での流通が基本だ。

寝かせることで日本酒はよりおいしくなる

吟醸酒や大吟醸酒は冷蔵貯蔵されることもある。

日本酒の一部は例外的に「しぼりたて」「荒走り」といった季節の商品名で冬の終わりから春にかけて出荷されるが、大半の日本酒は通常、しぼった後に数ヶ月間、調熟させてから瓶詰めされる。

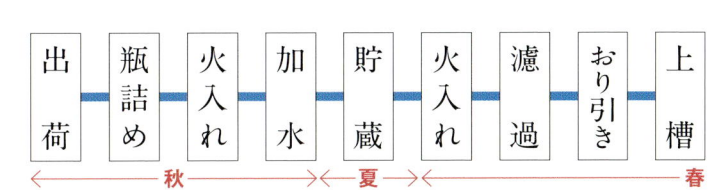

しぼりたての酒は角が立っているが、数ヶ月経ち、熟成がすすむと丸くなり、味がのってくる。ただ、そのメカニズムは完全には解明されていない。

日本酒の貯蔵は通常、蔵の中のタンクで行うが、土蔵や洞窟、廃坑になった炭坑や海底坑道、変わったところでは海中貯蔵などを行う蔵もある。どれも、年間を通じて気温が一定しており、紫外線が入らない場所だ。日本酒は、直射日光や急激な温度変化に敏感に反応する。どんなにいい酒であっても、劣化すれば価値はなくなる。上手に寝かせた酒を味わうのは格別だ。

上槽	おり引き	濾過	火入れ	貯蔵	加水	火入れ	瓶詰め	出荷

春 → 夏 → 秋

上槽から出荷まで、酒の種類によって多少の違いはあるが、左のような順番で火入れや濾過、貯蔵が行われる。季節についてはおおよその目安。

蔵の中で特別製甕を使い貯蔵を行う月の桂。壮観である。

年間平均10度の洞窟熟成を行う島崎酒造。

喜久水酒造は煉瓦造りの鉄道トンネル（廃線）で貯蔵を行う。

49

意匠の巻
ラベルの表の顔と裏の顔を知る

日本酒の表ラベルには法律に定められた必要記載事項がある。必要事項は(1)原材料名、(2)製造時期、(3)火入れしていない酒は保存や飲み方の注意、(4)輸入の場合は原産国名、(5)外国産清酒使用の場合はその原産国名と使用割合の5つ。また、製造者の氏名または名称、製造場の所在地(記号も可)、容量、清酒の文字、アルコール度などが必要だ。

また、所定の要件（12ページ参照）にあてはまれば、吟醸酒、大吟醸酒、純米酒、純米吟醸酒、純米大吟醸酒、特別純米酒、醸造酒、特別本醸造酒の8つの特定名称を表示できる。

要件を満たせば表示できる任意記載事項もある（右下参照）。

表示指定には禁止事項もある。「最高」「第一」「代表」といった、業界で最上級を意味する用語（自社製品に比較対象がある場合のみ「極上」「優良」「高級」などは可）。官公庁御用達などと類似する言葉も不可だ。

「吟醸香のする酒」「米主体の酒」といった、特定名称とまぎらわしいような用語も禁止である。ただし、特定名称に該当しないという説明が、ある程度の文字サイズで入っていればよい。

その他、輸出向けの日本酒には別に定められた事項や相手国の表示基準を満たす必要がある。

ラベルの見方

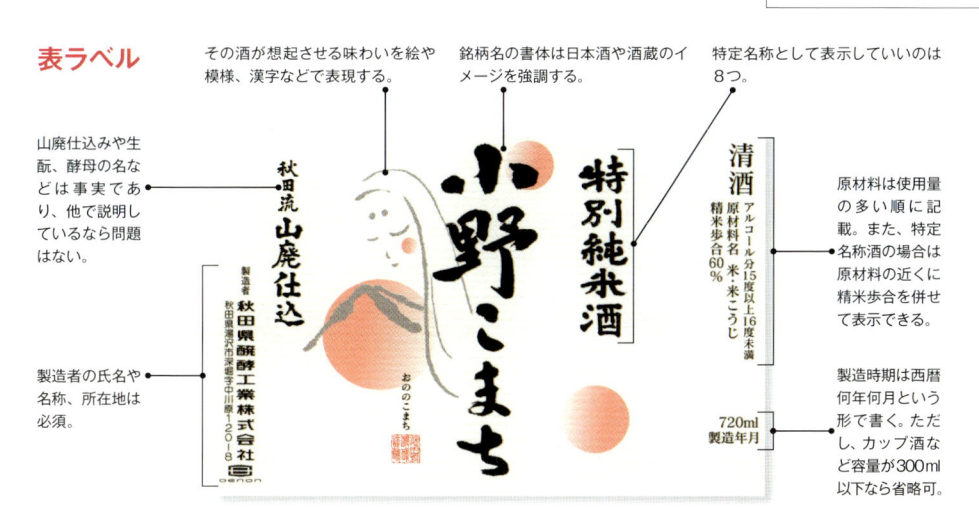

表ラベル

- その酒が想起させる味わいを絵や模様、漢字などで表現する。
- 銘柄名の書体は日本酒や酒蔵のイメージを強調する。
- 特定名称として表示していいのは8つ。
- 山廃仕込みや生酛、酵母の名などは事実であり、他で説明しているなら問題はない。
- 原材料は使用量の多い順に記載。また、特定名称酒の場合は原材料の近くに精米歩合を併せて表示できる。
- 製造者の氏名や名称、所在地は必須。
- 製造時期は西暦何年何月という形で書く。ただし、カップ酒など容量が300ml以下なら省略可。

裏ラベル

- 特定名称と酒の名前を表示する（決まりではない）。
- 秋田流・山廃仕込みしている。これで表ラベル表記可。 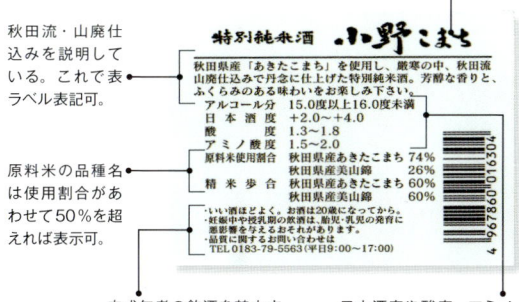
- 原料米の品種名は使用割合があわせて50％を超えれば表示可。
- 未成年者の飲酒を禁止するよう注意を喚起する表示は裏でも可。だが、ある程度の文字サイズが必要。
- 日本酒度や酸度、アミノ酸度といった表示は、必須ではないが、事実であればもちろん表示可。

任意記載事項

以下については、それぞれの要件に該当する場合は表示できる。
①原料米の品種名　表示しようとしている原料米の使用割合が50％超えていれば、山田錦100％というように表示できる。
②清酒の産地名　その産地のみで醸造された場合。異なる産地をブレンドした場合は不可。
③貯蔵年数　1年以上貯蔵の場合。
④原酒　水を加えていない場合。仕込み時の1％未満の加水は可。
⑤生酒　いっさい熱処理していないとき。
⑥生貯蔵酒　出荷時のみ熱処理したとき。
⑦生一本　単一の製造場だけで醸造した純米酒に限り、許される。
⑧樽酒　木樽で熟成し、木香がついたもの。販売時は木製容器でなくてもよい。
⑨極上、優良、高級　本文参照。
⑩受賞等の記述　公的機関の受賞のみ可

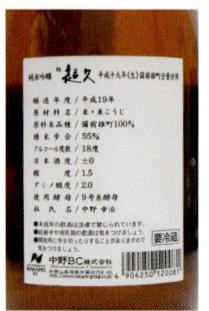

ラベルで日本酒の味はどこまでわかるのか？

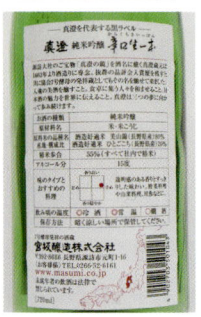

裏ラベルの書き方は本当にさまざま。使用している米の銘柄や仕込み水、その酒の色味などまで書いてあるラベルもある。

その日本酒がどんな味なのか、ラベルだけですべてを知ることはほぼ不可能だ。だが、「裏ラベル」には、味に関するヒントがある。その最たるものが、日本酒度、酸度、アミノ酸度だ。

日本酒度とは水の比重を「0」としたときの日本酒の比重を表す数値で、一定温度にした日本酒に日本酒度計という浮標を浮かべて計る。ゼロよりプラス方向になるほど辛くなり、マイナス方向になるほど甘口になる。

酸度は文字どおりコハク酸や乳酸などの酸の総量で、酸が多いと辛口の傾向が強く、酸が少ないと淡麗で甘口の酒に感じる。

アミノ酸度は酒中のアミノ酸の量で、一般に多いほど旨味とコクのある味となり、少ないと軽くなる。ただし、どの数値も、おおよその味の目安なので注意が必要だ。

また、日本酒度や酸度、アミノ酸度ほど表記例は多くないが、甘辛度や濃淡度もあれば味の指針になる。これらは日本酒度と酸度を用いて出す値だ。濃淡度は、大きいほど淡麗となるのが一般的だ。数値のほか、裏ラベルによく書かれているのが、適性温度や相性のよい料理例などだ。その酒を造った蔵元の思いが詰まっているといってもよいだろう。

とはいえ、ラベルの表記だけでは、本当のところはわからないのが日本酒だ。ラベルを見てピンとくるものがあったら、まずは飲んでみてほしい。

平成19年度の清酒の成分の平均値

	アルコール分	日本酒度	酸度	アミノ酸度	甘辛度	濃淡度
一般酒	15.35	3.2	1.21	1.30	−0.11	−0.90
吟醸酒	15.81	4.3	1.32	1.31	−0.34	−0.73
純米酒	15.37	3.7	1.52	1.65	−0.51	−0.34
本醸造酒	15.53	4.7	1.30	1.42	−0.35	−0.79

純米酒は酸度、アミノ酸度ともに高く、豊潤でしかも辛口な酒が多いことがわかる。一方、吟醸酒や本醸造酒は淡麗辛口な傾向が強い。

52、53ページのデータはすべて国税庁鑑定企画官室「平成19年度全国市販酒類調査の結果」より

日本酒の味は今、どうなっているの？

平成19年度の各県の甘辛度・濃淡度（平均値）

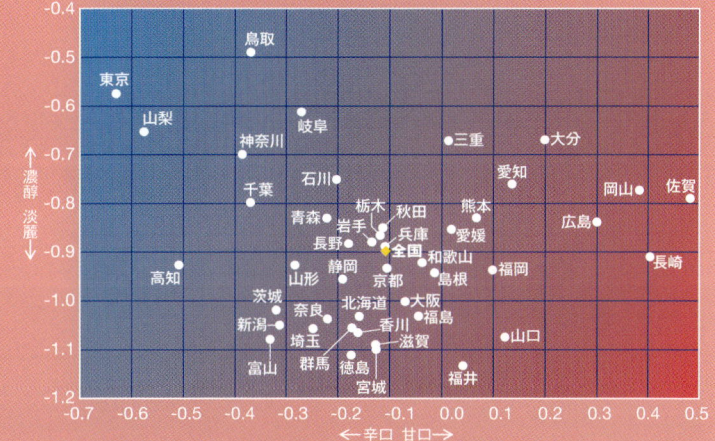

(注)「宮城県」「鹿児島県」「沖縄県」は表示していない

酸度の経年変化

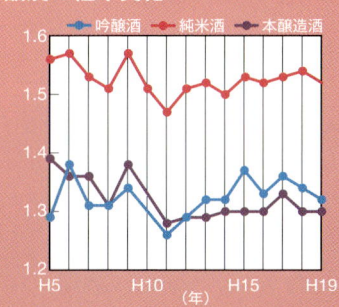

アルコール分の経年変化

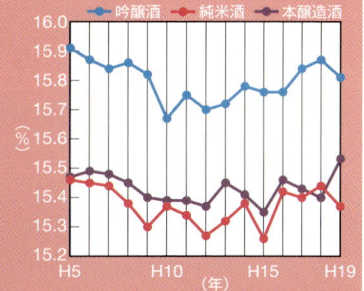

アミノ酸度の経年変化

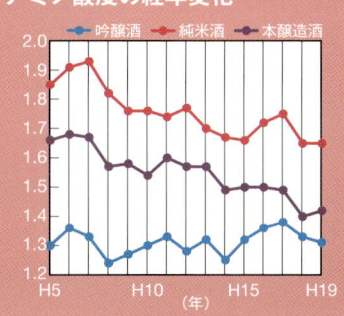

日本酒度の経年変化

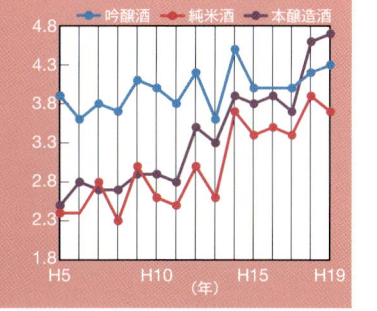

よく淡麗辛口という言い方があるが、数値的には、日本酒度とは逆に甘辛度がマイナスで、濃淡度がよりマイナスな酒が淡麗辛口となる。淡麗辛口といえば新潟が有名だが、数値的にも裏付けられている。ほかに、富山や埼玉、茨城などの酒も淡麗辛口であり、濃い口で甘い酒はあまり多くない。一方、濃醇で辛口な酒はそれなりに多く、東京、山梨などである。

ちなみに、日本酒度は年々辛口傾向にあり、辛口志向が強まっていることがわかる。ただ、酸度やアミノ酸度は以前の急速な下降に比べれば下降は収まってきており、生産地の違いだけでなく、時代によっても味の流行が変化するといえるだろう。

日本酒
変わりボトル
コレクション

天領盃
スーパーボトル
酒造のタンクをそのままスモール化。本醸造酒。蔵出しの鮮度のまま味わえる生原酒。
720ml　1360円
天領盃酒造

八海山
純米吟醸&吟醸
ひょうたんびん
山田錦などで醸したすっきりタイプの酒。銀が吟醸酒で金が純米吟醸酒だ。各180ml　金570円、銀500円　八海醸造

スパークリング
はじける 上善如水
缶の中で二次発酵させた微発泡性。さっぱりした味わいで、のどが乾いたときにぴったり。毎年春から初夏の限定品。180ml　315円　白瀧酒造

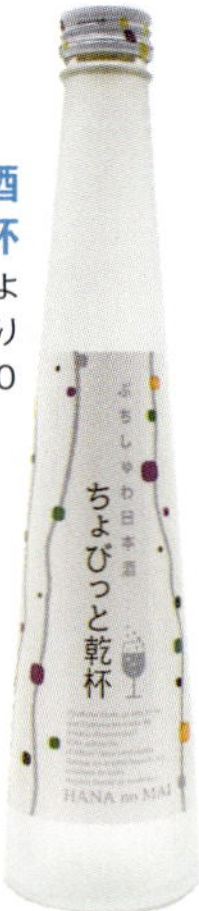

ぷちしゅわ日本酒
ちょびっと乾杯
純米の微発泡酒。甘さとほどよい酸味が特徴。メロン果汁入りのタイプもある。300ml　680円　花の舞酒造

泡々酒&花泡々酒
ブルーはほんのり甘い純米発泡酒。これにローズヒップとハイビスカスを加えたものが花泡々酒。各180ml　青420円、赤525円　丸本酒造

一ノ蔵
発泡清酒
すず音
涼しげな味わいの発泡清酒。低アルコール酒なので酒の弱い人にもおすすめ。
300ml　750円
一ノ蔵

賀茂鶴　蜃気楼
天然美発泡うすにごり純米酒
ごく微発泡のきめ細やかな泡が心地よい。さっぱりとした飲み心地。
250ml　525円　賀茂鶴酒造

四季の純米吟醸デザインボトル

季節ごとの限定品。左から春の舞（2月下旬発売）、夏の戯れ（4月下旬発売）、秋の水面（9月中旬発売）、冬のさんぽ（11月上旬発売）。各240ml 466円 招徳酒造

カップ酒コレクション

さまざまなデザインのカップ酒が登場している。限定品も多いのでコレクションするのも楽しい。

にゃんカップ
純米吟醸。いくつかバージョンがある。180ml 300円 志太泉酒造

タイガースカップ
広島の亀齢酒造からは赤ヘルカップも。180ml 231円 白鷹

長者カップ
新潟、小千谷名物の錦鯉が描かれている。200ml 199円 新潟名醸

さるぼぼカップ
久寿玉の純米酒。絵は高山のさるぼぼ。180ml 305円 平瀬酒造店

ひとはなぐらす
吟醸。グラスの口が薄い作りのスグレモノ。120ml 315円 沢の鶴

バンビカップ
特別純米酒。青バンビカップも（舟木酒造）。180ml 260円 秋鹿酒造

パンダカップ
純米酒。同じパンダで柄違いの普通酒もある。180ml 231円 御代桜醸造

千代紙カップ
特別純米酒。ネット限定。千代紙は多数ある。180ml 290円 花盛酒造

合掌の里カップ
飛騨のにごり酒。とろっとした味わい。180ml 350円 蒲酒造場

カップ酒デザイン缶
特別純米酒生貯蔵酒。他に、ふくろうタイプも。180ml 290円 男山酒造

ずーっと好きでいてください
梅錦の本醸造酒。吟醸は茶が基調。130ml 240円 梅錦山川

初花吟醸カップ
初花の吟醸酒が詰められている。180ml 368円 金升酒造

蔵の24時間

酒造りを行う蔵はほぼ24時間動いている。早朝の蒸し米から始まり、真夜中の麹の積み替えまで、蔵のあちこちで同時進行で酒造りは行われる。神奈川県海老名市にある泉橋酒造を取材し、酒造りの実際をとらえてみた。

早朝、前日に洗米、浸漬を済ませた米を甑に移す。

早朝から蔵は動き出す

蔵の朝は早い。蔵人たちは朝5時半には仕事場に出揃う。寒造りが基本の日本酒蔵に、人間用の暖房設備はない。蔵の中は底冷えするが、蔵人たちの身繕いは意外と軽装だ。それは力仕事が多いからだ。クレーンを使っても、準備した米を甑（こしき）に移すだけでひと仕事だ。

米が蒸し上がる前に、済ませておく仕事は多い。たとえば、麹造りは3日ほどかかるが、蒸米の引き込み（蒸し米を冷ましてから麹室に運び込む）をする前に、2日目の麹を麹蓋に盛り、3日目の麹蓋を積み替え、出麹（でこうじ）を済ませなければ麹室のスペースが確保できないからだ。

他にも、午後に行う酒質検査の醪を専用のロートに入れたり、仕込みの準備をしたりと、蔵人たちに休む間はない。

酒質検査するための醪を濾過するには7〜8時間かかる。

蔵の一日が動き出すとき、空はまだ暗い。

酒母と水の入った添タンクに麹を入れ、今日の仕込みの準備をする。1日目は小さいタンクで仕込む。

麹蓋はでき上がる前に何度も積み替えられる。

朝食は蔵人全員一緒に取る。酒造りは共同生活の調和だ。

麹菌が繁殖し始めた米をほぐした後、麹蓋に盛っていく。

↑蒸し米の重量は酒造りの重要なデータだ。
→蒸気でけむるなか、蒸し米を運ぶ作業は重労働だ。

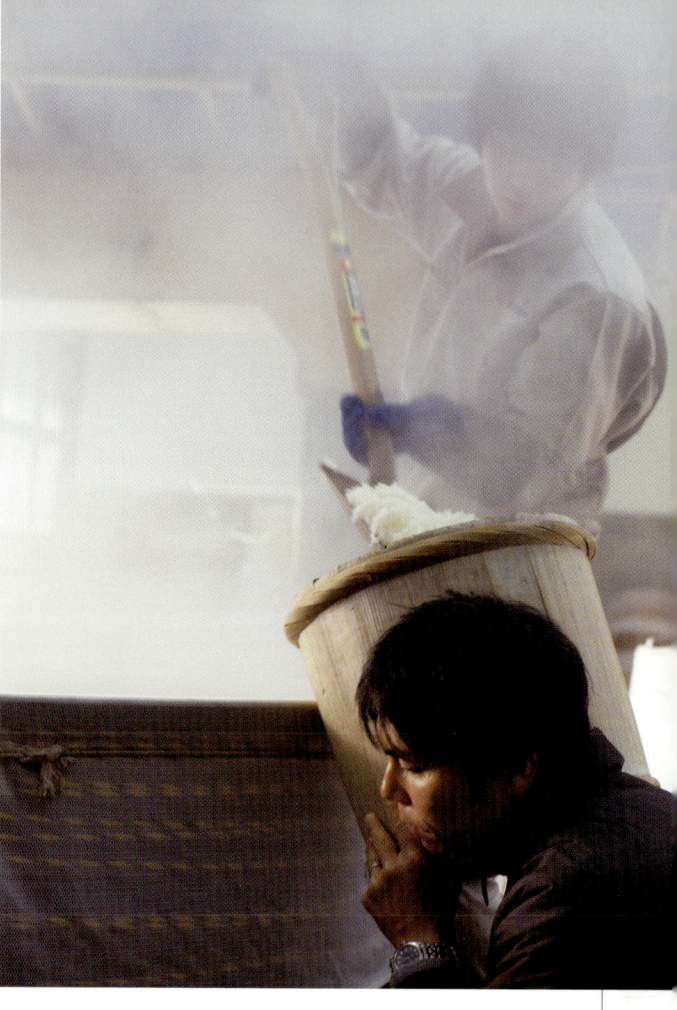

蒸し米は一刻を争い、運ばれる

 蒸し釜に点火されるのは朝6時20分ごろ。40分で全体に蒸気がゆきわたると、約50分ほどで米は蒸し上がる。朝食を終えた蔵人たちが戻ってくるころには、蔵の中は湯気で白く曇り、一寸先も見えないほどだ。

 蒸し上がった米は、専用のスコップを使って木桶に入れられて、重さが量られる。もうもうと白くけむる蒸し米はかついで運ばれる。真冬とはいえ、蒸し米の蒸気もあり、蔵人たちの額には汗が光る。

 計量の後は、さらしをしいた台の上に広げて一定温度まで冷まされる。泉橋酒造では蒸し米は、仲（なか・3日目の仕込み）や留（とめ・4日目の仕込み）用の米以外は人力で運ばれる。高精白の米がつぶれたりしないよう、常に米の状態に細心の注意を払う。

 麹用、酒母用、仕込み用と、蒸し米の用途はひとつではない。蔵では数種類の酒を同時進行で造るため、精米歩合や品種の異なる米を一緒の甑の中で蒸す。ちなみに、米は仕切り布で区分けされ、下から順に低精白の米、麹用、高精白の米の順に置かれる。

蒸し終わった米は
すぐさま冷まされる

冷却には放冷機を使う方法もあるが、泉橋酒造では一部をのぞき、昔ながらに布の上にやさしく広げて自然の冷気で冷ます。

もっとも冷たい蒸し米を入れ、深く手を入れて大きくかき混ぜる（写真は酒母の仕込み）。

添（1日目の仕込み）に使う蒸し米は、エアシューターを使わず、手で運ぶ。

仲、留用の蒸し米は、エアシューターを使ってタンクの中に入れていく。

放冷されて運ばれた蒸し米を、まんべんなく麹菌がつくように、ほぐしながら広げていく（ひも状のコードは電子温度計）。

3日目の麹。出麹前に麹を広げてほぐし、「枯らし」のために麹室から出す。

杜氏が麹菌をばらばらと蒸し米の上にふりかける。

米を冷ます合間に（3日目の）麹蓋を積み替える。

麹菌をつけた蒸し米を盛り上げ、保温用の布をかぶせる。

分業で進んでいく蔵の作業

杜氏というと、蔵で働く人すべてを指す言葉と勘違いする人もいるが、杜氏は酒造りの最高責任者を指す。蔵では杜氏の下、杜氏の補佐をする頭、麹造りの責任者である麹屋、酒母造りの責任者である酛屋、洗米と蒸しの専門家である釜屋、上槽を担当する船頭などとその助手たちが働いている。蔵によっては、麹屋の助手である相麹や活性炭濾過を担当する炭屋を置いている。泉橋酒造では、杜氏の下に頭、麹屋、酛屋、釜屋の4人が働く（船頭は酛屋が兼任）。杜氏はこれらの専門職人を統率して酒造りを進めていく。

取材した日の午前中は、蒸し米の仕込みが終わった後、杜氏と麹屋は麹室での作業を行い、釜屋は甑の後始末、頭と酛屋は酒袋に醪を入れる作業をしていた。酒造りにはさまざまな工程があり、日により作業は異なるが、全てがひとりでは造れない。それぞれの役割を時間どおり確実にこなすことが、よい酒造りの必須条件なのだ。

麹室から出た麹は一昼夜乾燥させる。

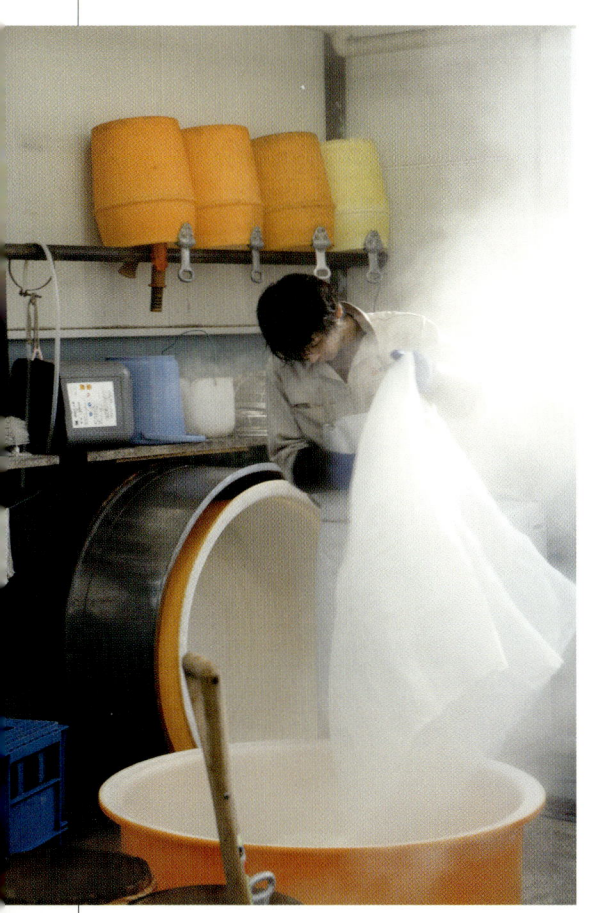

作業の合い間に、米を包んでいた布を熱湯で洗う。

絞り袋に丹念に醪を詰めていく。

すべてが計算された洗米

昼食後、明日の蒸し米に備えて洗米（せんまい）が行われる。洗米はごはんを炊く前の米とぎと同じような行為を想像するが、酒造りにおける洗米は壊れやすい米粒を相手にするだけに神経を使う繊細な作業だ。

米を洗う時間、水に漬ける時間は秒単位で決められている。米の品種によって洗う時間が違い、同じ品種でも精米歩合が違えば米の吸水率が変わるため、洗米、浸漬（しんせき）時間も異なる。計算どおりの吸水率にすることがよい蒸し米を造る。吸水の狂いは、後々の工程に影響を及ぼす。

細心の注意をはらったうえに、吸水後の水を切った米の計量では誤差0.2％以下という数値をたたき出す。それは長年のデータ集積と分析ゆえのことだ。

泉橋酒造では麹に使う以外の洗米は、水流の渦を利用した洗米機で行う。

洗った米は走って水切り場に運ばれる。

麹で使う米は手で洗う。みなで数を数え、米を洗う時間を合わせる。

添タンクから
発酵タンクには
桶でひとつひとつ
手作業で運ばれる

約1時間かけて、添タンクから仕込み用の発酵タンクに醪を運ぶ。これも洗米と同じく午後に蔵人総出で行う作業だ。

1杯1杯丹念に運んでいく。

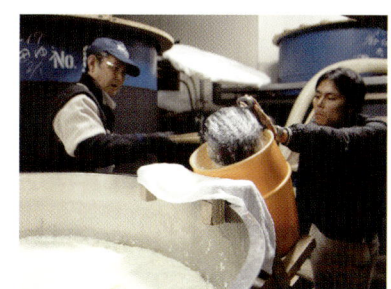

桶で運ぶのは気の遠くなるような作業だ。

仕込み用の発酵タンクは2階分の高さがある。

早朝に仕込まれた醪は午後には濾過され、計測される。

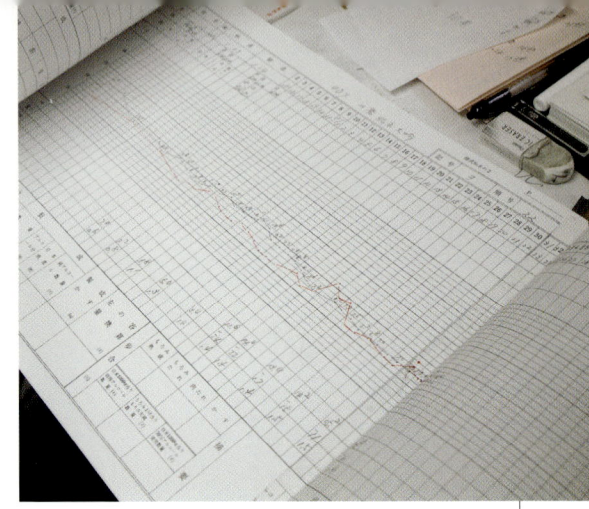

数値の変化はグラフ化してていねいに書き込まれる。

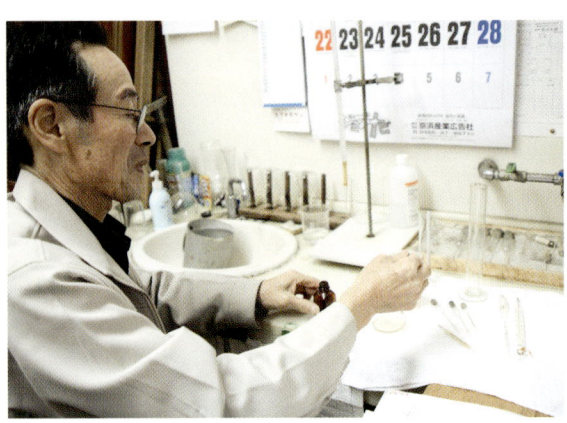

まるで理科の実験のように酒質検査を行う杜氏。

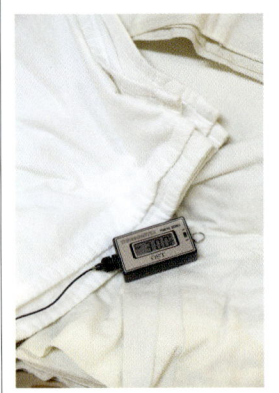

その日の天候によっても麹造りは変わる。温度管理にハイテク機械も使う。

蒸し米を何度まで冷ますかは、その後の酒造りのさまざまな場面に強く影響する。

日本酒は山勘ではできない

蔵人たちが、洗米などを行っている間、杜氏は休んでいるわけではない。蔵の一角にある検査室で、醪（もろみ）の成分を検査する。醪の中のアミノ酸度や日本酒度などを計り、醪の今の状態を把握することが目的だ。

杜氏にとって、醪をしぼる時期の決定は腕の見せどころだが、その重要な判断材料となるのが、毎日行う酒質検査といえる。

日本酒はやみくもにできるものではない。だからこそすべての「数値」を計り、計算し、記録することで、複雑かつ繊細な味わいが生まれる。蒸し米、醪の温度や麹の温度も含めて、数値のチェックは日本酒造りの重要な鍵であるといえるだろう。

64

蔵は日々清潔に保たれる

どの蔵でも、食べ物である酒を扱っているゆえに、衛生には細心の注意を払う。江戸の昔から蔵に入るとき蔵人は草履を履き替えたというが、それは現在も変わらない。土足は禁止で、専用の履きものに履き替える。床は常に水洗いされ、ほこりや泥はない。日本の酒蔵は清潔第一が大原則なのだ。

酒造りに使われる道具も、使った後は釜に残っている熱湯で洗い、干す。洗米に使う布や麹蓋、まえかけなど、さまざまなものを丸洗いする。

最後に釜も毎日きれいに洗う。釜のお湯を抜き、ホースで水洗いした後、釜の中に入ってブラシで徹底的に洗う。再度水を流し、釜に水を張る。その後、クレーンを使って洗い終わった甑(こしき)をセットし、明日の蒸し米に備える。

釜に水が張られた状態。真っ青に澄み、水のよさが伺える。

麹蓋は専用の竹のささらを使ってひとつひとつていねいに洗った後、熱湯消毒する。

午前中に洗って干してあった洗米用のかごに布をかぶせていく。

天気のよい日ではなくても蔵にとっては毎日が洗濯日和。蔵の前にさまざまなものが干されている。

櫂入れは1日に何回も繰り返される

酵母と醪は蔵の中で生きている

酵母や醪は日々発酵が進み、姿を変えていく、さかんに活動する生命体である。そのため毎日の丹念な世話が必要になる。その代表的な作業が櫂入れだ。木の棒（櫂）を使い、酒母や醪をかき混ぜ、空気を入れ、酒母や醪が均等に混ざるようにする。ゆっくり櫂を出し入れする様は、一見優雅そうに見えるが、実はかなりきつい作業だ。とりわけ初期の醪は簡単にかき混ぜられるものではない。

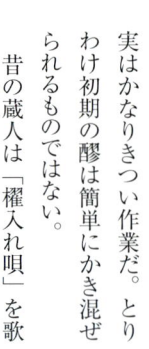

昔の蔵人は「櫂入れ唄」を歌いながら櫂入れをしたが、これは歌でリズムをとる、歌で櫂入れの時間と回数（1タンクで100回の場合もある）を計る、眠気覚ましなどの意味があった。

ある程度機械化されたといっても、櫂入れは手作業以外の方法はなく厳しい作業であることは現在も変わらない。

水と麹を混ぜたものに蒸し米が溶けるよう、酒母も櫂入れする。

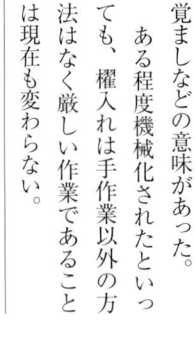

蔵ではさまざまな人々が働いている

酒造りだけが蔵の仕事ではない。火入れや洗瓶作業、瓶詰め、ラベル貼り、出荷の手はずを整えるなど。泉橋酒造では自社精米をしているので、これも重要な仕事だ。酒造りの約5ヶ月間、蔵の住居に住み込む蔵人たちの三度の食事を作る、賄い仕事もある。1本の日本酒には何十人もの人が関わっているのだ。

白い半透明の紙をかぶせるのもひとつひとつ手作業だ。

泉橋酒造ではラベルはすべて手貼りしている。

火入れされた酒を冷やす作業もある。

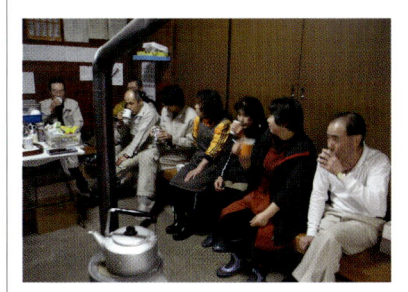

休憩場。杜氏を中心になごやかなひとときを過ごす。

精米作業は酒造りが始まる約1ヶ月前からスタートする。

盛り上げた状態で10時間ほど置かれた麹はかたまっている。これをばらばらにほぐしていく。

切り返し後、布に包んだ状態で枠の中に入れる。これは皆で力を合わせて行う。

蔵の一日は切り返しで終わり、夜は更けていく

夕食後も、蔵人の作業は続く。

朝盛り上げた状態で布をかぶせてあった麹は、かたまっており、このままでは麹菌が均等に繁殖しないので、この米を1粒1粒ばらばらにしなければならない。この米をほぐすことを切り返しといい、力がいる上に、蔵人総出で30分以上もかかる大仕事だ。

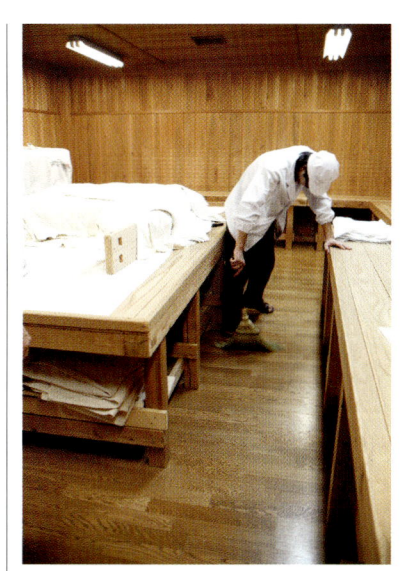

作業の最後は掃除。こうして麹室も清潔に保たれる。

切り返しが終わって枠に入れられた米は再び布をかぶせて保温される。

蔵の主なタイムスケジュール

5:15	起床
5:30～7:00	蒸し米の準備
	蓋に麹を盛るなど
7:00～8:00	朝食
8:00	米の蒸し上がり
8:00～10:00	蒸し米を仕込む
10:00～10:30	休憩
10:30～12:00	出麹、上槽の準備など
12:00～14:00	昼食＆休憩
14:00～15:00	杜氏　酒質を分析
	洗米、醪のタンクを替えるなど
15:00～15:30	休憩
15:30～17:00	釜の湯を捨て、新しい水を張る
	甑をセットする
	醪と酒母に櫂を入れる
17:00～18:00	夕食
18:00以降	麹の切り返し＆仲仕事
	（日により時間は違う）
夜中	麹蓋の積み替え

深夜も蔵は動いている

　切り返しが終わっても、蔵は眠らない。日により時間は違うが、麹蓋に入れられた麹を広げてよく混ぜ、広めにまとめる作業（仲仕事という）や、麹蓋の積み替え作業（夜中に2～3回は行う）がある。蔵によっては、発酵タンクの様子を見回らなければならない。まさに24時間、蔵は眠らないのだ。

麹を広げるのは空気を入れて、温度を下げるため。

酒蔵の構造

蔵の内部がどうなっているかは、日本酒好きなら誰もが知りたいところ。蔵により大小はあるが、基本的な要素は大きく変わらない。泉橋酒造を例にとって、蔵の内部構造に迫ってみた。

酒母室（しゅぼ）

酒母タンクが置いてある場所が酒母室である。酒母タンクは発酵タンクよりかなり小さい。このなかで、酵母が働き、酒母はゆっくりと成長していく。

作業場

中心に米を蒸す甑がすえられている作業場。洗米したり、蒸し米を冷却したりと、水を使う作業はすべてここで行う。いわば、蔵の作業の中心部だ。

製麹室（せいきく）

いわゆる麹室といわれるのがここ。麹を造る場所だ。常に乾燥した状態で、温度は36℃近くに保たれる。真冬の蔵の中で唯一暖かい場所だ。

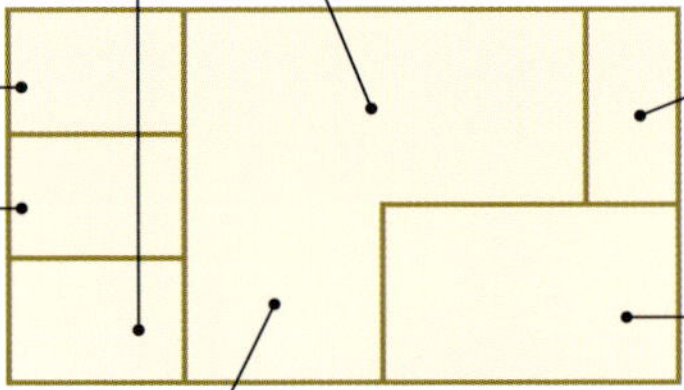

微生物管理室

酵母菌の培養などを行うのが、微生物管理室だ。最近は協会系酵母や地方自治体が開発した酵母のほか、自家酵母を扱う蔵も増えてきた。

上槽室

作業場の一角には上槽用の槽（ふね）がある。泉橋酒造では基本的にこの槽でしぼっているが、機械でしぼる蔵も多い。

仕込み用の発酵タンク室と貯蔵タンク室

奥に仕込み用の発酵タンクが、手前に貯蔵タンクが置いてある。部屋が別々の蔵も多い。新酒をのぞき、しぼられた酒は半年ほど寝かせられる。

蔵には他にこんな施設がある

日本酒造りを行う場所以外に、瓶詰め作業やラベル貼り作業を行うところや、精米器が置かれているところなどがある。最近は自家商品の直売所やレストラン、ショップなどを併設する蔵も増えてきた。

- 日本酒のほか、味噌や酒粕なども販売している。
- 瓶詰めを行う場所。
- 精米所。だいたい、蔵とは別棟になっている。

70

酒蔵の一年

酒造りが行われるのは11月から翌年3月までの約5ヶ月間だが、酒蔵は365日稼動する。1年間に行う作業の数々を紹介しよう。

- 1月 ┐
- 2月 ├ 日本酒造り
- 3月 ┘ → 新酒発売
- 4月 ┐ 田植え
- 5月 ┤ 味噌作り
- 6月 ┤ → 生酒発売
- 7月 ┤ 梅酒仕込み
- 8月 ┤
- 9月 ┤ 稲刈
- 10月 ┤
- 11月 ┐ 日本酒造り
- 12月 ┘ → にごり酒発売

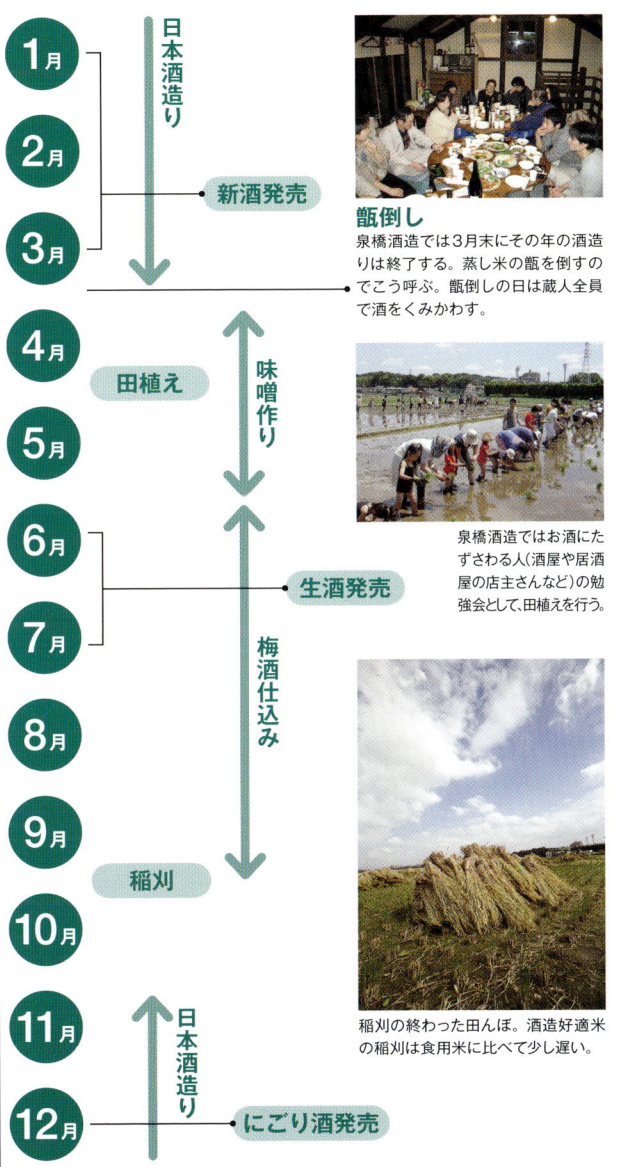

このスケジュールは泉橋酒造の場合です。

甑倒し
泉橋酒造では3月末にその年の酒造りは終了する。蒸し米の甑を倒すのでこう呼ぶ。甑倒しの日は蔵人全員で酒をくみかわす。

泉橋酒造ではお酒にたずさわる人(酒屋や居酒屋の店主さんなど)の勉強会として、田植えを行う。

稲刈の終わった田んぼ。酒造好適米の稲刈は食用米に比べて少し遅い。

酒蔵の商品は定番品に加えて季節限定品も取り扱う。写真は通年販売している定番の商品だ。

できたばかりの新酒。にごり酒は冬場の商品だ。

酒粕や味噌なども取り扱っている。酒粕はもちろん酒造りの副産物。味噌は6〜9月に仕込んだもの。

Column

日本酒の歴史
口嚼ノ酒から僧坊酒へ。一千年前の日本酒

菩提酛は奈良の酒蔵13社が共同研究し、1999年に復活した。毎年1月に正暦寺で菩提酛の仕込みを行っている。(写真は左上)酒質検査の様子。(右上)菩提酛の酒母は小分けにされて各蔵に運ぶ。(右下)菩提酛の醪。

米から造った酒がいつ頃から日本に存在するか、はっきりしたことは実はわかっていない。

米を原料とする酒が確実にあったことを示す記録が登場するのは8世紀初めのことだ。米を噛んで吐き出し、唾液に含まれる酵素で発酵させる、いわゆる口嚼ノ酒（くちかみのさけ）を造る村の記述が、「大隅国風土記」にある。また、携行食だった糒（干し飯・干したご飯）が水に濡れてカビが生え、そこから酒ができて飲んだという記述もある（「播磨国風土記」）。

同じ頃、朝廷でも酒造りが行われていた。これは米と麹と水を甕に入れて10日ほど発酵させるものだった。それから約100年後、「延喜式」にある酒造りは、現代の段仕込みの元となる製法が書かれている。

その後、寺院で造られる僧坊酒も高い評価を得て、寺社の財源となっていく。奈良の寺院が造った南都諸白（なんともろはく）が有名で、これは当時主流だったにごり酒ではなく、現在の清酒に近い透明な酒だった。本書でも紹介している、奈良の正暦寺で造られていた菩提泉もその一つで当時から存在した。

いわゆる造り酒屋的な家業が登場するのは鎌倉時代に入ってからのことである。現在の清酒により近い酒が産業として隆盛に向かうのは江戸時代前期以降、醸造業が免許制になったのは17世紀中盤のことだ。

写真提供：かぎろひの大和路

第2章 日本酒を味わう

日本酒の4つのタイプ

日本酒の重要なファクターは味と香り

4万種とも、5万種ともいわれる日本酒の中からどの酒を選ぶかは人それぞれ。「幻」のレア物に目がない人、広告で目にする大手酒造をこよなく愛する人、ふるさとの酒や、吟醸酒、純米酒といった酒の種類にこだわる人などと選択方法の幅が広い。多彩な日本酒の中から好みの酒をどうやって探し当てるかは、酒飲みなら誰しもが抱える、うれしい悩みである。

昔の日本酒は醇酒タイプが主流だったと推測される。安藤徳兵衛筆「大日本物産図会 摂津国伊丹酒造之図」（早稲田大学図書館蔵）

現在、全国には約1600の酒蔵と多数の銘柄があり、商品として流通している日本酒の数は4万〜5万種類にのぼる。醸される土地の風土や水、食の嗜好や人の気質が反映し、多彩な日本酒が生み出されている。酒好きであるなら日本酒のタイプを知り、自分好みの酒を探り出すヒントにしたい。

日本酒は同じ銘柄の中でも使用米や製造方法が異なれば味わいは違う。純米酒、純米吟醸酒といった酒の種類さえも、精米歩合や原料などの規定を満たしたもので、香りや味わいには大きな差が生じる。純米酒だから大吟醸酒だからいはこうだ」とは一概に断言できず、大吟醸酒の中にも甘口もあれば、辛口もある。そんな、厄介さを抱えた日本酒を理解する目安が著者と日本酒サービス研究会・酒匠研究会連合会の考案した4つのタイプ分類である。日本酒の4タイプとは「薫酒（くんしゅ）」「爽酒（そうしゅ）」「醇酒（じゅんしゅ）」「熟酒（じゅくしゅ）」である。

日本酒の個々の特徴は舌で感じる味わいだけでなく、香りも重要な要素である。使用する酵母や酒造りの技法の違いよって花や果実、穀物などさまざまな香りが現れる。香りは味わいとともに、料理との相性や飲用温度にも大きな影響を持つ。そこで、味わいを横軸に、香りを縦軸にとり、華やかな香りが特徴の薫酒、軽快な味わいの爽酒、コクのある味わいの醇酒、複雑な香りと濃厚な味わいの熟酒に分けた。

4つのタイプそれぞれに相性のよい料理の傾向や飲用温度、適した酒器、その場に応じた楽しみ方がある。この4タイプを把握することによって、好みの味わいを発見し、その場にふさわしい日本酒選びをする助けになるように以下に詳述していく。

香りと味わいでわける日本酒の4タイプ

香りが強い、高い、華やか、複雑

薫酒 Kun-Shu	熟酒 Juku-Shu
爽酒 So-Shu	醇酒 Jun-Shu

味が軽やか、新鮮、透明感、爽やか、シャープ

味が濃い、多い、複雑、熟している、旨味が強い

香りが控えめ、奥ゆかしい、シンプル

淡麗辛口ってなんだろう

淡麗辛口とはそもそもどのような味わいを指しているのだろうか。

まず、「辛口」＝「甘口の逆」と捉えてみる。「甘味」とは麹がデンプンを糖化した余剰のブドウ糖などである。「甘くない」＝「甘味をあまり感じない」日本酒が辛口だが、糖分の多い少ないだけで甘口、辛口の差が生まれるわけではない。人間の舌は酸味と甘味のバランスで甘辛を認知する。酸味がしっかりあれば糖度が高くても「辛口」と感じ、酸味が少ないと糖度が低くても「甘口」と感じる。淡麗とは糖分や酸、アミノ酸の量が少ないため、味わいが軽くさらりとしている状態である。まとめると、淡麗辛口とは「あっさりとして甘くない酒」であるといえる。

熟酒 (じゅくしゅ)

熟成した複雑な旨味の存在感

練れた香りと豊潤な味わい

代表的なタイプ 古酒や秘蔵酒。

色 黄金色に輝く色合い。

香り 干した果物やスパイス、樹木、お香などの香りが豊かで、ナッツやキノコの香りが強い旨味を予想させる。

味わい 3年以上の長期熟成酒特有の重厚で豊潤な味わいがある。練られた旨味と甘み、とろみを感じる。日本酒の中でも高価で希少性が高く、未知の可能性と奥深さを感じられる。

香り 干した果物、稲穂、稲藁、ナツメグやシナモンなどのスパイス、のナッツ、マイタケやシメジなどのキノコ、メープルシロップ、はちみつ、チョコレートなど。

味わい とろりとした甘味によく練れた酸味が加わり丸く調和している。スパイスやナッツの香ばしさが、熟成した複雑な旨味とともに口の中に広がり、香りをともなう風味の余韻が非常に長い。

醇酒 (じゅんしゅ)

日本酒の原点。米の旨味がいきた王道酒

ふくよかな香りでコクがある

代表的なタイプ 純米酒。生酛や山廃系の日本酒が典型である。

色 淡く黄色がかってる。

香り 原料の米麹由来のふくよかで落ち着いた香り。

味わい 充実した旨味と、ほどよいミネラル味などの深みある味わいが特徴だ。温度の違いによってさまざまな変化をし、燗にすると旨味の複雑さとキレのよさが楽しめる。

香り ごはんの湯気や大豆、そば、餅、稲穂、竹、ブナ、カエデ、スギ、ナラ、伽羅、クレソン、ニンジン、大根、山菜、粉チーズ、ウエハース、ビスケットなど。

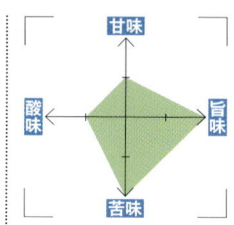

味わい 調和した甘味と酸味、心地のよいほのかなミネラル味はふくらみ感のある旨味と渾然一体となっている。とろりとした感触で充実した味わいを感じさせる。後味に力強さがあり、旨味の余韻が長く続く。

薫酒（くんしゅ）

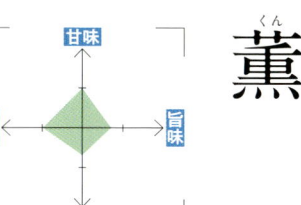

華やかな香りと爽やかな味わい

華やかな果実・花・ハーブの香りが広がる

代表的なタイプ 大吟醸酒、吟醸酒。精米歩合が高く、吟醸酵母を使用したタイプのものが多い。

色 無色から淡い色調。

香り 低温発酵による花や果実などの華やかで透明感のある香り、爽やかなハーブや柑橘類の香りを併せ持つ。

味わい 澄みきれいな味わいが特徴で、旨味成分が少なく後口がさらりとしている。

香り リンゴや梨、洋梨、メロン、バナナ、イチゴ、ライチなどの甘い果物や、エストラゴンやバジル、ミント、抹茶、ユーカリといったハーブなど。

味わい ほのかな甘味ととろみを感じるが爽快な味わいで、苦味や旨味が少なく透明感がある。華やかな含み香はあるが、余韻が短く、キレ味のよい印象になる。

爽酒（そうしゅ）

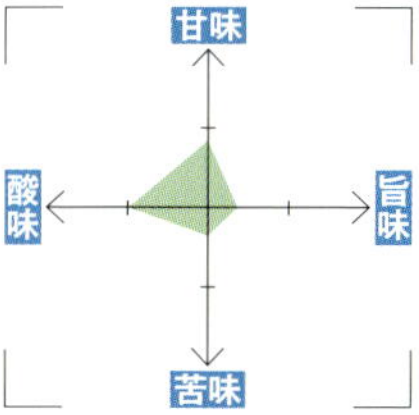

清楚な香りと軽快な味わい

フレッシュ感あふれるシンプルテイスト

代表的なタイプ 生酒や生貯蔵酒、本醸造酒、吟醸酒。低アルコール酒の中にもこのタイプにあてはまるものが多く見られる。

色 無色から淡い色調。

香り 控えめで、フレッシュ感がある。

味わい 酸味や苦味成分が少ないため、強く冷やしても清涼感を保つ。穀類を思わせる香りや熟成成分はほとんど感じられない。

香り ビワ、水梨、山桃、ブドウ、レモン、ライム、青リンゴ、チェリー、柚子、グレープフルーツ、桜の花、レンゲ、藤、岩清水、ゼンマイ、大根、三つ葉、青ウメ、松の葉など。

味わい さらりとした口当たりでアルコール感がなめらか。優しい甘味とフレッシュな酸味、岩清水のようなミネラル感が爽やかさを引き立てる清涼な味わい。旨味が少なくシャープな後口になる。

日本酒と料理の相性

米から造られた日本酒だからこそ食中酒にふさわしい

ワインは、料理に合わせるための方法論がほぼ確定している。だが、日本酒に関しては、「この料理にはこの日本酒がよし」といったことも意識していないのが現状だ。

料理との相性は含まれる香味成分の性質によって左右される。日本酒には一説によれば、香味成分が700種類以上が確認されており、ウイスキーの400種、ワインの600種類よりも多い。見た目の淡麗さに反して、味わいが複雑で厚みのある日本酒は、合わせられる相性の幅も広いといえる。

昔から日本酒はさまざまな料理と一緒に楽しまれてきた。喜多川月麿筆「志喜初の図 三浦屋内高尾座鋪乃躰」（たばこと塩の博物館蔵）

日本酒の一番の楽しさ、奥深さは料理と一緒に味わい、何らかの感動を呼びさましたときに現れる。世界に数あるアルコール飲料の中でも日本酒ほど各国の幅広い料理に対応できるものはないだろう。固定観念を捨て去り、さまざまな料理と試せば、経験したことのない取り合わせを発見する驚きと喜びがある。

日本酒の成分である水は料理の味わいを引きのばして、はっきりとさせてくれる。アルコールは食材の隠れた味を抽出し、油脂を溶かす力とタンパク質を柔らかくする力がある。甘味は食感をしっとりさせ、酸味は爽やかさとともに油脂を乳化させ、塩分をまろやかにする。旨味は料理の旨味と互いに引き立て合い、おいしさを倍増させて心地よいフレーバーの余韻を長くしてくれる。また、ミネラル類は素材のアクと渋味を相殺し、後味をきれいにする。ナッツやキノコを思わせる香りは焼いた料理の香ばしさをいかす。また、魚介類の生臭さを消し、素材の隠れた甘味を引き出す作用は世界のさまざまなアルコール飲料の中でもトップクラスだ。

和食には用いられないクリームやバター、チーズといった乳製品にもよく合い、まろやかな風味を醸し出す。

日本酒の香味成分は和食だけではなく、イタリア料理にフランス料理、中華料理、インド料理などあらゆるスタイルの調理法と調味料に合う可能性を秘めている。

相性がよいってどういうことだろう

料理とお酒の相性結果が「よい」場合には6つのパターンがある。①酒と料理が互いの相乗効果により風味が高まる場合。

OK

②酒と料理に潜んでいた第3の香りや味わいを引き出し合い、融合して新たな第3の風味を創る場合。これらが「マリアージュ」と呼ばれる現象である。その他に、③酒が料理を引き立てる場合、④口の中に残る料理の油脂が酒を洗い流す作用がある場合、⑤料理の素材の臭みを消して隠れた風味を感じさせてくれる場合。

⑥味の濃い料理の味を薄めながらわかりやすくし、さっぱりとさせてくれる場合などがある。

NG

料理と酒の相性が「よくない」と感じる場合には3つのパターンがある。①料理と酒の風味が複合、反発して苦味や渋味、舌触りの悪さといった不快な感触を生み出す場合。②酒または料理の生臭みや苦味などの欠点を引き出してしまう場合。③酒と料理の風味のバランスが悪く、酒か料理どちらか一方、または双方のおいしい風味や特徴を消し去る場合である。

熟酒 (じゅくしゅ)

練れた香りと豊潤な味わいを持つ熟酒タイプは個性がはっきりしているため、料理を選ぶ傾向がある。反面、ほかでは対応が難しい野生動物やコラーゲンを持つ魚介、味つけの濃い料理にも調和する。油脂の多い料理や香ばしい風味の料理、スパイスのきいた料理と相性がよい。

中 シュウマイ

その他に 北京ダック、ピータン、トンポウロウ、牛肉の細切りオイスターソース炒め、フカヒレの姿煮、コイの唐揚げ、甘酢あんかけ、チンジャオロース、麻婆豆腐など。

洋 ビーフシチュー

その他に ラムのステーキ、鴨のロースト、ローストチキン、フォアグラのソテー、ブルーチーズ、トリュフ風味の料理、牛テールシチュー、ミートソーススパゲティなど。

和 豚の角煮

その他に ウナギの蒲焼き、コイの甘煮、コイのあら煮、鴨のじぶ煮、牛肉八幡巻、猪鍋、味噌煮込みおでん、すき焼きなど。

タイプが違えば香りや味わいの違いがあり、合わせられる料理も変わる。つまみを考えるときは酒のタイプを知ってから選んでほしい。

醇酒 (じゅんしゅ)

ふくよかな香りとコクのある旨味と味わいを持つ醇酒タイプは、4タイプの中で最も料理との相性が多彩だ。発酵食品や風味豊かな食材に対応する強さがあり、クリームやバターなどの乳製品との相性がよい。とくに、旨味が強い食材や香ばしく焼いた料理とよく調和する。

中 焼き餃子

その他に エビのチリソース炒め、上海ガニ、八宝菜、酢豚、広東風焼きそば、焼き豚など。

洋 ハンバーグ

その他に ビーフステーキ、仔牛のカツレツ、クリームシチュー、鮭のムニエル、フライドチキン、ピザ、キャビア、エスカルゴ、ポトフ、キノコ類のソテー、シーフードグラタンなど。

和 タレの焼き鳥

その他に 豚肉と大根の煮物、筑前煮、肉じゃが、おでん、サバの味噌煮、ブリの照り焼き、キンキの煮つけ、酒盗、カニ味噌、牡蠣の土手鍋、豚カツ、味噌田楽、ニシン昆布巻、からすみや塩辛などの珍味など。

薫酒（くんしゅ）

華やかな香りと爽やかな味わいを持つ薫酒タイプは食前酒に向くが、はっきりとした香りがあるため料理を選ぶ傾向がある。甘味のある魚介類や繊細な食材に比較的相性がよく、素材の味わいをいかした料理や、各種の酢やハーブ、柑橘類を風味づけに使った料理と好相性を示す。

和　アサリの酒蒸し

その他に
えびしんじょ、生牡蠣のレモン添え、白身魚の薄造りポン酢かけ、ハモの湯引き梅肉和え、アナゴの白焼き、アユの塩焼きタデ酢つけ、ハマグリの酒蒸し、タラバガニの浜ゆで、白身魚の酒蒸し、山菜のおひたしなど。

洋　ラタトゥイユ

その他に
白身魚のムース、ホタテのワイン蒸し、シュリンプカクテル、シーフードサラダ、アボカドとエビのフルーツソース、ホワイトアスパラガスのボイル、マグロとトリュフのカルパッチョ、サーモンマリネとハーブのサラダなど。

中　バンバンジー

その他に
前菜、酢の物、ホタテとブロッコリーの炒め物、生春巻き、冬瓜のカニあんかけ、春雨サラダなど。

日本酒のタイプ別　相性のよい料理

爽酒（そうしゅ）

爽やかな香りと軽快な味わいを持つ爽酒タイプは、合わせられる料理の幅が広い。白身魚などのあっさりとした旨味を持つ食材を中心とした料理や、だしを使った豆腐などのさっぱりとした食材や野菜を使った清涼感のある料理、蒸しものにも適している。

和　そ ば

その他に
寿司、白身魚の刺身、若竹煮、蒸しガニ、冷や奴、湯豆腐、会席料理全般、だし巻き卵、茶碗蒸し、ふろふき大根、湯豆腐、牡蠣酢、車エビの塩焼き、ジュンサイ、生シラスのポン酢和え、おひたし、卯の花、稚アユの塩焼きなど。

洋　ロールキャベツ

その他に
野菜のテリーヌ、プレーンオムレツ、白身魚のワイン蒸し、バジリコ風味のスパゲティー、ワカサギのエスカベッシュ、シタビラメのムニエル、ホタテ貝のムース、スモークサーモンなど。

中　カニ玉

その他に
エビやカニのシュウマイ、イカの炒め物、小龍包など。

写真協力：デリス・ド・キュイエール川上文代料理教室、撮影：永山弘子

日本酒のおいしい飲み方

私たちは日本酒を居酒屋で楽しんだり、家での晩酌に飲んだり、少し寝酒にしたりとさまざまな場面で酒と触れ合う。その場に応じた日本酒の楽しみ方を知ればさらに味わい深いひとときが過ごせるだろう。

日本酒の正しい保存方法

ポイント 1　光

日本酒は光、とくに紫外線によって著しく劣化するので直射日光はもちろんのこと、蛍光灯の明かりだけでも少しずつ色が変化していく。化粧箱に入れたままにするか、新聞紙などに包んで保管するとよい。

ポイント 2　温度

涼しく、温度変化の少ないところに置く。一般的には冷蔵庫で十分だが、厳密には純米酒は15℃以下、生貯蔵酒・吟醸系は10℃以下、生酒は5℃以下を目安に保管する。

ポイント 3　湿度

封を切ってないときは、日本酒の品質には湿度は直接関係しない。しかし、ラベルやキャップ付近にカビが生えたり、キャップ自体がさびる場合があるので、安全面と美観上から多湿な場所は避ける。

日本酒の飲み方を知れば おいしさも楽しみも倍増する

日本には春夏秋冬が巡り、5つの節句（七草、桃の節句、端午の節句、七夕、菊の節句）、24の節季（立春、春分、清明、立夏、夏至、大暑、処暑、秋分、小雪、冬至、大寒など）がある。

それぞれにはいろいろな意味があり、先人は行事を通して酒に親しんでいた。季節に合わせたさまざまな飲み方で楽しめるのは、日本酒のよさのひとつだ。

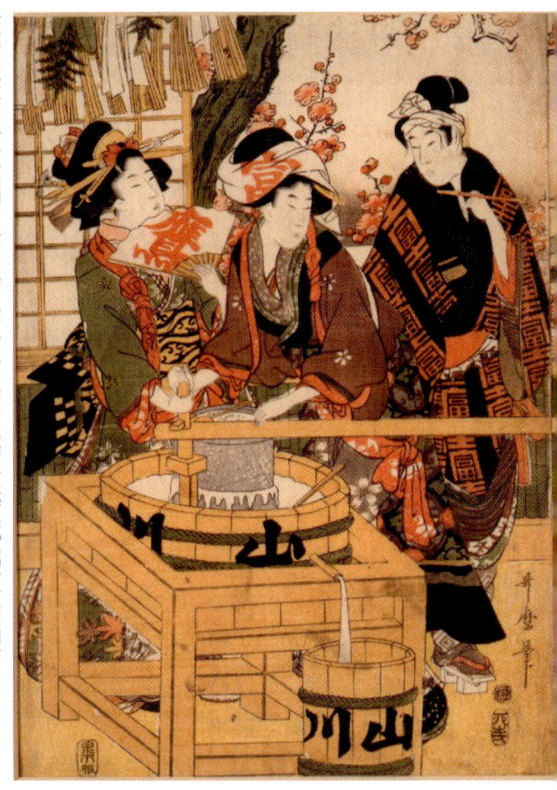

時節に適した日本酒のタイプを参考に挙げてみよう。

薫酒は果実のような爽やかな甘い香りが春から初夏にふさわしく、華のある食前酒に。爽酒は季節を選ばないが、暑い季節に冷やして飲むのが最適だ。醇酒と熟酒は秋から冬にかけて食中酒に、またいろいろな酒の中でも微発泡性で低アルコールの日本酒の中でも微発泡性で低アルコールの日本酒もよい。夏にはしぼってから4〜5ヶ月ほど調熟して飲み頃を迎えた「生貯蔵酒」の冷酒や夏ばてで防止になる甘酒やおろし」と呼ばれる生詰酒が楽しめる。春先にでき上がった新酒は夏を経てまろやかになる。練れた味わいは燗酒にすることによってさらなる旨味が引き出され、料理との可能性が無限大に広がっていく。

温度に燗をつけて楽しむのがよい。熟酒は食後酒にもふさわしい。

限られた時期にしか出回らない「季節限定商品」で四季を感じることもできる。冬から春にかけては、寒造りでできあがったばかりのしぼりたての、みずみずしい「新酒」や「荒走り（新走り）」がある。春は新

おめでたい正月に富士の白酒をしぼり、楽しんでいる。
錦絵・和紙 1807年（北九州市立美術館蔵）
喜多川歌麿（二代）筆「名物富士乃白酒」

開封後には

日本酒の劣化は酸素に触れると急激に進むため、開封後は早く飲むのが一番。腐ることはないが、おいしい日本酒を楽しむには1ヶ月以内に飲んだほうがよい。保存場所は冷蔵庫が最適だが、一升瓶は場所をとるためなかなか難しい。そんなときは、きれいに洗浄し乾した四合瓶に移し替えて冷蔵庫に入れる方法もある。

同じ酒の温度による変化

日本酒は温度によって味わいも香りもがらりと変わる酒である。

5℃ ／ **45℃**

5℃側		45℃側
甘く、重くなる。	← アルコール →	辛くなり、抽出力が強まる。
閉じた印象になり、トーンが下がる。雑香がなくなる。	← 香り →	さまざまな要素が広がるが、爽やかさは減少する。
シャープさが強くなり、爽やかに感じる。	← 酸味 →	ふくらみ、丸くなる。
スッキリした印象になる。	← 甘味 →	増す。さらりとしたキレのよさになる。
感じにくくなる。	← 旨味 →	強まり、長く感じられる。
味わいに爽快なキレが出る。	← 苦味 →	やわらぎ、柔らかく感じる。
味わいのボリュームが小さくなる。	← 味わい →	味わいにボリュームとまろやかさが出る。

日本酒は冷やしても温めてもおいしく飲める酒です

「吟醸」＝「冷やす」は一般常識となっている。華やかな香りの薫酒と軽快な味わいの爽酒は、心地よい香りと爽快な後口が楽しめる冷酒が向いている。夏の暑気払いにもよいだろう。だが、吟醸酒の中にも燗酒にすることで、まろやかさと清涼感が合わさった飲み口になることがある。

日本酒は温度に対してデリケートに変化し、5℃違うだけでも全く違う印象の味わいになる。とくに燗酒では温度を変えるたびに同じ瓶にあった酒とは思えぬほど変貌する。どんな温度に設定するかは、日本酒の奥深さとおいしさを知るための重要な鍵である。

吟醸酒だから、純米吟醸酒だからといってすべてを冷酒にしていても日本酒の本当のよさを知ることはできない。燗酒にしたときのまろやかさや米・麹からの強い旨味、すっきりとした辛口の後味は日本酒の奥行きと楽しみを知るきっかけになると断言できる。

おいしい日本酒の温度

<瓶・徳利中の温度変化。器に注ぐと数度の温度変化が起こる>

55℃以上　飛び切り燗（とびきりかん）
目安は、徳利を持つことはできるが、持った直後に指がかなり熱く感じる。香りが強くなり、鼻に刺激を受ける。味わいは極めて辛口になる。純米酒や本醸造酒、普通酒に向いている。

ほぼ50℃　熱燗（あつかん）
目安は、徳利から湯気が見え、持つと指に熱いと感じる。香りがシャープになり、キレ味のよい辛口になる。本醸造酒と普通酒はこの温度で最も冴えてくる場合が多い。

ほぼ45℃　上燗（じょうかん）
目安は、徳利を持つと温かいと感じ、酒を注ぐと湯気が出る程度。香りがきりっと締まり、味わいも引き締まったふくらみ感がある。純米酒はこの温度で最も冴えてくる場合が多い。

ほぼ40℃　ぬる燗（かん）
目安は、徳利を持っても体温と同じくらいの温度で熱いと感じない。香りは高くなり、強いふくらみ感のある味わいになる。

ほぼ35℃　人肌燗（ひとはだかん）
目安は、体温より少し低く、飲むとぬるいと感じる。麹や米のよい香りがし、さらさらとした味わいになる。

ほぼ30℃　日向燗（ひなたかん）
目安は、飲んだときに熱いとも冷たいとも何も感じない。香りが立ってきて、味わいはなめらかになる。

ほぼ20℃　常温（じょうおん）
目安は、瓶を手に持つとゆっくりと冷たさが伝わってくる。柔らかい香りで、味わいもソフトな印象に。熟酒はこの温度で最も香りと味わいのバランスがとれる場合が多い。

ほぼ15℃　涼冷え（すずびえ）
目安は、冷蔵庫から出してしばらくたった頃で、瓶を持つとはっきりとした冷たさを感じる。華やかな香りが立ち上がり、とろみのある味わいに。薫酒はこの温度で最もおいしくなるものが多い。

ほぼ10℃　花冷え（はなびえ）
目安は、冷蔵庫で数時間冷やした頃で、瓶に触るとすぐに冷たさを感じる。香りは小さくなり、味わいにまとまりが出てきて、きめ細やかになる。爽酒はこの温度で最も味がまとまるものが多い。

ほぼ5℃　雪冷え（ゆきびえ）
目安は、瓶に結露ができ、冷気が見える温度で氷水に浸して十分に冷やす。香りがあまり感じられず、味わいも閉じて固くなる。

おいしいお燗の方法

まろやかな燗酒にしたいときは「1気圧時に水の沸点は100℃で、アルコールは78℃」を念頭に置く。
沸騰している湯につけてしまったら、せっかくの日本酒の成分が揮発してしまうのだ。

湯煎

酒を注いだ徳利を「水からつける」

まだ熱していない水に徳利をつけて燗酒にする。

特徴

水は熱すると温度がゆっくりと上昇し、ある地点で急速に沸騰する。酒も少しずつ温まっていく間に香り成分（数百種の香り成分はそれぞれ揮発する温度が異なっている）が次々と抜けていくので吟醸酒などには向かない。また、急に飲用温度まで上昇するので時間と温度設定のタイミングが難しくなる。

酒を注いだ徳利を「80℃の湯につける」

沸騰したら火を止め、湯の1割の差し水をした温度。

特徴

80℃の湯で温めるとほかの湯煎方法と比べると温度が穏やかに上昇するため、最も風味がまろやかで柔らかくなる。刺激のある辛口感がないため、心も体もとろけるような優しい燗酒になる。

ちょっとひと手間

80℃の湯に1分間つけて引き上げる。30秒後に再び入れ、好みの温度で取り出すとさらにまろやかな燗酒に。

酒を注いだ徳利を「沸騰した湯につける」

ぐらぐらに沸騰している熱湯に入れて温める。

特徴

沸騰した湯で湯煎すると、酒が100℃の熱にさらされるために、アルコール（沸点は78℃）が酒から激しく揮発して、何度に設定しても非常に辛口でのどが焼けるような感触の燗酒になる。アルコール感が立ってのどが焼けるような味わいは変わらない。ぬるくなってもかどが立った味わいは変わらない。

蒸し燗

酒を注いだ徳利を「蒸気で蒸す」

蒸し器やせいろに入れ、蓋をして蒸す。

特徴

湿潤な湯気の中で加熱するので、酒から水分やアルコール、香気成分などが抜けにくい利点がある。しかし、78℃以上の熱が加わるのでやや辛口の燗酒になる。火を止めると保温することができるので、複数の徳利を温めるのにも向いている。

電子レンジ燗

酒を注いだ徳利を「電磁波で温める」

徳利にアルミホイルをかぶせ、電子レンジにかける。

特徴

最も簡便だが、マイクロ波は電波なので角ばった部分や細い部分に熱が集中する特性があり、また急速な加熱が起こるので徳利内の上下で加熱ムラをしてしまう。予防対策のひとつは首の部分が隠れるようにアルミホイルをかぶせること、空の徳利に移し替えるのも一方法だ。味わいは「熱湯燗」と「蒸し燗」の中間にある。

その他

「直火燗」は鍋ややかんに酒を注ぎ、そのまま加熱する。味わいは極めて辛口でアルコール感はあるが、最も速く目的温度になる。「いろり燗」は酒器を灰にさして温める。炭火の輻射熱と遠赤外線によって温められるため、じっくりと酒の中心から加熱され、柔らかな燗酒になる。

いろり燗に用いる鳩徳利

86

家で楽しむお燗グッズ

燗酒は居酒屋だけで楽しむものではない。
お燗グッズを使って家でも簡単においしい燗酒を楽しもう。

至福の徳利＆盃　TrueConcept

家庭で手軽においしい燗酒を楽しむために開発された電子レンジ用の徳利。加熱ムラを防止するために徳利の首をなくし、底の突起が酒の対流を促す仕組みだ。（※1）

卓上型　ミニかんすけ　（株）サンシン

酒を注ぐちろりは錫（すず）でできており、蓋がついている。そのため、酒の温度と香気成分が飛ぶことなく、飲む瞬間まで閉じ込めておける。でき上がり時間も短く、1合の酒がおよそ90秒で50℃の熱燗になる。

卓上で手軽に直火燗ができる

コンロ器に料理用固形燃料を点火し、酒を注いだ銚子を置き温める。燗酒の方法としてはゆるやかな直火燗なので寒い真冬におすすめ。また、食卓の演出にも効果的。固形燃料の他にろうそくや木炭を使ってもよい。（参考品）

お燗　簡単　酒日和　（株）セブン・セブン

チタン製ちろりは非常に薄く作られているため熱を伝えやすく、ステンレス製の湯貯めは二重構造なので持っても熱くなく保温時間も長い。効率よく好みの温度まで酒を温めることができる。少量ずつ燗酒にできる優れた製品だ。

これがあればさらにお燗上手に

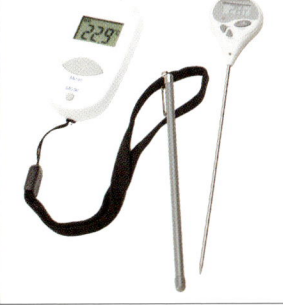

お好みの温度に設定し、徳利にさしておけば、ブザーとランプででき上がりを教えてくれる。また赤外線温度計も非常に便利だ。

電気ポット式だから燗つけが簡単

コンセントをつないで、スイッチを入れるだけなので、お湯は必要なし。最も簡便においしい燗酒ができ上がる。温度設定だけでなく、1合、2合、2合半と酒の量も設定ができるので、加熱しすぎる心配もない。（参考品）

※1 TEL：093-611-6312　URL：http://www.utsuwa-shop.com/

おいしい冷やの方法

酒は酸素と触れ合うことで閉じていた香りが開く。片口に注ぐと冷たいまま味わいがやわらぐ。

瓶や徳利を「氷水につけて冷やす」

柔らかく優しいテクスチャーを残しつつ、香りと味わいのピントが合った、充実した冷え方になる。最もおすすめの方法で、桶などに氷を入れると清涼感が演出できる。

特徴

瓶や徳利を「冷蔵庫で冷やす」

冷蔵庫内の空気とともに、じわりじわりと冷えるので、右の方法で同じ温度にしたものと比べるとどこかぼやけた印象になる。また、冷暗所という日本酒の保管に適した方法なので日本酒が劣化しにくい。

特徴

瓶や徳利を「冷凍庫で急速に冷やす」

設定温度がマイナス15℃の冷凍庫で冷やすと、瓶表層部の水分が氷点以下となり、水溶性の香りと味がアルコールに取り込まれる現象が起こる。そのため味わいと香りが閉じ込もった固い印象になる。

特徴

便利な冷やす道具

暑い夏は氷で冷やした日本酒を簡単にくいっと楽しむ。

冷酒クーラー

小振りなサイズなのでテーブルに置いて演出しても、窮屈さを感じさせない。簀の子もついているのでアイスペールにもピッタリ。

HomeDepot（ホームデポ）　TEL 027-361-4710
http://www.alulu.com/home361/index.html

冷酒カラフェ

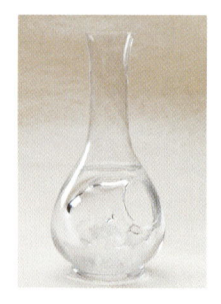

カラフェの胴体に氷を入れるポケットがあり、日本酒を薄めることなく、冷やすことができる。クリスタルガラス製から趣のある和の装飾などさまざまなデザインがあり、冷酒に涼しげな演出にもふさわしい。

黒結晶　冷酒クーラーセット

クラッシュアイスを周りに入れれば、2合の酒が冷やせ、ステンレスの筒がある ので徳利の出し入れが簡単にできる。また、徳利のかわりに300mlの瓶をそのまま冷やせる。ステンレスの筒を取り除き、お湯を入れれば、燗酒も可。

業務用食器の菱野工房
TEL：0561-58-1080
URL：http://www.rakuten.co.jp/hisinokobo/

おいしいその他の飲み方

日本酒の飲み方は常温や冷酒、燗酒だけではない。
1度やってみると新しい日本酒の魅力を発見できるだろう。

水割り

グラスに日本酒を注ぎ、好みのミネラルウォーターで割る。硬水は締まった味わいに、軟水ではのびやかな味わいになる。原酒、生酛・山廃系に向く。

湯割り

先にグラスに湯を入れ、後に日本酒を注ぐ。硬度の高いミネラルウォーターの湯で割ると魚介類に、軟水では野菜料理に向くなど、酒の機能を変えられる。

ハイボール

氷をたっぷりと入れたグラスに日本酒を注ぎ、炭酸水で割る。和の柑橘類（柚子、スダチ、カボス等）のスライスを入れると驚きの爽快感が生まれる。

水や湯で割る目安教えます

日本酒：水＝8：2が水割りの黄金比だ。湯割りのときも同じ割合。この黄金比を使ってアルコール度数15度の日本酒を割ると12度になる。日本酒が柔らかく、のびやかになるだけでなく、酸味と旨味が際立ってくる。

まんまる氷でロックをいただく

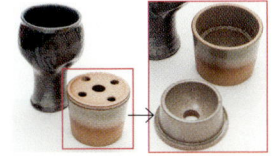

盃凜香冷酒ロックセット（大）

セットにある製氷器を使うと真球の氷ができる。盃の底に日本酒を入れて、作った玉氷をのせる。酒を飲むたびに玉氷が転がり、香りが広がる仕掛けになっている。また下に酒、上に氷とわけているので通常のロックよりも日本酒が薄くならない。

山貴屋　TEL：086-287-8861
URL　http://kassai.co.jp/yu-yujin/index.htm

みぞれ

冷凍温度まで冷やした専用の日本酒を冷たいグラスに注ぐとみぞれ雪のように細かいシャーベット状に凍っていく。

注ぐと凍る不思議みぞれ酒

日本酒はマイナス8℃前後で凍るが専用の冷凍庫で静かに冷やすとマイナス15℃まで液体状態を保つ。この状態を過冷却というという。わずかな振動で凍るためグラスに注ぐときの衝撃で柔らかい氷ができ上がっていく。専用の冷凍庫があるバーなどで楽しめる。

フラッペ

日本酒がシャリシャリと細かい氷になっている。シロップやリキュールなどをかければ日本酒のかき氷ができ、暑い夏に最適。吟醸酒が新鮮な味わいの生貯蔵酒が向く。

暑い夏にピッタリ！　日本酒シャーベット

1. グラスに酒を注ぎ、ラップする。フォークで2、3ヶ所ラップに穴を開ける。
2. 冷凍庫に入れ、2〜3時間冷やす。
3. 冷凍庫から取り出し、半冷凍状態の日本酒をかき混ぜて細かい氷を作る。
4. さらに2〜3時間冷凍庫で冷やして完成。

日本酒のテイスティング

テイスティングは酒をおいしくするための工夫につながる

日本酒は多くのアルコール飲料の中でも複雑な味わいを持つ。その味わいを解き明かす行為をテイスティング「唎き酒（ききしゅ）」という。

テイスティングを行う目的は、①劣化変質など品質のチェック、②酒の個性を判別、③第3者への香味を伝達するための情報収集と言語への変換作業、④料理や温度、酒器などふさわしい飲み方の方法をさぐる、⑤経験の集積、がある。

複雑でわかりづらかった日本酒の味わいもテイスティングをすることで整理され、次の楽しさが見えてくる。

日本酒の醸造は、秋の終わりから春先までと5〜6ヶ月は行なわれる。
日本各地の蔵人たちが手間暇をかけて造り上げた日本酒だからこそ、
蔵元の思いとこだわりとともに景観までも感じながら飲みたい。

テイスティングってどうやったらいいのだろう

テイスティングの目的は「味見」して「分析」することにある。日本酒のテイスティングは、その酒の色合いと香り、味を吟味する行為である。

色合いとは「外観」であり、アルコール度数や甘さなど液体の粘性と酒の熟度、精白度合、異常の有無などの判断材料となる。「香り」は、鼻で嗅いだ香りの強さ、複雑性、想起されるいろいろな種類の香気成分を見つけ出し、品質や状態などを類推する。「味」は口に少量を含み、舌全体にまわしながら、味の強さ、口中での香り、テクスチャーなどとさまざまな味の成分の種類や比率、味の残存時間や余韻の長さなどを見てゆく。

テイスティングをするにあたって味覚と嗅覚といった人の感覚を集中することが何よりも大切になる。

香りの強い化粧品や香水、直前のタバコやコーヒーなどは嗅覚をにぶらせる恐れがある。また、極端な満腹や空腹も味覚の感度は鈍るとされている。

蔵元はテイスティングを行って、飲み頃や品質を確かめてから出荷する。 安藤徳兵衛筆 「大日本物産図会摂津国伊丹酒造之図」（早稲田大学図書館蔵）

基礎的なテイスティングの方法

外観を見る
白い酒器かグラスに日本酒を注いで、色合いや粘性の違い、透明感、美しさを楽しもう。

香りを嗅ぐ
日本酒の香りは実に複雑だ。花から野菜、果物、穀物、樹木、鉱物などさまざまな香りが詰まっている。

舌で味わう
日本酒を口に含んだときに甘い辛いだけではなく、旨味や酸味、や渋味、テクスチャーなどを感じてほしい。

テイスティングは目、鼻、口の感覚を研ぎすまして複雑な香味を感じることである。集中すれば、さまざまな香りや絡まりあう味わいをきちんと楽しめるだろう。

これが唎き酒用猪口

唎き酒用の猪口は容量300mlの白磁製の円筒型。これに15℃の日本酒を3分の1ほど注ぎ、色と香り、味を見る。底には濃紺色の丸が描かれ、白色と青色の蛇の目になっている。この蛇の目で、色や透明度、粘性を確かめる。白い輪で色合いを、青い蛇の目で日本酒の光沢を見る。

外観を見る

日本酒の外観は透明度・清澄性と色調、粘性（液体のとろみ）の3点を確認する。

透明度・清澄性は、日本酒に異常な濁りや澱がないかを確認。色調といっても無色から琥珀色までさまざまで、輝きもそれぞれ違いがある。粘性は液体のとろみの強弱で、アルコール度数が高く、甘味などの成分が多いほど粘性は強くなり、飲み口のテクスチャーに影響を与える。

日本酒の色を決める4つの要素

① 酸化・熟成
熟成が進めば進むほど、黄色や褐色がかった色調に変化する。

② 濾過
本来は黄色がかった色調だが、活性炭などで強く濾過すると無色に近い色合いになる。

③ 劣化・変質
日光や蛍光灯にあてたり、高温の場所に保管すると、黄色や茶色に変色（褐変）してしまう。

④ 貯蔵容器
木製の樽や桶に貯蔵したことにより、木がもたらす黄色や薄い茶色に変化する。

香りを嗅ぐ

日本酒の香りのチェックポイントは、香りの強さと複雑性、主体となる香り、具体的な香りの4点である。

香りの強さは、大手メーカーの代表銘柄を基準にし、強いか弱いか比較する方法がある。複雑性は香りの種類の多さとボリューム感で、強くてもシンプルな日本酒もある。主体となる香りは大きく分けて、花や甘い果実の華やかな香り、ハーブや柑橘類の爽やかな香り、米や穀物の穏やかな香り、ナッツやスパイスの熟成を思わせるふくよかな香りの4つだ。

次の段階では同じ花でも梅の花か桃の花かなど具体的な香りを嗅ぎ分け、書き言葉や話し言葉で表現していく。香りを嗅ぎ分けるのが難しいと感じたときは、春の香りや懐かしい香りなどのイメージから始めてみるといいだろう。

香りは変化する

日本酒をグラスに注いだ直後は甘い果実の華やかな香りだが、次第に羽二重餅のようなきれいで上質な穀物の香りに変わることがある。このように香りが移り変わる要因は空気中の酸素や温度の変化、香気成分の揮発などに起因している。

第一の香り
立ち香・トップノーズ
瓶から酒器に注いだ直後の香りで、静止した状態で嗅ぐ。揮発する温度が最も低い香りが立つ。吟醸香や果実、花などの香りがある。稲穂や仕込み水の鉱物などの香りは原料に、樹木の香りは原料処理に由来するといわれる。

第二の香り
空気に触れて生まれる香り
酒器をまわして、空気中の酸素と日本酒の香気成分の中で酒が反応することによって湧き上がってくる。発酵や酵母に由来し、花や甘い果実、柑橘類、ハーブ、野菜、樹葉などの香り。さらに微量の香りが出てくることが感じられる。

第三の香り
残り香
酒器の中に残っている量が少なくなり、時間の経過とともに掘り起こされてくる。
ナッツやカラメル、スパイス、キノコなどといった熟成に由来すると思われる香りがある。

香りを決める9つの要素

香りの由来を追ってみると、精米歩合などの原料の処理や発酵温度といった醸造方法、酵母の種類、熟成の割合などさまざまな要因が挙げられる。

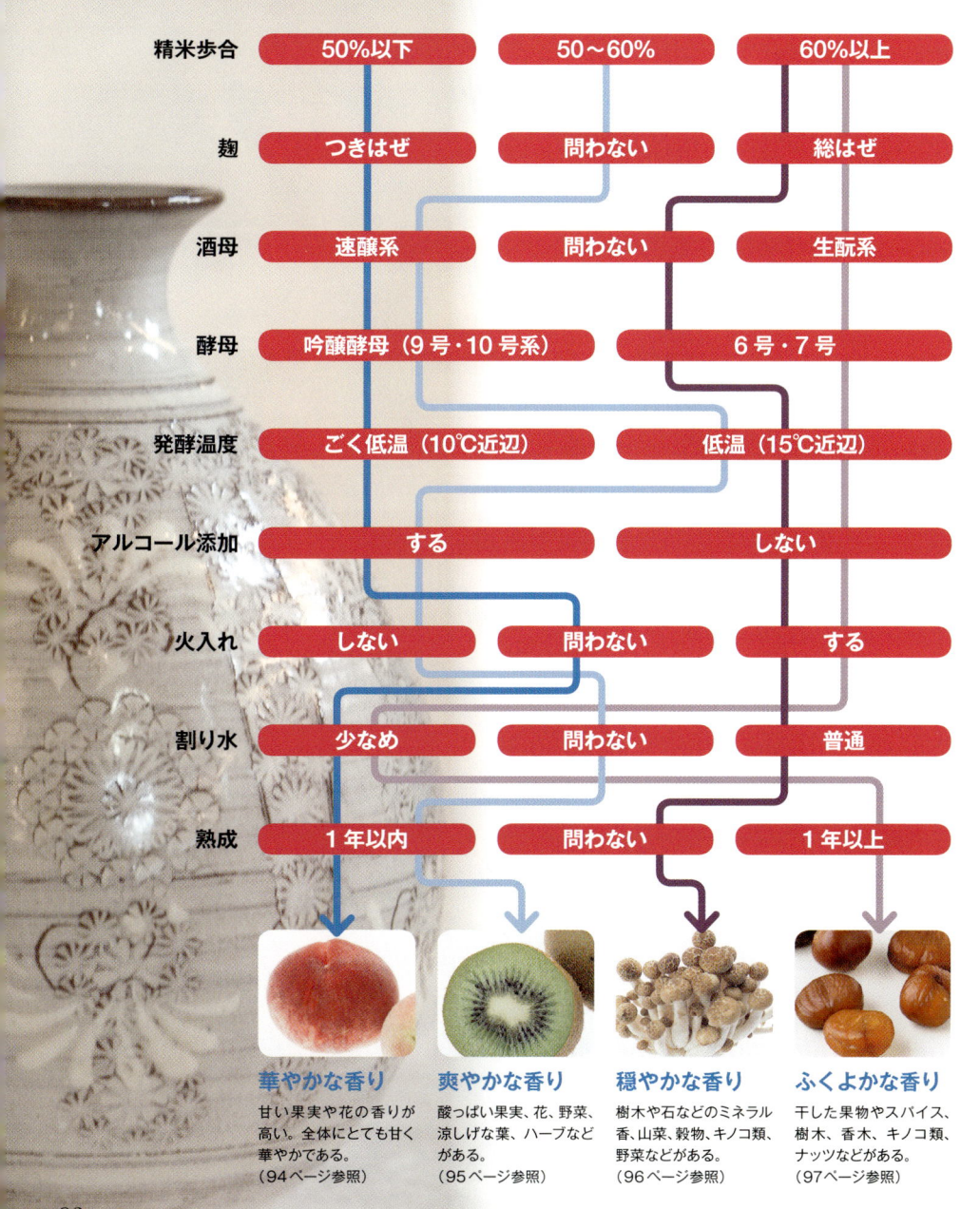

精米歩合	50％以下	50〜60％	60％以上
麹	つきはぜ	問わない	総はぜ
酒母	速醸系	問わない	生酛系
酵母	吟醸酵母（9号・10号系）		6号・7号
発酵温度	ごく低温（10℃近辺）		低温（15℃近辺）
アルコール添加	する		しない
火入れ	しない	問わない	する
割り水	少なめ	問わない	普通
熟成	1年以内	問わない	1年以上

華やかな香り
甘い果実や花の香りが高い。全体にとても甘く華やかである。
（94ページ参照）

爽やかな香り
酸っぱい果実、花、野菜、涼しげな葉、ハーブなどがある。
（95ページ参照）

穏やかな香り
樹木や石などのミネラル香、山菜、穀物、キノコ類、野菜などがある。
（96ページ参照）

ふくよかな香り
干した果物やスパイス、樹木、香木、キノコ類、ナッツなどがある。
（97ページ参照）

華やかな香り

華やかな香りは熟した果物や香りの強い花にたとえられ、「薫酒」のタイプに多い。果実や花の甘い香りがふわりとただよい幸せな気分にしてくれる。

左上からクチナシ、桜、桃、ブドウ、梅、ユリ、マスクメロン、ビワ。
ほかに、リンゴやバナナ、柿、マスカット、夕張メロン、巨峰、カリン、マンゴー、ネクタリン、山桃、パパイヤ、スウィーティー、洋梨、二十世紀（梨）など甘い果実がある。花では、レンゲやライラック、スミレ、白バラ、ラベンダー、カーネーション、チューリップ、シクラメンなど。

爽やかな香り

爽やかな香りは若く酸味の強い果物、緑の葉やハーブにたとえられ、「爽酒」のタイプに多い。果実の香りと緑の香りがスッキリした気分にする。

左上からアメリカンチェリー、ミント、水仙、クレソン、キウイ、藤、レモングラス。ほかに、レモンやアンズ、パイナップル、スダチ、青リンゴ、ラズベリー、イチゴ、ライム、オレンジ、グレープフルーツなどの果実がある。緑の葉には、三つ葉などの野菜と、笹や松の葉といった樹木、タラゴンやローズマリー、セルフィーユ、バジルなどのハーブ類がある。

穏やかな香り

穏やかな香りは白い穀物や苦味のある野菜、鉱物、ナッツ、木類にたとえられ、「醇酒」のタイプに多い。刺激がなく、落ち着いた香りが疲れた心を癒してくれる。

左上からゴマ、石、シュンギク、ブナシメジ、グリーンアスパラガス、クルミ、カブ、きな粉、ギンナン。ほかに、フキやハクサイ、菜の花、ニンジン、ゴボウ、ゼンマイ、フキノトウ、ワラビ、大根などの野菜がある。木類にはキノコも含まれ、ヒノキやマツ、シダ、ナラ、マッシュルーム、エノキタケ、マイタケなど。岩清水や木炭などは仕込み水そのものを思わせる。

左上からシナモン、カシューナッツ、昆布、そば、栗、クローブ、大豆。ほかには、干した稲穂、道明寺、白玉、羽二重餅、わらび餅、玄米、小麦粉などの穀類がある。スパイスにはナツメグやコショウ、ジンジャーなどが、乳製品には生クリームやバター、チーズが挙げられる。ドライフルーツやメープルシロップ、黒糖といった凝縮した甘味のある食べ物もある。

ふくよかな香り

ふくよかな香りは香ばしい穀物や乳製品、スパイスにたとえられ、「醇酒」と「熟酒」のタイプに多い。強い旨味を感じさせる香りが日本酒の原料そのものを想起させる。

舌で味わう

日本酒は①アタック（味の第一接触時）②複雑性③味わいの要素④個性・特徴⑤含み香⑥余韻の6つのポイントについてチェックする。

アタックとは口に含んだ瞬間（5秒程度）のテクスチャー。複雑性は含まれている糖分や酸、アミノ酸などを捉えること。味わいの要素は、酸味と甘味、旨味それぞれの強さと比率、バランスについて。個性・特徴では、甘味や酸味、旨味などの味わいの要素をどのように感じたかなど。下の表現例を参考にし、自由に答えてみよう。含み香とは、酒を含んだときに鼻腔からくる香りのこと。余韻は「遡嗅覚」であり、飲み込んだ後に舌の奥に残る香りとその長さを捉える。

とくに、酸味と旨味の強さ、持続性は料理との相性に大きな影響を持っているので、とても大切な味の要素になってくる。

味わいを感じる順番と表現例

日本酒を口に含んだときに、味わいの要素は順番に感じられる。神経を研ぎ澄ませてその流れをつかもう。

味わいの流れ

1. 温度・テクスチャー（触感）
2. 甘味
3. 酸味
4. 旨味
5. （苦味）
   ← 含み香
6. 余韻

舌先 ②
③ ③
④ ⑤
舌根

表現例

● テクスチャーの表現例
さらりとした、絹のような、緻密な、みずみずしい、濃密な、スムーズな、ふくらみのある、丸いなど。

● 甘味の表現例
なめらかな、爽やかな、柔らかな、とろりとした、艶やかな、軽やかなど。

● 酸味の表現例
シャープな、フレッシュな、清涼な、冴えた、鮮やかな、キレのよい、爽快な、きめの細かいなど。

● 旨味の表現例
しっかりした、充実した、深みのある、練れた、のびのある、繊細な、まろやかな、軽やかなど。

● 苦味の表現例
強い、弱い、清々しい、厚みのある、根菜のような、ミネラルのような、きりりとしたなど。

※苦味のない酒もある。

ポイントは甘味と旨味と含み香

複雑な日本酒の味わいを細かく分析するのは専門家でも難しい。まずは日本酒の味わいの中で重要な甘味と旨味、含み香の3つについて捉えられることが重要だ。

日本酒を口に含んだ瞬間に感じるのは甘味であり、どんな辛口の日本酒でもそれは変わることはない。第一に甘味の強さやとろみなどのテクスチャーの印象を捉える。

また、米から造られている日本酒は、ほかのアルコール飲料よりもアミノ酸を多く含んでいるので旨味についての感じ方も重要だ。旨味は味わいの要素の中では後半に感じ、余韻へと続いていくので、強さだけではなく時間的な持続性も捉える。

含み香は料理との相性とも大きなかかわりを持つ。口に日本酒を含むと体温で温まり、口中を移動していきながら香りが広がる。わかりにくいときは、鼻から息を吸い込みながら口中の日本酒を混ぜ合わせると強く感じ取ることができる。

唎き酒上手への次のステップ
ラベルと比べる

ラベルにはアルコール度数のほか、日本酒度や酸度、アミノ酸度などといった手にしている日本酒がどういった味わいなのかヒントになる情報がある。実際にテイスティング結果とラベルの情報を見比べていくうちに、購入する際にラベルを見れば日本酒の味わいを想像することができる。

日本酒度とは
日本酒の比重を表す指標で日本酒が15℃の状態で測定する。4℃の水と同じ重さを0とし、それより軽いものを＋（プラス）、重いものを－（マイナス）で表している。日本酒の成分中の糖分が多い場合、比重が大きくなるので、日本酒度は－を示す。つまり、－になるほど甘口で、＋の値が大きいほど辛口になる（アルコールも水より軽い）。

酸度とは
日本酒に含まれる酸の総量を示し、酒母由来の乳酸と醪発酵によって生じるコハク酸が多いが、ほかにリンゴ酸やクエン酸など30種類も存在し、香味に影響を与えている。酸度が高いほど味わいが濃く感じられる辛口になり、低ければさらりとした味わいになり甘口の印象になる。

アミノ酸度とは
米のタンパク質が分解されることによって生じるアミノ酸の総量を示す。味わいの濃淡を判断する基準となり、値が高ければコクのある日本酒になるが、高すぎると雑味を感じる。逆に少ないと淡麗ですっきりとした味わいになると考えられる。アミノ酸はグルタミン酸やバリン、ロイシンなどの構成の違いが日本酒の味わいに影響を与える。

日本酒の作法と不作法

マナーを心得て楽しい酒の席に！

小さな猪口いっぱいに酒を注ぎ、「おっとっと」と唇をとがらせ口から迎えたり、ぐいっと一口で飲みきったり、酒の残りを徳利を振って確かめたり。ついやりそうな行為だが、どれも問題がある。なぜなら、そのような姿は美しくないうえに不合理

かつては茶道や華道のように「酒道」があり、献杯や返杯、酒の注ぎ方など決まった様式があった。今では酒の席はもっぱら楽しむもので、堅苦しさはなくなったが美しい立ち居振る舞いは失わずに、大切にしたいものだ。

だし、一気飲みは身体に負担をかける。このように、酒の席で不作法とされている事柄はすべてにしてはいけない理由がある。

マナーに反する行為の理由には①人を不快にさせ、迷惑をかける行為、②酒器を破損させる危険性のある行為、③美しさ（品位）に欠ける乱暴な行為、④清潔感に欠ける行為、⑤机や床など室内の調度、装飾を汚す行為、⑥日本酒の品質を損ねる行為、⑦日本酒に異物混入する可能性のある行為、⑧日本酒の温度を著しく変化させる行為、⑨徳利を倒すなど祝儀や不祝儀両面にふさわしくない行為などが挙げられる。中でも①は不作法の代表だ。相手に酒を強要したり、

泥酔するのは何よりも人に嫌がられる行為である。自分や相手側双方の許容量を超えそうなときは無理強いすべきでない。

同じ日本酒を飲むにしてもにぎやかに飲める場所とそうでない場所があり、一緒に飲んでいる相手によってもふさわしい立ち居振る舞いは変わってくる。また、社会では不可欠なたしなみである。それぞれのシーンでどのように振る舞うべきか、この機会にじっくり考え抜こう。

酒の席で泥酔してしまい泣いたり、笑ったりなど奇行に走る姿は昔も今も変わらない。喜多川歌麿筆「酩酊の七変人」（東京国立博物館蔵） Image：TNM Image Archives Source：http://TnmArchives.jp/

居酒屋でよく見かけるけど本当はマナー違反!?

日本酒を注文すると枡にグラスを入れ、あふれさせて注ぐ居酒屋は多い。一見、店側の「おまけ」に思えるが、この方法は合理的でない。第一に料金に見合った正確な量なのか不明確である。第二になみなみと注がれた日本酒を飲むには口から迎えにいくことを強要する。第三に枡はそもそも液体を正確に量る計量器具であり、盃ではない。第四に衣類やテーブルに酒の滴が落ちる。最後に枡にこぼれた日本酒をグラスの外側に触れている。それを飲むのは衛生的ではない。以上の五つの問題点から「注ぎこぼし」は考えものだ。

お酌の美しい立ち居振る舞い

日本酒はお酌し合いながら楽しむのが古来からのたしなみ。相手にお酌をすることで
和気あいあいとした雰囲気が作り出せ、コミュニケーションを図ることもできる。
相手に無礼なお酌をして全てを台無しにしないためにも、正しいお酌の仕方をマスターしよう。

注ぎ手

会話を楽しみながらも相手の盃をさりげなく確認し、3分の1以下になったらお酒をすすめる。女性は銚子や徳利を右手で持ち、左手を下に添えて8分目まで注ぐ。男性は右手だけでもよいが相手が目上の場合は左手も添える。よく見られるのが「逆手注ぎ」だが、手のひらを上にして注ぐのは不祝儀である。盃をそのままにしてあるときは、ほかの飲み物をすすめてみる。相手に無理強いするのは絶対にやめよう。

NG

テーブルの上に置いてある盃に勝手に日本酒を注ぐのはマナー違反。必ず一声かけてから。

盃いっぱいに日本酒を注ぐのはマナー違反。飲みづらく、こぼして手を汚す可能性がある。

受け手

お酒をすすめられたとき、盃を飲み干す必要はないが一口飲んでから受ける。女性は盃の側面を右手の親指と人差し指で軽く持ち、左手の指先を底に添える。男性は基本的に片手でよい。注ぎ終わるタイミングにお礼を必ず述べ、相手の盃があいていたら返礼のお酌を尋ねる。昔からこのようなやり取りの中で、互いの人間性を知り合い、関係を作ってきたのだ。

NG

お酌をしてもらう際には必ず盃を手で持つ。テーブルの上に置いたままつがせるのは失礼。

お酌をしてもらってすぐにテーブルに置くのはマナー違反。一口飲んでから置く。

酒席におけるマナー違反

目上の人と飲む機会も多い酒の席では酒と会話を楽しみながらも、程よい緊張感を保ちたい。一度自分の姿を振り返り、ふさわしくない行動を何気なくしていないかチェックしてみよう。

持ち歩き
大勢の宴席で、席を立ってお酌をしに行くときは、向かった先のテーブルの徳利を使う。取り落としたり、こぼしたりすることがあるので徳利を持ち歩かないこと。

逆さ盃
日本酒を拒絶する意思表示として盃を裏返しておくこと。衛生的ではなく、盃の口がテーブルを汚す可能性もある。相手に対し、絶交を意味する場合もある。

一気飲み
場を盛り上げる芸のような一気飲みや一気飲ませはやってはいけない。人に強要することは、相手に問答無用の圧力となるし、相手を大切に思っていないことにもなる。

倒し徳利
飲み終わった目印にと徳利を横に倒しておくこと。残っていた酒がこぼれたり、徳利が転がり床を汚したり、破損させたりする。何より卓上が乱雑になり美しくない。

振り徳利
日本酒の残量を知るために、徳利を振ること。美しくない動作であるうえに燗酒の場合、温度を下げてしまったり、もうすでに冷めてしまっている場合が多い。

覗き徳利
徳利の中を覗き込んで、日本酒の残量を確認すること。異物が混入する可能性と酒がすでに冷めていることがあり、見た目も優美さに欠ける。

泥酔
酒の席において泥酔することは最も周りに迷惑をかける。酩酊状態になることで判断力を失い、人に絡んだり乱暴を働く場合もあり、せっかくの皆で時間を共有している場が台無しになってしまう。

逆さ徳利
飲み終えた徳利を逆さまにしておく行為は中に残っていた日本酒がテーブルにこぼれ、衣服を汚したり、徳利が倒れて破損する可能性が高い。意外に高い器でもてなされていることを知っておこう。

併せ徳利
日本酒が少量ずつ残っている徳利をひとつにあわせまとめる行為は、日本酒の温度や質を変化させ、異物混入の可能性がある。そんな酒は誰も喜ばないはずだ。

日本酒と美しき酒器

吟味した酒器で飲んでこそ本当の日本酒のおいしさが出る

酒器選びには、日本酒の味わいをさらに上質にしてくれるポイントが5つある。
ひとつは酒を空気にどう触れさせるかだ。酒は酸素に触れると香気成分が活性化して、香りが広がりやすい反面、酸化も起

陶磁器でできた酒器の歴史は長く、安土・桃山時代に遡る。安藤徳兵衛筆『大日本物産図会』「肥前伊万里陶器造図二」（佐賀県立九州陶磁文化館蔵）

家庭で飲むときでも瓶からコップ酒は味気ないし、蔵人にも日本酒にも失礼だ。
せっかくだから、すてきな酒器で楽しさや美しさを演出したい。

こる。新酒などは空気に接触させたほうが飲み口が丸くなる。

新酒に限らずいろいろな酒を表面積が大きい盃や片口に移すと、味わいが違ってくるだろう。

ふたつめは、日本酒の色調と器の素材や色との調和を考える。黄金色の酒を透明なグラスに注げば、輝きが増す。にごり酒を黒など色の暗い酒器に注げば、酒の白さとの対比が楽しめる。

3つめは、その日本酒の香りを考える。器の形状は香りの強さと印象を変える。香りを閉じ込めるうりざね型や風船型、香りがすっきりと立つラッパ型や円筒型、香りがほとんど感じられない平皿型や円筒型などがある。

4つめは飲用温度でサイズや素材を決める。例えば、冷酒は温度が上がらないうちに飲み切れる小振りのものや磁器、ガラスを選ぶ。燗酒は保温性のある陶器がよい。

最後に器の開口部の形状に応じて飲み手の口の形を変えること。口の形は平皿型では「エ」、ラッパ型では「ウ」、うりざね型では「オ」になる。この口の形の違いが味わいの印象を大きく変える。

酒器で味わいを変えることもできるからこそ日本酒好きならこだわるべきだ。

時にはおもしろい酒器も
日本酒を楽しむ場を盛り上げる

可杯(べくはい)

菊正宗酒造
TEL：078-854-1119
URL:http://www.rakuten.co.jp/kikumasa/

可杯とは、底がとがっていたり、穴が開いている盃のこと。テーブルの上に置くと倒れたり、溢れたりするため、注がれた酒は一度に飲み干さなければならない。盃とセットになっているコマを順番に回し、出た絵柄の盃に注いでもらい、飲み干して遊ぶ。日本酒が宴席で親しまれていた時代の産物だ。

菊正宗酒造
TEL：078-854-1119
URL:http://www.rakuten.co.jp/kikumasa/

酒器の形状パターン

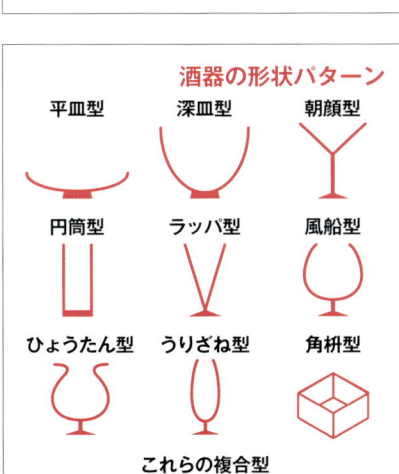

- 平皿型
- 深皿型
- 朝顔型
- 円筒型
- ラッパ型
- 風船型
- ひょうたん型
- うりざね型
- 角枡型
- これらの複合型

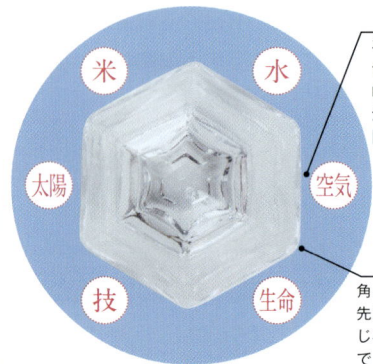

飲み口により味の変わる不思議なグラス

平面から飲むと、舌の両脇にある酸味を感じる部分に酒が触れるので「辛口」に感じる。

角から飲むと、舌の先端にある甘味を感じる部分に触れるので「甘口」に感じる。

米／水／太陽／空気／技／生命

伝統工芸品である江戸硝子。ひとつひとつ職人の手作りで作られている。六角形の各面には、仏教用語である「六道」になぞらえて、日本酒造りに大切な6つの要素を意味づけてある。酒を飲むときの口の形によって味わいが変わることに目をつけ、同じ酒でも甘辛さが変化するおもしろグラスだ。

日本酒で乾杯　甘辛グラス　木村克己デザイン
日本酒造協同組合連合会の会員向け商品

4つのタイプにあった酒器は？

74ページで紹介した日本酒の4つのタイプはそれぞれ個性が違う。特長をいかす形状の酒器を用意しよう。

薫酒
最大のポイントは華やかな香りをいかすこと。口が広がったラッパ形状かワイングラスのように香りがわずかに中にこもるタイプがふさわしい。

熟酒
カットの入ったグラスや内側が金塗りの漆器などで黄金色の美しい色調を楽しもう。凝縮感のある香りをいかすなら小ぶりのブランデーグラスもよい。

爽酒
冷酒にして飲むことが多いので、小さめな盃で温度の上がりにくい素材を選ぼう。清涼感のある装飾で演出するのも素敵だ。

醇酒
最も日本酒らしい米の旨味がいきた醇酒は、燗にするなら和の器である焼き物などで。辛口の冷酒なら、シャープな磁器製もよい。雰囲気を演出してみよう。

※　東京カットグラス工業協同組合

素材を楽しむ

日本には縄文時代から酒があったとされている。酒があれば酒器が必要で、酒と共に長い年月をかけて工夫されてきた。土器から始まり、貝殻や動物の骨、桜などの植物素材、ガラス、玉杯といった鉱物素材、ステンレスや錫などの金属素材、長い月日をかけ進化し続けている陶磁器など、さまざまな素材の酒器があふれている。季節、日本酒のタイプ、飲用温度に合わせた酒器を集めてみるのも日本酒の楽しみのひとつだろう。

天然石

美しい色調でひとつひとつに固有の模様や色合いを持っていることが天然石で造った酒器の最大の魅力。

エム・ジー関ヶ原　TEL：0585-35-2687　FAX：0585-35-2686　URL：http://www.ishisenmonten.com/

大理石
冷蔵庫で冷やした冷酒は最高で7℃前後までしか温度が下がらない。冷凍庫に入れた盃に日本酒を注げば雪冷え（5℃）の温度が楽しめる。

ストーンマート　TEL/FAX：03-6324-6937　URL：http://www.triwel.co.jp/

翡翠
ミャンマーのカチン州で採掘された天然翡翠輝石の玉杯。翡翠は宝玉のひとつで美しい半透明の深緑色。光にかざすと石の紋様が見える。

若狭めのうセンター　TEL：0770-56-2350　URL：http://www.wakasamenou.jp/

メノウ
メノウは年輪状の模様を持つ半透明の赤色の石で七宝のひとつである。福井県小浜市の伝統的な工芸である若狭メノウ細工を加工した盃。

仰天！　食べられる酒器!!

イカの胴体まるごと酒器

イカの徳利とぐい呑み
真イカの胴体を徳利の形にして天日干し、乾燥させた海産物。中に注いだ日本酒とイカの旨味が溶け合いさらなる旨味を生み出す。最後に注ぎ口から裂くと、肴にもなる変わり種だ。（参考品）。

にじみ出る旨味がたまらない

昆布のぐいのみ
日高産の昆布を粉末にし、寒天で固めてぐい呑みにした。酒を入れると昆布の旨味やミネラルが溶け出し、磯の香りが口中に広がる。海鮮料理にぜひ合わせたい。

菊正宗酒造　TEL：078-854-1119　URL：http://www.rakuten.co.jp/kikumasa/

木

自然造形の美しい木目と香りが癒しのひとときを作る。木の香りが移った日本酒も趣がある。

漆
漆塗りの盃は古くから貴族などの地位の高い人が使うものだった。婚礼や正月などお祝いの席などで使用され、上質な時を演出できる。

竹
軽く水洗いした後、水気をきって冷凍庫に入れて使用する。冷たく冷やした竹の猪口に口をつけると清々しい竹の香りを感じ、夏にふさわしい。

天然の青竹は変色しやすく、かびやすいので注文が入ってから加工を行い冷蔵して配送する。乾燥しないよう注意する。

杉
秋田杉を使ったぐい呑みと一合サイズの徳利のセット。日本酒を注いだ徳利をそのまま冷やすこともでき、淡い杉の香りが広がる。

和の器 田釜
TEL:03-5828-9355　URL:http://www.grapestone.co.jp/

ガラス

ガラスは硬質で冷たい清涼さを感じるので、夏に冷酒と合わせて使われる。最も季節感の強い素材だ。

和ガラス
完全に透き通ったガラスではなく、あえて気泡が入っていたり、微妙に形がいびつだったりするところが、心を和ませ、素朴な風情を感じさせる。

薩摩切子
透明なガラスに色ガラスを被せて溶着させた後に溝を刻む。大胆な切子細工が切子面に美しい色のグラデーションをつくる。

薩摩びーどろ工芸
TEL:0996-58-0141
URL:http://www.satuma-vidro.co.jp/

江戸切子
江戸時代末期に江戸で始まったガラス工芸品で無色透明なガラスに鮮明で華やかな切子細工をする。紋様には菊や麻、矢来などがある。

東京カットグラス工業協同組合　TEL:03-3681-0961 ※

金属

ある種の金属にはイオンの浄化効果があり、その作用が酒の雑味をとりまろやかにするといわれている。

純銀&銅
純銀や銅は極めて薄く作ることができ、抗菌作用も確認されている。

銀器の歴史は古く、延喜式の中に銀製の酒器が記載されている。手入れをすれば輝きを失わず、何世代も使い続けることができる。

錫
金属の中でも熱伝導性に優れている錫は燗酒や冷酒に向く。注いだ日本酒を最後まで好みの温度のまま楽しめ酒がマイルドになる利点もある。

金浅商店
TEL:03-3841-9355
URL:http://www.kama-asa.co.jp/

きりっと冷やした冷酒を飲むときにぴったりの酒器。高度な加工技術を要する日本の匠の技。

超鋼ステンレス
熱伝導性が高いので、冷酒を注ぐと酒器がすぐに冷たくなる。口をつけたときに涼しげな感触がよい。

※ URL:http://www.edokiriko.or.jp/

長い時間を感じさせる陶磁器

六古窯の越前焼や瀬戸焼、常滑焼、信楽焼、丹波立杭焼、備前焼などの陶磁器は日本の器の象徴といっても過言ではない。現在もなお、日本の各地で作られ続けている。

磁器

なめらかな艶と鮮やかな絵柄が目を引きつける。

透き通る白地に色が映える有田焼

有田焼は佐賀県西松浦郡の有田町で発展した。有田の歴史は400年以上とされる工芸だ。江戸時代のものは古伊万里焼と呼ばれ、骨董品としての価値も高い。

和の器　田釜　TEL：03-5828-9355
URL：http://www.grapestone.co.jp/

色鮮やかな絵付けが特徴な九谷焼

九谷焼は石川県加賀市や小松市、能美市で発展した。特徴である色絵の技法は、呉須と呼ばれる彩料の上に、絵の具を厚く盛り上げるように描く。色調は紫と緑、黄が主調になっている。

和の器　田釜　TEL：03-5828-9355
URL：http://www.grapestone.co.jp/

陶器

紹介する以外にも津軽焼（青森）や笠間焼（茨城）、美濃焼（岐阜）、萩焼（山口）や波佐見焼（長崎）、唐津焼（佐賀）などそれぞれの特徴を持って発展してきた。

京の都で愛され続ける清水焼

清水焼は京都を代表する伝統工芸品。清水寺に向かう清水坂周りの窯元で焼かれていたことからその名がついた。特徴は種類の多さにあり、陶器以外に、青と白の染付磁器も有名である。

和の器　田釜　TEL：03-5828-9355
URL：http://www.grapestone.co.jp/

使い込むほど味の出る備前焼

備前焼は岡山県備前市の特産品。特徴は田んぼの底にある決め細やかな粘土と呼ばれる田んぼの底にある決め細やかな粘土と山土を用いて、釉薬を塗らずに高温で焼く点にある。炎のあたり方や灰のかかり方が景色となる。

和の器　田釜　TEL：03-5828-9355
URL：http://www.grapestone.co.jp/

使いながら楽しむ実用的な益子焼

益子焼は栃木県芳賀郡の益子町で水瓶や鉢、土瓶などの日用雑器として発展した。特徴は石材や古鉄の粉を釉薬に色づけをするため、重厚な色合いとぼってりとした肌触りだ。

和の器　田釜　TEL：03-5828-9355
URL：http://www.grapestone.co.jp/

わびさびを感じさせる信楽焼

信楽焼は中世六古窯のひとつで、滋賀県甲賀市の信楽町で発展した。原料の土に鉄分が多く含まれているため、赤褐色に焼き上がり、炎の勢いで野趣あふれる色合いとなる。

和の器　田釜　TEL：03-5828-9355
URL：http://www.grapestone.co.jp/

徳利の時巡り

徳利誕生以前

酒を注ぐ器として「瓶子(へいし)」や「銚子(ちょうし)」などがあった。瓶子は現在でも神具として使われているが、徳利が普及するまでは酒宴や日常でも使用していた。銚子は現在では小さい徳利を指すが、もともとは酒を温める長柄(ながえ)のついた金銅製の器のこと。中世以降には漆塗りも登場し、祝い事や祭りの神事に酒を注ぐ道具として広まっていった。

大徳利　室町前半

首の締まった徳利の形は、瓶子から発展した。その語源は酒を注ぐときに「とくりとくり」と音がするからとも、韓国語が語源だともいわれており定かではないが、室町時代からの呼び名である。当初は、盃に酒を注ぐ器ではなく、どぶろくや油、酢などの液体を入れておく容器だった。大きさも1升から3升入りと大容量である。

安土・桃山 ｜ 室町 ｜ 鎌倉 ｜ 平安

盃の時巡り

かわらけ　平安

釉薬(うわぐすり)をかけていない素焼きの使い捨て盃。漢字では「土器」と書く。平安時代から室町時代までは銚子から酒を注いで飲んだ。酒を飲んだ後は割って自分たちの身代り、つまり厄除けをしたという。

漆の盃　室町

漆器の全盛期で、公家をはじめ武家の酒席で広く使われていた。当時は漆の盃を回し飲む風習があったので現在に比べて大杯である。容量によって名前が違い、一番小さいものは5合入りで「厳島盃」、一番大きいものでは3升も入り「丹頂鶴盃(たんちょうづる)」と呼ばれていた。

陶磁器　安土・桃山

かわらけにかわって人為的に釉薬(うわぐすり)をかけた陶磁器が主流となり始める。その背景は、茶道に使う茶碗造りが盛んになったことにある。陶器は平安時代には作られ始めて、鎌倉時代には全国各地に窯があったが、釉薬は使用されていなかった。磁器は室町時代に大陸より伝わった。

ろうそく徳利

江戸末期

窯業の発展によって各地でさまざまな形の徳利が焼かれるようになった。和ろうそくの形をした「ろうそく徳利」や安定感がよく船で使われた「舟徳利」、大鍋でたくさんの数を湯煎するときに倒れにくい「浮き徳利」、いろりの灰にさす「鳩徳利」(P86参照)はほんの一例である。

舟徳利

浮き徳利

燗徳利 (かんとっくり)

江戸後期

徳利は次第に小さくなり、1合から2合入りが酒席に登場し始めた。別名「燗徳利」といい、徳利から銘々の盃に注いで飲むようになった。

お神酒徳利 (みきとっくり)

江戸中期

徳利が普及し始めたことにより、瓶子は「お神酒徳利」と呼ばれるようになった。細い鶴首で現代に近づくと小さくなっていく。

貧乏徳利

江戸前半～明治初期

徳利に貸し主の酒屋名が書かれた販売元の貸し出し用1升容器。ガラス製の1升瓶が明治時代に登場し、役割りを終えていった。昭和22年には、99％以上がガラス製になった。

明 治 ／ 江 戸

ガラスの盃

江戸後期～現在

ガラスの製造技術は、江戸時代中期にヨーロッパとの貿易を行っていた長崎に伝わった。後に京都や大阪、江戸に広がり、江戸時代後期にはギヤマンと呼ばれるさまざまな酒盃や酒瓶が作られていた。高価な工芸品であり一般の人が使うことはほとんどなかった。

猪口

江戸中期

猪口は和え物などを入れる円筒型の器だったが、江戸時代中期に酒盃に転用された。次第に口の広い盃から小さい盃へと変わっていき、晩酌や一人酒の習慣が広まった。盃が小さくなっていったのはこんな事情も関係してのことだろう。

写真提供：MIHO MUSUEM（大徳利）、HP：雅灯（ガラスの盃左）、菊正宗酒造（その他）

Column

日本酒と神様
全国の蔵で信仰される松尾大社の秘密

多くの蔵で見かける松尾大社のお札。また、蔵には必ずといっていいほど、神棚があり酒と塩、米、水が供えられている。

　全国には40以上の日本酒に関係する神社がある。なかでも、多くの蔵にお札が貼ってあるのが京都市にある松尾大社だ。
　松尾大社は京都最古の神社で、もともとは現在の松尾大社近くにある松尾山の頂上近くにある巨大な岩を信仰の対象とする、周辺住民の守護神だった。
　その松尾大社がなぜ、酒造りの神として信仰されるようになったかといえば、8世紀初めから明治初期まで、松尾大社の神職（神社に仕えて神事をつかさどる人の総称）を務めた秦氏にまつわる。秦氏は秦の始皇帝の子孫（現在の研究では朝鮮・新羅の豪族の末裔といわれている）と称した集団であり、酒造技術を伝えたとされている。そのため秦氏には「酒」の字が入った名を持つ人も多い。同じ京都市太秦にある、大酒神社の祭神である秦酒公（はたさけのきみ）もそのひとりである。大酒神社も酒造業の繁栄を願う神社である。
　松尾大社が醸造の神として信仰されるようになったのは室町時代頃。社務所裏にある渓流（御手洗川という）の近くに、年中かれない滝があり、その滝の近くの亀の井と呼ばれる湧き水で酒を造ると腐らないともいわれている。この水は延命長寿、よみがえりの水としても有名で、「水」に関わる仕事にも縁が深く、遠来から人々が水を汲みにくることも多い。境内には昔の酒造りの道具などが展示されたお酒の資料館もある。

第3章 美味い日本酒を知る

久保田／越乃寒梅／八海山
有名銘柄のランク違いを飲み比べ

左から久保田 紅寿 特別純米、久保田 千寿 特別本醸造、久保田 翠寿 大吟醸 生酒、久保田 百寿 本醸造、久保田 萬寿 純米大吟醸、久保田 碧寿 純米大吟醸（山廃仕込）。

料飲店でよく見かける有名銘柄にもランク違いがある。価値の違いもさることながら、味わいや香りにどのぐらいの差があるのだろうか？　そんな誰もが一度は持ったことのある素朴な疑問を解き明かそうと、清酒王国・新潟の有名銘柄を飲み比べてみた。

　久保田、越乃寒梅、八海山といえば誰もが認める有名銘柄。日本酒好きでなくても、名前は聞いたことがあるだろう。清酒王国・新潟のなかでも、30年近く、第一線を走ってきただけあって、3銘柄の蔵元とも自家の造る酒の価値を明確に熟知して造り分けていると感じた。純米大吟醸酒などのトップ銘柄はこの品質水準で、本醸造酒などのスタンダード銘柄はこの基準で、という線引きが意図されていたのである。
　なかでも、八海山はクラスの違いがわかりやすい酒だ。八海山らしさや新潟らしさといった統一感はあるが、味わいに幅を持た

114

左から吟醸 八海山、大吟醸 八海山、純米吟醸 八海山、清酒 八海山、八海山 しぼりたて原酒 越後で候、本醸造 八海山。

左から越乃寒梅 特別純米酒 無垢、越乃寒梅 白ラベル、越乃寒梅 大吟醸 超特選、越乃寒梅 吟醸酒 特選、越乃寒梅 特醸酒、越乃寒梅 特別本醸造 別撰、越乃寒梅 純米吟醸酒 金無垢。

せてある。八海山だけで、日本酒のコースが作れそうだ。酒だけでも十分に楽しめるが、食中酒としても優秀で、日本のトップ銘柄のひとつだといえる。

これに対して、ランクの間の差異がわかりづらいのが久保田だ。きれいな酒造りのいきつくところを目指した味わいはどれも素晴らしく、水のようにクリーンな酒だが、最初はどれがどのランクの酒なのかわかりづらい。ところが、料理と合わせてみると、差が出てくるのが不思議なところだ。

一方、越乃寒梅には感性の高さを感じる。天才が造る、渾身の酒の手本である。味わいの打ち出し方には多少の差異はあるが、ランクが上がれば上がるほど、飲んだ瞬間の感動させる力に満ちている。

3銘柄を飲み比べてみると、純米吟醸酒には蔵の力が表れると感じた。米をかなり磨いて醸す純米大吟醸酒は米の個性が出にくい。それに対して、純米吟醸酒クラスでは、米の個性や水の持ち味が表現しやすいのである。どのランクを飲むか迷ったときは、まず純米吟醸酒を飲んでほしい。蔵を理解する指針となるだろう。

115

久保田

久保田 百寿 本醸造 〔新潟〕くぼた ひゃくじゅ ほんじょうぞう

[第一の香り]…葛湯、ウエハースなど。
[第二の香り]…水梨など。
[味わい]…さらりとしていて、みずみずしさが前面に出ている。軽やかでキレがよい。居酒屋で手軽に飲むのにも向く。含み香は滝つぼの霧のような澄んだミネラルを感じる。余韻は非常に軽く、ドライになっていく。
[料理との相性]…酢の物や枝豆、豆腐といった居酒屋で出てくる前菜的な料理によく合う。そばやたこわさなどわさびを使う料理、焼き海苔などにも合う。シンプルな料理がいいだろう。
[温度]…燗にするとたいへん辛口になる。冷やにするとミネラル感を強く感じる。味わいは引き締まるがわずかな苦味が出てくる。ぬる燗に真価が出る。
※本醸造　15.0度　醇 非公開　越後杜氏　934円／720ml　2026円／1800ml　朝日酒造

爽酒

| 香りⅠ | 強★★ 複★★ | 香りⅡ | 強★★ 複★★ | 味わい | 強★★ 複★★ | 酸味★★ 旨味★★★ | 甘味★ |

久保田 千寿 特別本醸造 〔新潟〕くぼた せんじゅ とくべつほんじょうぞう

[第一の香り]…わらび餅、ウエハース、米俵など。
[第二の香り]…菱餅、三色団子など。
[味わい]…ふくらみと甘味を感じた後に、目の詰まった酸味が追いかけてくる。米の旨味が感じられるが、軽やかでドライ。含み香は三色団子、白玉など。余韻は麹からもたらされるほのかな甘味と旨味が広がっていき、ゆっくりと辛口へとつながる。
[料理との相性]…白身魚や川魚、夏から秋にかけての野菜、豆腐、山菜によい。わさびによく合うのでそばや板わさといったわさびを薬味に使う料理によい。
[温度]…熱燗にすると味の要素がばらけて、味わいに隙間ができる。冷やにすると甘味ととろみが出てくるが、最後にぴりっとしたドライ感がある。冷やがよい。
※特別本醸造　15.0度　醇 非公開　越後杜氏　1092円／720ml　2446円／1800ml　朝日酒造

爽酒

| 香りⅠ | 強★★ 複★★ | 香りⅡ | 強★★ 複★★ | 味わい | 強★★ 複★★ | 酸味★★★ 旨味★★★ | 甘味★★ |

久保田 紅寿 特別純米 〔新潟〕くぼた こうじゅ とくべつじゅんまい

[第一の香り]…カマンベールチーズ、かき餅など。ロールケーキやアイスクリームから甘さを引いたような香り。
[第二の香り]…三色団子など。クリーミーな香りもある。
[味わい]…非常に練られた優しい味わいになっている。中盤から麹のきれいな甘味と旨味がより合わさった風味が出てくる。含み香にわらび餅のようなあっさりした上質なデンプン質の香りを感じる。余韻はミネラルをともなった旨味が長く続き、カラッと透き通っている。
[料理との相性]…白身魚全般、干物、山菜、野菜全般など。肉は脂の少ない部位がよい。湯葉や豆腐料理に合う。
[温度]…燗にすると魚の旨味をより引き立てる。冷やすととろみと丸み、まとまり感が出てくる。ぬる燗が心地よい。
※特別純米　15.0度　醇 非公開　越後杜氏　1512円／720ml　3339円／1800ml　朝日酒造

爽酒

| 香りⅠ | 強★★ 複★★★ | 香りⅡ | 強★★ 複★★★ | 味わい | 強★★ 複★★ | 酸味★★ 旨味★★★ | 甘味★★ |

水のように澄んだ味わいが料理とともに個性を発揮する

新潟
久保田 碧寿 純米大吟醸（山廃仕込）
くぼた へきじゅ じゅんまいだいぎんじょう（やまはいしこみ）

爽酒

|第一の香り|…ウエハース、羽二重餅、シナモンなど。
|第二の香り|…ヒノキ、青竹、カゴに盛った白桃など。
|味わい|…しっとりと体に染み通っていく第一印象。さらりとした軽さの中に酸味とほのかな甘味がしばらく続いていく。含み香はほんのりとベルギーワッフルやウエハース、ゴーフルなど。余韻は潤い感のある優しい味わいが長く続き、ふわふわとしたロールケーキやバウムクーヘンのような香りが残る。
|料理との相性|…大吟醸としては特例で合う料理の幅が広い。白身魚や青魚、エビ、カニ、鶏、天ぷらによい。
|温度|…燗にすると酸味の精緻さが消え、甘味が少しぼやける。冷やにすると、とろみやまろやかさが出てきて、味のバランスが絶妙によくなる。

※純米大吟醸　15.0度　酵非公開　越後杜氏　2247円／720ml　5071円／1800ml　朝日酒造

香りⅠ　強★★★　複★★★　　香りⅡ　強★★　複★★★　　味わい　強★★　複★★　　酸味★★★　旨味★★　　甘味★★★

新潟
久保田 翠寿 大吟醸 生酒
くぼた すいじゅ だいぎんじょう なまざけ

爽酒

|第一の香り|…陸奥（リンゴ）、イチゴ、プリンスメロン、レンゲ、山吹など。典型的な吟醸香がある。
|第二の香り|…二十世紀（梨）、マンゴーなど。徐々に吟醸香が落ち着いてくる。
|味わい|…みずみずしさと軽快感のある酸味が第一印象で、まるで雪解け水を酒にしたようにくもりがない。含み香は梨やアケビなど。口の中がきれいに洗われるような清涼感があり、余韻は淡く澄んだ辛口感のフィニッシュで何も残らない。最後にわずかに醪の香りがある。
|料理との相性|…刺身、寿司、そばやそうめん、おでん、甘味のある肉料理全般にもよい。
|温度|…冷やにすると甘味が増し、とろみが出る。燗よりも冷やのほうがきめ細やかで親しみやすい味になる。

※4月〜9月の季節限定販売。　大吟醸　14.0度　酵非公開　越後杜氏　2835円／720ml　朝日酒造

香りⅠ　強★★★　複★★　　香りⅡ　強★★　複★★　　味わい　強★　複★★　　酸味★★　旨味★　　甘味★

新潟
久保田 萬寿 純米大吟醸
くぼた まんじゅ じゅんまいだいぎんじょう

爽薫酒

|第一の香り|…羽二重餅、青竹、ホンシメジ、バウムクーヘン、寒天、ミネラル、滝つぼの霧、上等な抹茶など。
|第二の香り|…アイスクリームを添えたアップルパイなど。
|味わい|…あるかないかのぎりぎりの淡さの酸味と甘味が精妙なバランスを保っている。極限までの軽さ、淡さに味わいの要素がちりばめられていて、いろいろな酒を飲んできた人たちの到達点のひとつともいえる。余韻はほのかにクッキーのような香ばしい味わいがする。
|料理との相性|…料理との距離感を保ちながら料理を引き立てる。魚全般、野菜全般に合う。植物性の油に対応ができるので天ぷらや鉄板焼きによい。
|温度|…燗にすると酸味が隠れて甘味が出てくる。冷やでは味の要素がわかりやすく、じっくりと味わえる。

※純米大吟醸　15.0度　酵非公開　越後杜氏　3664円／720ml　8169円／1800ml　朝日酒造

香りⅠ　強★★★★　複★★★　　香りⅡ　強★★★　　味わい　強★★　複★★★★　　酸味★★　旨味★★　　甘味★

117

越乃寒梅

越乃寒梅 特別純米酒 無垢（こしのかんばい とくべつじゅんまいしゅ むく）
新潟

- **第一の香り**…菱餅、きび団子、田んぼの稲穂など。
- **第二の香り**…竹、ヒノキなど。
- **味わい**…とろみとなめらかさがあり、しっとりとした甘味と旨味が融合した味わいがベースとなって舌の上に広がっていく。余韻は甘味とシャープな辛口感が共存している。
- **料理との相性**…淡水魚やイカ、貝類の塩焼きなど。とくにバターを使った魚介料理に向く。
- **温度**…冷やにすると味がまとまり、ふわふわ感が若干ある。常温はよいが、燗には向かない。

※特別純米　16.3度　米 山田錦／55%　酵 非公開　越後杜氏　1530円／720ml　3050円／1800ml　石本酒造

爽醇酒

香りⅠ	強★★ 複★★	香りⅡ	強★★★
味わい	強★★★ 複★★★	酸味★★ 旨味★★★	甘味★★

越乃寒梅 白ラベル（こしのかんばい しろらべる）
新潟

- **第一の香り**…羽二重餅、アケビ、青竹など。
- **第二の香り**…桜餅、ウメゼリーなど。
- **味わい**…展開が緻密な設計図通りのように計算されており、酸味と甘味、旨味のあらわれ方とバランスがよい。しっとりとしていて、静かで軽い。後口は辛口だが舌を休ませる潤いがある。
- **料理との相性**…わさびを薬味に使う料理や、居酒屋で出てくる前菜的な料理によく合う。
- **温度**…冷やすと重さが出てきてしまう。20℃ほどの常温がよい。

※普通酒　15.7度　米 五百万石他／59%　酵 非公開　越後杜氏　960円／720ml　2030円／1800ml　石本酒造

醇酒

香りⅠ	強★ 複★★	香りⅡ	強★★★
味わい	強★★ 複★★	酸味★★ 旨味★★	甘味★★

越乃寒梅 吟醸酒 特選（こしのかんばい ぎんじょうしゅ とくせん）
新潟

- **第一の香り**…カステラ、レーズンなど。
- **第二の香り**…ふじ（リンゴ）、ワッフルなど。
- **味わい**…とろみがあってゼリーのようなふるふるとした感触がある。酸味を主軸にした旨味が追いかけてくる。余韻は柔らかな潤い感に旨味と酸味をともなった辛口感が同時進行していく。
- **料理との相性**…タイ、伊勢エビ、アワビ、キノコ、タケノコなど。
- **温度**…燗にすると辛味が出てくる。冷やすととろみがあり、余韻が長い。18℃の常温もよい。

※吟醸　16.6度　米 山田錦／50%　酵 非公開　越後杜氏　1675円／720ml　3350円／1800ml　石本酒造

醇酒

香りⅠ	強★★ 複★★	香りⅡ	強★
味わい	強★★ 複★★★	酸味★★★ 旨味★★★	甘味★★

越乃寒梅 特別本醸造 別撰（こしのかんばい とくべつほんじょうぞう べっせん）
新潟

- **第一の香り**…黄桃、わらび餅など。
- **第二の香り**…マシュマロ、梅など。
- **味わい**…みずみずしさと軽やかさ、角のなさが印象的で、なめらかで繊細な旨味がほのかに長く続いていく。非常に辛口でキレのよいフィニッシュが訪れる。
- **料理との相性**…発酵した旨味がある食品に合う。
- **温度**…燗にするとややマイルドな辛口になる。強く冷やすと甘味と苦味が割れる。20℃ほどの常温がよい。

※特別本醸造　16.2度　米 五百万石他／55%　酵 非公開　越後杜氏　1210円／720ml　2540円／1800ml　石本酒造

醇酒

香りⅠ	強★★★ 複★★	香りⅡ	強★
味わい	強★★ 複★★	酸味★★★ 旨味★★★	甘味★★

『この1杯』の美味さを教えてくれる日本酒

越乃寒梅 純米吟醸酒 金無垢（こしのかんばい じゅんまいぎんじょうしゅ きんむく） — 新潟

第一の香り…アルコール感にほのかなふじ（リンゴ）や長十郎（梨）、アケビの香りがのっている。
第二の香り…ずんだ餅、フルーツみつ豆、わらび餅、滝つぼの霧、カボスやライムのような青い柑橘類など。
味わい…最初は舌の上にとろりと丸く浮かんでいるような感触。その後、アルコール感と甘味、酸味と旨味が分かれて同時に広がっていく。含み香は桃、ふじ（リンゴ）、わらび餅など。余韻は晴れ晴れとした空気のように澄み渡る。最後にきれいな辛口感が残る。
料理との相性…塩釜焼きなど。酒だけでも楽しめる。
温度…冷やにすると濃密で絹のような舌触りになる。温度に対してたいへんデリケートなので、冷やしすぎに注意し、15℃前後で飲むのがよい。燗には向かない。

※純米吟醸　16.3度　米 山田錦／40%　酵 非公開　越後杜氏　3560円／720ml　石本酒造

香りⅠ 強★ 複★　香りⅡ 強★★ 複★★　味わい 強★★ 複★★★　酸味★★★ 旨味★★　甘味★★

爽醇酒

越乃寒梅 大吟醸 超特選（こしのかんばい だいぎんじょう ちょうとくせん） — 新潟

第一の香り…黄桃、白桃、ビワ、綿あめなど。川の上流でたき火をしているような煙った香りとミネラル香がする。
第二の香り…ふじ（リンゴ）や陸奥（リンゴ）がたき火の煙に包まれているような不思議な懐かしい香り。
味わい…穏やかな口当たりで、舌の上での滞空時間が長く、味の展開に空白の時間がある。感触や味わいのバランス、柔らかさ、辛口感が見事に融合している。余韻にしっとり感とドライ感が共存する。
料理との相性…焼きガニのように旨味のある食材をさらに凝縮させた料理やテリーヌといった複雑な味つけで魚介の旨味がある料理に合う。デザートにもよい。
温度…燗にするとせっかくの感触を失う。冷やにすると濃密で充実感があり、洗練された味わいになる。

※大吟醸　16.6度　米 山田錦／30%　酵 非公開　越後杜氏　3670円／500ml　石本酒造

香りⅠ 強★★ 複★★　香りⅡ 強★★ 複★★　味わい 強★ 複★★★　酸味★★★ 旨味★　甘味★★

爽薫酒

越乃寒梅 特醸酒（こしのかんばい とくじょうしゅ） — 新潟

第一の香り…わらび餅、葛湯、ほのかなふじ（リンゴ）、滝つぼの霧など。
第二の香り…ビワ、固い白桃、白梅や山吹の花など。
味わい…アルコールを感じさせない柔らかさがあり、舌の上で滞留している間には、ふわっとした軽やかさがある。舌の上をしばらく浮かんだ後から味わいの要素が広がっていく。味わいの調和がとれていて、酸があるのにみずみずしさとしっとりとした潤い感がある。
料理との相性…酒だけで不思議な感触を楽しむべき。
温度…燗にすると甘く、重たくなる。サフランやランブータンの香りがする。冷やにするとレンゲのみつや梅酒のような香りがする。濃密になり余韻も長くなる。12～13℃近辺で上品な真価を発揮する。

※16.3度　米 山田錦／30%　酵 非公開　越後杜氏　5930円／720ml　石本酒造

香りⅠ 強★★ 複★★★★　香りⅡ 強★★ 複★★★★　味わい 強★★ 複★★★　酸味★★★ 旨味★　甘味★★

薫酒

八海山

清酒 八海山（せいしゅ はっかいさん）— 新潟

[第一の香り]…餅、稲穂、道明寺粉、ピーナッツせんべいなど。あんパンを思わせるふわっとした柔らかな香り。
[第二の香り]…三色団子、ウエハースなど。
[味わい]…丸い甘味の後に爽やかな酸味、最後に旨味へと味わいのリレーがある。計算されたバランスで、廉価な日本酒のひとつの極致といえる。含み香にそばボーロやハーブの爽快さを感じ、余韻は薄い甘味とさらさらとした酸味が続き、突然に辛口に終わる。
[料理との相性]…刺身、煮魚、焼き魚、寿司、豆腐、天ぷら、そばなど。素材をいかし、複雑な調味をしていないシンプルでクオリティの高い和食に合う。
[温度]…燗にすると超辛口になる。冷やでバランスがよい。
※普通酒　15.5度　[米]麹：五百万石、掛：五百万石、ゆきの精他／60％　[酵]協会701号　越後杜氏　952円／720ml　2000円／1800ml　八海醸造

爽酒

香りⅠ　強★★　複★★　　香りⅡ　強★　複★★★　　味わい　強★★　複★★　　酸味★★　旨味★★　　甘味★★

本醸造 八海山（ほんじょうぞう はっかいさん）— 新潟

[第一の香り]…稲穂、竹、上新粉、五穀米など。
[第二の香り]…クッキー、そばボーロなど。
[味わい]…非常になめらかでふんわりと浮いているように軽く、すべるような感触。辛口なのに柔らかく豊かな味わいの展開を見せる。含み香は羽二重餅、みつ豆など。余韻はさらりとしてみずみずしい。
[料理との相性]…山菜、キノコ、そば、川魚の塩焼き、岩場の魚など。脂の中のおいしさを引き出す力があるので、寒ブリやサバなど脂ののった魚にも合う。
[温度]…燗にするとより辛口になり、優しくふくらむ印象を失う。冷やにするとふわふわ感と柔らかさを残し、味わいのゆっくりとした展開が楽しめる。
※本醸造　15.5度　[米]麹：五百万石、掛：五百万石、トドロキワセ他／55％　[酵]協会701号　越後杜氏　1157円／720ml　2408円／1800ml　八海醸造

醇酒

香りⅠ　強★★　複★★★　　香りⅡ　強★★★　複★★★　　味わい　強★★　複★★★　　酸味★★★　旨味★★★　　甘味★★

八海山 しぼりたて原酒 越後で候（はっかいさん しぼりたてげんしゅ えちごでそうろう）— 新潟

[第一の香り]…バナナ、メロン、水仙、山吹、蒸し米など。
[第二の香り]…酒造りの最盛期に差し掛かっている酒蔵の香りなど。
[味わい]…静かな口当たりから、アルコール感と甘味、酸味が一体となって口の中いっぱいに広がる。生酒ならではの、パリパリしたフレッシュ感とやや荒っぽい味わいの展開が楽しめる。含み香は蒸し栗やクルミ、杉、ヒノキ、新米、新銀杏など。余韻は薄い甘味と強烈なドライ感が平行してあり、口中が乾くフィニッシュ。
[料理との相性]…アルコール度数が高いので、簡単なつまみに合わせるもよし、寝酒もよし。
[温度]…冷や、ぬる燗もよいが、水割りや湯割りに向く。
※本醸造　19.5度　[米]麹：五百万石、掛：五百万石、トドロキワセ他／55％　[酵]協会701号　越後杜氏　1724円／720ml　3469円／1800ml　八海醸造

爽酒

香りⅠ　強★★★　複★★　　香りⅡ　強★　　味わい　強★★★★★　複★★　　酸味★★★　旨味★★　　甘味★★★

各段階、それぞれに際立つよさを持つ

新潟　吟醸　八海山（ぎんじょう　はっかいさん）

- 第一の香り…ほのかにマスカット、ケヤキ、乾麺など。
- 第二の香り…羽二重餅のような透明感のある穀物香。
- 味わい…口当たりはふわふわと軽く、なめらかで柔らかだが、味の要素が詰まっている。ほのかな水ようかん、サクランボ、梨、上質な酒であるのがわかる香りなどが抜けてゆき長く続く。米や麹からの上質な旨味を湛えながら、みずみずしく体に潤いを与えてくれる。
- 料理との相性…生け締めの魚介を刺身や特上寿司など。酒だけでも楽しく価値のある時間が過ごせる。
- 温度…燗にすると蔵の持ち味であるテクスチャーが消える。冷やにすると甘くないのに優しいとろみがある。

※吟醸　15.5度　米麹：山田錦、掛：山田錦、五百万石他／50％　酵協会901号　越後杜氏　1682円（県内）1724円（県外）／720ml　3364円（県内）3469円（県外）／1800ml　八海醸造

香りⅠ　強★★　複★★
香りⅡ　強★★　複★★★★
味わい　強★★　複★★★★
酸味★★　旨味★★
甘味★★

爽醇酒

新潟　純米吟醸　八海山（じゅんまいぎんじょう　はっかいさん）

- 第一の香り…白桃、マンゴスチン、羽二重餅など。
- 第二の香り…ケヤキ、サクラ材、羽二重餅など。
- 味わい…軽くて淡いのに濃密でまとわりつく感じがある。日本酒でしか表せない粘りのある不思議な感触があり、このテクスチャーを表せる蔵は少ない。余韻は静かでしっとりしている。
- 料理との相性…淡泊な魚介を湯通したもの。料理を選ぶ傾向にある。酒だけで十分に幸せになれる。
- 温度…冷やにすると味の要素は少ないはずなのに極上の緻密さになる。わずかな温度で味わいは大きく異なる。18℃までの常温か、13℃ほどの冷やがよい。

※純米吟醸　15.5度　米麹：山田錦、掛：山田錦、美山錦他／50％　酵アキタコンノ No.2　越後杜氏　1835円（県内）1877円（県外）／720ml　3670円（県内）3775円（県外）／1800ml　八海醸造

香りⅠ　強★　複★
香りⅡ　強★★　複★★
味わい　強★★　複★★★★
酸味★★　旨味★★
甘味★★

爽醇酒

新潟　大吟醸　八海山（だいぎんじょう　はっかいさん）

- 第一の香り…ほのかに山吹、水仙、桜、リンゴなど。
- 第二の香り…巨峰、ピオーネ、熟したリンゴのみつなど。
- 味わい…ふわふわ感と充実したまとまり感がある。水より軽く、空気のようにはかない感触だ。相反する要素が融合している様は体験しなければわからない。この八海山の持ち味であるテクスチャーはもはや芸術的であり、言葉で表すには限界がある。
- 料理との相性…鮮度のよいエビ、アワビ、ウニを蒸したものに合うが、酒だけで楽しむほうがよい。
- 温度…冷やすとはちみつ、長期熟成した上質のモーゼルワインに似た香りが出る。ただし、冷やしすぎずに12〜14℃ぐらいで飲むとよい。

※大吟醸　15.5度　米麹：山田錦、掛：山田錦、美山錦／40％　酵協会1001号　越後杜氏　4078円（県内）4152円（県外）／720ml　8400円／1800ml　八海醸造

香りⅠ　強★★　複★★
香りⅡ　強★★　複★★★★
味わい　強★　複★★★★★
酸味★★　旨味★★
甘味★

爽薫酒

121

厳選の日本酒 351

本著の主要部分を占める、この章において配慮したことを挙げていく。

まず、日本酒の選択に当たっては、複数の文献から抽出した、全国の「米」「水」「造り」に格別の思いや責務を強く持っている酒蔵の協力をあおぎ、自社の推奨品とした。

また、テイスティングする日本酒はすべて"純米"の酒とした。

第二に、これらのテイスティングの実施では、感覚の疲労が最小になるよう、一回につき、最大10銘柄までとした。また各々の品目は、さまざまな条件にした上で、例外なく、著者の喉を通し体感したものである。見解の責は、全て著者にある。

北海道・東北	124 ページ
関東	145 ページ
甲信越	158 ページ
北陸	174 ページ
東海	182 ページ
関西	196 ページ
中国	213 ページ
四国	226 ページ
九州	232 ページ

テイスティングの条件

テイスティングを行う際に最も重要な条件は、①品温、②酒器、③室温である。各々の品目は全て、まず15℃に設定して基準となる香り、味わい、感触、余韻の長さなどを賞味し、その後、8℃前後の「冷や」と45℃の「燗」にして賞味していった。

カタログの見方

第一の香り…陸奥（リンゴ）、デラウェア（ブドウ）、イチゴの花、そば粉のクレープなど。かすかに蒸し米の湯気、切り餅の香りがする。果物を主体に穀物香が加わる。

第二の香り…稲庭うどん、そば粉のガレットなどの香りが少し強くなる。

味わい…柔らかい第一印象から、一気に強い酸味が出てきて、その後に丸い旨味がやってくる。ただ辛いだけでなく、舌をなめるような優しい甘・旨味もある。含み香にカマンベールチーズのような白っぽい発酵食品の香りがあり、おいしいごはんを食べた後のようなうっすらとただよう甘みが余韻に広がる。心地よい、潤い感のある、バランスのとれた優しい辛口の酒である。

料理との相性…魚、野菜ともに好相性。脂の中のおいしい香ばしさを引き出してくれるので、肉類とも相性がよい。

温度…燗にすると旨味の強さがよりはっきりしてきて、酸味のシャープさもより冴え渡る。

※減農薬・減化学肥料で育てた酒米のみ使用し、仕込み水は軟水の湧水。「天の戸」とは天照大神の神話からきている。そのため、ラベルには勾玉が使われている。　特別純米　15.0～16.0度　**米** 麹：吟の精、掛：美山錦／55％　**酵** AK-1　山内杜氏　1470円／720ml　2751円／1800ml　浅舞酒造

香りⅠ	強★★	味わい	強★★★★	酸味★★★★★
香りⅡ	複★★		複★★★	甘味★★
	強★★★			旨味★★★

秋田　天の戸　美稲（あまのと　うましね）

香りは第一と第二の香りの発現性の強さと要素の複雑性を5段階評価した。味わいも同様だが、星数が多いほど優れた酒を意味するわけではない。また、裏ラベル表記とは異なる評価もありうる。

各銘柄については、生産地の都道府県の下に、商品名、特定名称の呼称、生酛・山廃などの種別、生酒や生貯蔵酒の区別を表記し、併せて、読みがなのルビを打った。ラベルの写真と照らし合わせていただきたい。

第一の香りとは酒器に注いだ直後の最も鮮烈な発酵の香り。
第二の香りは、空気中の酸素と触れた後の原料由来の香り。
料理は酒に対応する食材や品名（郷土料理を含む）。
温度は、特長の出る最適温。

薫酒は大吟醸酒や吟醸酒、一部の純米酒、本醸造酒に相当するものがある。吟醸香が高く旨味の少ないタイプ。

爽酒は生酒や生貯蔵酒のうち、軽快さが特長であるタイプ。

醇酒は純米酒、本醸造酒のうち、米本来の風味と旨味の強いタイプ。

熟酒は長期熟成による個性的なタイプ。

酒のタイプ

各々の品温を15℃設定にした際に相当するタイプ分類を行った。吟醸香や熟成香の多少と旨味の多少の連動により、薫酒、爽酒、醇酒、熟酒の基本4タイプに類別したが、中間タイプも多くあり、「薫醇酒」や「醇熟酒」などと表記した。頭につく文字が、より、そのタイプの特長を備えている。なお、アルコール度の高低は考慮していない。

料理との相性を探る最低限の味の要素を持つ食材、大根おろし、シラス、有塩バター（下）。すべてのテイスティング終了時のキャップ類の一部（左）。

酒器は国際標準（ISO）規格のテイスティング用グラスを使用した。室温は平均22℃の環境下で行った。合わせる料理については、それぞれの温度帯で①大根おろし、②シラスを水溶性の旨味の基本とし、③有塩バターを脂溶性の味の基軸に設定した。

北海道 東北

北海道
青森
岩手
宮城
秋田
山形
福島

冬の寒さが長く厳しい北海道・東北は寒造りの極地であり、また、米処でもある。蔵ごとに多彩な日本酒が生み出されている。

北海道　特別純米　北の錦　まる田
とくべつじゅんまい　きたのにしき　まるた

- **第一の香り**…菜の花、ワサビ菜など。梅の花やリンゴの花といったほのかな花の香りがただよう。
- **第二の香り**…紅玉（リンゴ）、わらび餅など。
- **味わい**…ふくらみ感があり、なめらかさの中から明確な酸味があらわれ、続いて麹がもたらす旨味が追いかけてくる。わずかな香ばしさと強い旨味が続き、力強さを感じる。
- **料理との相性**…野菜から魚、豚、牛まで広く対応でき、油の多い料理にも向く。
- **温度**…燗にすると味にまとまりができ、軽くなる。水割りもよい。

※同蔵の道産米を使用して造っている酒の中で、最高峰純米酒に「まる田」と命名している。

特別純米　16.0〜17.0度　米 吟風／50%　酵 協会9号　自社杜氏　1470円／720ml　2940円／1800ml　小林酒造

香りⅠ 強★★ 複★★★
香りⅡ 強★★ 複★★★
味わい 強★★★★ 複★★★
酸味★★★ 甘味★★★★ 旨味★★★★

醇酒

北海道　宝川　しぼりたて生原酒（特別純米原酒）
たからがわ　しぼりたてなまげんしゅ（とくべつじゅんまいげんしゅ）

- **第一の香り**…洋梨、リンゴジュース、中国の茅台酒など。
- **第二の香り**…リンゴジャム、クレソン、ウド、酒粕、粘土、土蔵など。石灰や化石などのミネラル香もある。
- **味わい**…さらりとした味で非常にシンプル。甘味を上回る酸味が感じられ、キレ味のよいシャープな辛口である。含み香は笹の葉、熊笹、竹、青竹など。余韻はキレがよく短い。
- **料理との相性**…焼いたイカやタコ、白身魚の寿司、冷や奴のほか中国料理などに合う。
- **温度**…冷やにすると香りがまとまり、甘味が増す。わずかに苦味が出るので冷やし過ぎに注意。

※地元産酒造好適米「彗星」を100％使用し、小樽の清らかな伏流水を仕込み水に使っている。特別純米　17.0〜18.0度　米 彗星／60%　酵 協会1801号、協会901号　南部杜氏　2200円／720ml　田中酒造

香りⅠ 強★★★★ 複★★★
香りⅡ 強★★★ 複★★★
味わい 強★★★ 複★★
酸味★★★ 甘味★★ 旨味★★

爽酒

北海道　国稀　純米　暑寒しずく
くにまれ　じゅんまい　しょかんしずく

- **第一の香り**…ブドウ、梨、メロン、ライラックなど。吟醸香があり、とても心地よい香り。
- **第二の香り**…熟したバナナ、軟質のリンゴ、ポン菓子、わらび餅、ウエハースなど。穀物香と吟醸香が調和する。
- **味わい**…非常になめらかで、さらりとした口当たりの中から花や果物などのきれいな香りが立ち上がる。余韻は短いながら、パウダースノーのようなさらりと溶ける感触がある。
- **料理との相性**…ドライさがあるので、油脂のある料理にも向く。肉の脂を溶かしながら、米本来の味をアピールするたのもしさがある。
- **温度**…燗にするとピシッとした辛口になる。強く冷やしても苦味は全く出ない。

※地元産の酒造好適米「吟風」を使用。

純米　15.0〜16.0度　米 吟風／65%　酵 協会901号　南部杜氏　1284円／720ml　国稀酒造

香りⅠ 強★★★ 複★★★
香りⅡ 強★★★ 複★★★
味わい 強★★★ 複★★★
酸味★★★ 甘味★★ 旨味★★

薫醇酒

北海道

山廃純米酒 北仕込
やまはいじゅんまいしゅ きたじごみ

- **第一の香り**…白桃、二十世紀（梨）、カブ、クレソン、白玉粉など。
- **第二の香り**…やや甘味が増す。大きな広がりは見られない。
- **味わい**…なめらかでさらりとしている。甘味はかなり少なく、きわめてドライ。笹の葉や熊笹、青竹などの余韻が感じられ、みずみずしい印象である。ニュートラルな酒で、バランスのよさがある。
- **料理との相性**…野菜の煮物、鍋物などと一緒に飲むとよい。
- **温度**…燗にするとふくらみ感が多少増し、甘味もわずかに出る。その反面、少し辛味が前に出てくるので熱燗よりぬる燗で。

※同蔵は、「吟風」が酒造用奨励品種に登録（平成12年）される前から使用。創業以来、豊平川の伏流水で酒を仕込む。 純米 14.0〜15.0度 吟風／65％ 非公開 自社杜氏 929円／720ml 日本清酒

[爽酵酒]

- 香りⅠ 強★★ 複★★★★
- 香りⅡ 強★★ 複★★
- 味わい 強★★ 複★★
- 酸味★★★★
- 甘味★
- 旨味★★

いろいろ酒器 ①

南部鉄

岩手県盛岡伝統工芸品「南部鉄」製の銚子と猪口。内側に漆の特殊加工が施されている。

青森

特別純米酒 山廃 田酒
とくべつじゅんまいしゅ やまはい でんしゅ

- **第一の香り**…稲穂、秋の田んぼ、ポン菓子、わずかに干したアンズ、切干し大根など。リンゴの花などの秋の花の香り。デンプン系の香りが主体だが、後に華やかな香りが立ち上がる。
- **第二の香り**…洗練された香りの風合いが増す。
- **味わい**…なめらかさとふくらみがあり、舌の上にのると一体感を増し、さらにふくらむ。飲み口は柔らかく、ホイップクリームが溶けていくようななめらかさがある。すべての味の要素が複雑できめ細かく、艶があり、まとまっている。飲むほどにおいしさが増す酒で、酒飲みのハートをつかむ。東北の日本酒の基準のひとつといえる。含み香にポン菓子、焼き栗、クレープのような香ばしさ。余韻は長く、香ばしさと旨味がいつまでも続く。
- **料理との相性**…野菜から魚、肉までオールマイティーに楽しめる。うるかやくちこなどの発酵食品、比内地鶏の焼き鳥、漬物全般、山菜の天ぷらなど。脂を引き立てる酒である。
- **温度**…燗にすると旨味が強烈になり、おいしさが引き立ち、さらに味の幅が広がる。冷や、常温で真骨頂を見せる。

※「田酒」＝「田んぼの酒」という名のとおり、田酒8銘柄はすべて純米酒である。 特別純米 15.6度 華吹雪／55％ 協会901号 南部杜氏 2956円／1800ml 西田酒造店

[醇酒]

- 香りⅠ 強★★★ 複★★★★
- 香りⅡ 強★★ 複★★★★
- 味わい 強★★★★ 複★★★★
- 酸味★★★★
- 甘味★★★
- 旨味★★★★

青森

駒泉 純米酒 白ラベル
こまいずみ じゅんまいしゅ しろラベル

- **第一の香り**…大根、カブ、稲穂、栃餅（とちもち）、きび団子、塩せんべいなど。やや焦げ感のある香ばしい香りがある。
- **第二の香り**…チューリップや水仙の花、わずかな陸奥（リンゴ）、蒸しパン、餅をついているときの香りなど。より香りが強まり、おいしい穀物の香りが広がる。
- **味わい**…飲み口はきめ細やかで絹のようになめらか。舌に染み渡るような、吸い込まれるような潤い感がある。かろうじて感じとれる清らかな甘味があり、透き通った印象である。華美ではなく、控えめで非常にしっとりとした優しい味わい。飲み手に安心を与えてくれる酒で、自然にのどに消えていく飲み口だ。含み香は蒸しパンやウエハース、ワッフル、カステラや白い穀物の香りがする。後口は、秋晴れの空気のように澄んでいる。
- **料理との相性**…魚の苦味を引いてくれるので魚料理に合う。
- **温度**…燗にしても柔らかさを保ったまま、甘味が弱まっていく。麹と米の旨味のバランスが崩れない。常温もおすすめ。

※原料米には地元の飯米である「むつほまれ」を、仕込み水には八甲田山系高瀬川の伏流水を使用している。 純米 14.0〜15.0度 むつほまれ／65％ 自家酵母 南部杜氏 1674円／720ml 2233円／1800ml 盛田庄兵衛酒造店

[醇酒]

- 香りⅠ 強★★★★ 複★★
- 香りⅡ 強★★★ 複★★★
- 味わい 強★★★ 複★★★★
- 酸味★★★★
- 甘味★★★
- 旨味★★★

岩手　あさ開　あさびらき　特別純米酒　南部流　生酛造り　とくべつじゅんまいしゅ　なんぶりゅう　きもとづくり

第一の香り…アケビ、アボカド、山芋、長芋、カボチャ、豆入りかき餅、粒マスタードなど。ビタミンの豊かな体によい緑黄色野菜の香りがする。米と麹からの香ばしい香りがただよう。

第二の香り…薪で炊いたごはんのおこげ、干した稲穂、蒸し栗、木造藁葺きの古民家に入ったときのような郷愁を誘う風合いを感じる。

味わい…芯のある味わいのまわりを米の甘味と複雑な旨味がふんわりと包み込む。酸味と甘味、旨味の連携がよく、さらに力強さと繊細さ、軽やかさが調和している。自然に消えていくような飲み口でありながら、後口は引き締まるドライなフィニッシュの対比があざやか。

料理との相性…魚や野菜よりも肉と相性がよい。とくに、燗酒で牛や鴨に合う。

温度…燗にすると甘味と香ばしさ、辛さのバランスがよくなる。冷や、常温ともに楽しめる。

※無農薬で栽培された地元産「ひとめぼれ」を100％使用。創業以降、盛岡三清水に数えられる大慈清水を仕込み水にしている。平成14年には、日本初となる低アルコール大吟醸酒「大吟醸ライト水の王」を発売した。
特別純米　15.0～16.0度　米 ひとめぼれ／60％　酵 自家酵母　南部杜氏　1312円／720ml　2625円／1800ml　あさ開

香りⅠ	強 ★★★	味わい	強 ★★	酸味 ★★
	複 ★★★★		複 ★★★	甘味 ★★★★
香りⅡ	強 ★★★★			旨味 ★★
	複 ★★★			

醇酒

青森　陸奥　菊の里　むつ きくのさと　純米酒　じゅんまいしゅ

第一の香り…梨、アケビ、大根、レンコン、山芋、竹、笹、草餅、ヨモギなどの山の香りと、穀物由来の甘い香りがする。

第二の香り…塩豆、黒豆かき餅、ごはんの湯気など。香ばしさの中に乾いた豆類を思わせる香りが混在している。

味わい…淡麗辛口の酒。濃密さと軽やかさが不思議な調和を見せる、ふくらみ感がある。含み香はのびのびとした優しい米の甘い風味がただよう。後口は非常にドライ。

料理との相性…脂ののったマグロ、牛肉など。

温度…熱燗にすると辛味が出て、苦味があらわれる。ぬる燗または冷やがよい。

※同蔵は協会酵母10号の発祥蔵といわれている。　純米　14.0～15.0度　米 華吹雪／60％　酵 青森県口号　南部杜氏　1050円／720ml　1995円／1800ml　八戸酒類　八鶴工場

香りⅠ	強 ★★★★	味わい	強 ★★★	酸味 ★★★★
	複 ★★		複 ★★★★	甘味 ★★★
香りⅡ	強 ★★★★			旨味 ★★
	複 ★★★			

醇酒

青森　豊盃　ほうはい　特別純米酒　とくべつじゅんまいしゅ

第一の香り…ジョナゴールド（リンゴ）、白桃、水仙や桜の花など。とても心地よい果物香がある。

第二の香り…クレソン、レタス、水菜など。水ぎわに生えているようなみずみずしい草や野菜のミネラルを思わせる香りがある。

味わい…甘味と酸味が溶け合って、舌の上をのびやかに広がっていく。フィニッシュはカラッとしてドライになる。これみよがしの力強さを主張しない上品さがある。

料理との相性…和食、とくにおでんや刺身といった素材の味を楽しむ料理に合う。

温度…熱燗にすると酸味から離れてしまった甘味が出てくる。冷やかぬる燗で。

※同蔵だけが契約栽培している「豊盃米」を100％使用。　特別純米　15.0～16.0度
米 豊盃／麹55％、掛60％　酵 協会901号
自社杜氏　1300円／720ml　2500円／1800ml　三浦酒造

香りⅠ	強 ★★	味わい	強 ★★★	酸味 ★★★
	複 ★★★		複 ★★★★	甘味 ★★★
香りⅡ	強 ★★★			旨味 ★★★
	複 ★★★			

薫醇酒

日本酒のはなし

日本酒の製造・取り引きの数量単価

日本酒は農産物である「米」を用いて醸造することと、古くから課税品であったため、尺貫法による容積単位を用いて計量されるのが現在も一般的である。よくも悪くも、このあたりに江戸時代のなごりが見られる。

1石（こく）＝180ℓ　　1升瓶100本分
1斗（と）＝18ℓ　　同10本分。1升（しょう）＝1.8ℓ、1800mℓ。
1合（ごう）＝180mℓ。　1勺（しゃく）＝18mℓ＝18ccとなる。

酔仙 特別純米 山廃

岩手　すいせん　とくべつじゅんまい　やまはい

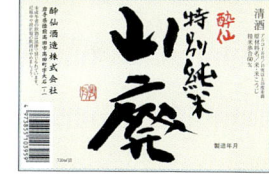

[第一の香り]…カブ、レンコン、山芋、栃餅、栗など。根菜と穀物の香りが同時に広がっていく。
[第二の香り]…芋あめ、甘栗など。甘い香りが出てくる。
[味わい]…口当たりが密度が高くなめらかで、山廃にありがちな押し出しの強さがなく、飲み心地がスムーズ。軽さの中に甘味と優しい酸味が調和している。わずかに、にがりや塩っぽさ、エビのような旨味を感じる。余韻に豆腐を食べた後に感じるようなミネラル感があり、キレのある乾いた後口で非常に辛口の印象だ。
[料理との相性]…食中酒として優秀。とくにエビ、カニ、イカなどのほか、黒豆豆腐に合わせたい。また、寿司や湯豆腐にも好相性。
[温度]…燗にしてもおいしく、エビせんべいのようなエビの旨味を感じる。
※地米酒にこだわる蔵で、とくに平成11年に研究開究された酒造好適米「吟ぎんが」の使用に努めている。蔵をかまえる場所には、深いブナ山林を通ったミネラル質の水が湧き、仕込み水に用いている。酒造名は同蔵の酒を生涯愛した地元日本画家「佐藤華岳斎」からいただいた「酔うて仙境に入るが如し」というほめ言葉に由来する。　特別純米　15.0〜16.0度
[米]吟ぎんが、ぎんおとめ／60%　[酵]協会901号　南部杜氏　1365円／720ml　酔仙酒造

爽醇酒

| 香りⅠ | 強★★★★ | 香りⅡ | 強★★★★★ | 味わい | 強★★★ | 酸味★★★★ | 旨味★★★ |
| | 複★★ | | 複★★ | | 複★★ | 甘味★★★ | |

純米酒 堀米

岩手　じゅんまいしゅ　ほりごめ

[第一の香り]…リンゴ、白桃、サクランボ、アプリコット、白玉、葛餅（くずもち）、らくがん、デラウェア（ブドウ）など。さまざまな果物の香りが混在している。
[第二の香り]…ブドウ、桃、アプリコットの香りが強まり、よりフルーティーになる。穀物香は抑えられている。
[味わい]…なめらかかつ深みのある飲み口で、味わいの要素が非常に高いレベルでバランスを取っている。複雑ではあるが軽く、重さを感じながらも、なめらかという相反する要素を持つ。純米の表示だが、含み香に、リンゴや梨などの爽やかで甘味のある香りを強く感じ、蒸し栗やカシューナッツ、豆のような旨味の余韻が長く続く。自家栽培米を使って惜しみない愛情を注いでいることが伝わってくる。手間暇かけて米と会話しながら造っていることが目に見えるような酒だ。
[料理との相性]…味噌田楽、焼き魚、酢豚や甘酢あんかけ、チャーシューなどの味が濃いめの料理と合う。
[温度]…熱燗にすると味がばらけ、強く冷やすと酒がかたくなるので、15℃前後から常温、30〜40℃のぬる燗がよい。
※南部杜氏発祥の地である岩手県紫波町にあり、恵まれた風土のなか、酒造りを行う。専用田を持ち、そこで酒造好適米を栽培。この酒は低農薬栽培の自家産「トヨニシキ」を使用した純米酒。　純米　18.5度
[米]トヨニシキ／60%　[酵]協会9号　南部杜氏　1300円／720ml　2500円／1800ml　髙橋酒造店

薫醇酒

| 香りⅠ | 強★★★★ | 香りⅡ | 強★★★ | 味わい | 強★★★★ | 酸味★★★★ | 旨味★★★★ |
| | 複★★★ | | 複★★★ | | 複★★★★ | 甘味★★★ | |

純米酒 月の輪

岩手　じゅんまいしゅ　つきのわ

[第一の香り]…梅の花、ユリノキの花のはちみつ、大根、カブ、餅、道明寺粉、あられ、そばボーロ、そば、そば茶、炒り米など。藁葺き屋根の古民家の土間を思わせる郷愁を誘う。古きよき日本の原風景を見る。
[第二の香り]…穀物香が強調される。
[味わい]…飲み口が優しく、味わいののびがよい。きめ細やかで緻密な感触。米と麹からもたらされる旨味がきれいで優しい。苦味はなく、透明で澄んでいる。上品で晴れやかな飲み心地の酒だ。米を大事に思い、麹作りの丁寧な仕事が融和しているのが伝わってくる。大切な日にじっくり味わいたい。場の空気を優しくしてくれるだろう。余韻に焼き栗のような香ばしさをともなった旨味を感じる。
[料理との相性]…練り物や魚介全般。また、脂にひそんだ旨味を引き出す力があるので、上質な干物や天ぷらなど。
[温度]…燗にしても辛くならない。苦味のなさと澄んだ味わいをいかす。15℃前後で味わいたい。
※南部杜氏発祥の地である岩手県紫波町に位置する蔵。企業としてではなく家業として酒造りを行うのが、伝来のポリシー。もち米100%使用の純米酒などもある。　純米　15.0度
[米]どんぴしゃり／65%　[酵]協会9号　自社杜氏　1120円／720ml　2140円／1800ml　月の輪酒造店

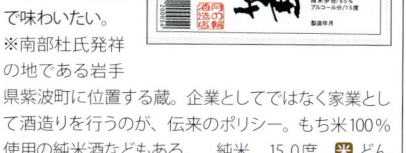

爽醇酒

| 香りⅠ | 強★★★★ | 香りⅡ | 強★★★ | 味わい | 強★★★★ | 酸味★★★ | 旨味★★ |
| | 複★★★ | | 複★★★ | | 複★★★★ | 甘味★★★ | |

（上）蒸した米を移す作業は時間と熱さとの戦いだ。
（左）稲作からの酒造りへの取り組みもしている。（南部美人）

こんな日本酒もあり！

岩手　南部美人　All Koji 2005
なんぶびじん　おーる　こーじ　にせんご

全麹仕込み

第一の香り…塩豆、干したブドウ、マカダミアナッツ、みたらし団子、ウエハース、ミルクジャム、味噌蔵、線香、お香など。あふれ出るほどの香りがどっしりとかまえているような力強さがある。

第二の香り…葛粉、塩あられ、だししょうゆ、干したイチジク、ナツメヤシなど。華やかさを包み隠した、角のないとろけるような香りが広がる。

味わい…濃厚でクリーミーな口当たり、舌の上でとろみとふわふわとした感触がある。密度の高い旨味ときらっと輝く甘味が芯となり、酸味が影を与え重さを軽やかにしている。日本が誇る極甘口の日本酒といってよい。含み香にマカダミアナッツやソフトクリームのコーンのような香ばしさとメープルシロップやバニラクリームのような甘い香りがある。飲み終わった直後の余韻はかすかだが、ゆっくりとあらわれる柔らかな風味が長く続く。

料理との相性…料理とは合わせずに食前酒として楽しめる。フルーツやデザートにも挑戦してみたい。

温度…オン・ザ・ロックスや、10℃の冷やから16℃ぐらいの冷たい常温がよい。

※仕込みは掛米なしで麹100％の全麹仕込みの酒。女性や日本酒を飲まない人たちに向けた蔵のチャレンジだ。
純米　15.0〜16.0度　米 トヨニシキ、ぎんおとめ／65%
協会1601号　南部杜氏　1700円／500ml　南部美人

香りⅠ 強★★★　味わい 強★★★★　酸味★★★
　　　複★★★★★　　　　　複★★★★★　甘味★★★★★
香りⅡ 強★★★　　　　　　　　　　　旨味★★★★
　　　複★★★★　

その他 熟成酒

岩手　磐乃井　特別純米酒　ブラック
いわのい　とくべつじゅんまいしゅ　ぶらっく

第一の香り…白玉粉、米粉、発芽米、かき揚げ、うどん、精米所の空気など。

第二の香り…新しく張った障子の紙とのり、和紙、大太鼓の皮や木材など。

味わい…なめらかでふくらみ感がある。舌を押さえつけるような重量感があり、飲み心地は強い。米の甘味を十分に残しており、どっしりとした濃密な味わいを追求した特別な一品。強い甘味と旨味が広がり続け、後口も濃厚。

料理との相性…豚味噌や味噌のつけ焼き、味噌煮込み、味噌カツなど素材に味噌と甘味を組み合わせた料理に向く。

温度…冷やすと甘味がとろみに変わり、味わいがまとまる。10℃前後の冷やがよい。

※岩手県で開発した酒造好適米「ぎんおとめ」を使用。特別純米　16.0〜17.0度　米 ぎんおとめ／55%　協会901号　南部杜氏
1260円／720ml　磐乃井酒造

香りⅠ 強★★　味わい 強★★★★　酸味★★★
　　　複★★★　　　　　複★★　　甘味★★★★
香りⅡ 強★★　　　　　　　　　　旨味★★
　　　複★★

醇酒

関山 純米吟醸 （かんざん じゅんまいぎんじょう）岩手

[第一の香り]…カルシウムや岩清水などのミネラルの香りと、餅、白玉粉などの白い穀物の香り。
[第二の香り]…やや穀物香が強くなる。
[味わい]…口当たりが丸く、水以上に軽い感触。ふくらみ感があり、味わいのつながりにとぎれがない。ほのかな旨味を残しつつ、後口は非常にシャープ。まろやかな軽い味わいから、ドライな後口までの展開がスムーズ。
[料理との相性]…脂ののった魚の旨味を倍増させる。さまざまな調理法と相性がよい。
[温度]…燗にすると非常に辛くなる。冷やで酒の味がよくわかる。
※磐井川の伏流水を使用。　純米吟醸　15.0〜16.0度　[米]吟ぎんが／50%　[酵]M－310　南部杜氏　1428円／720ml　3150円／1800ml　両磐酒造

香りⅠ　強★★★★　複★★★
香りⅡ　強★★★　複★★★
味わい　強★★★　複★★★★
酸味★★　甘味★★　旨味★★★★
[爽醇酒]

純米原酒 展勝桜 （じゅんまいげんしゅ てんしょうさくら）岩手

[第一の香り]…ビワ、デリシャス（リンゴ）、熟した洋梨、山吹や木蓮の花、ミネラルを思わせる香り。吟醸香がある。
[第二の香り]…熟した果物のような華やかで勢いのある香り。
[味わい]…はっきりとした力強い味わい。なめらかな甘味の後に、密度の高い酸味があらわれてくる。含み香に、マンゴスチンやドラゴンフルーツなどさまざまな果物を感じる。後口にはきれいで澄んだ辛口感が広がる。華やかな香りと、とろみのある中辛口の酒。
[料理との相性]…食中酒より、食前酒や、食後の甘いデザートやフルーツなどに合わせたい。
[温度]…強く冷やすと甘く重くなるので、14〜16℃のやや冷たいぐらいで楽しみたい。
※蔵内の井戸水（硬水）を使用。　純米　17.0〜18.0度　[米]亀の尾／60%　[酵]協会7号　南部杜氏　1575円／720ml　2730円／1800ml　喜久盛酒造

香りⅠ　強★★★★　複★★★
香りⅡ　強★★★　複★★★
味わい　強★★★★　複★★★
酸味★★★　甘味★★　旨味★★
[薫醇酒]

仙人郷 純米酒 （せんにんきょう じゅんまいしゅ）岩手

[第一の香り]…カブ、クレソン、蒸し米など。ミネラルウォーターのようにさらりとした味わいを思わせる。
[第二の香り]…第一の香り同様、変化が少ない。
[味わい]…仙人が食べる霞を集めて造ったようなふんわり感が、まさに「仙人の秘水」。軽やかでみずみずしく、冷涼さを感じさせる水のよさが実感できる希有な酒。水のようにさらりとしていて気がつくとするすると何杯も飲めてしまう良酒だ。
[料理との相性]…強い主張がないので、優しい味わいの料理と相性がよい。大根の煮物など、とくに京風懐石料理に合う。
[温度]…燗でも全く抵抗がなくなる。14℃前後の冷やもおすすめ。
※北上山地の地底600mに湧く仙人秘水を仕込み水に使用している。　純米　15.0〜16.0度　[米]美山錦／麹：55%、掛：60%　[酵]10号系　南部杜氏　1543円／720ml　浜千鳥

香りⅠ　強★★★★★　複★
香りⅡ　強★★★★★　複★
味わい　強★★★★　複★
酸味★★★　甘味★★★★　旨味★
[爽酒]

特別純米酒 龍泉 八重桜 （とくべつじゅんまいしゅ りゅうせん やえざくら）岩手

[第一の香り]…わらび餅、かすかにバナナ、メロンなど。丸いイメージのする香りがある。
[第二の香り]…稲藁、炭、梨など。
[味わい]…さらさらとした味わいで、心地よい酸味の存在を感じる。含み香にほのかなお屠蘇の香りがあり、みずみずしい爽やかさが続く。後口はきれいで、水の清らかさときめ細かな米の旨味が穏やかにまとまっている。
[料理との相性]…アユ、イワナといったミネラル感のある川魚と相性がよい。湯豆腐、そば、おでん、山芋の磯辺巻き、アスパラガス、山ウド、酢味噌など。
[温度]…冷やにすると水の清らかさが引き立ち、味が緻密になる。冷たい井戸水の温度で。
※日本名水百選の龍泉洞地底湖の水を使用。特別純米　15.0度　[米]ぎんおとめ／60%　[酵]協会7号　南部杜氏　1100円／720ml　2243円／1800ml　泉金酒造

香りⅠ　強★★★　複★★★
香りⅡ　強★★★　複★★★
味わい　強★★　複★★
酸味★★★　甘味★★　旨味★★
[爽酒]

宮城　金紋両國 蔵の華 純米吟醸　きんもんりょうごく くらのはな じゅんまいぎんじょう

第一の香り…そばボーロ、ビスケット、ブルーベリーパイ、アップルパイ、粟おこしなどの香ばしさと果実香がある。

第二の香り…果物香、ウドやゼンマイなど鉱物を思わせる山菜の香り、餅と白玉などの白い穀物の香りなど。

味わい…非常になめらかな、柔らかくのびのある口当たり。ふわっと柔らかくまとまっていて、上品な飲み口。味わいのバランスがよく、欠けている要素がない。滑るようなスピーディーな味わいの広がり方で、飲んでいてわくわくする。湧き水のようなきれいな含み香があり、味わいのキレがよい。甘味→旨味→酸味と余韻が続いて、きれいな有終のグラデーションとなっている。

料理との相性…牡蠣、ホタテ、ホヤ、イカなどの生で食べておいしい魚介類、キンキやカレイの塩焼きなどととくに相性がよい。脂身の少ない肉、豆腐、ふろふき大根などとも合う。

温度…常温でもうまいが、12℃前後の冷やにすると、味わいの要素のかたまりがほどける感じになり、より心地よくなる。

※敷地内の井戸水を使用。古くからの日本を代表する港町に蔵をかまえ、地元の新鮮な魚介類に合った酒造りをしている。　純米吟醸　15.0〜16.0度　米 蔵の華／50％　酵 宮城マイ酵母　南部杜氏　1785円／720ml　角星

爽醇酒

香りⅠ　強★★★　複★★★　　香りⅡ　強★★★　複★★★　　味わい　強★★★　複★★★★　　酸味★★　甘味★★　　旨味★★★

宮城　特別純米 勝山 縁　とくべつじゅんまい かつやま えん

第一の香り…果物香が主体の、きれいで柔らかく優しい香り。白桃、ゴールデンキウイ、プリンスメロン、かすかな陸奥（リンゴ）、ほのかに稲穂、ウエハースなど。

第二の香り…香りのピントが合ってきて、引き締まり、心地よい香りが立ってくる。

味わい…ゆったりとした、なめらかできめ細やかな感触。浮遊感のある味わいの展開と、緻密でシルキーな飲み心地のよさを感じる。含み香に三色団子、羽二重餅などの穏やかな香りとワッフルやバニラのような甘く香ばしい香りがあり、酸味と旨味が調和した、潤い感のある辛口の後口が広がる。濃密なのに、柔らかく軽やかな飲み心地である。

料理との相性…塩や昆布で薄味をつけた料理と好相性。魚介類の塩焼き、昆布風味の鶏肉の蒸し物、塩・コショウでシンプルに味つけしたステーキ、寄せ豆腐など。

温度…冷やにすると柚子やカボスなどの柑橘類の香りが出て、味が濃密になる。常温のときにはあまり感じられなかったミネラル感がある。燗にすると味のまとまりが希薄になる。冷やで楽しみたい。

※袋しぼりの早瓶火入れ。　特別純米　15.0〜16.0度　米 ひとめぼれ／55％　酵 宮城マイ酵母　南部杜氏　1575円／720ml　2940円／1800ml　勝山企業

醇酒

香りⅠ　強★★★　複★★★　　香りⅡ　強★★★　複★★★　　味わい　強★★★　複★★★　　酸味★★★　甘味★★　　旨味★★★

宮城　特別純米酒 生一本浦霞　とくべつじゅんまいしゅ きいっぽんうらかすみ

第一の香り…梨、カリン、ビワ、笹、ヨモギ、ゼンマイ、ワラビ、白玉、寒天、フルーツみつ豆など。

第二の香り…柏餅、桜餅などの穀物香の中から、リンゴやカリンのような甘い吟醸香が出てくる。

味わい…口当たりはさらりとしているが、その後にとろみと丸みが出てくる不思議な酒。甘味と酸味が徐々に消えていき、入れ替わりに焼き栗やタケノコを思わせる香りが広がる。含み香にみつ豆のような甘い香りがあり、ヒノキのような木の香ばしさを感じる余韻が残る。なめらかさの中にすべての要素が詰まっている。味わいの展開は一本の線でまとまっている。苦味のなさがいくらでも飲める要因となっている。

料理との相性…さまざまな食材に合うが、とくに脂ののった魚や、魚介を油を使って調理したものと一緒に楽しめる力を持っている。

温度…燗では味わいが締まって、甘味と旨味から、きりっと締まった辛口の印象へと変わってゆく。香ばしさはあるがドライで、焼き栗のような香りがただよう。冷やかぬる燗で楽しめる。

※県産の飯米「ササニシキ」を使用。嘉永2年（1849年）の創業以来、南部杜氏による手造りの伝統をいかした酒造りを続け、「量より質」の信念を貫いている。　特別純米　15.0〜16.0度　米 ササニシキ／60％　酵 自家酵母　南部杜氏　1365円／720ml　2835円／1800ml　佐浦

醇酒

香りⅠ　強★★★★★　複★★★　　香りⅡ　強★★★★★　複★★★★　　味わい　強★★★★　複★★★★　　酸味★★★　甘味★★　　旨味★★★★

北海道・東北

宮城　華心　特別純米酒（かしん　とくべつじゅんまいしゅ）

[第一の香り]…柚子、焼きミカン、木の芽、甘酒、わらび餅、カニ味噌、香ばしいエビせんべいなど。

[第二の香り]…竹、ススキ、稲葉など。野や山の植物の香りが強くなる。

[味わい]…力強い味わいで迫力ある飲み口。酸味が強いので鋭い印象だが、旨味が包み込むようにマイルドにしている。しっかりとした辛口の酒で味の起承転結がはっきりしている。力仕事をする人向けの酒のなごりを見せる。

[料理との相性]…魚介類全般と相性がよい。燗酒の場合はとくに、脂ののった魚の旨味と同調し、魚介の甘味を最大限に引き出す。

[温度]…燗にすると甘味が出てくる。冷やもよし。

※蔵近くの地下伏流水を使用。　特別純米　15.0〜16.0度　[米]蔵の華／60％　[酵]宮城マイ酵母　南部杜氏　1208円／720ml　2310円／1800ml　男山本店

香りⅠ 強複 ★★
香りⅡ 強複 ★★★
味わい 強複 ★★★★
酸味 ★★★★
甘味 ★★★
旨味 ★★★★

醇酒

宮城　一ノ蔵　特別純米酒　松籟（いちのくら　とくべつじゅんまいしゅ　しょうらい）

[第一の香り]…梨、桃、リンゴ、梅やチューリップの花、蒸しパン、炭酸せんべい、瓦せんべい、ウエハースなど。ほのかに穀類の香がしい香り。

[第二の香り]…甘い香りが強まる。

[味わい]…とてもきれいな飲み口で、上品な味わい。味の要素が突出してこない、よく練られたシルキーな酸味もきめ細かくつるつるしている。米と麹の旨味、水の清冽さが響き合い、澄んだ飲み口を作り出している。

[料理との相性]…野菜より魚料理がよい。

[温度]…冷やにすると超辛口の印象だが、口当たりの優しい酒になる。燗では甘くなる。

※大松沢丘陵地の地下水を使用。原料米のほとんどが地元宮城産で、酒に合わせて米の種類を使い分ける。　特別純米　15.0〜16.0度　[米]蔵の華／55％　[酵]協会901号　南部杜氏　1320円／720ml　2760円／1800ml　一ノ蔵

香りⅠ 強複 ★★★★
香りⅡ 強複 ★★★
味わい 強複 ★★★★
酸味 ★★★
甘味 ★★
旨味 ★★

薫醇酒

宮城　宮寒梅　純米美山錦（みやかんばい　じゅんまいみやまにしき）

[第一の香り]…リンゴ、カリン、柚子、ゼンマイ、ワラビ、白玉、わらび餅など。吟醸香もある。

[第二の香り]…麹の作り出す香りを強く感じ、果物の甘い香りも強くなる。

[味わい]…甘味が第一印象、その後になめらかな酸味と甘味が一体となって続く。麹からもたらされる蒸し栗のような旨味と甘味が余韻に残る。含み香はカリンやリンゴの甘い香りがする。麹の甘・旨味が全面に出た濃厚な酒。

[料理との相性]…脂っこい料理と出会ってドライさを見せる。肉の脂を溶かし、米本来の味をアピールするたのもしさがある。

[温度]…常温より冷やでしっとりとまとまる。

※鳴瀬川の伏流水を使用。　純米　15.0〜16.0度　[米]美山錦／60％　[酵]宮城B酵母　南部杜氏　1417円／720ml　2782円／1800ml　寒梅酒造

香りⅠ 強複 ★★★★
香りⅡ 強複 ★★
味わい 強複 ★★★★
酸味 ★★★★
甘味 ★★★★
旨味 ★★★

薫醇酒

宮城　乾坤一　特別純米辛口（けんこんいち　とくべつじゅんまいからくち）

[第一の香り]…スギ、竹炭、トースト、焼き餅、麦飯など。

[第二の香り]…木の香りと穀物の焦げた香りの中に、イチゴミルクやメープルシロップのような甘い香りと果物香が出てくる。

[味わい]…力強い味わいで、ゆったりとしたのびやかな飲み口。含み香に香ばしい香りがあり、塩味に似たミネラル感をともなった旨味の余韻を残しながら非常にドライなフィニッシュを迎える。どこか懐かしさを感じる、正直で真っ当なクラシックな味わいの酒。

[料理との相性]…焼き鳥や焼き魚といった炭や薪を用いた焼き料理と相性がよい。

[温度]…15℃ぐらいか、ぬる燗がよい。

※蔵王山系の伏流水を使用。　特別純米　15.0度　[米]ササニシキ／55％　[酵]宮城酵母　南部杜氏　1260円／720ml　2625円／1800ml　大沼酒造店

香りⅠ 強複 ★★★
香りⅡ 強複 ★★★
味わい 強複 ★★★★
酸味 ★★★★
甘味 ★★
旨味 ★★★

醇酒

宮城　極上純米酒　萩の鶴（ごくじょうじゅんまいしゅ　はぎのつる）

第一の香り…桃、水仙の花、そばなどの高原の涼しげな穀物香、寒天、フルーツみつ豆など。

第二の香り…香りのトーンが上がり、甘く透明感のある香りが広がる。

味わい…味わいのそれぞれの要素がこなれていて、米からの甘味がただようように舌に残る。しっとりしてほのかに甘い後口。隠れた酸味があるので飲み口がよくきれいである。日本酒の初心者に向いているともいえる。

料理との相性…練り物をはじめ、エビや貝類などに向く。

温度…燗にするとミネラル感が強まり、ぴりっとするが、甘味の強さは変わらない。冷やがおすすめ。

※霊堂沢自然水を使用。　純米　15.0〜16.0度　**米** 蔵の華／50％　**酵** 宮城酵母　自社杜氏　1470円／720ml　2940円／1800ml　萩野酒造

| 香りⅠ | 強 ★★★ 複 ★★★ | 味わい | 強 ★★★ 複 ★★★ | 酸味 ★★★ 甘味 ★★★ 旨味 ★★★ | 醇酒 |
| 香りⅡ | 強 ★★★★ 複 ★★★ | | | | |

宮城　特別純米酒　酒一筋　わしが國（とくべつじゅんまいしゅ　さけひとすじ　わしがくに）

第一の香り…桃、柚子、稲穂、発芽玄米、粟おこし、ほのかに熟したバナナ、プリンスメロンなど。少し甘さを感じさせる、親しみやすい香り。

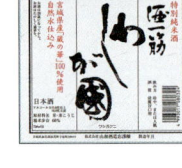

第二の香り…香りのトーンが穏やかになる。

味わい…緻密で清らかで澄んでいる。目立ちすぎない酸味から、ほのかな甘味への連携が素晴らしい。飲むほどに清らかさと爽快さが増す。頑固な名前の意表をついた味わい。

料理との相性…焼き魚や干物、イカ、エビなどの海鮮や、塩味の焼き鳥。

温度…燗にするとぴりっと辛くなりながら、蒸し栗のような甘味が出てくる。

※船形山系の伏流水を使用。　特別純米　15.0〜16.0度　**米** 蔵の華／60％　**酵** 宮城酵母　南部杜氏　1275円／720ml　2415円／1800ml　山和酒造店

| 香りⅠ | 強 ★★★★ 複 ★★★★ | 味わい | 強 ★★★ 複 ★★★ | 酸味 ★★★ 甘味 ★★★ 旨味 ★★★ | 爽醇酒 |
| 香りⅡ | 強 ★★★ 複 ★★★ | | | | |

米が実る秋を待って日本酒造りがはじまる。

宮城　真鶴　山廃仕込み純米酒（まなつる　やまはいじこみじゅんまいしゅ）

第一の香り…リンゴ、熟す前の桃、カステラ、ウエハース、そばなど。ほのかに吟醸香と金ゴマの香りが加わる。

第二の香り…桃やあめなどの甘い香りが強まる。

味わい…舌先で甘味を感じた後に非常に緻密な酸味が広がる。ふんわりとふくらむような味わいから一転して、ドライな後口へと展開していく。味わいが柔らかくふくらむ、きめ細かな澄んだ味わいの酒。飲みやすいので、日本酒の初心者におすすめ。

料理との相性…脂のある食材と合わせると酒の味が引き立つ。

温度…燗ではぴりっと締まる反面、甘味が増す。冷やも燗も飲みやすい両刀使いの酒だ。

※奥羽山系の伏流水を使用。　純米　15.0〜16.0度　**米** 蔵の華／60％　**酵** 協会10号　自社杜氏　1100円／720ml　2350円／1800ml　田中酒造店

| 香りⅠ | 強 ★★★ 複 ★★★★ | 味わい | 強 ★★★★ 複 ★★★★ | 酸味 ★★★★ 甘味 ★★★ 旨味 ★★★ | 醇酒 |
| 香りⅡ | 強 ★★★ 複 ★★★★ | | | | |

北海道・東北

阿櫻 寒仕込純米超旨辛口（秋田）
あさくら かんじこみじゅんまいちょううまからくち

第一の香り…リンゴ、焼きナス、マシュマロ、豆のかき餅など。ミネラルを思わせる香りもある。
第二の香り…稲穂や焼き餅のような穀物香がより強まってくる。
味わい…鮮烈な辛口だが、口当たりは柔らかく安心感がある。辛口感の後に、豊かな酸味ときめ細やかな旨味が一体となって広がる。味わいの展開が早く、きれいな印象になる。カブや大根、団子、桜餅のような香りをともなった、どこか懐かしい風味が余韻に広がる。さらに桜や梅などの和の花の香りがのびていく。外観はグレーがかった卵の白身のような色でもあり、一見地味だが、辛口を追求しながら、一方でどこかに優しい香りの世界が生きている良酒だ。
料理との相性…比内地鶏、鴨、干物などの、脂ののった食材と一緒に飲むのがおすすめ。脂の旨味と一体になって酒の味わいも広がる。
温度…燗にすると旨味が強烈になりおいしさが引き立つ。お香のような香りをともないながら、非常に辛口の後口になる。

※「飲む方に、蔵人の情熱が伝わる酒」をコンセプトに酒を造り続け、冬の寒い時期の長期低温醗酵にこだわる酒蔵。　純米　15.0度　米 秋田酒こまち／60％　酵 協会901号　山内杜氏　1386円／720ml　2541円／1800ml　阿桜酒造

爽醇酒

香りⅠ 強★★★ 複★★★★　香りⅡ 強★★★ 複★★★★　味わい 強★★★★ 複★★★★　酸味★★★★　甘味★　旨味★★★★

山廃純米酒 貴酹春霞（秋田）
やまはいじゅんまいしゅ きしゅうはるがすみ

第一の香り…リンゴ、スギ、リンゴ箱のもみがらの香り（昔の梱包材）。
第二の香り…リンゴ、梨、アケビ、ブドウ、もみがら、カステラ、ラム酒をひたしたスポンジケーキ、スギなど。柚子や山椒といった爽やかでスパイシーな香りも出てくる。
味わい…柔らかくふわふわとした飲み心地で、非常にふくらみ感がある。味わいの要素のバランスがとれていて、展開がスムーズな自然体の飲み口。含み香に豆腐のにがりを思わせるマグネシウムのような旨味をともなったコクがあり、非常に特徴的である。米の旨味と麹がもたらす豊かな旨味がきれいにまとまっている酒。
料理との相性…魚と肉のどちらも好相性。脂があるものとよく合い、米の旨味を生かしながら、脂にひそむおいしい香りや風味を引き立たせる。干物や漬物などとも合う。
温度…燗にすると軽くなり、さらさらとした酒になる。キレがよくなり、甘味がほのかになる。冷や、燗ともに向く。

※蔵のある六郷町には日本名水百選の六郷湧水郡があり、地下水が豊富。同蔵はトンネルのように長く、100メートル以上続いている。そのため、「一本蔵」と呼ばれている。

純米　15.0～16.0度　米 美山錦／60％　酵 協会9号　自社杜氏　2625円／1800ml　栗林酒造店

醇酒

香りⅠ 強★★★ 複★★★★　香りⅡ 強★★★ 複★★★★　味わい 強★★★★ 複★★★★　酸味★★★　甘味★★　旨味★★★★

天の戸 美稲（秋田）
あまのと うましね

第一の香り…陸奥（リンゴ）、デラウェア（ブドウ）、イチゴの花、そば粉のクレープなど。かすかに蒸し米の湯気、切り餅の香りがする。果物を主体に穀物香が加わる。
第二の香り…稲庭うどん、そば粉のガレットなどの香りが少し強くなる。
味わい…柔らかい第一印象から、一気に強い酸味が出てきて、その後に丸い旨味がやってくる。ただ辛いだけでなく、舌をなだめるような優しい甘・旨味もある。含み香にカマンベールチーズのような白っぽい発酵食品の香りがあり、おいしいごはんを食べた後のようなうっすらとただよう甘みが余韻に広がる。心地よい、潤い感のある、バランスのとれた優しい辛口の酒である。
料理との相性…魚、野菜ともに好相性。脂の中のおいしい香ばしさを引き出してくれるので、肉類とも相性がよい。
温度…燗にすると旨味の強さがよりはっきりしてきて、酸味のシャープさもより冴え渡る。

※減農薬・減化学肥料で育てた酒米のみ使用し、仕込み水は軟水の湧水。「天の戸」とは天照大神の神話からきている。そのため、ラベルには勾玉が使われている。　特別純米　15.0～16.0度　米 麹：吟の精、掛：美山錦／55％　酵 AK-1　山内杜氏　1470円／720ml　2751円／1800ml　浅舞酒造

醇酒

香りⅠ 強★★★ 複★★★★　香りⅡ 強★★★ 複★★★★　味わい 強★★★★ 複★★★★　酸味★★★★★　甘味★★★　旨味★★★★

秋田

しみずの舞　純米吟醸
しみずのまい　じゅんまいぎんじょう

第一の香り…果物と花の香りが強い。リンゴ、ウメ、月下美人、熟す前の桃など。吟醸香も感じられる。

第二の香り…吟醸香のトーンが先鋭にきれいなデンプン香と入れ替わる。かなりシンプルな香りである。きび団子、きび餅、わらび餅など。

味わい…きめ細やかな味わい。静かでさらりとしている。酸味、甘味、苦味ともに強い主張はないが、まとまって調和している。水のように飲める酒である。さらりとみずみずしく、穏やかな後口になる。

料理との相性…新鮮な魚介の刺身、寿司など。

温度…15℃ぐらいがおすすめ。

※奥羽山系の天然水使用。　純米吟醸　15.0〜16.0度　米 秋田酒こまち／45％　酵 AK－1　山内杜氏　1575円／720ml　3465円／1800ml　秋田酒類製造

香りⅠ	強★★★★ 複★★	味わい	強★★ 複★★	酸味★★ 甘味★★ 旨味★★
香りⅡ	強★★★ 複★			

爽酒

秋田

飛良泉　無農薬米使用　山廃純米酒
ひらいづみ　むのうやくまいしよう　やまはいじゅんまいしゅ

第一の香り…梨、アケビ、スギ、ヒノキ、マツ、マッシュルーム、ゆでたタケノコ、おこげ、かき餅、ポン菓子、炭酸せんべいなど。

第二の香り…どら焼き、みたらし団子など。香ばしい甘さをともなった穀物香が強くなる。

味わい…まろやかで悠然とした口当たりで、静かなふくらみ感がある。酸味、旨味ともに強いが、これみよがしの主張はない。飲み心地が非常にゆったりしていて、なめらかでクリーミーな酸味と旨味が一体化して広がる。含み香に麦味噌のような香ばしい香りがあり、香ばしい米のふくらみと麹の旨味がたなびき、余韻が深く長く続く。大物の風格があり、悠然とした貫禄のある酒。日本最強の、国際的にも通じる酒のひとつといってよいだろう。

料理との相性…魚、肉ともに相性がよいが、淡泊な食材では酒のほうが強くなるので、風味や旨味が強い食材がよい。味噌漬けや脂の強い料理にもよく合う。ブリ、マグロ、カニ、鶏、豚、牛、子羊などオールマイティー。

温度…燗にすると味がぐっと引き締まり、ぴしっと辛くなる。燗でも風格をあらわす。

※鳥海山系伏流水を使用。　純米　15.0〜16.0度　米 美山錦／55％　酵 7号系自社酵母　山内杜氏　2730円／720ml　飛良泉本舗

香りⅠ	強★★★★ 複★★★★★	味わい	強★★★★ 複★★★★★	酸味★★★★★ 甘味★★★ 旨味★★★★
香りⅡ	強★★★★ 複★★★★			

醇酒

秋田

出羽鶴　山廃純米吟醸　環
でわつる　やまはいじゅんまいぎんじょう　たまき

第一の香り…穀物香の中に涼しげで澄んだ透明感のある印象。梨、白梅、白玉、栃餅、寒天などが香る。

第二の香り…軽く炒った焦げたような香りをともなった穀物香がやや強くなる。

味わい…非常になめらかで丸く、丸さを保った感触のまま味わいが展開していく。重なり合ったきれいで複合的な旨味を後口に感じる。飲み飽きせずにいくらでも飲め、次の日の体調も良好になる酒である。

料理との相性…魚介類と相性がよく、とくに海産物の味噌漬け、エビ、カニなど。

温度…燗にすると甘味が増す。

※有機栽培された「秋の精」を使用。コンセプトは「人・水・土・米による、自然との循環を求めて」であり、銘柄「環」の由来となっている。　純米吟醸　14.0〜15.0度　米 秋の精／60％　酵 M－310　山内杜氏　2310円／720ml　秋田清酒

香りⅠ	強★★★ 複★★★★	味わい	強★★★★ 複★★★★	酸味★★★ 甘味★★★★ 旨味★★★
香りⅡ	強★★ 複★★★			

醇酒

日本酒のはなし 2

日本酒の年間製造量と消費量は？

日本酒の1年間の生産量は約66万kℓ（1kℓ＝1000ℓ）約6億6千万ℓである。これがそのまま消費されたとすれば、日本人1人当たり約5.3ℓ（1億2千5百万人として計算）また365日で割ると1日15cc、実質活動時間を15時間とすれば、日本人は日本酒を1時間に1cc消費していることになる。これを多いと見るか少ないと見るか。

北海道・東北

秋田　太平山　秋田 生酛純米（たいへいざん あきた きもとじゅんまい）

第一の香り…餅、白玉、ゴーフル、藤や水仙の花など。

第二の香り…米の柔らかなふっくらした香りが出てくる。

味わい…なめらかで飲みやすい。舌の上で静かに味が広がる。甘味と酸味が強くなく、穏やかな旨味が続く。含み香にほのかなウエハースの香りがする。さらりとした透明感のある旨味が残る。まろやかな辛口酒の典型的な味わい。

料理との相性…白身魚、エビ、カニ、イカ、塩味の焼き鳥、豚しゃぶなど。昆布やカツオのだしを使った京料理にも合う。冷やではこってりした料理には向かない。

温度…燗にすると味に緻密さが出てきて、みずみずしさも保つ良酒。

※同蔵元で開発された秋田生酛で醸造している。　純米　15.0～16.0度　米 美山錦／59％　酵 協会1701号　山内杜氏　1102円／720ml　2415円／1800ml　小玉醸造

香りI 強★★ 複★★★
香りII 強★★ 複★★★
味わい 強★★★ 複★★★
酸味★★　甘味★★　旨味★★★

【醇酒】

秋田　小野こまち　特別純米酒（おののこまち とくべつじゅんまいしゅ）

第一の香り…アーモンド、アスパラガスなど。

第二の香り…香りの強さは変わらないが、ややふくらみ感が出る。

味わい…軽くてみずみずしく、甘味を感じさせない。さらさら感と酸味の関係が柔らかな辛口を感じさせる。非常にドライな後口で舌の上を洗ってくれる澄んだ印象だ。

料理との相性…鉄板焼き、鮭のちゃんちゃん焼き、おでん、チーズフォンデュなど。甘味のある煮魚や煮物といった昔風の料理に合う。

温度…燗にすると軽やかなまとまりにとげが出る。冷やのほうがよい。

※秋田産の「あきたこまち」を使用し、山廃仕込みで仕上げた。　特別純米　15.0～16.0度　米 あきたこまち、美山錦／60％　酵 協会701号　山内杜氏　1185円／720ml　1963円／1800ml　秋田県醗酵工業

香りI 強★★ 複★★
香りII 強★★ 複★★
味わい 強★★ 複★★
酸味★★★　甘味★★　旨味★★

【爽醇酒】

秋田　雪の茅舎　秘伝山廃　山廃純米吟醸（ゆきのぼうしゃ ひでんやまはい やまはいじゅんまいぎんじょう）

第一の香り…梨のような涼しげでみずみずしい果物の香り、青い藁、麦藁、竹、わらび餅など。ツンとした若い生酒のような香りもある。

第二の香り…稲藁のような香りが強まる。

味わい…はっきりとした口当たり。クリーミーでなめらかな丸い酸味が特徴的で、辛味と旨味が一体となって余韻につながる。米の旨味が生きている力強い酒だが、どっしりとした重い印象はなく、軽い飲み口。

料理との相性…脂ののった食材と相性がよい。脂ののった魚の干物、焼き鳥、鶏鍋、ローストチキンなど。いろいろな発酵食品とも相性がよい。

温度…燗にすると力強い旨味がよくわかる。

※麹室には秋田杉を全面に使用。　純米吟醸　16.0度　米 麹：山田錦、掛：秋田酒こまち／55％　酵 自家酵母　山内杜氏　1785円／720ml　3570円／1800ml　齋彌酒造店

香りI 強★★★ 複★★★
香りII 強★★★ 複★★★
味わい 強★★★ 複★★★
酸味★★★　甘味★★★　旨味★★★★

【爽醇酒】

秋田　純米吟醸　亀の舞（じゅんまいぎんじょう かめのまい）

第一の香り…藤の花、ふじ（リンゴ）、ボン菓子、ウエハース、粟おこし、ほのかにカボス、エノキタケ、熊笹など。

第二の香り…花や果物、穀物の香りがひとつにまとまる。

味わい…なめらかな飲み口で、さらさらとした酸味と透明感のある旨味が出てくる。桜や梅の花、黄桃などのきれいな香りをともなった超辛口の後口。

料理との相性…漬物、しょっつる鍋、きりたんぽ、キノコのホイル焼きなど。

温度…冷やにすると吟醸香が出てきて力強い酒になり、甘味がとろみに感じられる。

※廃線で使われなくなったトンネルを地下貯蔵庫として利用している。　純米吟醸　16.5度　米 亀の尾／55％　酵 M-310　山内杜氏　3675円／720ml　7350円／1800ml　喜久水酒造

香りI 強★★ 複★★★
香りII 強★★ 複★★
味わい 強★★ 複★★
酸味★★★　甘味★★　旨味★★★

【薫醇酒】

秋田　16BY 山廃純米酒 田从（たびと）
じゅうろくびーわい やまはいじゅんまいしゅ たびと

[第一の香り]…干したアンズ、スギ、ヒノキ、キノコ、栗、かき餅、ワッフルなどが混ざり合った非常に複雑な香り。
[第二の香り]…ナッツ、そば味噌、お香、はちみつなど。香りのトーンは落ちずに強いまま持続する。
[味わい]…香りの濃密さに比べて、柔らかく優しいタッチの口当たり。味わいの要素が非常にこなれており、さらさらと味わいがのびていく。酸味と旨味のハーモニーが絶妙だ。
[料理との相性]…脂との相性がよい。干物、天ぷら、牛、軍鶏、比内地鶏など。
[温度]…燗や冷やもよいが、15℃ぐらいのほうが酒の味わいにのびが出る。
※秋田産の「ひとめぼれ」を使用した2005年寒造りの酒。　純米　15.0～16.0度　[米]ひとめぼれ／60％　[酵]協会9号　自社杜氏　1365円／720ml　2730円／1800ml　舞鶴酒造

香りⅠ 強★★★★★ 複★★★★★　味わい 強★★★★　酸味★★★★★
香りⅡ 強★★★★★ 複★★★★★　　　　　　　　　　　甘味★★★
　　　　　　　　　　　　　　　　　　　　　　　　　　　　旨味★★★★★

[醇熟酒]

秋田　純米吟醸 鳥海山（ちょうかいさん）
じゅんまいぎんじょう ちょうかいさん

[第一の香り]…イチゴ、リンゴ、干したアンズ、バナナ、ポン菓子、マシュマロ、白玉粉など。吟醸香にほのかな穀物香がある。
[第二の香り]…香りのトーンが下がり、吟醸香が残る。
[味わい]…きれいでしっとりとした味わい。米の旨味や甘味のふくらみ感が少なく、酸味のシャープさがある。含み香にビワやアケビなどの和の果物を感じさせる香りがある。余韻はキレのよさよりも、ほのかな甘味が残る。
[料理との相性]…食前の食欲を喚起させる。
[温度]…8～10℃前後に強く冷やすと味わいが引き締まる。
※鳥海山の伏流水を使用。　純米吟醸　15.0～16.0度　[米]美山錦／50％　[酵]ND-4　山内杜氏　1680円／720ml　3150円／1800ml　天寿酒造

香りⅠ 強★★★★ 複★★★　味わい 強★★　酸味★★★
香りⅡ 強★★ 複★★★　　　　　　　　　　甘味★★
　　　　　　　　　　　　　　　　　　　　旨味★

[爽醇酒]

秋田　両関 山廃仕込特別純米酒
りょうぜき やまはいじこみとくべつじゅんまいしゅ

[第一の香り]…クロワッサン、ベルギーワッフル、炭酸せんべいなどの甘く香ばしい穀物の香り、果物のゼリー、アップルパイなど。
[第二の香り]…より香ばしさが強まる。スギやヒノキなどの木の香り、稲藁の香りが出てくる。
[味わい]…とろりとした感触の第一印象から、少しずつドライな味わいへと変化する。ふわふわ感からゆったりと辛口に変化するテクスチャーがたまらない魅力である。
[料理との相性]…魚介類とも肉類とも相性がよいが、冷やは脂を流す作用がおとなしくなるため肉類には燗が向く。
[温度]…燗にすると緻密さがより強まるが、甘味が浮いてくるので45～50℃までの熱燗で。
※日本名水百選の力水を使用。　特別純米　15.0～16.0度　[米]美山錦／60％　[酵]協会9号　山内杜氏　1380円／720ml　3280円／1800ml　両関酒造

香りⅠ 強★★★ 複★★★　味わい 強★★★★★　酸味★★★★
香りⅡ 強★★★ 複★★★　　　　　　　　　　　　甘味★★★
　　　　　　　　　　　　　　　　　　　　　　　　旨味★★★★

[醇酒]

秋田　山内杜氏 純米酒
さんないとじ じゅんまいしゅ

[第一の香り]…薄いミネラルを思わせる香り、わらび餅、白玉粉など。
[第二の香り]…さまざまな香りが出てくる。スパイシーさと香ばしさがあり、シナモンビスケット、クッキー、クラッカー、つきたての餅のデンプン質の香りなど。
[味わい]…なめらかで精緻な、仕事を正確に積み重ねた味わい。米の風合い、柔らかさ、優しさ、水の透明感の波長が合っている。炊きたての米の湯気を集めたような風味を感じる。丸く優しいほっとする味の酒。
[料理との相性]…脂と相性抜群なので脂ののった魚の干物など。鶏鍋やボタン鍋にも向く。
[温度]…燗にすると辛くなってキレがよくなり、麹からの優しい旨味がはっきりとする。
※山内南郷岳の湧水を使用。　純米　15.0～16.0度　[米]めんこいな／50％　[酵]AK-1　山内杜氏　2100円／720ml　備前酒造本店

香りⅠ 強★★ 複★★★★　味わい 強★★★★　酸味★★★★
香りⅡ 強★★ 複★★★★　　　　　　　　　　甘味★★★★
　　　　　　　　　　　　　　　　　　　　　旨味★★★★

[醇酒]

山形　羽陽　男山　純米酒　山酒八十六号
（うよう　おとこやま　じゅんまいしゅ　やまさけはちじゅうろくごう）

第一の香り…とてもよい香り。デリシャス（リンゴ）、ウメ、桃、アンズ、スギ、ヒノキ、かすかにバナナ、ウエハース、白玉粉、餅をついている時の香りなど。

第二の香り…カリン、桃、デリシャス（リンゴ）、稲庭うどん、餅、わらび餅など。香りの美しさは天下一品。

味わい…上品でふわふわとした綿雲のような感触。羽のような軽やかな印象だが、味わいの要素のバランスがよい。含み香は非常にクリアで、澄んだ果物の香り、春雨、新そばなどの香りがする。味わいはとても深く、辛口の酒の中でもトップクラスの飲み心地といえるだろう。

料理との相性…脂をおいしくさせる要素があり、動物性の脂と合わせるとお香のような複雑な香りが出てくる。魚介では魚の味噌漬けや粕漬けなどの、しっかりと脂ののった旨味の強い料理と相性がよい。

温度…燗にすると辛口になるが、おいしさと優しさが同調した精妙さが出る。

※ミネラルを多量に含む蔵王山系の伏流水を仕込み水として使用。銘柄の山酒八十六号とは、山形県が開発した酒米「出羽の里」のことを指している。

純米　14.0〜15.0度　出羽の里／70%　協会9号　自社杜氏　1000円／720ml　男山酒造

醇酒

香りⅠ 強★★★★ 複★★★　香りⅡ 強★★★★ 複★★★　味わい 強★★★ 複★★★★★　酸味★★★ 甘味★★　旨味★★★

山形　上喜元　純米　出羽の里
（じょうきげん　じゅんまい　でわのさと）

第一の香り…青竹、熊笹、梨、白桃、水仙など。

第二の香り…柚子の皮、桃やサクランボのジャムなど。果物香が強まる。

味わい…飲み口が軽やかで静かに広がる。味わいの要素が緻密、なめらかで酸味と甘味、旨味が見事に融合している。爽やかで透明感のある、穏やかで上品な酒。いつまでも飲み続けることができる。含み香は藤の花や山桃など。余韻にほのかな甘味と上品な酸味を感じ、さらさらとした清らかなフィニッシュ、澄んだ後口である。

料理との相性…カレイやヒラメといった白身魚や刺身、アナゴ、エビ、ウニ、アワビなどに合う。高級食材と相性がよい。油のキレをよくする酸味が少ないので、料理と合わせるときには、油を使わずに調理したもののほうがよい。

温度…冷やがよい。燗にしても香りが落ち着いて、角のない飲み口を保つ。甘味が少し強くなるが、バランスのよさは変わらない。熱燗は押し出しが強くなりすぎるのでぬる燗がおすすめ。

※2005年に山形で開発された「出羽の里」を100%使用。

純米　16.0〜17.0度　出羽の里／80%　自家酵母　自社杜氏　1044円／720ml　2089円／1800ml　酒田酒造

醇酒

香りⅠ 強★★★ 複★★★　香りⅡ 強★★★★ 複★★★　味わい 強★★ 複★★★★　酸味★★★ 甘味★★　旨味★★★

山形　特別純米　秀鳳　恋おまち
（とくべつじゅんまい　しゅうほう　こいおまち）

第一の香り…大根、カブ、白桃、ビワ、クレソン、ゼンマイ、ウド、白玉粉、ほのかにカボスや柚子など。

第二の香り…大根やカブ、ウドのようなミネラル香と、上新粉や道明寺、桜餅、稲庭うどんのようなきれいな穀物香。時間がたつほどに透明感が増してくる。

味わい…麹からの味が反映されたまろやかな飲み口。甘味や酸味、旨味は表に出てこず、味の要素が丸くまとまって続いていく。含み香に桜や梅の花、カステラ、クローバーのはちみつのような甘い香りと、麹由来の蒸し栗、スギ、ヒノキの香りがあり、余韻は長く続く。地味であっさりとした第一印象から、味と香りが複雑につむぎ出され、そこはかとない優しさと品格を持ち合わせている。海外でも好まれる酒。

料理との相性…魚介と野菜の甘味をいかしてくれる。また、肉の脂にも負けずに辛口感を保つので、鶏料理などにも向く。

温度…燗にすると甘味が消え、しっかりとした辛口に変化する。

※蔵王山系伏流水を使用し、米にこだわり、全量自家精米を行っている。秀鳳とは、昔から中国で尊ばれていた鳳凰からきており、「心をなごませる酒であるように」との願いが込められている。

特別純米　16.0〜17.0度　こいおまち／55%　山形酵母　自社杜氏　1365円／720ml　2730円／1800ml　秀鳳酒造場

醇酒

香りⅠ 強★★★ 複★★　香りⅡ 強★★★ 複★★★　味わい 強★★★ 複★★★★　酸味★★★★ 甘味★★★　旨味★★★★

山形　特別純米酒　銀住吉（とくべつじゅんまいしゅ　ぎんすみよし）

第一の香り…干した果物、燻製、たくあん、高菜漬、かき餅、みたらし団子、ひね（長期貯蔵）そうめん、栃餅、炒り金ゴマ、ピーナッツ豆腐、ピーナッツなど。

第二の香り…茅葺きき古民家の土間のような郷愁を誘うスモーキーな香りが立ってくる。

味わい…なめらかでとろみのある感触があり、どっしりとした飲み口。木を思わせる心地よい渋味と、豊かな酸味が個性的な味を作り出す。含み香に、いろりで川魚や野菜を焼いているような香りがある。日本人のDNAに訴えかけてくるような野趣のある味わいと風味の余韻が長く続く。

料理との相性…脂と抜群に合い、猪や野鳥といった野性的な食材と相性がよい。猪鍋、サケのスモーク、軍鶏、鶏や豚の味噌漬け、レバー、コイ、クジラ、ブリ、焼きカニなどの風味の強い食材に向く。

温度…燗にすると酸味が強まるが全く違和感がない。竜涎香（りゅうぜんこう）のような落ち着いた幽玄な香りになる。

※飯豊山系の伏流水を使用。同蔵から、「特別純米酒ダリア物語」という銘柄の商品も発売している。ダリアの花から培養した酵母を使用し、豊かな酸味が爽やかさを生み出し、上品な味わいになっている。　特別純米　15.0〜16.0度　米 ササニシキ／60％　酵 協会7号　自社杜氏　932円／720ml　2204円／1800ml　樽平酒造

醇酒

香りⅠ　強★★★★　複★★★★★
香りⅡ　強★★★★　複★★★★
味わい　強★★★★　複★★★★
酸味　★★★★★　甘味　★★★★★
旨味　★★★★★

山形　生酛純米酒　初孫（きもとじゅんまいしゅ　はつまご）

第一の香り…大福餅、そうめん、らくがんなど。

第二の香り…コブミカンの皮など。柑橘香とスパイシーな香りがあり、穏やかで爽やかな香りである。

味わい…水より軽くふわふわとしたのびやかな飲み口。しっとりとなめらかかつ緻密で繊細な味の要素がちりばめられ、よくまとまっている。舌に潤いを与えるようなみずみずしい感触。味わいはさらりと軽やかだが長く続く。きれいで透明感と上品さがあり、日本酒の一つの極致といえる。悠然としていて、肩の力の抜けた酒である。含み香に梅や桜の花の香り、そうめんやうどん、乾麺といった白い穀物のおいしい旨味を感じる。余韻は澄んで晴れ晴れとしていながらも、しっとりと落ちついた潤いがある。

料理との相性…カニ、生ウニ、アワビ、タイ、伊勢エビ、豆腐、比内地鶏、豚、すき焼き、野菜の煮物など。脂を流す力があるので、風味の強い食材にも対応することができる。幅広い料理に対応でき、とくに高級食材に似合う。

温度…燗にするとなめらかさはそのままに、香ばしさがそなわり、さらにのびやかな味わいになる。

※同蔵では創業以来昔ながらの生酛造り一筋を貫いている。　純米　15.5度　米 美山錦／60％　酵 山形酵母　自社杜氏　1139円／720ml　2204円／1800ml　東北銘醸

醇酒

香りⅠ　強★★★　複★★★
香りⅡ　強★★★　複★★★
味わい　強★★★　複★★★★
酸味　★★　甘味　★★
旨味　★★★

山形　生酛純米　本辛圓（きもとじゅんまい　ほんからまどか）

第一の香り…リンゴ、青バナナ、スズラン、水仙、菊、ポン菓子、アンズなど。また、わずかに消石灰のようなミネラルの香りと蒸し米の湯気の香りがある。

第二の香り…桃、餅など。果物香が立ってくる。

味わい…緻密で隙がなくなめらかな飲み口。精緻で流れるような味わいのさらりとした口当たりから瞬間的に甘味が広がり、その後辛口に変化するという不思議な味の展開。後口に、米と麹がもたらすきれいな旨味が広がり、辛口の澄みきったフィニッシュへとつながる。酒飲み心を刺激し、飽きることなく飲み続けられる酒。生っ粋の酒造りを追求している様子が、味わいから伝わってくる。

料理との相性…動物性の脂と相性がよく、脂を完全に消し去ることなく脂にひそんだ旨味を引き立ててくれる。鴨、猪、牛などの旨味の強い肉類に合う。

温度…燗にすると、味わいの基幹は常温と変わらないが、甘味が少ないため、より旨味が増幅したように感じられる。14〜15℃ぐらいの温度でも味わいを最大に楽しめる。

※鳥海山の雪解け水が日本有数の豊かなブナ林の地層を通り、ミネラルの多い上質な水を生みだす。その伏流水を仕込み水に使用。　純米　15.0〜16.0度　米 美山錦／55％　酵 山形酵母　自社杜氏　1121円／720ml　2548円／1800ml　麓井酒造

醇酒

香りⅠ　強★★★　複★★★
香りⅡ　強★★★　複★★★
味わい　強★★★★　複★★★★
酸味　★★★　甘味　★
旨味　★★★

山形　山形正宗　純米
やまがたまさむね　じゅんまい

第一の香り…栗、スギ、ヒノキ、トチノミ、アケビ、ビワ、大根、カブ、クレソン、稲穂、もみがら、麹など。
第二の香り…蒸し米、栗、ヒノキ、竹などの香りの後に麹の香りが続く。
味わい…しっかりとしたもちもちの感触でふくらみ感がある。酸味より甘味が勝っており、その後に力強い旨味がやってくる。含み香にデリシャス（リンゴ）、サクランボ、わらび餅などの心地よい香りがある。甘口だが、燗にすると辛口に変化する、昔ながらの酒であり日本酒の持つ両面性を備えた、酒通が好む酒である。
料理との相性…食材そのもののおいしさを引き出し、伝統的な食文化をあらためて認識させるような酒。味噌漬けや味噌田楽などの味噌や発酵食品を使った料理と相性がよい。
温度…燗にすると麹の香りがより出て、甘味をたたえた辛口になる。懐かしい田舎っぽさが心に響く。

※すべての酒を木槽しぼりで通しており、仕込み水には松尾芭蕉が「奥の細道」で詠んだことで知られる山寺を水源とする立谷川の伏流水を使用。平成15年より自家水田での稲作を開始し、無農薬米や減農薬米の栽培もしている。　純米　16.0度　**米** 出羽燦々／55％
酵 熊本9号　自社杜氏　1260円／720ml　2520円／1800ml　水戸部酒造

香りⅠ	強★★★★ 複★★★★	味わい	強★★★★ 複★★★★	酸味★★★ 甘味★★★
香りⅡ	強★★★ 複★★★			旨味★★★★

醇酒

山形　銀嶺月山　純米吟醸　月山の雪
ぎんれいがっさん　じゅんまいぎんじょう　がっさんのゆき

第一の香り…リンゴ、アンズ、イチゴ、アプリコット、水仙の花、ライラックなどの甘い香り。かすかな白玉とカブなど根菜のミネラル香。
第二の香り…まろやかな香りになる。
味わい…さらりとした感触で酸味が豊か。米の旨味を感じさせながら、少しずつ薄い甘味とほのかな旨味が後口に広がっていく。非常にわかりやすい味わいで、日本酒を初めて飲む人にもおすすめできる。
料理との相性…柚子やカボスなどの和の柑橘類を用いた前菜など。
温度…常温よりも、10℃前後の冷やでバランスがよくなる。

※日本名水百選の月山の自然水を使用。　純米吟醸　15.0～16.0度　**米** 出羽燦々／50％
酵 山形酵母　山形杜氏　1500円／720ml　3000円／1800ml　月山酒造

香りⅠ	強★★★ 複★★	味わい	強★★ 複★★★	酸味★★★★ 甘味★★
香りⅡ	強★★ 複★★			旨味★★★

爽醇酒

山形　大山　特別純米酒
おおやま　とくべつじゅんまいしゅ

第一の香り…桃、デリシャス（リンゴ）、藤の花、白玉、きび団子、わらび餅、塩せんべいなど。
第二の香り…ヒノキやスギのような木の香りが出てくる。香りに落ち着きが出る。
味わい…なめらかでひっかかりが全くない、きれいな味わいで、柔らかい甘味と酸味が同時に広がっていく。澄んだ味わいで、飲んでいて疲れず、飽きがこない良酒である。
料理との相性…白身の魚、また川魚全般。上品なだしを用いた豆腐や野菜料理。
温度…12～14℃の冷やにすると味が締まり、力強さが感じられる。

※月山水系の赤川の伏流水を使用。　特別純米　15.0～16.0度　**米** はえぬき／60％
酵 山形KA　自社杜氏　1003円／720ml　2303円／1800ml　加藤嘉八郎酒造

香りⅠ	強★★ 複★★	味わい	強★★★ 複★★	酸味★★★ 甘味★★★
香りⅡ	強★★ 複★★			旨味★★

薫醇酒

日本酒のはなし 3

日本酒の飲む以外の消費のされ方

日本酒の生産量と消費量が同じだとすれば、1年間に約6億6千万ℓが消費されていることになる。しかし、この中には、海外への輸出、店頭での陳列、流通・購入の際の貯蔵熟成（意外にも貯酒をしているプロが多い）が含まれる。その他に広く調味料として、食品加工（かまぼこ等練り物）、塩辛、製菓製パン（あられ、せんべい）など、直接飲用以外の用途も多彩だ。

山形 山廃純米酒 寒河江之荘（やまはいじゅんまいしゅ さがえのしょう）

第一の香り…竹、焼いたスギ、朝掘りのタケノコを焼いた香り、柚子、粟おこしなど。

第二の香り…餅や白玉の穀物香が立ってくる。

味わい…包み込むような、丸くとろみのある感触。舌の上で味わいがふんわりとふくらみながら、柔らかな甘味が持続し、終盤に近づくにつれ豊かな酸味と旨味が立ち上がる。静かでドライな後口で、まろやかさと量感のある飲み応え。

料理との相性…野菜の甘味をいかすので大根の煮物やおでんなどに最適。また、鶏や鴨の鍋にも向く。

温度…燗にすると甘味と旨味が強まる。

※酒米「豊国」を復活させ使用。　純米　15.3度　米 豊国／60％　酵 山形酵母　山形杜氏　1462円／720ml　2814円／1800ml　千代寿虎屋

香りⅠ	強 ★★★	味わい	強 ★★★	酸味 ★★
	複 ★★★★		複 ★★★★	甘味 ★★
香りⅡ	強 ★★★			旨味 ★★★
	複 ★★★★			

醇酒

昔ながらの天日干し（はぜ干し）した米を使用している。（千代寿虎屋）

山形 出羽燦々誕生記念 出羽桜 純米吟醸（でわさんさんたんじょうきねん でわさくら じゅんまいぎんじょう）

第一の香り…リンゴ、マンゴスチン、サクランボ、白玉粉、わらび餅、ゼンマイ、ウドなど。

第二の香り…山菜のようなミネラルを思わせる香り、白玉粉などの香りが強まる。

味わい…みずみずしい飲み口で、ほのかな甘味をきめ細かい酸味が消していくようだ。含み香にはアンズやアプリコットといった果物香がわずかにある。味わいの要素がバランスよくまとまっているきれいな辛口酒。

料理との相性…川魚全般。山菜の天ぷらなどとも合う。

温度…10〜12℃の冷やにするととろみが増して、梨や桃のような上品な果物香が出てくる。

※山形が開発した酒造好適米「出羽燦々」を使用。　純米吟醸　15.5度　米 出羽燦々／50％　酵 山形酵母　自社杜氏　1428円／720ml　2909円／1800ml　出羽桜酒造

香りⅠ	強 ★★★★	味わい	強 ★★★	酸味 ★★★
	複 ★★★		複 ★★★	甘味 ★
香りⅡ	強 ★★★			旨味 ★★
	複 ★★★			

爽酒

山形 純米吟醸 香梅（じゅんまいぎんじょう こうばい）

第一の香り…リンゴ、白桃、トチノミ、レモングラスなど。軽くきれいな香りで、香りの強さは控えめ。

第二の香り…柔らかく上品な香りに変化する。桃、藤の花などが加わる。

味わい…ソフトな飲み口から、キレのよい辛口の味わいへと変化。旨味と酸味が溶け合って、軽く繊細な風味を作り出していく。梨、ビワなどの吟醸香に、大根などのミネラルの香りをともなって、余韻が長く続く。

料理との相性…川魚の塩焼きやバターソテー、鶏や豚を塩で味つけしたシンプルな料理、山菜の天ぷらなど。

温度…12℃前後の冷やにすると、水と米、麹の要素が調和しているのがよくわかる。

※最上川の伏流水を使用。　純米吟醸　15.0〜16.0度　米 出羽燦々／50％　酵 山形KA　自社杜氏　1890円／720ml　香坂酒造

香りⅠ	強 ★★	味わい	強 ★★	酸味 ★★★
	複 ★★		複 ★★	甘味 ★★
香りⅡ	強 ★★			旨味 ★★
	複 ★★★			

爽薫酒

山形　米鶴 純米 まほろば（よねつる じゅんまい まほろば）

[第一の香り]…干したイチジク、干し草、干し大根、稲藁、シナモン、青竹、おこげなどの香りが複雑にあらわれ出てくる。

[第二の香り]…白いデンプンの香りと、大根やカブのようなミネラルを思わせる香りが加わる。

[味わい]…丸くのびやかな味わいから、酸味と旨味が追いかけてきて、乾いたドライなフィニッシュへとつながる。さらさらとした感触が余韻に残る。米の力と水の風合いが見事に組み合わさった万人受けする酒といえる。

[料理との相性]…あらゆる料理に向くが、とくに米沢牛のしゃぶしゃぶと合う。

[温度]…15℃ぐらい、または50℃までの熱燗で脂を溶かす力が強まる。

※屋代川の伏流水を使用。　純米　15.0度　米 出羽の里／60％　酵 協会9号　自社杜氏　1155円／720ml　2310円／1800ml　米鶴酒造

香りⅠ 強★★★ 複★★★　味わい 強★★★ 複★★★　酸味★★★★ 甘味★★★ 旨味★★★
香りⅡ 強★★ 複★★

【醇酒】

山形　幻の酒米 酒の華 純米（まぼろしのさかまい さけのはな じゅんまい）

[第一の香り]…三色団子、求肥（ぎゅうひ）、精米所の空気、胚芽米など。

[第二の香り]…そうめん、手すき和紙。

[味わい]…なめらかで、米の旨味と甘味が十分に引き出されている、ふわっとした柔らかな飲み口。含み香は蒸し栗やスギ樽など。味わいのバランスがよく、やや甘口に始まり、ドライなフィニッシュ。

[料理との相性]…エビ甘酢あんかけ、おでん、どて煮、味噌煮込み、煮つけなど。甘味と旨味を持つ料理に向く。

[温度]…燗にすると甘くなり味わいがやや重くなる。冷やで魅力を発揮する。

※大正時代の篤農家の工藤吉郎兵衛氏が開発した酒米三部作のひとつ「酒の華」をよみがえらせ、使用した。　純米　15.0～16.0度　米 酒の華／60％　酵 山形KA　自社杜氏　1260円／720ml　2415円／1800ml　中沖酒造店

香りⅠ 強★★ 複★★★　味わい 強★★★★ 複★★★★　酸味★★ 甘味★★ 旨味★★★★
香りⅡ 強★★★ 複★★★

【醇酒】

山形　純米大吟醸 和田来 亀の尾（じゅんまいだいぎんじょう わたらい かめのお）

[第一の香り]…ライチ、アンズ、ウメ。キョウチクトウ、水仙や山吹の花など。華やかな吟醸香がある。

[第二の香り]…白桃、クレソンなど。

[味わい]…甘味の印象があり、少しずつさらりとした味わいに変わっていく。麹造りにより力を入れている酒蔵の作品だ。含み香にみずみずしい白桃など。余韻にはマロングラッセや蒸し栗のような甘い風味が続く。

[料理との相性]…甘酢漬け、ちらし寿司、巻き寿司、練り物など。甘味が豊かなので、酒だけでも楽しめる。

[温度]…冷やは甘味が抑えられ、バランスがよくなる。オン・ザ・ロックスもおすすめ。

※鯉川酒造の前杜氏が栽培した「亀の尾」を100％使用して醸造。　純米大吟醸　15.0～16.0度　米 亀の尾／50％　酵 山形16－1、山形KA　自社杜氏　1650円／720ml　3300円／1800ml　渡會本店

香りⅠ 強★★★ 複★★★　味わい 強★★★★ 複★★★　酸味★★ 甘味★★★★ 旨味★★★
香りⅡ 強★★ 複★★

【薫酒】

山形　特別純米酒 濱田（とくべつじゅんまいしゅ はまだ）

[第一の香り]…果物、穀物、花などのいろいろな香りが次々とあらわれる。夏の和菓子のような涼しさと透明感のある甘い香りを持っている。

[第二の香り]…第一の香りと要素は変わらない。

[味わい]…滑るような飲み口。味の要素は多くないが味わいの隅々まで繊細さが見られる。柔らかで緻密な品格がある。含み香はみつ豆、寒天、葛餅の白みつがけなど。後口にほのかなさらりとした甘味を残す。

[料理との相性]…牡蠣、ハマグリ、トリ貝、つぶ貝などの貝類。米沢牛のステーキなど。脂の甘味、魚介の甘味を引きのばす酒。

[温度]…燗にするとさらにゆっくり落ち着いた味わいになり、飲み飽きしない食中酒になる。

※吾妻連峰の豊かな伏流水で醸している。　特別純米　15.0～16.0度　米 五百万石／58％　酵 協会9号　自社杜氏　1040円／720ml　2070円／1800ml　浜田

香りⅠ 強★★★ 複★★★　味わい 強★★ 複★★★★　酸味★★ 甘味★★ 旨味★★★
香りⅡ 強★★ 複★★★

【醇酒】

福島　特別純米酒 山廃仕込み 國権　とくべつじゅんまいしゅやまはいじこみこっけん　【醇酒】

- 第一の香り…紅白まんじゅう、上新粉、米粉など。
- 第二の香り…ようかんなど。香りが強くなり、和菓子のような上品な甘い香りがしてくる。柔らかさと弾力のある酒らしい香り。
- 味わい…静かなさらりとした口当たりから、キレ味のよい酸味が広がっていく。甘味を消してしまう酸味が豊かだが、味わいの要素はきれいでつながりがある。含み香にわらび餅、水ようかん、葛湯、ウエハース、マシュマロなど。酸味と旨味が絡み合いながら、徐々にドライな後口へと変わっていく味わいの展開がおもしろい。しっとりと潤いのある非常に辛口のフィニッシュも見事。
- 料理との相性…野菜料理全般。漬物にもよい。タイしゃぶ、寿司、刺身などの素材をいかした魚料理に合う。脂を落とす力があるので天ぷらや塩味の焼き鳥、蒸し豚にも合う。
- 温度…燗にすると旨味が酸味を包み、柔らかい辛口になる。

※2年間熟成させてから出荷している。手造りの少量生産の「正直な酒」をモットーとしている。全商品が特定名称酒ということからもわかるように、米、水、麹、酒母すべてにこだわりを持って仕込んでいる。

特別純米　15.0〜16.0度　麹:山田錦、掛:美山錦／50％　協会901号　南部杜氏　1500円／720ml　3098円／1800ml　國権酒造

| 香りⅠ | 強★★　複★★★ | 香りⅡ | 強★★　複★★★★ | 味わい | 強★★★　複★★★★ | 酸味★★★★　甘味★★ | 旨味★★★ |

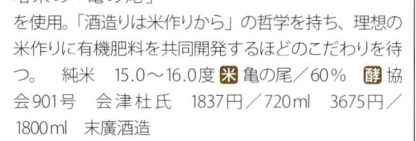

福島　有機栽培 純米酒 大自然　ゆうきさいばい じゅんまいしゅ だいしぜん　【爽醇酒】

- 第一の香り…デリシャス（リンゴ）、竹、カブ、ウド、ポン菓子、ほのかにサクランボなど。ミルキーな香りがただよい、旨味と奥深さを予想させる。
- 第二の香り…炒り米や粟おこしのような香ばしさが出て、さらに香りが強まる。
- 味わい…非常になめらかな飲み口で柔らかく、重さを感じさせない。口当たりはふわふわしていながら、清冽な水が流れるような涼しさも合わせ持つ。味の要素が完全に融合し、しみじみと染み渡るような上品な味わい。澄んだ透明感のある旨味とともに、含み香に奥深い森の霧をはらったような香りを感じる。日本を代表する上品で繊細な、銘酒である。
- 料理との相性…食中酒としてたいへん優れており、魚・肉・野菜など素材を選ばない。バターやチーズ、クリームなどの乳製品とも好相性を示す。鶏肉のクリーム煮には最適。
- 温度…燗にしても香りや味わいは変わらず、まろやかで柔らかさもあり、あらゆる温度帯で実力を発揮する。

※会津産の有機栽培米の「亀の尾」を使用。「酒造りは米作りから」の哲学を持ち、理想の米作りに有機肥料を共同開発するほどのこだわりを持つ。

純米　15.0〜16.0度　亀の尾／60％　協会901号　会津杜氏　1837円／720ml　3675円／1800ml　末廣酒造

| 香りⅠ | 強★★★　複★★★★ | 香りⅡ | 強★★★★　複★★★★ | 味わい | 強★★★　複★★★ | 酸味★★★　甘味★★ | 旨味★★★★ |

福島　大七 純米 生酛　だいしち じゅんまい きもと　【醇酒】

- 第一の香り…熟した桃、みつ入りリンゴ、マシュマロ、ホワイトチョコレート、ビスケット、クッキー、ポン菓子などの甘い香りと、わずかに香ばしさをともなった穀物香が軽やかにまとまりまろやかだ。
- 第二の香り…クッキーなどの甘く香ばしい香りがより立ってくる。豊かな酒質を予想させる。
- 味わい…静かで充実した密度の高い味わいで、複雑な要素を感じながらも、精妙なバランスが上品さを極めている。旨味に深みがあり、飲めば飲むほど味わいの発見がある。含み香は澄んだ森の中の空気が抜けていくようだ。余韻は辛口だが、しっとりしていて潤い感がある。日本を代表する銘酒である。
- 料理との相性…煮魚、刺身、焼き魚などと相性がよく、魚介と野菜の苦味を消し去り、甘味を引き出してくれる。脂と合わせると、脂の甘味と米がもたらす甘味が見事に融合し、別次元のおいしさが作り出される。
- 温度…燗では辛味が全面に出てきて、後から旨味が広がる。常温のときとは味わいの展開が反転する。

※創業1752年。以来、250年以上も伝統の生酛造りにこだわり続け、全商品を生酛造りとしている。　純米　15.5度　五百万石／69％（超扁平精米。通常の精米歩合だと55％相当）　大七酵母　南部杜氏　1290円／720ml　2580円／1800ml　大七酒造

| 香りⅠ | 強★★★　複★★★ | 香りⅡ | 強★★★★　複★★★ | 味わい | 強★★★★　複★★★★ | 酸味★★★　甘味★★ | 旨味★★★★ |

142

かたまった麹を全て手作業でバラバラにほぐしていく。（大七酒造）

福島 純米吟醸 自然郷 一貫造り（じゅんまいぎんじょう しぜんごう いっかんづくり）

第一の香り…干したアンズ、レーズン、柚子、カボス、竹、スギ、カステラ、そば、餅など多彩な香り。

第二の香り…より涼しげな木の香りが強まる。

味わい…柔らかくみずみずしい、しっとりした口当たり。栗、キノコ、発酵食品を思わせる旨味と、酸味が一体となり後口に広がる。含み香にカステラのような香ばしさがあり、後口は非常にカラッと晴れ上がる辛口。

料理との相性…野菜の旨味を引き立てる。肉類と合わせると脂と同調する力強さがある。旨味のある食材に向く。

温度…熱燗では辛くなりすぎる。ぬる燗から常温がおすすめ。

※16号系の2種類の吟醸酵母をブレンドして使用。　純米吟醸　16.0度　米 夢の香／60％　酵 協会16号　越後杜氏　1428円／720ml　2850円／1800ml　大木代吉本店

香りⅠ 強★★★★★ 複★★★★　味わい 強★★★ 複★★★★　酸味★★★★ 甘味★★ 旨味★★★★
香りⅡ 強★★★★ 複★★★★

【爽醇酒】

福島 笹の川 純米酒（さざのかわ じゅんまいしゅ）

第一の香り…菱餅（ひしもち）、青竹、麩、梨やサクランボなど。

第二の香り…岩清水のようなミネラル香が出てくる。

味わい…清々しい味わいで、艶のある甘味としっとりと清らかな旨味を感じる。最大の特徴は飲み口の優しさで、毎日飲んでも負担にはならないと思わせるほどだ。含み香は稲穂やポン菓子、三温糖など。後口には体に染み通っていく潤い感と心地よさがある。

料理との相性…湖や川、山の野菜や魚に相性がよい。燗ではとくに川魚料理に最適。

温度…ぬる燗にすると口当たりが柔らかい、優しい燗酒になる。井戸水ぐらいの冷やにすると透明感が増し、ミネラル感が強まる。

※1765年の江戸中期に創業した歴史ある蔵。　純米　14.0〜15.0度　米 山田錦／60％　酵 協会901号　南部杜氏　1092円／720ml　2293円／1800ml　笹の川酒造

香りⅠ 強★★★ 複★★★　味わい 強★★ 複★★★　酸味★★ 甘味★★ 旨味★★★
香りⅡ 強★★ 複★★★

【爽醇酒】

福島 純米協奏曲 蔵粋（じゅんまいきょうそうきょく くらしっく）

第一の香り…リンゴ、イチゴ、メロン、ウメ、月下美人、桜の花などの果物と花の香りがある。

第二の香り…より涼しげな花の香りが強まる。

味わい…非常にさらりとした口当たりで、愛らしい香りをいかした軽やかで爽やかな酒質。後口は透明感があり澄んでいる。味がきれいでわかりやすいので、日本酒を初めて飲む人にもおすすめできる。

料理との相性…新鮮な刺身などの素材の持ち味をいかした料理と相性がよい。

温度…冷やにすると味が締まり、よりフルーティーさが出る。15℃ぐらいで飲むと、とろみと味わいの一体感が強まる。

※醪の発酵時にモーツァルトを聴かせて仕込んだ酒。　純米　15.0〜16.0度　米 山田錦／50％　酵 協会9号　会津杜氏　1575円／720ml　2940円／1800ml　小原酒造

香りⅠ 強★★★★ 複★★★★　味わい 強★★ 複★★★　酸味★★ 甘味★★★ 旨味★★
香りⅡ 強★★★ 複★★★

【爽醇酒】

北海道・東北地方の日本酒

北海道 日本最北、巨大な山岳の合間に平地が広がる地形と積雪が清冽で豊かな水の恵みをもたらす。移民の地であり、新鮮な海産物の生食か塩焼などのシンプルな食形態を好むことから、酒質は軽く淡い。

青森 日本海側の津軽、十和田、八甲田山麓、太平洋側の三八、陸奥湾を臨む上北と各々に優良な酒蔵が点在している。酒質はメリハリのある明解さをもち、特産品でもあるリンゴの香りをほのかにたたえているものが多い。県産米酒も成功している。

岩手 陸中海岸、北上の高地と盆地、奥羽山脈と変化に富んだ、海の幸・山の幸に恵まれた広大で非常に豊かな土地である。南部杜氏の本場ゆえの、麹造りのきめ細かさから醸される、現代の嗜好に合う流麗な酒が多い。

宮城 黒潮（暖流）と親潮（寒流）が出会う三陸沖は世界三大漁場のひとつ。伊達藩の文化を色濃く残し、農産物にも恵まれている。交易の歴史も古く、酒質は多彩で、関東圏市場で好まれる、コシの強さとキレのよさを持つ、食中に適する酒が多い。

秋田 県の南北に沿って奥羽山脈と出羽山地があり日本海側南には鳥海山がありと、水脈にも恵まれている。海側の海鮮、山あいの発酵保存食品と食文化の違いが酒質に差をもたらす。軟水仕込みと秋田流低温長期醪酵による、柔らかさが主軸にある。

山形 日本海に面した庄内平野と、最上、山形、村山、米沢の各盆地は日本有数の食文化を造り上げてきた。豊かな水、良質の米に恵まれ、県工業技術センターの指導によって、品質と価格が適合した酒が多い。酒質は明解、ふくらみと味ののびが楽しい。

福島 太平洋側から順に浜通り、阿武隈高地を挟んで福島・郡山両盆地の中通り、風光明媚な会津に三分される同県は、また各々に多彩な歴史と食文化を有している。中でも会津周縁は、こだわりのある日本有数の酒蔵があり、日本酒の酒質をリードする。

鳳金寶自然酒 特別純米酒
おおとりきんぽうしぜんしゅ とくべつじゅんまいしゅ（福島）

第一の香り…白桃、カリン、白ブドウ、ウド、カブ、上新粉、白玉粉、栃餅など。

第二の香り…ミネラル香と穀物香がよりはっきりする。

味わい…丸く柔らかく、しっとりと舌の上で丸く転がるようにふくらむ。口当たりはゼリーのようななめらかさ。甘い印象からゆっくり旨味をともなった辛口感に変化し、辛味と酸味が交差する爽やかな後口へとつながる。

料理との相性…冷やにすると白身魚の刺身と相性がよい。燗にして肉類と合わせると、脂からの旨味と香ばしさを引き出す。

温度…燗にするととろみが感じられなくなり非常に辛口になる。冷やがおすすめ。

※すべての酒を自然米（＝農薬・化学肥料を一切使わず栽培した酒米）で仕込む。 特別純米　16.0度　米麹：夢の香、掛：豊錦／60％　酵協会1001号　南部杜氏　1418円／720ml　2888円／1800ml　仁井田本家

香りⅠ 強 ★★★★	味わい 強 ★★★★	酸味 ★★★★	
複 ★★★★	複 ★★★★	甘味 ★★★★	
香りⅡ 強 ★★★★		旨味 ★★★★	
複 ★★★			

（醇酒）

人気一 黒人気 純米吟醸
にんきいち くろにんき じゅんまいぎんじょう（福島）

第一の香り…稲穂、ウエハース、わらび餅、ブナ、エノキタケ、白桃、熊笹、マロングラッセなど。

第二の香り…きび団子、羽二重餅など。

味わい…自然な飲み口で、体と舌にじんわりと染み通る。みずみずしさの中にさまざまな味わいの要素が溶け込んでいる。含み香はふじ（リンゴ）や雪解け水のようなミネラル感など。余韻にしっとりとした甘味とそれを上回る旨味を感じ、後口は辛口で潤いがある。

料理との相性…寿司全般に合う。脂を乳化するのでハムやソーセージ、豚、植物油を使った料理にもよい。

温度…燗にすると辛口になる。冷やにすると味のピントが合い、軽やかさが出る。常温か冷やに向いている。

※吟醸酒のみ醸造している蔵。　純米吟醸　15.0度　米チヨニシキ、その他／60％　酵901－A113　自社杜氏　1090円／720ml　2310円／1800ml　人気酒造

香りⅠ 強 ★★★★	味わい 強 ★★★	酸味 ★★★	
複 ★★★★	複 ★★★	甘味 ★★★	
香りⅡ 強 ★★★★		旨味 ★★	
複 ★★★			

（爽薫酒）

関東

茨城
栃木
群馬
埼玉
千葉
東京
神奈川

江戸の地回り酒として発展した関東だが、利根川や多摩川の清涼な水と都会が近いという地の利に支えられ、今でも、隠れた銘蔵が多い。

菊盛 山廃原酒（きくさかり やまはいげんしゅ）　茨城

[第一の香り]…干したイチジク、生アーモンド、蒸しパン、ヒノキ、スギ、カブ、稲藁、餅など。

[第二の香り]…第一の香りより少々弱まるが、スギやヒノキなど木の香りが落ち着きを与える。

[味わい]…ドライな飲み口で、味わいの要素が複雑に絡まり、よく練れている。甘くないとろみ感が特徴的で、徐々にさらさらとした感触に変化する。豊かな木の香りが含み香にあり、飲むほどに楽しさが増幅していく。

[料理との相性]…魚料理と相性がよいが、刺身と合わせると酒の力が余る。脂ののった干物、マグロのトロ、魚介の味噌漬けなどに。

[温度]…燗にすると木の香りが強まり、きわめて辛口になる。冷やはとろみが楽しめる。

※那珂川の伏流水を使用している。　純米　16.7度　[米]五百万石／55％　[酵]自家酵母　自社杜氏　1554円／720ml　3150円／1800ml　木内酒造

香りⅠ 強★★★★ 複★★★★
香りⅡ 強★★★ 複★★★★
味わい 強★★★★ 複★★★★★
酸味★★★★★　甘味★★　旨味★★★★

[醇酒]

酔富 特別純米酒 垂涎乃的（すいふ とくべつじゅんまいしゅ すいえんのまと）　茨城

[第一の香り]…涼しげで丸い香り。リンゴ、ミカン、梅や桜の花、わらび餅、ポン菓子、熊笹など。

[第二の香り]…山菜のようなミネラル香が出る。

[味わい]…非常になめらかで軽いのに、しっとりとのびやかな感触がある。余韻に爽やかなさらりとした酸味がキレを作る。軽やかな味わいの中にさまざまな味の要素が隠れており、きれいさと品格を感じる酒だ。

[料理との相性]…あっさりした食材の旨味を引き立てる。白身魚全般、イカ、カレイ、シメサバなどに向く。

[温度]…熱燗にするとピリピリした辛味が出る。10℃前後の冷やから15℃ぐらいまでで。

※久慈川・那珂川の伏流水を使用。　特別純米　15.0～16.0度　[米]美山錦／55％　[酵]高エステル生成酵母　自社杜氏　1274円／720ml　2548円／1800ml　酔富銘醸

香りⅠ 強★★★ 複★★★
香りⅡ 強★★ 複★★
味わい 強★★ 複★★★
酸味★★　甘味★★　旨味★★

[爽醇酒]

稲里純米 山ラベル（いなさとじゅんまい やまらべる）　茨城

[第一の香り]…スギ、ヒノキ、キノコ、ポン菓子、麩、栃餅、餅の湯気など。

[第二の香り]…白玉粉やそばのような澄んだ穀物香。

[味わい]…とろりとした甘味と蒸し栗のような香ばしい甘味、控えめなきめ細かい酸味が融合している。甘口から始まり辛口で終わるまでの味の展開が非常になめらか。キノコやナッツのような山の香りをともなった旨味が広がる。原酒に近い濃密な印象がある。

[料理との相性]…強い旨味や脂のある料理との組み合わせは抜群。醤油や味噌を使った甘辛い料理、アンコウ鍋、肉類、チーズなど。

[温度]…燗では甘味と酸味が増し、よりパワフルになる。冷やでのボリューム感が楽しい。

※石切山脈地下の伏流水を使用。　純米　15.0～16.0度　[米]五百万石／60％　[酵]協会10号　自社杜氏　1260円／720ml　2520円／1800ml　磯蔵酒造

香りⅠ 強★★★★ 複★★★★
香りⅡ 強★★★ 複★★★
味わい 強★★★★ 複★★★★
酸味★★★　甘味★★★★　旨味★★★★

[醇酒]

茨城　純米酒 吟香 ささのしずく
じゅんまいしゅ　ぎんこう　ささのしずく

第一の香り…非常に穏やかな香り。ビワ、アケビ、藤や梅の花、大根、カブ、炭酸せんべい、白玉、わらび餅、道明寺など。

第二の香り…とても澄んだ香りに変化する。みつ入りリンゴ、サクランボ、アーモンド、わらび餅など。

味わい…水のようにさらさらとしているが、水っぽさを感じさせず、味わいの要素それぞれが丸くまとまっている印象がある。含み香に山菜、大根のようなミネラルを思わせる香りがあり、しっとりとしたみずみずしいきれいな飲み心地が余韻に残る。薄く軽いだけでなく、味と香りの要素が過不足なく感じられ、非常に繊細。上品の極みを感じる。穏やかな気持ちにさせてくれ、ゆったりと落ち着いて飲める酒。

料理との相性…白身魚、エビ、カニ、野菜料理、ふろふき大根など。

温度…12℃前後の冷やでは舌に絡まるようになる。とろみに隙がなくなり、かつ、潤い感も倍加する。

※原料の「美山錦」は生産履歴をすべて把握している茨城県産契約栽培のもの。また、筑波山系の地下水を使用。豊富な地下水と、良質な米が取れることから、古くより関東有数の銘醸地として知られている。　純米　15.0度　米 美山錦／65％　酵 協会9号　南部杜氏　1050円／720ml　2100円／1800ml　石岡酒造

爽醇酒

香りⅠ 強★★ 複★★　香りⅡ 強★★★ 複★★★　味わい 強★★ 複★★★　酸味★★ 甘味★★　旨味★★★

茨城　京の夢 純米吟醸
きょうのゆめ　じゅんまいぎんじょう

第一の香り…桃、ウメ、ビワ、二十世紀（梨）など。穏やかだが華やかさを秘めている。

第二の香り…フルーツみつ豆など。香りのトーンは下がるが、透き通った爽やかな甘い香りに落ち着く。

味わい…きれいでのびやかな味わい。軽やかだが広がり感がある。甘味はほとんどなく、酸味が前に出ている。さらさらとした飲み口でアルコール度数17度であることを感じさせない軽やかさがある。楽しく静かで味の要素が上品にまとまっている。含み香は白桃、黄桃、寒天、白玉などが入ったフルーツみつ豆など。余韻は酸味が主体で晴れ晴れとして澄んでいる。飲み口が軽く、するすると飲める良酒だ。

料理との相性…刺身、寿司など。白身魚全般によく合う。脂を溶かすアルコールも十分なので肉類にも向く。

温度…強く冷やすと味はまとまるがわずかに苦味が出てくるので、15℃前後がおすすめ。

※地元産酒造好適米「ひたち錦」を100％使用している。ピュアウォーターでの仕込みにこだわり、逆浸透膜（金属や塩類などの水以外の不純物を通さない繊維）を使って水を濾過している。銘柄は、谷崎潤一郎の随筆「京の夢大阪の夢」が由来となっている。　純米吟醸　17.0度　米 ひたち錦／55％以下　酵 茨城県産酵母　南部杜氏　1500円／720ml　2573円／1800ml　竹村酒造店

爽酒

香りⅠ 強★★★ 複★★★　香りⅡ 強★★★ 複★★★　味わい 強★★ 複★★　酸味★★ 甘味★★　旨味★★

茨城　府中誉 純米大吟醸 渡舟
ふちゅうほまれ　じゅんまいだいぎんじょう　わたりぶね

第一の香り…干したアンズやリンゴ、梨、桃など。

第二の香り…ほのかにアプリコット、アーモンド、アマレット、かすかなわらび餅、野イチゴなど。晴れ晴れとした吟醸香が落ち着いてくる。

味わい…なめらかでふわふわとしている。旨味が少なく、豊かな酸味とかすかな甘味の精妙なつり合いが見られる。ほのかな甘味が薄膜のように味の要素を包んでいる。甘い香りゆえに甘い印象があるが、辛口の味わいできれいな澄んだ飲み口。含み香にメープルシロップやアプリコットのようなさらさらとした甘い香りがほのかにある。キレのよい酸味がシャープで、カラッとした後口にしている。

料理との相性…タイやエビなどといった素材に繊細な甘味がある魚介が合う。寿司全般、とくに脂ののったマグロと好相性。上質の酒の味わいをじっくり楽しむのもよい。

温度…12℃前後の冷やで実力を発揮する。

※本物の地酒を求めて、明治・大正時代に茨城で栽培されていた酒米「渡船」をたった一握りの種籾から大切に育てあげ復活させた。その「渡船」を100％使用。仕込み水は「府中六井」と呼ばれる霊峰筑波山を源とする中軟水の湧き水を使用。　純米大吟醸　16.0～17.0度　米 渡船／35％　酵 協会9号　自社杜氏　5103円／720ml　10196円／1800ml　府中誉

薫酒

香りⅠ 強★★★ 複★★★　香りⅡ 強★★★ 複★★★　味わい 強★★ 複★★★★　酸味★★★ 甘味★★　旨味★

栃木 純米吟醸 池錦 酒聖
じゅんまいぎんじょう いけにしき しゅせい

[第一の香り]…白桃、みつ入りリンゴ、藤の花、白梅、わらび餅、ポン菓子、熊笹、スギの葉、キンカン、ポンカンなど。

[第二の香り]…香りのトーンが下がるが、マイルドでまろやかになる。優しい香りだ。

[味わい]…絡みつくような口当たりで、舌に柔らかく優しい感触が残る。とろみからは甘味ではなく、旨味を感じられる。含み香に、稲藁やいろりのような懐かしい香りも感じられる。口当たりの柔らかさ、飲み口の繊細さ、甘くないのにとろりとした感触ときめ細やかな味の要素、すべてが完全に融合している見事な酒。

[料理との相性]…冷やの場合は、アユやイワナといった川魚の塩焼き、バターを使った鶏料理に合う。燗のときは、塩味の焼き鳥などのあっさりした味つけの料理と相性がよい。

[温度]…冷やにすると複雑さのあるとろみが出て、天下一品の酒に。燗にすると辛さが前面に出て鋭くなる。12℃前後の冷やで飲むのがおすすめ。

※那須連山の伏流水を使用。創業時から「主人自ら蔵に入るべし」を家訓とし、代々変わらず杜氏や蔵人とともに酒造りに取り組み、昔ながらの手造りにこだわり続けている。

純米吟醸　15.0度　[米]美山錦／58％
[酵]協会10号　那須杜氏　1700円／720ml　3100円／1800ml　池島酒造

香りⅠ 強★★★ 複★★★★　味わい 強★★★ 複★★★★★　酸味★★★ 甘味★★★ 旨味★★★★
香りⅡ 強★★ 複★★

[爽醇酒]

茨城 武勇 山田錦本生
ぶゆう やまだにしきほんなま

[第一の香り]…梨、黄桃、ビワ、稲藁、ウエハース、らくがん、エノキ、青竹など。

[第二の香り]…果物や花の香りが立ってきて、香りの輪郭がはっきりする。

[味わい]…とろみのある力強い飲み口で、甘味を軸にした味わいが展開する。ほのかなリンゴあめやフルーツみつ豆のような香りが含み香にあり、後口にさらりとした澄んだ甘味が広がる。どっしりとした飲み口なので、少量でも十分に飲み応えが楽しめる。

[料理との相性]…前菜に向く。原酒に近いので食前酒としても楽しめる。

[温度]…強く冷やすと力強くなりすぎるので、12℃の冷やから常温がよい。

※鬼怒川水系の伏流水を使用した山廃仕込みの生酒。　純米　17.0度　[米]山田錦／60％
[酵]協会9号　自社杜氏　2800円／1800ml　武勇

香りⅠ 強★★★ 複★★★　味わい 強★★★★★ 複★★　酸味★★★ 甘味★★★★ 旨味★★★
香りⅡ 強★ 複★★

[醇酒]

茨城 一人娘 純米超辛口
ひとりむすめ じゅんまいちょうからくち

[第一の香り]…ズッキーニ、カブ、ラディッシュ、ポン菓子、らくがん、カステラなどミネラルと穀物香がある。

[第二の香り]…非常に控えめな香りになる。

[味わい]…口当たりは薄く柔らかで、すぐにさらさらとした感触に変わる。優しくふわふわとした味わいで、ミネラルを感じさせながら、軽やかな酸味と旨味が残る。カステラや炭酸せんべいのような風味をともなった、透明感のある余韻が広がる。優しい辛口の酒だ。

[料理との相性]…生の魚介と合わせると意外にも酒のほうが強くなるので、しっかりと味つけした料理に向いている。食前酒に向く。

[温度]…燗よりも15℃ぐらいまでのほうが味の細部がよくわかるようになる。

※鬼怒川の伏流水を使用。　純米　15.0～16.0度　[米]美山錦／55％　[酵]協会701号　自社杜氏　1110円／720ml　2600円／1800ml　山中酒造店

香りⅠ 強★★ 複★★　味わい 強★★ 複★★　酸味★★ 甘味★★ 旨味★★★
香りⅡ 強★ 複★★

[爽醇酒]

夏の気候が米のよしあしに大きく影響する。（府中誉）

栃木 仙禽 木桶仕込み 生酛 純米吟醸（せんきん きおけじこみ きもと じゅんまいぎんじょう）

- **第一の香り**…ふじ（リンゴ）、水仙の花、プリンスメロン、イチゴ、ヤマブシタケ、ブナやカエデの樹液など。
- **第二の香り**…果物、穀物、キノコの香りが渾然一体となる。ミネラルを思わせる香りも出てくる。
- **味わい**…舌にのせた直後に、辛口感と、とろみのある甘口感が同時に進んでいく。甘味を主軸にした旨味と、酸味を主軸にした旨味が一緒に広がり、後口は非常にドライ。含み香にリンゴ、梨、稲藁、栗きんとんなどの甘い香りがある。余韻に甘い香ばしさをともなった旨味が続き、非常に辛口のフィニッシュを迎える。のどごしのよさ、旨味のいさぎよさ、余韻の長さは優れた工芸品のようである。
- **料理との相性**…川魚の塩焼き、鍋料理、山菜などと相性がよい。脂ののった料理と合わせるときは、甘味と酸味を組み合わせた味つけがよい。豚カツ、タレの焼き鳥などに向く。
- **温度**…冷やにすると果物香と穀物がまとまり、とろみとミネラル感が出てくる。

※袋しぼりの無濾過生原酒。忘れ去られた木桶を復活させ、昔ながらの酒造りをしている。同蔵の酒は「あまずっぱい」がポイントで、極度の甘味と過剰な酸味が作り出す究極のマリアージュを得意としている。　純米吟醸　17.0度　米亀の尾／55％　酵協会1401号　下野杜氏　1550円／720ml　3100円／1800ml　せんきん

香りⅠ 強★★★ 複★★★　香りⅡ 強★★ 複★★★　味わい 強★★★★ 複★★　酸味★★★★ 甘味★★　旨味★★

【薫醇酒】

栃木 開華 特別純米原酒 みがき 竹皮（かいか とくべつじゅんまいげんしゅ みがき たけかわ）

- **第一の香り**…ポン菓子、焼き餅、ソフトクリームのコーンカップ、栗おこわ、粟おこし、シメジ、マイタケ、栗きんとん、藁葺き屋根の家の土間など。
- **第二の香り**…より香ばしく柔らかい香りに変化する。ワッフル、メープルシロップ、バニラクッキー、炒り米、たいやきなど。
- **味わい**…とろみがあり、重さを感じさせないふわふわとした感触で、舌にしっとり染み入りながら味わいが展開する。穀物やナッツなどの香ばしい香りが含み香にあり、香ばしさをともなった旨味が非常に長く余韻に続く。後口は極めてドライ。味わいの軽やかさ、ふんわり感、酸味のしっかりした骨太さが見事に融合している超辛口の酒である。優れた醇酒の典型である。
- **料理との相性**…肉と合わせると、脂を溶かしつつ肉の旨味を引き立てるので、鶏や豚、牛、猪など肉全般、西京焼きや味噌田楽といった魚や野菜を味噌を使って調理したもの、エボダイやカマスの干物、ウナギやアナゴの白焼き、山菜、キノコ料理とも好相性。
- **温度**…冷やにするととろみが出て、飲み口のよさが際立ち、味わいの幅が広がる。オン・ザ・ロックス、8:2の水割りもよい。

※中硬水の井戸水を使用。　特別純米　17.0〜18.0度　米麹：五百万石、掛：とちぎ酒14／59％　酵栃木酵母　下野杜氏　1785円／720ml　3150円／1800ml　第一酒造

香りⅠ 強★★★ 複★★★　香りⅡ 強★★ 複★★★　味わい 強★★★★ 複★★★★　酸味★★★ 甘味★★　旨味★★★★

【醇酒】

栃木 純米酒 善十郎（じゅんまいしゅ ぜんじゅうろう）

- **第一の香り**…ソラマメ、ホワイトアスパラガス、ピーナッツ、稲穂、蒸し米など。野菜のミネラル香もある。
- **第二の香り**…ハスの実、塩あられ、姫あられ、山菜漬など香ばしさと塩っぽい香りがあらわれる。
- **味わい**…なめらかで舌の上でふんわりとふくらむ。霧のような重量感のない柔らかな感触から、舌にしっとりと染み込む飲み口へと変わっていく。酸味と甘味、旨味のバランスが絶妙で名人芸、達人技を感じる。含み香は穀物、木材、花などのさまざまな要素が少しずつあり、心を落ち着かせてくれるよい香りが湧き上がる。余韻にしっとりとした潤い感と柔らかくほのかに甘い香りが続く。
- **料理との相性**…湯豆腐、タイしゃぶ、フグ、カニすき、アユの塩焼き、野菜やキノコのホイル焼き、バターを使った魚料理など。さまざまな料理に合うが、繊細な料理に合わせたい。
- **温度**…燗にすると辛口になり、ふんわりとしたテクスチャーが失われる。冷やは軽やかで、繊細な味わいが楽しめる。

※県産の酒造好適米「ひとごこち」を100％使用。　純米　15.0〜16.0度　米ひとごこち／60％　酵栃木酵母　下野杜氏　1470円／720ml　2940円／1800ml　若駒酒造

香りⅠ 強★★★ 複★★★★　香りⅡ 強★★ 複★★★　味わい 強★★★ 複★★★★　酸味★★★ 甘味★★　旨味★★★★

【爽醇酒】

こんな日本酒もあり！

栃木　山廃純米　熟露枯（やまはいじゅんまい　うろこ）

3年古酒

第一の香り…国宝級の古い寺院のお堂を思わせる。お香、ヒノキ、ブナ、焼きリンゴ、聖護院カブなどの香りの中に、ミネラルを思わせる香りもある。

第二の香り…ヘーゼルナッツやマカダミアナッツなどのナッツの香りが強く出る。ほかにメープルシロップ、樹木、ハスの実、バターあめ、生キャラメルなど香りは多彩である。

味わい…ゼリーや葛湯のようなとろとろの口当たりで、みずみずしさと繊細な香りが、同時に静かにたなびく。完全に澄みきったクリアな後口が余韻に残り、含み香には国宝級の寺の中のような静かで幽玄な空気がただよう。たぐいまれなる熟成酒。世界に誇れる日本酒のひとつだ。

料理との相性…脂と合わさると豊かな香りと味わいの調和が生まれるので、肉類とは抜群に合う。酒のほうが勝ってしまうので、野菜や魚介単体には合わせづらい酒だ。

温度…ぬる燗にすると渋味が出るが、繊細で丸い感触は変わらない。15〜18℃ぐらいの温度が味わいを最大限に引き出す。

※洞窟を貯蔵庫として利用。洞窟は、年間平均10℃前後を保ち、日本酒を劣化させる紫外線が一切ないという長期熟成酒を造るにふさわしい環境を持つ。　純米　17.0〜18.0度　雪の精／65％　協会701号　自社杜氏　1470円／720ml　2940円／1800ml　島崎酒造

香りⅠ	強 ★★ 複 ★★★	味わい	強 ★★ 複 ★★★	酸味 ★★★ 甘味 ★★ 旨味 ★★
香りⅡ	強 ★★ 複 ★★★			

熟酒

栃木　鳳凰美田　しずく絞り　純米吟醸　若水米
（ほうおうびでん　しずくしぼり　じゅんまいぎんじょう　わかみずまい）

第一の香り…完熟梅、水仙、山吹、干したアンズなど。

第二の香り…生アーモンド、アマレット、桃の種にある香り。

味わい…静かな飲み口からアルコール感の豊かな熱く辛い味わいに、ほのかな甘味と酸味がバランスを取っている。日本酒が初めての人にもわかりやすい味わい。含み香はウメ、アマレットなど。余韻には、アルコール感で舌が熱く感じるキレのよさがある。

料理との相性…鶏やしっとりとした甘味と身のきめ細やかさがある魚介によく合う。海鮮を多用した中華料理にも対応できる。

温度…冷やすと味がまとまる。オン・ザ・ロックスもよい。

※同蔵は県内有数の吟醸酒専門蔵。　純米吟醸　16.8度　若水／55％　協会18号　M-310、栃木酵母　南部・山内杜氏　1580円／720ml　2730円／1800ml　小林酒造

香りⅠ	強 ★★★ 複 ★★★	味わい	強 ★★★ 複 ★★	酸味 ★★★★ 甘味 ★★★★ 旨味 ★★
香りⅡ	強 ★★★ 複 ★★★			

爽酒

栃木　松の寿　純米酒（まつのことぶき　じゅんまいしゅ）

第一の香り…梨、陸奥（リンゴ）、ウリ、わらび餅、トチノミ、柚子、熊笹、ブナシメジなど山の香り。

第二の香り…キノコや樹木のきれいな香りが出てくる。

味わい…柔らかくきめ細かいつるつるした飲み口で、ほのかな甘味と爽快な酸味が、果物香とともに広がる。余韻に澄んだ辛口感があり、きれいなみずみずしい旨味が長く続く。

料理との相性…野菜や白身魚などの食材のおいしさを引き出す。油のある天ぷらや煮物、おでんなど幅広く合わせられる。

温度…燗では非常に辛くなる。冷やにすると香りが穏やかに落ち着いた味わいになる。

※高原山麓自家湧水（超軟水）を使用。　純米　15.0〜16.0度　五百万石／60％　栃木酵母、Newデルタ　下野杜氏　1208円／720ml　2415円／1800ml　松井酒造店

香りⅠ	強 ★★★ 複 ★★★	味わい	強 ★★ 複 ★★★	酸味 ★★★ 甘味 ★★ 旨味 ★★
香りⅡ	強 ★★★ 複 ★★★			

薫醇酒

群馬　源水仕込　谷川岳　超辛純米酒
げんすいじこみ　たにがわだけ　ちょうからじゅんまいしゅ

[第一の香り]…ウド、レンコン、ふきのとう、ポン菓子、餅など。大根やカブを思わせるミネラル香がある。

[第二の香り]…第一の香りとあまり変わらないが、ミネラルを思わせる香りがより強まる。

[味わい]…非常にさらりとした味わいで、含み香にほのかに桜の花やわらび餅の香りがある。味わいの要素のバランスが優れている。

[料理との相性]…アユやイワナなどの清流に住む川魚全般。

[温度]…燗にしてもみずみずしく、澄んだ飲み口は変わらない。冷や、燗ともに良好だ。

※80年という長い月日をかけて山から川まで辿りついた尾瀬連峰の伏流水（ミネラル豊富な硬水）を使用。　純米　14.0～15.0度
[米] 五百万石／60％　[酵] 協会10号　自社杜氏　1155円／720ml　2310円／1800ml　永井酒造

香りⅠ 強★★　複★★
香りⅡ 強★★　複★★
味わい 強★★　複★★
酸味★★　甘味★★　旨味★★

【爽酒】

群馬　群馬泉　超特撰純米
ぐんまいずみ　ちょうとくせんじゅんまい

[第一の香り]…干したイチジク、稲藁、ヒノキ、ブナ、栗、カシューナッツ、ポン菓子、ごはんのおこげ、キャラメル、ワッフル、クッキーなど。

[第二の香り]…ナッツやクッキーなどの香ばしい穀物香が出てくる。

[味わい]…堂々としていて密度が高く、どっしりとした第一印象から、一瞬にしてふわふわとした羽のような軽やかさに変わる。含み香にレーズン、デーツ、切り干し大根、麦藁のような香りがあり、余韻まで続いていく。味わいに隙間がなく、かつ軽やかにふくらむ飲む楽しさがある。熟成香には味噌っぽさがなく、透明感のある繊細で上品な味わい。重量感と繊細さの両面を併せ持つ酒である。

[料理との相性]…味が濃い料理に向く。魚や野菜の油脂を多く含んだ保存食品など。牛テールの煮込みやフォアグラ、クラシックなフレンチ、珍味、発酵食品、猪などの野生の肉などにも対応できる。

[温度]…冷やで濃密な香味が楽しめる。燗にするととてもよい香ばしさが出る。

※硬度の高い赤城山系の伏流水をいかせる生酛系山廃仕込みを貫いている。銘柄名は、「宝泉村」と呼ばれていたことにちなむ。　純米　15.0～16.0度　[米] 若水／50％　[酵] 協会9号　越後杜氏　1440円／720ml　2880円／1800ml　島岡酒造

香りⅠ 強★★★★　複★★★★★
香りⅡ 強★★★★　複★★★★
味わい 強★★★★　複★★★★
酸味★★★★　甘味★★★★　旨味★★★★

【醇熟酒】

群馬　尾瀬の雪どけ　生酛仕込純米
おぜのゆきどけ　きもとじこみじゅんまい

[第一の香り]…ポン菓子、ビスケット、ナラ材、ヘーゼルナッツ、シナモン、ナツメグなど。

[第二の香り]…ショウガあめ、焼いたタケノコなど。

[味わい]…密度の高い味わいで、とろりとした感触の中から、よく練られた酸味と重厚な旨味が広がる。しっとりとした旨味と柔らかく広がる酸味とともに、切り株のような香りが一体となった非常に長い余韻が楽しめる。森林の香りのする力強い超辛口の酒。

[料理との相性]…バーベキューなど屋外で食べるときに一緒に楽しむのがおすすめ。ハムやソーセージをスモークしたもの、薪で焼いた川魚の塩焼き、焼き肉などワイルドな料理に。

[温度]…燗にするより主張の強さがあらわれる。

※尾瀬の伏流水を使用。　純米　16.5度
[米] 山田錦／65％　[酵] 群馬酵母　南部杜氏　1260円／720ml　2520円／1800ml　龍神酒造

香りⅠ 強★★★★　複★★★★
香りⅡ 強★★★★　複★★★
味わい 強★★★★　複★★★★
酸味★★★★　甘味★★★★　旨味★★★★

【醇熟酒】

日本酒のはなし 4

日本酒の唎き酒（テイスティング）用語①

世界中の飲料や食品には必ず、よく工夫された、品質や味わいを評価する基準と用語がある。食品、調味料には色・香り・味などの官能（生体の感覚器官の働き）による方法の他に、濃度、硬度、粘性、弾性などを分析・数値化してゆく手段がある。いずれにもＡ ポジティヴ（肯定的）Ｂ ネガティヴ（否定的）の2方向からのアプローチ評価手法がある。

喜八郎　純米吟醸
埼玉　きはちろう　じゅんまいぎんじょう

第一の香り…セロリの種、ジュニパーベリー、スパイスなど。きわめて個性的な香りを放つ。

第二の香り…梅や桃の花、菩提樹、菱餅、稲庭うどん、ほのかな桃やウメ、リンゴなど。澄んだ吟醸香が立ち、複雑さを増していく。

味わい…ふわふわしてなめらかでとろりとした感触。とろけるような甘味と旨味がある。甘味が消えた後に静かな酸味がじわりと広がっていく。味の要素のつながりが段階的にのびていき、味のグラデーションが鮮やか。初めはほのかに甘く、最後は辛口で締める。含み香は菱餅、わらび餅、フルーツみつ豆、熊笹、滝つぼの霧など。後口は非常に澄んだ辛口感で、ほのかな旨味が持続する。

料理との相性…鶏や鴨、豚、焼き魚、炉端焼きの料理など。脂に強いので、焼き鳥やベーコンの串焼きなども合う。また、十分な旨味があるので味噌を用いた料理にも。

温度…燗にすると香ばしさが出て、力強い酒になる。冷やで鮮やかさが増す。

※低温発酵でじっくりと時間をかけて仕込んでいる。　純米吟醸　15.0〜16.0度　麹：山田錦／50％、掛：さけ武蔵／60％　協会1801号　南部杜氏　1575円／720ml　3150円／1800ml　五十嵐酒造

醇酒

香りⅠ　強★★★　複★★★
香りⅡ　強★★★　複★★★★
味わい　強★★★★　複★★★★
酸味★★★★　甘味★★★
旨味★★★★

寒梅　純米吟醸　生酛仕込
埼玉　かんばい　じゅんまいぎんじょう　きもとじこみ

第一の香り…稲藁、岩おこし、ひねそうめん、ビスケット、メープルシロップ、ブナ材、ブラウンマッシュルーム、ヘーゼルナッツ、蒸し栗など。旨味と複雑さを感じさせる。

第二の香り…香ばしい香りが強まる。

味わい…迫力のある飲み口で、まろやかなとろみがある。ほのかな甘味に強い酸味と複雑な旨味がより合わさっている。柔らかく繊細な味わいの要素のバランスが精妙になる。含み香はポン菓子やワッフル、木の甘い樹液など。余韻にキノコのような香りがあり、柔らかさと辛口感が交錯する。日本酒の魅力に満ちている。

料理との相性…食中酒としてたいへん優れている。動物性油脂との相性が抜群で、マグロやカツオといった青魚や豚ロース、鴨ロース、ステーキ、猪鍋、バターを使った料理によい。ホタテや牡蠣などの貝類やカニ、エビ、ウニの浜焼きや味噌を使った料理にも合う。また、チーズや塩辛といった発酵食品などの個性的な旨味のある食材にも合わせられる。

温度…燗にすると力強さが増す。冷やにすると繊細な味わいへと変化する。燗、冷や両方に向くオールマイティーさがある。

※名刹甘棠院の裏山に湧く清水を使用。　純米吟醸　15.0〜16.0度　八反錦／55％　協会901号　越後杜氏　純米吟醸　1559円／720ml　3150円／1800ml　寒梅酒造

醇酒

香りⅠ　強★★★★　複★★★★
香りⅡ　強★★★　複★★★
味わい　強★★★　複★★★★
酸味★★★★　甘味★★
旨味★★★★

純米酒　米一途
埼玉　じゅんまいしゅ　こめいちず

第一の香り…稲穂、栗、スギ、ヒノキ、お屠蘇、コショウなど。複雑でいろいろな香りを感じる。昔ながらの日本酒の香りがする。

第二の香り…ドライトマト、めんつゆ、ひまわり油、椿油など。個別に挙げると奇異だが、ふくよかで複雑なとてもよい香りで酒飲み心を誘う。

味わい…口当たりがなめらか。非常にきれいな味わいで上品さがある。酸味と甘味、旨味のバランスがこれ以上にはないというほど高度な調和を見せている。米と水でこれほどのものができるのかという芸術品のような酒。飲み飽きることなく、一人で一升が飲めてしまうほどスムーズに飲める。含み香は生キャラメルなど。余韻は繊細でほのかな甘味ときれいな酸味が味の中盤まで続き、その後からはみずみずしくなめらかな感触の旨味が広がる。清冽な辛口のフィニッシュである。

料理との相性…寿司全般、鍋物にもよし。

温度…燗にすると甘味と柔らかな旨味が強まり、香ばしい香りが出る。冷やから常温、燗までどの温度帯でも美点があらわれる。酒蔵の力量が明確に出た酒である。

※地下180mから湧き上がる清冽な天然水を仕込み水に使用している。　純米　13.0〜14.0度　日本晴／82％　協会6号　南部杜氏　1000円／1800ml　小山本家酒造

醇酒

香りⅠ　強★★★　複★★★★
香りⅡ　強★★★　複★★★★
味わい　強★★　複★★★★
酸味★★　甘味★★
旨味★★★★

埼玉

純米酒 武蔵野
じゅんまいしゅ むさしの

- **第一の香り**…ヨモギ餅、シソ、バジル、ハーブ、青竹など。
- **第二の香り**…茶葉、抹茶の泡、お香、ほのかなパイナップルキャンディーなど。きれいで澄んだ涼しげな香りと吟醸香を感じる。
- **味わい**…甘味を感じる序盤からさらりとまとまり、爽快で爽やかな香りときれいで澄んだ透明感のある味わいへと展開する。含み香に梅や桜の花、熊笹、バジルなど。甘味と酸味が消えた後の余韻にミネラル感が出る。
- **料理との相性**…干物、焼き魚、寿司など。脂に強いので天ぷらや脂ののった魚にも合う。
- **温度**…燗にするといろいろな香りが立ってくる。じっくり飲める落ち着いた酒に変わる。冷やもよし、燗は食中酒としての力が増大する。

※自社開発した酵母を使って醸造した。　純米　15.0～16.0度　🍚八反錦／60%
🍶協会1801号　自社杜氏　1050円／720ml　2100円／1800ml　麻原酒造

香りⅠ　強★★★★　複★★★★
香りⅡ　強★★　複★★★
味わい　強★★　複★★★
酸味★★★　甘味★★　旨味★★

【醇酒】

埼玉

神亀 手作り純米酒
しんかめ てづくりじゅんまいしゅ

- **第一の香り**…いろりの空気、藁、米俵、黄桃、木の香り。
- **第二の香り**…マシュマロ、ウエハースなど。
- **味わい**…なめらかでとろりとした濃厚な飲み口。アルコール感と甘味、酸味が整然と積み重なり、穏やかでなめらかな旨味が追随する。含み香にわらび餅、ウエハースなど。後口のさらさらした飲み飽きしない酒だ。
- **料理との相性**…脂のおいしさを引き出す力があるので、鶏の唐揚げ、鉄板焼きなど肉全般、クリームやバターにも対応する。
- **温度**…燗にすると、香ばしさのある、極めて辛口に変わって旨味がのり、酒飲み心を刺激する。燗に向いている。

※同蔵では純米酒のみを造り、最低でも2年は熟成させてから出荷している。　純米　15.0～15.9度　🍚酒造好適米／60%
🍶協会9号　南部杜氏　1500円／720ml　3000円／1800ml　神亀酒造

香りⅠ　強★★★　複★★★
香りⅡ　強★★　複★★★
味わい　強★★★★　複★★★
酸味★★★　甘味★★★　旨味★★★

【醇酒】

埼玉

越生梅林 純米酒
おごせばいりん じゅんまいしゅ

- **第一の香り**…ポン菓子、つきたての餅、わらび餅、陸奥(リンゴ)、カリン、コブミカンの葉、ヒノキ、青竹、エノキタケなど。
- **第二の香り**…ミネラル香が立ちながら、柔らかな香りへ。柚子やスダチなどの柑橘類の香りも出てくる。涼しげな甘い香りが融合してくる。
- **味わい**…なめらかな香りの後に、木を思わせるほのかな渋味、酸味、旨味がにじみ出てくる。一回味が消える空白の時間があり、再度味と香りが花開く不思議な展開の酒。含み香にヒノキ、ケヤキ、サクラ材などの香気があらわれる。非常になめらかでそこはかとない静かで淡い余韻が長く続くので、風味を長く楽しむことができる。後口は超辛口の極みだ。
- **料理との相性**…白身魚、ふろふき大根、野菜やキノコを中心にした煮物、クリームソースを使った鶏や肉料理、ポークソテーなどと相性がよい。
- **温度**…冷やにすると香りがまとまる。酒の特徴がよく出るのは常温。熱燗にすると厳しいほどの辛口になる。

※県産米を使い、越辺川の伏流水を使用。小さなタンクで人の手と目がしっかり行き届く量のみを醸造している。　純米　15.0度
🍚朝の光／65%　🍶埼玉C酵母　自社杜氏　1000円／720ml　2000円／1800ml　佐藤酒造店

香りⅠ　強★★★　複★★★
香りⅡ　強★★　複★★
味わい　強★★★　複★★★
酸味★★　甘味★★　旨味★★★

【爽酒】

日本酒のはなし 5

日本酒の唎き酒（テイスティング）用語②

ワインのテイスティングには、一部数値化できる分析値のほか、変質や劣化を表わす製造関係者内部で用いられる基本用語以外は、ほぼポジティヴな描写が一般的に用いられている。色調は宝石や絵画、布。香りは果物やハーブ、スパイス、ナッツなど、あらゆる自然界の美しいものにたとえる。味わいは耳に心地よい形容詞を組み合わせて表現する。

昔ながらの甑（こしき）にて米を蒸している。（寺田本家）

純米吟醸 浮城（うきしろ）　埼玉

第一の香り…梅の花、水仙、山吹、藤など。
第二の香り…ソフトクリーム、ウエハースなどの香りが加わる。穏やかで澄んだ香りがある。
味わい…口当たりはさらさらとしていてみずみずしい。甘味が少なくフレッシュで爽やか。軽快で酒が体に染み通っていくような飲み口。含み香は梨や藤など。余韻に葛切りのような冷涼な甘味をともなった優しい辛口。
料理との相性…白身魚、刺身、練り物、おでんなど。肉であればしゃぶしゃぶなど脂を落とした調理法を選択してみるのも一考。
温度…冷やすとパリパリとした触感が加わり、とろみが丸くまとまる。
※蔵の敷地内から湧き出る忍の名水である福寿泉を仕込み水に使用している。　純米吟醸　15.0～16.0度　米 美山錦／60％　酵 協会901号　南部杜氏　1575円／720ml　3150円／1800ml　横田酒造

香りI 強★★ 複　　味わい 強★★ 複　　酸味★★ 甘味★★ 旨味★★
香りII 強★★ 複

爽酒

自然酒 五人娘 無ろ過酒（しぜんしゅ ごにんむすめ むろかしゅ）　千葉

第一の香り…稲穂、米俵、玄米餅、五穀米など。
第二の香り…干しイチジク、切り干し大根、金ゴマなど生酒に見られる香りがある。
味わい…なめらかでとろりと舌の上でふくらむ。豊かな酸味を上回る力強い旨味が広がる。含み香は稲穂や竹、炭酸せんべい、みたらし団子、スペアミントなど。濃密な飲み口からさらりとした口当たりになり、最終的にはドライになる。迫力のある辛口酒だ。
料理との相性…食材を問わずオールマイティー。
温度…燗は黒糖の香りが出る。冷やに限る。
※自然にこだわり、全量無農薬米を使用し、仕込み水は蔵から湧き出る地下水を使って生酛造りで醸している。　純米　15.0～16.0度　米 麹：美山錦、掛：雪化粧、美山錦／70％　酵 自家酵母　自社杜氏　1391円／720ml　2782円／1800ml　寺田本家

香りI 強★★★ 複★★★★　　味わい 強★★★★ 複★★★★　　酸味★★★★ 甘味★★★ 旨味★★★★
香りII 強★★ 複★★★★

醇酒

純米大吟醸 紫紺（じゅんまいだいぎんじょう しこん）　千葉

第一の香り…デリシャス（リンゴ）、ビワ、二十世紀（梨）などの吟醸香。
第二の香り…青竹、白桃、滝つぼの霧、ふじ（リンゴ）や陸奥（リンゴ）のように淡いオレンジ色から赤色に変わるリンゴの香りなど典型的な薫酒の香りがある。
味わい…さらりとして柔らかく、味の要素が緻密にちりばめられて酸味と甘味のバランスがよい。含み香はリンゴ、桜の花など。甘い香りとともにさらさらとした酸味が出てきて、新鮮な爽やかさがあり、ドライなフィニッシュへとつながる。きれいな味わいの酒だ。
料理との相性…江戸前寿司に合う。
温度…12℃前後の冷やがおすすめ。
※自社田で社員によって栽培された「ふさおとめ」を100％使用。　純米大吟醸　16.0～17.0度　米 ふさおとめ／40％　酵 協会1501号　南部杜氏　2540円／720ml　5090円／1800ml　小泉酒造

香りI 強★★ 複　　味わい 強★★★ 複★★★　　酸味★★★★ 甘味★★★ 旨味★★★
香りII 強★★ 複

薫酒

甲子 純米酒（きねえね じゅんまいしゅ）千葉

- 第一の香り…オートミール、つきたての餅、磯辺焼きなど香ばしい穀物の香りがある。
- 第二の香り…カボス、柚子、菱餅（ひしもち）、米俵、古民家の土蔵など。穀物香に熟成した香りと爽やかな香りが共存する。
- 味わい…柔らかくしっとりとした口当たりで、味わいの要素が複雑である。密度の高い味わいの中から洗練されたのびのびのある酸味と豊かできれいな旨味が広がる。含み香は餅、ジュンサイ、熊笹、滝のしぶきなど。余韻にさらっとした軽やかな酸味、薄い甘味、ごはんを食べた後のような甘い旨味が豊かに広がる。酸味と甘味が消えた後も、旨味は長く残る。
- 料理との相性…野菜全般や魚全般、ブリの煮つけ。豚、鶏に合う。脂のあるものや揚げ物にも向く。
- 温度…ぬる燗にするとさらに味わいのバランスがよくなり、甘味が増す。熱燗はしっとり感が失われる。16〜18℃の常温もよい。

※酒々井（しすい）の名の由来となった地下水を仕込み水に使用している。元禄時代（1688年〜1704年）に創業し、300年以上の歴史を持っている蔵である。

純米　15.0度　米 五百万石、総の舞／65％　酵 協会901号　南部杜氏　1029円／720ml　2100円／1800ml　飯沼本家

醇酒

香りⅠ 強★★ 複★★★　香りⅡ 強★★★ 複★★★★　味わい 強★★★ 複★★★★　酸味★★★ 甘味★★　旨味★★★★

無添加純米酒 自然舞（むてんかじゅんまいしゅ しぜんまい）千葉

- 第一の香り…塩豆、あられ、米俵、餅、ごはんの湯気、ハマグリを焼いているときの香りなど。
- 第二の香り…玄米茶、和紙、白ゴマ、ヘーゼルナッツ、ひよこ豆、マカロニ、乾麺、ソフトクリームのコーン、バニラなど。おいしいふくらみ感と旨味を感じさせる香りが高まる。
- 味わい…流れるような滑るような口当たり。酸味を主軸とした味わいにつるつるとした旨味が絡んでくる。これぞ日本酒といえる自然ななめらかさをともなった辛口感がある。含み香はマホガニー、木船の木材、古い炭笊（ちゃせん）、炒った玄米、ひねそうめんなどの懐かしい風味。後口はしっとりとした潤いのある後口からカラッと晴れ上がったフィニッシュへと変わる。
- 料理との相性…食中酒として非常に優れていて、強い味わいの料理に向く。焼いたホタテや牡蠣、アワビなどの貝やウニ、伊勢エビによく合う。
- 温度…燗にするとまろやかでクリーミーになる。ラムレーズンのような香りがする。冷や、常温、燗、お湯割り、どの温度でも充実する。

※すべての酒を同蔵が開発した高温山廃酛という方法で醸造している。

純米　16.0〜16.9度　米 華吹雪、五百万石、ササニシキ／67％　酵 協会7号系自家酵母　自社杜氏　1380円／720ml　2550円／1800ml　木戸泉酒造

醇酒

香りⅠ 強★★★ 複★★★★　香りⅡ 強★★★ 複★★★★　味わい 強★★★★ 複★★★★★　酸味★★★★★ 甘味★★　旨味★★★★★

純米吟醸 卯兵衛の酒（じゅんまいぎんじょう うへえのさけ）千葉

- 第一の香り…ビスケット、クッキー、ヘーゼルナッツ、カシューナッツ、タイム、ローズマリー、ワサビマヨネーズなど。いい酒の丸い香りがする。
- 第二の香り…あんみつ、かき氷（みぞれ）、ワサビ菜、グリーンアスパラガス、あられなど。甘い香りとミネラル、穀物香が立ってくる。
- 味わい…なめらかで潮が満ちるように味わいが押し寄せてくる。波が引くと甘味と旨味、きめ細やかな酸味が残される。味わいのすべての要素が溶け込んで渾然一体となっている。含み香に涼しさと香ばしさ、ポン菓子のような柔らかい穀物香が続々と出てくる。後口はきれいて晴れ渡り、カラッとしている。非常によくできており、香り、味わい、余韻ともに非の打ち所がない酒である。
- 料理との相性…野菜から魚介、肉までだいたい合う。脂ののった食材でも酒のフレーバーと脂の旨味が調和する力を持っている。
- 温度…燗にすると懐かしい香りがする。落ち着いた酒になる。15℃前後もよい。

※低農薬・有機肥料100％で栽培した千葉県の酒造好適米「総の舞」を使って醸造した。

純米吟醸　15.0〜16.0度　米 総の舞／58％　酵 協会10号　南部杜氏　1330円／720ml　2850円／1800ml　東薫酒造

爽醇酒

香りⅠ 強★★★ 複★★★★　香りⅡ 強★★★ 複★★★★　味わい 強★★★ 複★★★★　酸味★★★★ 甘味★★★　旨味★★★★

東京　多満自慢　山廃純米原酒
たまじまん　やまはいじゅんまいげんしゅ

第一の香り…米俵、胚芽玄米、カエデの樹液など。
第二の香り…餅、豆せんべいなど。
味わい…こってりした濃密な口当たり。アルコール感と甘味が非常に強いとろみを感じさせる。とろみの後にじわじわと旨味があらわれてくる。非常に強いとろみと辛さの対比が鮮やか。含み香は藁、お屠蘇、ヒノキ材など。後口は極辛口。密度の高い充実した飲み口と、後口のキレのよさが見事な酒。
料理との相性…鴨ネギ、ロールキャベツ、ピーマンの肉詰め、焼き魚、カマス、エボダイなどの干物、鶏、豚などの脂のある料理にも合う。
温度…燗にすると非常に熱くドライになる。15℃までの冷やがおすすめ。
※ふた夏かけて熟成させた酒を出荷している。　純米　17.0～18.0度　米 五百万石／65％　酵 協会701号　自社杜氏　1312円／720ml　2677円／1800ml　石川酒造

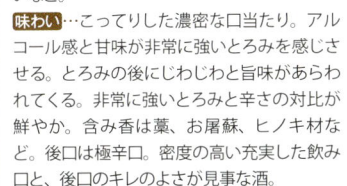

香りⅠ　強 ★★★★　複 ★★★★
香りⅡ　強 ★★★　複 ★★★
味わい　強 ★★★★　複 ★★★★
酸味 ★★★　甘味 ★★★★　旨味 ★★★★

醇酒

東京　澤乃井　元禄酒
さわのい　げんろくしゅ

第一の香り…カボスの皮、ウメジャム、岩絵の具など。
第二の香り…古い屋敷、桃、ヒノキ、スギ、沈香など。
味わい…重量感があり味の要素が張り詰めていて、非常に強い印象。飲み口のこってり感と強烈な旨味が特徴で個性的。含み香は藁、お屠蘇など。余韻に長い甘味が続き、さらに長く強い旨味がたなびく。
料理との相性…豆板醤や味噌を使った料理、ゴマ油を使った揚げ物、焼き肉、クジラ、猪鍋、鴨鍋、アナゴ、ウナギの蒲焼きなど。
温度…冷やにすると味が締まる。燗にすると甘味が増す。オン・ザ・ロックスや酒と水を7:3で割って飲むのもよい。
※低精白米で生酛造りを行い、創業当時（元禄時代）のいにしえの味を再現した。　純米　15.0～16.0度　米 アキヒカリ／90％　酵 協会901号　自社杜氏　1313円／720ml　小澤酒造

香りⅠ　強 ★★★★　複 ★★★★
香りⅡ　強 ★★★★　複 ★★★★
味わい　強 ★★★★★　複 ★★★★
酸味 ★★★　甘味 ★★★★　旨味 ★★★★

醇熟酒

千葉　純米原酒　総の舞
じゅんまいげんしゅ　ふさのまい

第一の香り…スギ、ジュニパーベリー、餅をついているときの香り、米を精米するときの香り、森の中の澄んだ風など。
第二の香り…ゼンマイ、ワラビ、マッシュルーム、わらび餅、寒天など。白桃や黄桃といった果物香がわずかに出てくる。
味わい…丸くてとろみがあり、艶があるが甘くない。真綿にくるまれるような感触がある。とろりとした味から一転してさらりとした辛口に進む味の展開がおもしろい。時間軸によって、味の印象が全く違い、甘口といえば甘口、超辛口といえば超辛口といえる飲み飽きしない酒。含み香はわらび餅、笹の葉、スギ板、こんぺい糖を作っているような甘い香りなど。後口にさらさらとした酸味があり、乾いた非常に辛口の終盤へとつながる。
料理との相性…鶏や豚、しゃぶしゃぶ、炭火で焼いた魚、蒸しウニ、焼きハマグリ、アサリの酒蒸し、伊勢エビ、アワビなど。食中酒としてたいへん優れている。
温度…冷や、常温ともに向いている。冷やは香りや味がまとまり、味の展開が楽しい。
※房総半島で育てた酒造好適米「総の舞」を100％使用。　純米　17.3度　米 総の舞／60％　酵 協会901号　南部杜氏　1590円／720ml　2860円／1800ml　吉野酒造

香りⅠ　強 ★★　複 ★★★
香りⅡ　強 ★★★　複 ★★★
味わい　強 ★★★★　複 ★★★★
酸味 ★★★★　甘味 ★★★★　旨味 ★★★★

醇酒

日本酒のはなし 6

日本酒の唎き酒（テイスティング）用語③

日本酒の色・香り・味わいを表わす用語にはワインにみられる美しく楽しい表現が少なく、むしろ、けなし言葉や極めて専門性の高い技術的、生化学的用語、古語が多く用いられている。これが、製造関係者内部だけでなく、流通段階の酒販店をはじめ、通人とされている一般の消費者の中にも伝わり、使われている現場を見ることになる。

東京　純米吟醸　元巳
じゅんまいぎんじょう　もとみ

- **第一の香り**…豆あられ、そうめん、ごはんの湯気などの穀物香。
- **第二の香り**…ビワの実、梨、梅の花などの吟醸香が出る。
- **味わい**…さらりとしていて落ち着いた飲み口。味わいに曇りがなく、柔らかく、バランスがよい。味わいの要素が澄んだみずみずしさの中にまとまっている。爽やかできれいな酒。含み香に梨などの果物。ほのかな甘味と旨味をともなったさらさら感が酒の上品なフィニッシュを飾る。
- **料理との相性**…おでん、天ぷら、海鮮サラダ、オリーブオイルを使ったパスタ料理などに合う。
- **温度**…温度に敏感な酒。12〜14℃の冷やで。

※原料米は五百万石をメインに新潟及び岡山の米を使用している。　純米吟醸　15.0〜16.0度　米　五百万石／60％　酵　協会9号　自社杜氏　1439円／720ml　2993円／1800ml　小澤酒造場

香りⅠ　強★★　複★★
香りⅡ　強★★　複★★
味わい　強★★　甘味★★　酸味★★　旨味★★

爽酒

神奈川　箱根山　純米吟醸　ブルーボトル
はこねやま　じゅんまいぎんじょう　ぶるーぼとる

- **第一の香り**…クッキー、そばボーロのような香ばしい穀物香の中に、梅の花、桜の花の香りがある。
- **第二の香り**…香りのトーンが穏やかになり、白玉粉や道明寺粉などの上品な米の香りがより出てくる。桃のコンポートのような甘い香りが出る。
- **味わい**…ふんわりと舌の上に浮かぶ感触。おいしいごはんのような甘い旨味から、カラッとした辛口の余韻へとつながる繊細な味わい。
- **料理との相性**…脂が溶けるときによいハーモニーを生むので、バターやクリームを使った料理と相性がよい。魚介やキノコのバターソテーなど。上質な干物、練り物にも向く。
- **温度**…冷やで、羽二重餅のような甘味と感触がそなわり、きれいにのびる余韻が長くなる。

※箱根山の伏流水を仕込み水に使用。　純米吟醸　15.0〜16.0度　米　若水／55％　酵　協会1401号　能登杜氏　1554円／720ml　井上酒造

香りⅠ　強★★★　複★★
香りⅡ　強★★★　複★★
味わい　強★★★　甘味★★★　酸味★★★　旨味★★

爽醇酒

東京　清酒金婚　純米無ろ過原酒　豊島屋　十右衛門
せいしゅきんこん　じゅんまいむろかげんしゅ　としまや　じゅうえもん

- **第一の香り**…ビワ、ウメ、ブドウ、カボス、青竹、滝つぼの霧など。
- **第二の香り**…果物香が立ち、きれいに澄んだ香りが立つ。
- **味わい**…舌先から移動するうちにとろみが倍増し、ふくらむ。はっきりした酸味と甘味が主軸となってバランスをとっている。含み香は梨、カリン、カボスなど。酸味と旨味が絡まった野趣あふれる辛口感のフィニッシュ。
- **料理との相性**…煮物やおでん、脂を溶かす力が強いので、天ぷら、串カツ、唐揚げ、鴨鍋、猪鍋、脂のある牛肉などに合わせられる。
- **温度**…12℃前後の冷やにすると味がまとまる。オン・ザ・ロックスもおすすめ。

※銘柄は同蔵の初代「豊島屋十右衛門」にちなんで名づけられ、当時の製法で醸造した。
純米　17.0〜18.0度　米　八反錦／麹55％、掛60％　酵　宮城酵母　越後杜氏　1470円／720ml　2940円／1800ml　豊島屋酒造

香りⅠ　強★★★★　複★★★
香りⅡ　強★★★　複★★★
味わい　強★★★★　甘味★★★★　酸味★★★★　旨味★★★

醇酒

神奈川　純米酒　伝四郎
じゅんまいしゅ　でんしろう

- **第一の香り**…干したイチジク、稲藁、道明寺、塩せんべい、カシューナッツ、ワッフルなどの穀物香。
- **第二の香り**…白玉粉、吉野葛、炭酸せんべいなどのデンプンの香りに変化。大根やカブといったみずみずしい根菜の香りも出てくる。
- **味わい**…穏やかな軽い酸味と旨味、麹からもたらされる栗のような旨味が広がる。絶妙のバランスがあり、米の香ばしさをともなったはっきりとしたドライ感が余韻となる。
- **料理との相性**…料理に対して意外にも力を発揮する。肉料理全般、煮物や焼き魚とも相性よし。青カビのチーズや干物など個性的な食べ物とも合わせられる。
- **温度**…燗にすると味がまろやかになり、飲みやすくなる。

※地元産の飯米キヌヒカリを使用。　純米　15.0度　米　キヌヒカリ／70％　酵　協会9号　自社杜氏　1500円／720ml　黄金井酒造

香りⅠ　強★★★　複★★★★
香りⅡ　強★★★　複★★★
味わい　強★★★　甘味★★★　酸味★★★　旨味★★★

醇酒

関東

神奈川　いづみ橋　恵　青ラベル（いづみばし　めぐみ　あおラベル）

第一の香り…稲藁、五穀米、粟おこし、藤の花、ブナ、青竹、黄桃、ゴールデンキウイ、シメジ、シロマイタケなどの多彩な香りが穏やかにあらわれる。
第二の香り…熊笹やヨモギ餅のような爽やかな香りが出てきて、きれいにまとまっていく。
味わい…なめらかで緻密な飲み口。ふくらみ感のある旨味と清らかな酸味が寄り添うように広がっていく。味わいの中盤ではきめ細かな甘味と旨味が、爽やかな酸味を柔らかく感じさせ、味わいの要素同士が補い合って調和する。繊細な旨味が長く余韻に続き、非常に辛口ながら、潤いのある晴れ晴れとした後口。超辛口だが、口当たりがなめらかで、上品。極上質の飲み口があり、飲み飽きずにいくらでも飲める酒だ。
料理との相性…とくに天ぷらと相性がよい。スズキやタイなどの魚の刺身や湯引き、ホタテ、アワビなどの貝類、そば、寿司、塩味の焼き鳥などとも合う。
温度…冷やにすると香りがまとまって、爽快感が増し、辛口感とほのかな旨味が出てくる。燗にしても無濾過の若々しさが出ず、味わいが安定している。

※丹沢山系の伏流水を使用。海老名市や酒蔵周辺の地域で米作りから取り組む。　純米吟醸　16.0～17.0度　山田錦／麹50%、掛58%　協会9号　南部杜氏　1575円／720ml　2940円／1800ml　泉橋酒造

醇酒

| 香りI | 強★★★ 複★★★ | 香りII | 強★★★ 複★★★ | 味わい | 爽★★★ 複★★★★ | 酸味★★★ 甘味★ | 旨味★★★ |

神奈川　隆 越後五百万石 純米吟醸生 赤紫 2008年（りゅう えちごごひゃくまんごく じゅんまいぎんじょうなま あかむらさき にせんはちねん）

第一の香り…ほのかな梨、リンゴ、水仙や藤の花のようなきれいな香り。米や麹由来の香りは感じられない。
第二の香り…やや香りが上がってくる。国光（リンゴ）、ふじ（リンゴ）、山吹、プリンスメロンなどのきれいな吟醸香のほかに、かすかに麦芽、水あめ、羽二重餅などの甘い穀物香が出てくる。
味わい…非常になめらかな口当たりで、味わいののびのよさが感じられる。はっきりとした酸味を上品な甘味が包み、甘味がほどけると、徐々に辛口の味わいへと変化していく。花の香りとミネラル感が一体となった含み香で、爽快な辛口のフィニッシュ。始まりは柔らかで終わりは辛い、爽快感のある酒である。
料理との相性…淡い旨味と甘味のあるだしでつけしたものと好相性。おでんや湯豆腐、煮びたし、ふろふき大根など。魚では白身魚や昆布締めに、肉類では塩味の焼き鳥や豚しゃぶに。冷やにするとさらに、蒸し鶏やチャーシュー、中華料理に対応できる。
温度…燗にすると旨味が増すが極辛口に。冷やすと酸味と甘味、旨味の調和が向上する。

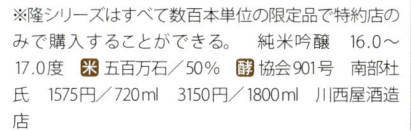

※隆シリーズはすべて数百本単位の限定品で特約店のみで購入することができる。　純米吟醸　16.0～17.0度　五百万石／50%　協会901号　南部杜氏　1575円／720ml　3150円／1800ml　川西屋酒造店

爽醇酒

| 香りI | 強★ 複★★ | 香りII | 強★★ 複★★ | 味わい | 爽★★★★★ 複★★★ | 酸味★★★★ 甘味★★★ | 旨味★★ |

関東地方の日本酒

茨城　山岳はないが八溝山地や隣県からの水脈が大米作地帯を形成する。情熱を込めた酒質は秀逸。

栃木　国立公園と観光地の県ともいえる。酒質は密度の高い万人受けもする、飲み口の柔軟さがある。

群馬　からっ風に育まれた強靭で潔白な県民性を表す酒造りが見られる。隣県の越後杜氏や南部杜氏が競い合う、清らかでしなやかな酒質が主軸だ。

埼玉　関東随一の米処であり、古くは江戸の地回り酒の伝統がある。濃い目の肴にも向く構成の酒質。

千葉　関東の酒処であり、個性的で優良な酒を多彩に造りわける器用さを持つ酒蔵が多くある。日本酒の見本市ともいえる幅広く興味深い酒が見られる。

東京　都心を離れれば、意外にも豊かな田園地帯と山あいの土地が奥に広がっている。くっきりとした、明解さのある辛口に仕上がっているのが特長。

神奈川　丹沢山地周辺と小田原近くに10場ほどの酒蔵がある。清涼で豊かな仕込み水と地元産米での酒造りに挑戦している。洗練された上品な飲み口の酒を少量生産する蔵が力をつけてきている。

甲信越

山梨
長野
新潟

かつて地酒ブームを引き起こした新潟を含む甲信越は、きれいな空気とアルプスの清冽な水に恵まれ、淡麗さを個性に持つ銘柄が多い。

山梨

七賢　酵母のほほえみ
しちけん　こうぼのほほえみ

第一の香り…メープルシロップ、クッキー、ウエハース、ラムレーズン、ソフトクリーム、梨など。

第二の香り…香りの強さはそのままに、とても柔らかくなる。

味わい…なめらかなとろみと、ふわふわとしたふくらみ感がある。酸味と甘味、旨味が完全に溶け合い、米の甘さと水の清らかさが溶け合い、葛湯のようなとろみを感じる。口当たりのなめらかさと後口のさらりとした潤い感へのつながりはとてもスムーズで、ひと口で長い間楽しめる。含み香はリンゴ、白桃、サクランボ、梨、クッキーなど。含み香がそのまましっとりとみずみずしい後口へと見事に変わっていく。

料理との相性…みぞれ鍋、川魚、ハマグリや牡蠣といった貝類など。素材の味をいかした料理、バターやクリームソースに向くので、サケのムニエルやキノコのホイル焼き、鶏のクリーム煮などによい。肉と合わせる場合は臭みの少ない高品質な部位で。

温度…12℃前後に冷やすと香ばしさと柔らかさを感じる。舌の上で浮かんでいる感触がより長く強くなる。

※名水百選にも選ばれた白州の伏流水を仕込み水にしている。
純米　15.0〜16.0度
米 ひとごこち／65％　**酵** 自家酵母　自社杜氏　1160円／720ml　2310円／1800ml　山梨銘醸

爽醇酒

香りⅠ 強★★★ 複★★★★
香りⅡ 強★★★ 複★★★★
味わい 強★★★★ 複★★★★
酸味★★★ 甘味★★★ 旨味★★★★

（左）日本酒造りには、きれいな水がかかせない。
（下）きれいな水は高い山から流れくる。（山梨銘醸）

春鶯囀 純米酒 鷹座巣
山梨　しゅんのうてん　じゅんまいしゅ　たかざす

第一の香り…ほのかにカリン、稲穂、ビスケットなど。澄んだ甘い香りがする。多彩な香りが湧き出る。

第二の香り…カリン、黄桃、道明寺粉、ウエハース、バタークッキーなど。落ち着いた香りに変わってくる。

味わい…なめらかでみずみずしい。仕込み水と米の旨味、柔らかさが調和している。酸味と甘味、旨味が完全に溶け合っていて、突出する味わいの角がない。みずみずしさと味わいの精緻さ、柔らかさは日本酒のテクスチャーの見本といえる。含み香は羽二重餅、白桃、軟水、霧など。潤い感のある優しいシルクのようななめらかな旨味とともに、心地よい香りが長い間たなびく。

料理との相性…昆布やカツオのだしを使った野菜料理や素材をいかした料理、繊細であっさりした料理に合うので京料理や上質の割烹料理に向く。

温度…冷やすとさらによい香りに。香ばしさやふんわり感はそのままに味と香りの調和が楽しめ、余韻がさらに長くなる。

※荒れ果てた棚田を復活させ、地元産酒米を栽培し醸造した。

与謝野晶子が訪問した際「法隆寺などゆく如し甲斐の銘酒春鶯囀の醸さるゝ蔵」と詠んだ。「春鶯囀」とは「春にうぐいすがさえずる」という意味の唐時代の楽曲名。

純米　15.0～16.0度　米 玉栄／63％　酵 協会1501号　諏訪杜氏　1224円／720ml　2539円／1800ml　萬屋醸造店

爽醇酒

香りⅠ 強★★★ 複★★★★　香りⅡ 強★★★ 複★★★　味わい 強★★★ 複★★★★　酸味★★★ 甘味★★　旨味★★★

特別限定純米酒 綏酔
長野　とくべつげんていじゅんまいしゅ　すいすい

第一の香り…五穀米、粟おこし、羽二重餅、ほのかに陸奥（リンゴ）、スターキングデリシャス（リンゴ）、カリンなど。

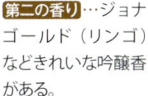

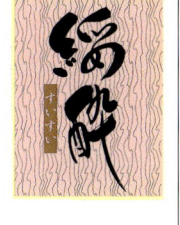

第二の香り…ジョナゴールド（リンゴ）などきれいな吟醸香がある。

味わい…飲み口はなめらかで旨味の美しさが特徴的。名前の通りすいすい、さらさらしていて、みずみずしく、岩清水のような味わい。上品で、飲むほどに楽しくなり飲み飽きしない。含み香はふじ（リンゴ）、羽二重餅など。ほのかな旨味をともなった、しっとりした飲み口からカラリとしたシャープな後口へと変わる。

料理との相性…山菜の天ぷら、川魚、カレイといった白身魚の干物、ハードタイプのチーズなど。バターによく合うので、じゃがバターや白身魚のバター焼き、キノコのホイル焼き、サケのムニエルなどに合わせたい。

温度…燗にすると味わいのみずみずしさが崩れる。冷やにするとよりきれいに透き通った味わいになる。12℃前後の冷やが最もバランスがとれる。

※菅平水系の伏流水を仕込み水に使用。米はザル洗いし、低温で長期熟成させて醸造した。一本、一本に通し番号をつけた限定品。

純米吟醸　15.0～16.0度　米 美山錦／59％　酵 長野酵母、協会901号　自社杜氏　2550円／720ml　岡崎酒造

爽酒

香りⅠ 強★★★ 複★★★　香りⅡ 強★★★ 複★★★　味わい 強★★★ 複★★★　酸味★★★ 甘味★★ 旨味★★★

明鏡止水 純米吟醸
長野　めいきょうしすい　じゅんまいぎんじょう

第一の香り…柔らかできれいな香り。ふじ（リンゴ）、梅の花、レモングラス、粟おこし、わらび餅など。

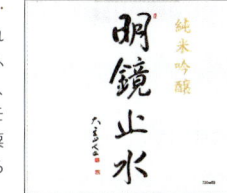

第二の香り…より複雑な香りに変化する。ブナやカエデ、菩提樹の樹液、クローバーのはちみつ、ビスケット、サクラ材、ディル、ミネラル香などのハーブや木、みつの香り。

味わい…とろけるようななめらかさと、羽のような柔らかさを感じる。ふんわりとした感触の中に味わいの要素が完全に溶け込んでいて、味わいの展開はスムーズ。含み香に、梨、ビワ、わらび餅など。ほのかな含み香とともに軽く繊細な旨味と、上質な甘味が長く続き、後口に澄みきった辛口感がある。控えめな酒に思えるが実はどっしりとした力強い酒。

料理との相性…淡泊なものより味のはっきりしたものに向く。干物、味噌を使った料理など。脂のおいしさをしっかり引き出してくれるので牛肉、鴨のステーキや鍋物にも合わせたい。

温度…燗にすると、旨味と辛口感が強まり、ハードな迫力が出る。冷やにすると熟成したモーゼルワインを思わせる。15～18℃が、最もふくよかさが楽しめる。

※蓼科山系の伏流水を使用。　純米吟醸　16.0～17.0度　米 美山錦／麹50％、掛55％　酵 自家酵母　自社杜氏　1375円／720ml　2752円／1800ml　大澤酒造

爽醇酒

香りⅠ 強★★★ 複★★★　香りⅡ 強★★★★ 複★★★★　味わい 強★★★★ 複★★★★　酸味★★★ 甘味★★ 旨味★★★

大雪渓　純米吟醸
長野　だいせっけい　じゅんまいぎんじょう

第一の香り…ふじ（リンゴ）、梨、マスカット、藤や梅、桜、栗の花、はちみつ、メープルシロップ、羽二重餅など。果物、花、穀物のそれぞれの香りがバランスよく混ざり合っている。

第二の香り…第一の香りが落ちずにそのまま持続していく。

味わい…口当たりはさらりとしているが丸く、艶がある。味わいは軽いが香りと味わいの要素が水に完全に溶け込んで調和しており、いつまでも飲み飽きしない。含み香は第一の香りで感じた果物や花、穀物が融合した香り。その香りが立ち上がりながら味わいとともに展開していく。余韻は静かで非常に落ち着いていて、森の空気のように澄んでいる。

料理との相性…ニジマス、ヤマメ、アユ、イワナ、イトヨなどの川魚とよく合う。とくに、川魚の塩焼きにベスト。野菜とも相性がよく、中でも大根やカブといった根菜類に合う。

温度…冷やすと柔らかくなる。おいしいミネラルウォーターのようなミネラル感が出る。

※同蔵は、北アルプスの雪解け水と安曇野の米を使用し、昔ながらの暖気樽で酒母を育てるなど、地道な酒造りを続けている。　純米吟醸　15.2度　米 美山錦／55%　酵 KA-1　小谷杜氏　1680円／720ml　3360円／1800ml　大雪渓酒造

香りⅠ 強★★★ 複★★★　香りⅡ 強★★★ 複★★★　味わい 強★★ 複★★★★　酸味★★ 甘味★　旨味★★

爽醇酒

七笑　純米吟醸
長野　ななわらい　じゅんまいぎんじょう

第一の香り…リンゴ、黄桃、ズッキーニ、熟したキュウリ、セロリシードなど。渓谷の霧のような澄んだ香りがする。

第二の香り…ルバーブの砂糖漬けなど。落ち着いたよい香りになる。果物、ハーブ、スパイシーな香りが強くなる。デリシャス（リンゴ）やふじ（リンゴ）といったみつの入ったさまざまなリンゴの香りがする。

味わい…とろみとふくらみ感があり、舌の上でふんわりと浮いているような感触がある。酸味と甘味、旨味が絡み合い、静かにとろけ、味わいと香りが調和しながら同時に展開していく。極めて上品な酒である。含み香はジューシーな白桃、桜の花、エストラゴンなど。余韻に果物やはちみつ、いろいろな果物のシロップ漬けの香りが残る。だが、甘い香りではなく、おいしい柔らかさを思わせて後口をマイルドにしている。

料理との相性…野菜全般、川魚など。バターやクリームを使った魚料理や野菜料理、フランス料理にも向く。

温度…冷やすとさらに柔らかさとふわふわとしたふくらみ感が増す。冷や、常温、燗、どの温度帯でも持ち味を失わない。

※米は地元産の美山錦を、仕込み水は木曽山系の伏流水を使用している。　純米吟醸　15.8度　米 美山錦／55%　酵 協会1001号　越後杜氏　1528円／720ml　3058円／1800ml　七笑酒造

香りⅠ 強★★ 複★★★★　香りⅡ 強★★★★ 複★★★★　味わい 強★★★ 複★★★★　酸味★★★ 甘味★★　旨味★★

爽醇酒

北アルプス　特醸純米酒
長野　きたあるぷす　とくじょうじゅんまいしゅ

第一の香り…わらび餅、三色団子、ビワ、リンゴ、梨など。

第二の香り…第一の香りがより落ち着いた香りになる。

味わい…絹のように艶やかでふんわりした感触がある。みずみずしく充実した味わいで、相反する味わいの要素が詰まった芸術的な酒。仕込み水に酸味と甘味、旨味の味の要素が完全に溶け込んでいる。飲んでいて非常に楽しい酒で、飲み飽きせず一人で飲んでも大勢の仲間と飲んでも盛り上がる。だいふくのような含み香、柔らかい香りと感触がある。後口はさらっとしていた辛口、きれいで晴れ晴れとしている。

料理との相性…ミネラル感が強いので川魚全般、山菜料理、そばなどと好相性。脂を切る力が強くないので、肉や脂のついた魚は脂を落とした調理法が向く。

温度…冷やすと果物香が立ってくる。冷やしても柔らかいままで重くなったり、固くなったりせずおいしさがよりわかりやすい。燗はおすすめしない。

※蔵人はあえて春・夏・秋は農業に従事し、冬に蔵入りできる人だけを選んでいる。酒米は蔵人たちの手によって減農薬農法で自社栽培している。21世紀の酒20選に選ばれた。仕込み水は北アルプス連峰からの水脈で、中硬水の井戸水を使用している。　純米　15.0度　米 ひとごこち／59%　酵 協会4号　小谷杜氏　1250円／720ml　2500円／1800ml　福源酒造

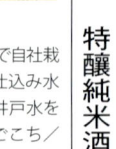

香りⅠ 強★★★ 複★★★　香りⅡ 強★★★ 複★★★　味わい 強★★★ 複★★★★★　酸味★★★ 甘味★★　旨味★★★

爽醇酒

160

純米吟醸 深山桜 （じゅんまいぎんじょう みやまざくら） 長野

[第一の香り]…菱餅、らくがん、ウエハース、炭酸せんべいなど甘く香ばしい穀物香が主体。
[第二の香り]…陸奥（リンゴ）など。穀物香と丸い果物香が調和していく。
[味わい]…なめらかな口当たりからほのかな酸味が出てくる。同時に調和していた果物香が含み香として立ち上がり、舌の上でほどけて浮き上がるように来る。特定の味の要素が飛び出してくることのない静かな味わい。非常にきれいで上品で雅な酒。含み香は熟したリンゴやビワ、満開の桜の花、ウエハースなどが渾然一体となっている。後口は潤い感があり、透き通っている。外国の人にも好まれる酒だといえるだろう。
[料理との相性]…えびしんじょやホタテのムース、湯豆腐など素材の味を生かした繊細な料理に合う。とろろや卵を使った料理、イワナやニジマスといった川魚を用いたフレンチにも向く。強い脂では酒のふわふわとした感触が失われる。
[温度]…12℃前後に冷やすと香りや味わいが落ち着き、ふわふわとした感触が増す。冷やから常温がこの酒をいかす。

※地元産の酒造好適米美山錦を100％使用。同蔵では、長野特産のリンゴやカリンを原料にしたワインの醸造も行う。　純米吟醸　15.0度　[米] 美山錦／55％　[酵] 長野酵母　自社杜氏　1785円／720ml　3150円／1800ml　古屋酒造店

爽酒

香りⅠ 華★★★★ 複★★★　香りⅡ 華★★★ 複★★★　味わい 強★★★ 複★★★　酸味★★ 甘味★★　旨味★★

木曽路 特別純米酒 （きそじ とくべつじゅんまいしゅ） 長野

[第一の香り]…静かで穏やかな香りがする。
[第二の香り]…デリシャス（リンゴ）、白桃、陳皮、コブミカン、タラゴンなど。空気と触れるととてもよい香りが出てくる。第一の香りに比べて極端に強まる。
[味わい]…しっとりとした飲み口。口当たりがなめらかで味わいが充実している。長い時間、精緻な味わいが続き、ほのかな甘味がはっきりした酸味を上手に抑えている。辛口だが非常に優しい口当たりで飲みやすい。含み香はリンゴ、タラゴン、梨、桜餅など。よい香りの余韻が長く続いていくのが特徴的。ミネラル感の豊かな酒である。
[料理との相性]…山菜、根菜の煮物、川魚、シメサバ、塩サバ、干物、天ぷら、チーズなど。仕込み水のミネラルが好相性を作る。肉類では脂を落とす調理法が向く。
[温度]…燗にすると甘味が出てやや平坦になる。冷やにすると香りが控えめながら、静かで柔らかい、ふんわりとした感触が出てくる。常温か冷やがよい。

※地元産の美山錦を大吟醸クラスの49％まで磨き上げている。創業から350年以上木曽川源流の井戸水を使用。　特別純米　15.6度　[米] 美山錦／49％　[酵] 協会9号　小谷杜氏　1325円／720ml　2550円／1800ml　湯川酒造店

爽醇酒

香りⅠ 強★ 複★★　香りⅡ 強★★★ 複★★★　味わい 強★★★ 複★★★　酸味★★★ 甘味★★　旨味★★

真澄 純米吟醸 辛口生一本 （ますみ じゅんまいぎんじょう からくちきいっぽん） 長野

[第一の香り]…稲穂、菱餅、ポン菓子、ウエハース、梅の花など。
[第二の香り]…稲穂、寒天、ヒノキ、ブナ、ナラ、レンゲのはちみつ、寄せ豆腐、マイタケ、ジンジャークッキー、わずかなシナモンなど。
[味わい]…繊細で軽やかな優しい口当たりから、徐々にシャープな辛口に。みずみずしさの中に、ほのかな甘味、豊かな酸味、上品な旨味が溶け合っている。しっとりした潤いのある旨味と、三色団子やそばがきのような香りをともなった透明感が余韻に広がる。軽やかな辛口でありながら、立体感のある複雑な味わいで、飲み飽きしない銘酒である。
[料理との相性]…アユやヤマメ、イワナといった川魚の刺身や天ぷら、塩焼き。山菜、キノコ、そば、肉をシンプルに味つけした料理と相性がよい。燗にすると脂の旨味を引き出し、酒自身もおいしくなる。
[温度]…酒単体で楽しむなら冷やで、料理と合わせるなら常温か燗がおすすめ。温度を変えていろいろな楽しみ方ができ、酒器によって味わいが変わる繊細さを持つ。

※赤石山系入笠山の伏流水を使用している。7号酵母の発祥酒蔵。　純米吟醸　15.0度　[米] 美山錦／55％　[酵] 協会901号　諏訪杜氏　1365円／720ml　2699円／1800ml　宮坂醸造

爽醇酒

香りⅠ 強★★ 複★★★★　香りⅡ 強★★★ 複★★★★　味わい 強★★★ 複★★★★　酸味★★★ 甘味★★★★　旨味★★

長野　若緑　特別純米酒　手造りの酒 (わかみどり とくべつじゅんまいしゅ てづくりのさけ)

第一の香り…稲穂、米俵、藁葺き屋根、ポン菓子、お屠蘇など。わずかに新鮮な吟醸香を感じる。

第二の香り…穀物香に水仙や山吹などの花の香りが加わる。

味わい…口当たりはなめらかでふんわりとして優しい。甘味があるが酒の甘さを抑える丸い酸味がある。含み香はウエハース、わらび餅といった丸い香りなど。後口はほのかな甘・旨味が合わさり、さらりとして穏やかなやや辛口の酒。

料理との相性…キノコのバターソテー、馬刺し、牛刺しなど。

温度…燗にすると甘くなり酸味と旨味が隠れる。常温から15℃前後までがよい。

※地元産美山錦を100％使用し、仕込み水は大水脈である千曲川の清冽な水を使用している。　特別純米　14.0〜15.0度　🈵美山錦／59％　🈵協会901号　飯山杜氏　1320円／900ml　2550円／1800ml　今井酒造店

香りⅠ	強 ★★★	味わい	強 ★★★	酸味 ★★
	複 ★★★		複	甘味 ★★
香りⅡ	強 ★★			旨味 ★★★
	複 ★★			

醇酒

長野　純米吟醸　龍岡城　五稜郭 (じゅんまいぎんじょう たつおかじょう ごりょうかく)

第一の香り…大根、ウド、カリン、イチゴ、桜餅など。ミネラル感を含んだ吟醸香がある。

第二の香り…香りが落ち着き、ほのかな果物香が出てくる。

味わい…みずみずしい飲み口で、甘味と酸味が絡まり合いながらあらわれる。飲み口がはっきりくっきりしていて、日本酒が初めての人にもわかりやすい味わい。含み香はビワ、ほのかにポン菓子、カリンなど。後口は短く、さらりとしている。

料理との相性…イワナやヤマメの塩焼きなど。

温度…12℃前後の冷やが最も清涼感が出る。

※新美山錦とも呼ばれる県産「ひとごこち」を100％使用。　純米吟醸　15.0〜16.0度　🈵ひとごこち／55％　🈵アルプス酵母　自社杜氏　1575円／720ml　2625円／1800ml　佐久の花酒造

香りⅠ	強 ★★★	味わい	強 ★★★	酸味 ★★★★
	複 ★★★		複 ★★★	甘味 ★★★
香りⅡ	強 ★★			旨味 ★★★
	複 ★★★			

爽醇酒

長野　純米吟醸　菊秀 (じゅんまいぎんじょう きくひで)

第一の香り…稲穂、蒸し栗、空豆、ロールケーキ、ワッフル、ケヤキ、ブナシメジなど。

第二の香り…穀物や木の香りがまとまる。

味わい…味わいの要素が隙間なく、木組細工のようにきっちりとはめこまれている印象。さまざまな味わいの要素が組み合わさった、精緻な飲み口の旨味がきた辛口の酒。

料理との相性…屋外で食べるような川魚の塩焼き、鶏のスモークなどと相性がよい。

温度…燗にすると酸味が立ち、冷やにするとまろやかさと渋みがわかる。この酒の特徴が一番よく出る10℃から15℃ぐらいの温度で飲むのがよい。

※八ヶ岳系千曲川の伏流水を使用。　純米吟醸　16.0〜17.0度　🈵ひとごこち／59％　🈵協会9号　佐久杜氏　1365円／720ml　2730円／1800ml　橘倉酒造

香りⅠ	強 ★★★★	味わい	強 ★★★	酸味 ★★
	複 ★★★		複 ★★★	甘味 ★★
香りⅡ	強 ★★			旨味 ★★★
	複 ★★★			

醇酒

長野　純米吟醸　瀧澤 (じゅんまいぎんじょう たきざわ)

第一の香り…リンゴ、洋梨、イチゴ、ウドなどの吟醸香。

第二の香り…果物香が落ち着き、梅や桜、水仙の花の香りが出てくる。

味わい…しっとりと舌を包むようななめらかさがある。薄い甘味を感じながらさらりとした潤いのあるフィニッシュへとつながる。味わいのバランスとみずみずしさがよく調和しており、含み香にリンゴ、梨、桃、和菓子など。澄んだやや辛口の後味を感じる。

料理との相性…エビや野菜、魚、キノコの天ぷらなどに合う。カマンベールなどの白カビのチーズとも好相性。

温度…12℃に冷やすと甘さとみずみずしさが調和する。

※仕込み水の黒耀の水は黒耀石によって濾過された、日本有数の軟水である。　純米吟醸　16.0〜17.0度　🈵美山錦／55％　🈵自家酵母　小谷杜氏　1470円／720ml　2993円／1800ml　信州銘醸

香りⅠ	強 ★★★★	味わい	強 ★★★	酸味 ★★★
	複 ★★★		複 ★★★	甘味 ★★★
香りⅡ	強 ★★			旨味 ★★★
	複 ★★★			

爽醇酒

特別純米酒 命まるごと 信濃錦 （とくべつじゅんまいしゅ いのちまるごと しなのにしき） 長野

- **第一の香り**…ほのかにリンゴ、梨、カリンなどの吟醸香。
- **第二の香り**…わらび餅、葛切り、白桃、イチゴ、ミネラルなど。空気に触れると香りがのり、まろやかになってくる。
- **味わい**…なめらかな飲み口から、非常にシャープで厚みのある酸味と旨味が広がる。旨味をともなった酸味が特徴的。辛口だがみずみずしさがある。含み香はリンゴ、梨など。後口は非常に乾いた辛口感になる。
- **料理との相性**…山菜、川魚など。脂を切る力があるので天ぷらや揚げ物も向く。
- **温度**…燗は味の要素がばらける。冷やがよい。

※無農薬栽培をした米を100%使用。同蔵で使用している原料米は全て土作りから契約し、減農薬か無農薬で栽培されている。　特別純米　15.5度　米 美山錦／60%　酵 長野酵母　諏訪杜氏　1470円／720ml　2940円／1800ml　宮島酒店

香りⅠ	強 ★★	味わい	強 ★★★★	酸味 ★★★★
	複 ★★		複 ★★★	甘味 ★★
香りⅡ	強 ★★★			旨味 ★★★
	複 ★★★			

爽酒

辛口 特別純米酒 千曲錦 （からくち とくべつじゅんまいしゅ ちくまにしき） 長野

- **第一の香り**…塩あられ、セリ、ウドなど鉱物的。
- **第二の香り**…デリシャス（リンゴ）、梨など。果物香が出てくる。とても澄んだ香りに変わる。
- **味わい**…切れ込みのよい鮮烈な口当たり。キレのよい酸味と上品な旨味がより合わさりながら辛口に変わる。非常にドライだが飲むほどに味わいが深まっていく。含み香はウエハース、わらび餅、梨など。非常にシャープな、カラッとした澄みきった辛口のきれいな後味。
- **料理との相性**…どんな料理でもオールマイティーに合う。料理と合わせるとよりおいしくなる。脂をおいしくしてくれる優れた食中酒。
- **温度**…12℃に冷やすと酸味が際立つ。

※瓶に生詰めし、火入れ後に急速冷却した。特別純米　15.0〜16.0度　米 美山錦／55%　酵 協会901号　佐久杜氏　1050円／720ml　2310円／1800ml　千曲錦酒造

香りⅠ	強 ★★★	味わい	強 ★★★★	酸味 ★★★★
	複 ★★★		複 ★★★★	甘味 ★
香りⅡ	強 ★★★★			旨味 ★★★
	複 ★★★			

爽醇酒

純米吟醸 霧ヶ峰の風 （じゅんまいぎんじょう きりがみねのかぜ） 長野

- **第一の香り**…ウエハース、炒った玄米、塩あられなど。
- **第二の香り**…かすかにリンゴ、柚子、スペアミントの爽やかさを感じる。
- **味わい**…さらさらとした飲み口で、酸味と甘味、旨味が渾然一体となってのびがある。味の要素に穀物や果物、柑橘類を思わせて、硬水のようなミネラル感がある。含み香に抹茶を感じる不思議な展開。葛餅のような後口から最終的にはドライに切れ上がる。
- **料理との相性**…山菜の天ぷらやマスやイワナ、ヤマメ、アユといった川魚の塩焼きなど。
- **温度**…10℃に冷やすとより爽快になる。

※生で冷蔵貯蔵し、出荷の時に一度だけ火入れした新鮮な酒。　純米吟醸　15.0〜16.0度　米 ひとごこち／59%　酵 協会9号　諏訪杜氏　1743円／720ml　3150円／1800ml　（純米吟醸　麗人）麗人酒造

香りⅠ	強 ★★	味わい	強 ★★★	酸味 ★★★
	複 ★★		複 ★★	甘味 ★★★
香りⅡ	強 ★★★			旨味 ★★★
	複 ★★★			

爽酒

豊香 純米原酒 生一本 （ほうか じゅんまいげんしゅ きいっぽん） 長野

- **第一の香り**…はっきりした清々しい香り。リンゴ、ミカン、カボス、粟おこし、そばがき、アプリコット、熊笹、梅の花など。
- **第二の香り**…ブナシメジ、青竹、蒸し栗など。落ち着いた香りになり、樹木やナッツの香りが出てくる。
- **味わい**…存在感のある濃厚さととろみがある軽い感触。爽やかな酸味を主軸に味わいが展開する。豊かな飲み口からシャープな酸味、繊細な旨味が余韻に続く。
- **料理との相性**…川魚の塩焼きや、味噌を使った料理、タレの焼き鳥、牛肉料理などとも相性がよい。
- **温度**…12℃前後に冷やすと、めりはりが出てとろみが最も感じられる。

※鉢伏山の伏流水を使用。　純米　17.0度　米 麹：しらかば錦／65%、掛：ヨネシロ／70%　酵 非公開　諏訪杜氏　1155円／720ml　2100円／1800ml　豊島屋

香りⅠ	強 ★★★★	味わい	強 ★★★★	酸味 ★★★★
	複 ★★★★		複 ★★★	甘味 ★★★
香りⅡ	強 ★★★★			旨味 ★★★
	複 ★★★			

醇酒

こんな日本酒もあり！

新潟 もちじゅんまい
もち純米

もち米使用酒

第一の香り…梅や藤の花、菱餅、白玉、青竹、ホンシメジ、シロマイタケ、クロテッドクリームなどのふくよかな香り。
第二の香り…スペアミント、ワサビ菜、ホースラディッシュなどの香りが出てくる。まろやかな柔らかさが増し、さまざまな香りの要素が発展していく。
味わい…とろりと舌にまとわりつく感じと、ふわふわした感触がある。複雑で上品な含み香があり、もっちりしたとろみがほどけると、わらび餅、梅の花、白桃などの香りが細く繊細にたなびく。おいしいごはんを食べたような後口で、きめ細やかで清らかな米の旨味が長く続く。日本酒のテクスチャーの極致といえる。米と水でこんな素晴らしいものができるのかという感動がある、大変な苦労によって造られる一生に一度は飲むべき酒だといえる。
料理との相性…伊勢エビ、タラバガニ、アワビなどの高級魚介を、焼いたりゆでたりしたものと相性がよい。
温度…燗にすると、特徴的なとろみ感が感じられなくなる。冷やすと香りと味わいの焦点が合ってきて個性がはっきり出る。カニや伊勢エビを食べたような塩旨味も感じられる。開栓した翌日はさらにまろやかになる。

※掛米には酒米ではなくもち米を使用。仕込み水は矢代川の伏流水。　純米　15.0〜16.0度　麹:山田錦、掛:こがねもち／58％　酵 協会10号　越後杜氏　1260円／720ml　2573円／1800ml　千代の光酒造

香りⅠ	強 ★★★★	味わい	強 ★★	酸味 ★★
	複 ★★★★		複 ★★★★★	甘味 ★
香りⅡ	強 ★★★			旨味 ★★★
	複 ★★★★★			

醇酒

新潟 えちごつるかめ しらふじごう
越後鶴亀　白藤郷

第一の香り…ジョナゴールド（リンゴ）、ふじ（リンゴ）、ゴールデンデリシャス（リンゴ）、茶そば、カブ、カリンなど。
第二の香り…そば粉、そうめん、三温糖、和ろうそくなど。果物香より穀物香が増えてくる。
味わい…とろりとしていて、骨太の酸味と旨味が続いていく第一印象。口当たりの濃密さから、カラッと晴れ渡った辛口のフィニッシュまでの味のリレーがスムーズで見事である。柔らかくなめらかな飲み口からキレのよい爽やかな辛口の味わいへの展開が素晴らしい。含み香に、藁葺き屋根の古民家のいろりを思わせる懐かしい香りがある。
料理との相性…魚の旨味を引き出すので焼き魚全般と相性がよい。鶏、豚、牛、小羊、鴨、とくにバターを使った料理やローストしたものと一緒に味わうと、脂の中の旨味を引き出してくれる。味噌やしょうゆ、酢、砂糖といった調味料と合わせても、反発しない。和・洋・中すべての料理に対応できる。
温度…冷やにすると酸味が抑えられ、とろみが増す。ぬる燗にすると赤ワインと同じような脂を溶かし乳化する働きが非常に強まる。

※酒米「白藤」を復活させて使用。　純米　16.0〜17.0度　米 白藤／70％　酵 協会701号　越後杜氏　2625円／720ml　上原酒造

香りⅠ	強 ★★★★	味わい	強 ★★★★	酸味 ★★★★
	複 ★★★		複 ★★★★	甘味 ★★★
香りⅡ	強 ★★★★			旨味 ★★★
	複 ★★★			

醇酒

日本酒のはなし　7

日本酒の唎き酒（テイスティング）用語④

お酒を表現、描写する言葉は、ワインがポジティヴ、日本酒はネガティヴな傾向がある。私見だが、これは、歴史的に、ワインは「神様からのプレゼント」であり、仮に不完全なものであっても自然の摂理として受け取るのに対し、日本の酒は「神々への捧げ物」であって、より完全でより価値の高いものでなければならないという指向があると思われる。

新潟 純米 伝衛門 (じゅんまい でんえもん)

第一の香り…わらび餅、白玉粉、葛餅などのきれいな穀物の香りと、梅や藤の花の香り。
第二の香り…しっとりとしたミネラルを感じさせる香りが出てくる。
味わい…軽やかで透き通った味わいで、さらさらと流れるような飲み口。非常にみずみずしく、味は薄い。つるつるとした水の風合いの中に、味わいの要素が溶け込んでいる。含み香に夏の和菓子を思わせる香りがあり、完全に澄みきった爽快感が余韻に広がる。余韻の後に舌の上が完全に無の状態に感じられるほどの清々しいキレがある。アルコール度数が低いので、酒をたくさん飲まない人や、高齢者にもおすすめできる。
料理との相性…京料理、京風おでんなどの薄いだしを使って調理をしたものと相性がよい。川魚、塩辛、貝の蒸し物などとも好相性。
温度…冷やにすると、とろりとした感触とふわふわした流体感が際だって見事。燗にすると香ばしさが出て、酒の主張が強くなる。どの温度でもおいしく飲めるしなやかさを隠し持った酒である。

※「ひとめぼれ」と「どまんなか」を交配して作った、飯米の「こしいぶき」を使用。　純米　14.5度　米 こしいぶき／60％　酵 9号系酵母　自社杜氏　1000円／720ml　2100円／1800ml　越後伝衛門

爽酒

香りI　強★★　複★★★
香りII　強★★　複★★
味わい　強★　複★★
酸味★★　甘味★
旨味★★

新潟 山古志 棚田米仕込み 特別純米酒 (やまこし たなだまいじこみ とくべつじゅんまいしゅ)

第一の香り…ポン菓子、粟おこし、炭酸せんべい、炒り米、稲穂、シロマイタケ、いろりの香りなど。
第二の香り…羽釜で米を炊いているときのような非常に香ばしい香り。果物や花の香りは全くない。
味わい…絹や羽のように軽く、ふんわりした感触。みずみずしさの中に、さまざまな味わいの要素が溶け込み、味わいが長く感じる。わずかな甘味をともなった旨味が、酸味をとろりと包み込んでいる。餅米を蒸しているときのような香りが含み香にあり、透明な旨味が長く続く、カラッとしたフィニッシュになる。軽い飲み心地だが、超絶的な感動を呼ぶ酒である。
料理との相性…アユやイワナ、ヤマメといった川魚、そば、豆腐、山菜、ふろふき大根、ジュンサイなどの淡泊なものと相性がよい。脂との相性もいいので、川魚のバターソテーやオリーブオイルで調理したものとも合う。
温度…燗にしてもうまい。冷やにすると柑橘類の葉のような涼しげな香りときれいで優しい穀物の余韻を長く感じることができる。造り手の優しい心が伝わる酒だ。

※東山の伏流水を使用。　特別純米　15.0度　米 五百万石、一本〆、こしいぶき／60％　酵 協会9号　越後杜氏　1365円／720ml　2657円／1800ml　お福酒造

爽酒

香りI　強★★★　複★★★
香りII　強★★　複★★
味わい　強★　複★★★
酸味★★★　甘味★★
旨味★★

新潟 越乃梅里 純米吟醸 (こしのばいり じゅんまいぎんじょう)

第一の香り…リンゴ、バナナ、メロン、梨、桃などのおとなしく静かな果物香と、青竹、ワサビ、辛味大根、ラディッシュ、そば、そうめんなどのミネラルを思わせる香り。
第二の香り…落ち着いた柔らかな香りに変化し、大根やカブといったみずみずしい根菜などの爽快なミネラル感のある香りが増す。
味わい…なめらかな口当たりで、舌の上に浮かぶような軽やかなとろみがあり、繊細な柔らかい酸味と、薄く透明な甘味が溶け合っている。きれいで多彩な香りをともないながら、みずみずしい味わいが余韻に続く。澄んだ透明感のある味わいの中に、ほのかな甘味、爽やかさ、ミネラル感があますところなく存在して、精緻な味わいを形づくっている。
料理との相性…魚介類の甘味を酒の旨味とミネラル味が引き立てる。とくに貝、エビ、淡水魚などの甘味を持った魚介類と相性がよい。野菜全般、焼き鳥や鶏鍋とも好相性。
温度…12℃の冷やにするとミネラル感が強まる。酸味は消え入るようになり丸く柔らかな酒となる。米と水で造る芸術品だ。

※阿賀野川の伏流水を仕込み水に使用。同蔵では玄米での酒造りにも挑戦している。　純米吟醸　15.0度　米 五百万石、こしいぶき／60％　酵 G9酵母　自社杜氏　1365円／720ml　2730円／1800ml　小黒酒造

爽酵酒

香りI　強★★★★　複★★★★
香りII　強★★★　複★★★
味わい　強★★★★　複★★★
酸味★★　甘味★★
旨味★★

新潟

純米酒 初花 (じゅんまいしゅ はつはな)

第一の香り…稲穂、そうめん、蒸し栗、カボチャの種、干したアンズ、ウエハースなどの香ばしい香り。

第二の香り…葛餅、みつ豆などの香りが出てくる。柔らかで親しみやすい楽しい香り。

味わい…しみじみとしっとりとした飲み口で、何の抵抗もなく体の中に染み込んでいく。みずみずしい味わいの中に米の旨味に包まれた酸味があり、静かに転がりながら味が展開する。栗やそばボーロのような香りが含み香にあり、しっとりとした潤い感の晴れ晴れとした後口。飲み口の優しさと味わいの構成が絶妙で飲み飽きしない。

料理との相性…野菜全般に合い、上質な旨味を持った魚介と好相性。エビ、イカ、カニ、アワビ、ホタテなど。動物性の脂と合わさると香ばしさが出るので、鴨、キジ、ホロホロ鳥、軍鶏などの脂ののった鳥とも相性がよい。

温度…燗にするとさらにまろやかになり、味に幅が出る。辛口になりすぎず、いくらでも飲める。

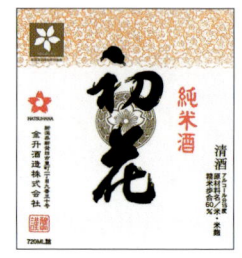

※飯豊山系の伏流水を使用。仕込み蔵の冷房をいち早く行い、全国で初めて清酒の四季醸造を開始した。屋号の金升は「差し金」と「升」を表し「正確に間違いなく正直に商売いたします」という意味が込められている。　純米　15.0度　米 五百万石／60％　酵 協会901号　越後杜氏　1229円／720ml　2405円／1800ml　金升酒造

爽酒

| 香りⅠ | 強★★ 複★★★ | 香りⅡ | 強★★★ 複★★★ | 味わい | 強★★ 複★★★ | 酸味★★ 甘味★ | 旨味★★★ |

新潟

無冠帝 純米大吟醸 (むかんてい じゅんまいだいぎんじょう)

第一の香り…リンゴ、白桃、イチゴ、メロン、果物の盛り合わせからただよってくる香りなど。とても上品でこびていない香り。

第二の香り…リンゴ、白桃、メロン、キンカン、雪解け水など。穏やかで控えめだが、とても心地よい香り。

味わい…味わいの要素は全体に控えめでとがったところがなく、みずみずしさの中に丸くしっとりとまとまっている。含み香に、果物屋の店内のような柔らかい香りと、ワサビ菜、ウドなどのミネラルを思わせる香りがある。透明感あふれるきれいな飲み口で、後口はほのかな蒸し栗の香りをともなった、澄んだきれいな辛口。みずみずしさの中に、さまざまな味わいの要素がまとまっている、爽やかな後口の酒である。

料理との相性…ミネラル味があるのでチーズ、くちこ、からすみなどの味の濃いつまみと好相性。貝やカニ、川魚などの魚介類、白身魚のカルパッチョなどのイタリアンの前菜にも。

温度…12℃前後の井戸水くらいの冷やにすると果物香が落ち着いて、味わいにとろみが出る。

※復活させた酒米「菊水」を使用。　純米大吟醸　15.0度　米 菊水／40％　酵 協会1801号、協会1401号　越後杜氏　4200円／720ml　8400円／1800ml　菊水酒造

爽酒

| 香りⅠ | 強★★ 複★★ | 味わい | 強★★ 複★★ | 酸味★★ 甘味★ | 旨味★★ |
| 香りⅡ | 強★★ 複★★ | | | | |

（上）杉で作られた仕込み室。（下）しぼりたて原酒。（菊水酒造）

新潟　純米大吟醸　亀の翁（かめのお）

第一の香り…リンゴや黄桃などの澄んだ果物香と、玉露の葉、ワサビ菜などの涼しい香り。
第二の香り…空気と触れ合うと、より澄んだ透明感のある香りになる。リンゴ、洋梨、カリン、メロンなどの香りが風にのって遠くから運ばれてくるような印象。
味わい…とろみが舌の上に霧のように浮かび、とても軽やかで、みずみずしいきれいな感触がある。含み香には、霧や滝つぼのマイナスイオンを含んだ山奥の香りがする。余韻は短く、清浄で洗われるような後口。香りは奥ゆかしいが華やかで、味わいはまさに清純そのもの。アルコール分をあまり感じさせず、いくらでも飲める楽しい酒である。
料理との相性…野菜にオールマイティーに向く。カブや山菜といったミネラル感のあるものが好相性。大根と鶏の炊き合わせ、ロールキャベツ、鶏や豚のローストなどにも。
温度…燗にすると辛く平坦になる。12℃の冷やで香りと味わいにまとまりが出る。

※幻の酒米「亀の尾」をたった10本の穂から復活させた。仕込み水には、樹齢250年を超える老杉が生い茂る裏山からの湧き水を使用している。漫画「夏子の酒」のモデルとなった蔵でもある。　純米大吟醸　16.0～17.0度　米 亀の尾／40％　酵 非公開　越後杜氏　4000円／720ml　久須美酒造

【爽薫酒】

香りⅠ 強★★★ 複★★★★　香りⅡ 強★★★ 複★★★　味わい 強★★ 甘味★　酸味★★　旨味★

新潟　住乃井（すみのい）　純米酒（じゅんまいしゅ）

第一の香り…稲穂、ポン菓子、焼き餅などの穀物、ヒノキ、熊笹、竹などの木、ほのかなカリン、ビワなどの果物の香り、ホワイトチェダーチーズなど。さまざまな要素の香りがする。
第二の香り…柔らかい香りになる。白い穀物（白玉、吉野葛、わらび餅）の香りが出てきて、さらにチョークや化石のようなミネラルを思わせる香りも強まる。
味わい…静かな味わいから始まり、いつの間にかドライな辛口に変わっていく時間の流れが楽しい。酸味が強いが、旨味によって丸く感じる。「丸いのに辛口、辛口なのに丸い」酒で酒飲みを虜にする。誰が飲んでもおいしいと思う酒である。含み香は、ウエハースや今川焼、シュークリームなど。まろやかな余韻で後口も丸い。
料理との相性…油と合わさると香ばしさが出るので、油でソテーした料理や脂ののった食材と相性がよい。比内地鶏、名古屋コーチン、軍鶏、牛ロース、マグロの赤身など。繊細な甘味もあるので、イカ、エビ、アワビ、ウニなどとも好相性。
温度…45℃くらいの燗にすると旨味が格段に強まる。辛口だが旨味も強まるので燗に向く酒といえる。

※高温山廃技術で仕込んだ純米酒。　純米　15.0～16.0度　米 五百万石／68％　酵 協会7号　自社杜氏　1113円／720ml　2362円／1800ml　住乃井酒造

【醇酒】

香りⅠ 強★★★ 複★★★★　香りⅡ 強★★★ 複★★★★　味わい 強★★ 甘味★　酸味★★★★　旨味★★★

新潟　特別純米酒（とくべつじゅんまいしゅ）　純越後（じゅんえちご）

第一の香り…道明寺、わらび餅、藤の花、ビワなど。
第二の香り…とても柔らかな香りに変化し、穏やかな非常によい香りに変化していく。ふじ（リンゴ）やジョナゴールド（リンゴ）といったみつ入りリンゴ、春雨、そうめん、葛湯など穀物香と吟醸香が融合する。
味わい…ふわふわとした柔らかさで、味わいの要素が繊細でなめらか。梨やユリノキのはちみつなどの甘くみずみずしい含み香があり、柔らかな味わいを保ったまま、静かに長く味わいが続いていく。後口はカラッと澄んだ味わい。なめらかさ、柔らかさ、みずみずしさと香りが完全に融合している飲み飽きしない酒である。
料理との相性…野菜全般によく、エビやホタテ、白身魚、イカの甘味を引き立てる。豚カツや牛肉の鉄板焼きなどの油っこいものにもよく合う。燗ではさらに、ローストビーフやローストポーク、バーベキューに向く。
温度…燗にすると甘味が消え、酸味が引き立つ。燗でもうまいが、15℃ぐらいにすると酸味が引き締まり、甘味が増して飲みやすくなる。果物香が増し、華やかな香りになる。

※酒米の試験栽培をするなど、米への思いが熱い蔵。サケの人工化で知られる三面川の伏流水を仕込み水として使用。　特別純米　15.0～16.0度　米 五百万石／60％　酵 協会701号　越後杜氏　1155円／720ml　2289円／1800ml　大洋酒造

【爽酒】

香りⅠ 強★★ 複★★　香りⅡ 強★★ 複★★★　味わい 強★★ 甘味★　酸味★★★　旨味★

契約栽培米純米吟醸 白龍（けいやくさいばいまいじゅんまいぎんじょう はくりゅう）

新潟／爽酒

第一の香り…ウエハース、胚芽のビスケット、羽二重餅、ブナ、稲穂、熊笹など。

第二の香り…カブ、石、熊笹などのミネラルを思わせる香り。香りは抑制された地味さがある。

味わい…ふんわりした感触と柔らかなとろみを感じる第一印象。とろみがゆっくりとほどけていくと、爽快なみずみずしさがあらわれる。味わいの要素は、味としてではなく、感触として出てくる。熊笹などの爽やかな淡いミネラル感のある香りや葛餅が含み香にあり、余韻には、どこまでも澄んだ身も心も洗われるような鮮烈な爽快感がある。潤いのある極めて辛口のフィニッシュ。主たる味わいはほとんど感じさせないが、自然に盃に手がのびてしまうほどの飲みやすい酒である。

料理との相性…とくに魚介の旨味をよく引き出してくれるので、タイ、ヒラメ、アワビ、伊勢エビ、蒸した牡蠣やハマグリなどと合う。天ぷら、鶏と野菜の蒸し物、ハム、ソーセージとも好相性。

温度…燗にすると、味わいに隙間ができる。12℃の冷やにするとミネラル味が弱まり、羽二重餅の香りが出てくる。柔らかな味わいになり、ボリューム感も増す。

※阿賀野川の伏流水を使用。　純米吟醸　15.0度
米　五百万石／55％　酵　協会901号　越後杜氏
1575円／720ml　3150円／1800ml　白龍酒造

香りⅠ　強★★★　香りⅡ　強★★
　　　　複　　　　　　　 複★★
味わい　強★★　酸味★★　旨味★★
　　　　複★★★　甘味★

〆張鶴 純（しめはりつる じゅん）

新潟／爽醇酒

第一の香り…白玉、吉野葛、ウエハース、桃、ホワイトチェダーチーズなど。

第二の香り…黄桃、レンゲのはちみつ、藤の香りが加わり、丸くきれいな香りになる。

味わい…柔らかくなめらかで、静かなしみじみとした味わい。軽やかだが味のバランスが絶妙で、みずみずしさと柔らかさが融合している。透明感のあるデンプンの上品で甘い香りが含み香にあり、さらさらとした澄みきったクリアな後口。山の霧を集めたような酒だ。

料理との相性…あっさりしたものから濃い味のものまでオールマイティーに合うため、対応する食材も幅広く、野菜から魚、豚、牛、野鳥までいける。アワビ、サケ、牡蠣の麹漬け、ニシンの昆布巻き、カレイの一夜干し、鶏と昆布の蒸し物など食材の豊かな土地の酒だ。

温度…45℃の燗にすると味わいの調和が抜群で、麹の旨味が引き出される。冷やにすると、品格が増し、静かにたたずんでいる印象になる。味わいに深さを与えるが、少し引き締まったかたさが出る。ぬる燗にすると飲み飽きしない酒になり、一人で一升飲めそうなくらいスムーズな飲み心地になる。

※きめ細やかな甘味を持つ地下水を使用。
純米吟醸　15.0度　米　五百万石／50％
酵　自家酵母　越後杜氏　1512円／720ml
3024円／1800ml　宮尾酒造

香りⅠ　強★★　味わい　強★★★　酸味★★
　　　　複★★★　　　　複★★★　甘味★★
香りⅡ　強★　　　　　　　　　　　旨味★★
　　　　複★★★

純米吟醸 北雪「黒酢農法米使用」（じゅんまいぎんじょう ほくせつ「くろずのうほうまいしよう」）

新潟／爽醇酒

第一の香り…とても穏やかで静かな香り。リンゴ、黄桃、ビワ、ウエハース、つきたての餅の湯気、ポン菓子などに加えて、かすかにヒノキの香り。

第二の香り…さらに透明感のある香りに変化する。滝つぼのマイナスイオンやミネラルを感じさせる香り。

味わい…ふわふわした非常に軽やかなとろみがある。味わいの要素が、しっとりしたみずみずしさの中にちりばめられていて、潤い感のある辛口のフィニッシュ。米の品格と水の際立った清冽さが融合している酒で、極低温で熟成させたような練れた味わいだ。

料理との相性…食中酒として非常に優れていて、燗にするとさらに幅広く対応する。ミネラル感が旨味を引き立て臭みを抑えるので、魚介類全般と相性がよく、とくに岩牡蠣がおすすめ。ほかにホタテ、アワビ、トコブシ、ウニ、山菜、根菜、鴨のスモークなど。

温度…燗にするとさらに辛口になるが、優しい後口は変わらない。12℃の冷やでは香りがタイトになり、甘味が減って酸味が増す。

※黒酢を田圃に散布して育てた「黒酢農法米」を使用。　純米吟醸　15.0～16.0度
米　五百万石／60％　酵　協会9号　越後杜氏
1500円／720ml　北雪酒造

香りⅠ　強★★　味わい　強★★★　酸味★★
　　　　複★★　　　　　複★★★★　甘味★★
香りⅡ　強★★　　　　　　　　　　 旨味★★★
　　　　複★★

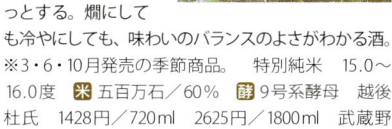

新潟　特別純米酒　ぶなの露
とくべつじゅんまいしゅ　ぶなのつゆ

第一の香り…穀物、樹木、黄桃、生アーモンド、ウエハース、竹、マツの実、ブラックチェリー、サクランボのジャム、ブナやヒッコリーのチップなど。

第二の香り…白玉、道明寺などのほかに、ブナシメジや白トリュフ、エノキタケなどのキノコ類の香りが強く出てくる。複雑だが体に染みるようなよい香り。

味わい…液体より気体に近いような軽さと、とろみ感があり、キノコや葛餅のような香りが残る。わらび餅を食べているときのような含み香があり、シロマイタケやシメジの入った袋を開けた瞬間の香りが余韻に広がる。しっとりとしたキノコのような旨味がわずかに残る。「ぶなの露」の名前の香りと感触で、命名が素晴らしい。味わいの調和も見事で、酒飲み心を揺さぶる飲み飽きしない酒である。

料理との相性…あっさりした味つけの料理と相性がよい。川魚の塩焼き、エビ、カニなどの刺身や網焼き、鶏わさ、牛しゃぶなど。

温度…燗にすると酸味を主軸にしたきれいな酒になる。15℃ぐらいにすると、より鮮烈になりさらっとする。燗にしても冷やにしても、味わいのバランスのよさがわかる酒。

※3・6・10月発売の季節商品。　特別純米　15.0〜16.0度　米 五百万石／60％　酵 9号系酵母　越後杜氏　1428円／720ml　2625円／1800ml　武蔵野酒造

醇酒

| 香りⅠ | 強 ★★ 複 ★★★ | 香りⅡ | 強 ★★★ 複 ★★★★ | 味わい | 強 ★★ 複 ★★★★ | 酸味 ★★★ 甘味 ★ | 旨味 ★★★ |

新潟　越乃景虎　名水仕込　特別純米酒
こしのかげとら　めいすいじこみ　とくべつじゅんまいしゅ

第一の香り…カリン、黄桃、ウエハース、リンゴサイダー、カボスなどの柔らかい香りが遠くから香ってくる。

第二の香り…干した栗、ホンシメジ、羽二重餅、葛餅、桜餅などの香りが出てきてより複雑になる。

味わい…ふわふわしたとろみ感から、静かに味わいが変化する。味わいの構成はしっかりしているのに、重量が感じられないほどだ。含み香に黄桃、ウエハース、葛餅などが一緒になった香りがあり、しっとりと潤いのある辛口感が余韻として続く。テクスチャーが素晴らしく、米と水でこんな素敵な飲みものができるのかという見本、人を幸せにする「液体」である。

料理との相性…燗にすると油の切れがよくなるので、牛のステーキや鉄板焼き、バターを使った料理、クリームソース系のパスタ、山菜の天ぷらなどと相性がよい。

温度…燗にするとミネラル感が出て、辛口になる。強く冷ましすぎると味わいがかたくなるので注意。

※自家用地の山地にある井戸水を仕込み水に使用している。「名水仕込」には名水百選指定の森の涌清水を使用する。　特別純米　15.0〜16.0度　米 五百万石、ゆきの精／55％　酵 協会9号　越後杜氏　1430円／720ml　2870円／1800ml　諸橋酒造

醇酒

| 香りⅠ | 強 ★★ 複 ★★ | 香りⅡ | 強 ★★ 複 ★★★ | 味わい | 強 ★★ 複 ★★★★ | 酸味 ★★★ 甘味 ★★ | 旨味 ★★★ |

新潟　特別純米　極上　吉乃川
とくべつじゅんまい　ごくじょう　よしのがわ

第一の香り…米、稲藁、塩あられ、マシュマロなどのふんわりした穀物の香り。

第二の香り…メープルシロップ、ウエハース、水あめ、べっこうあめ、ドロップに加えてほのかなリンゴの香りなど。純粋な澄んだ甘い香りがただよう。

味わい…浮いたようなふわふわとした浮遊感ととろみが感じられ、舌の上で玉のように酒が転がる。味わいの要素がよく調和していて、口当たりはまろやか。柔らかさが徐々にほどけると、非常にみずみずしい潤い感が体中に広がっていく。含み香に今川焼きの香りがある。テクスチャーが素晴らしく、酒飲みのツボをおさえた飲み飽きしない酒。日本酒の最高峰のひとつ。

料理との相性…刺身、寿司、白身の焼き魚、山菜の天ぷら、湯豆腐、鶏わさなどの比較的あっさりした味つけのものと合う。

温度…燗にすると酸味が出て主張が強くなり、冷やにすると果物香が立ってくる。食中酒として飲むときは15℃前後がよい。

※蔵人たち自らが育て上げた酒米だけを使用し、信濃川の伏流水で仕込む。冬になると深い雪に覆われる同蔵では、その寒さを利用した昔ながらの寒造りを行っている。　特別純米　15.0度　米 五百万石／60％　酵 G9酵母　越後杜氏　1197円／720ml　2520円／1800ml　吉乃川

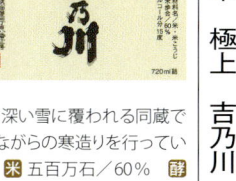

醇酒

| 香りⅠ | 強 ★★★ 複 ★★★ | 香りⅡ | 強 ★★ 複 ★★ | 味わい | 強 ★★★★ 複 ★★★★ | 酸味 ★★ 甘味 ★★ | 旨味 ★★ |

新潟　純米大吟醸　天上大風（てんじょうたいふう）

- **第一の香り**…バナナ、洋梨、ウリの奈良漬けなどの華やかでシャープな吟醸香がある。
- **第二の香り**…バナナチップ、三色団子、キンカン、塩せんべいなど多彩な香り。
- **味わい**…さらりとした口当たりで繊細な酸味と薄い甘味が互いに消えたりあらわれたりしながら余韻へと続く。爽やかでキレのよい非常に辛口の純米大吟醸である。
- **料理との相性**…おでん、飲茶、小龍包、焼売など。食中酒としてよし、酒だけで楽しむのにも向いている。
- **温度**…冷やにしても香りの高さはそのままで、甘味と酸味が強まり、調和する。オン・ザ・ロックで飲むのもよい。

※ゆかりの人物・良寛和尚の自筆書を酒名にした。　純米大吟醸　16.3度　越淡麗40%　協会18号　越後杜氏　3885円／720ml　池浦酒造

香りⅠ　強★★★★　複★★　　味わい　強★★　複★★　　酸味★★★　甘味★★　旨味★
香りⅡ　強★★★　複★★

薫酒

新潟　鶴齢（かくれい）　純米吟醸

- **第一の香り**…リンゴ、カリン、イチゴ、ウエハースなど。
- **第二の香り**…山吹や桜の花の香り。
- **味わい**…まろやかな甘味を軸にして豊かできめ細やかな酸味、続いて旨味が長く続く。甘味のまわりを酸味が包み込んでいるような感触。含み香に三色団子、あんみつのような柔らかな甘い香り。余韻に山芋のすり流しのようなミネラルと山の香りを感じる。
- **料理との相性**…寿司、刺身、練り物、野菜全般と相性がよい。肉類の調理法としては蒸したものや焼いたものが好ましい。
- **温度**…12℃前後の冷やにすると甘さが控えめになって味が引き締まり、仕込み水のミネラル感と甘味がまとまり、酒が柔らかくなる。

※蔵内の井戸に沸く水を使用。　純米吟醸　15.0～16.0度　越淡麗／55％　G9酵母　越後杜氏　1523円／720ml　3045円／1800ml　青木酒造

香りⅠ　強★★★★　複★★★　　味わい　強★★★　複★★★　　酸味★★★　甘味★★★　旨味★★
香りⅡ　強★★★　複★★★

爽酵酒

新潟　謙信（けんしん）　純米吟醸　米のしずく（こめのしずく）

- **第一の香り**…スターキングデリシャス（リンゴ）、桃や藤の花、わらび餅、塩せんべい、稲穂などの秋の澄んだきれいな香り。
- **第二の香り**…大根やカブなど根菜のみずみずしい香りが広がる。
- **味わい**…柔らかな米の旨味と旨味、水の清らかさが織りなす感触がよい。仕込み水のミネラル感と酸味が、柔らかな旨味で包まれた酒。含み香は、梨や葛餅など。余韻にミネラル感のともなう旨味が続く柔らかな辛口。
- **料理との相性**…山菜、川魚、昆布だしをいかした関西風おでんなどの料理と相性がよい。
- **温度**…燗にすると味わいがばらける。12℃の冷やにすることスギやヒノキなどの木の香りが出てきて旨味がのびやかになる。

※姫川の伏流水を使用。　純米吟醸　16.0度　山田錦／55％　協会9号　越後杜氏　1680円／720ml　2856円／1800ml　池田屋酒造

香りⅠ　強★★　複★★★　　味わい　強★★　複★★★　　酸味★★★　甘味★★　旨味★★
香りⅡ　強★★　複★★★

爽酵酒

新潟　悟乃越州（ごのえっしゅう）　純米吟醸

- **第一の香り**…きれいで真っ白な穀物の香り、ミネラルを感じる香り、白桃の甘い香りが溶け合っている。
- **第二の香り**…それぞれの香りがより鮮明に豊かになる。
- **味わい**…感触は絹のようで、さらりとしているが転がるようなとろみ感がある。清冽な水と米の芯の旨味が融合していて、緻密で上品。飲み飽きしない感動を呼ぶ味わい。
- **料理との相性**…あっさりした味つけの料理のほかに、クリーミーな風味を引き立てるので、鶏のクリーム煮、グラタンやバターを使った料理とも相性がよい。
- **温度**…15℃ぐらいにすると心地よい香りが長くただよい、味わいのすみずみがあらわれる。

※飯米だった「千秋楽」を原料米として復活させて使用。　純米吟醸　14.0度　千秋楽／50％　非公開　越後杜氏　2205円／720ml　4924円／1800ml　朝日酒造

香りⅠ　強★★　複★★★　　味わい　強★★　複★★★　　酸味★★★　甘味★★　旨味★★
香りⅡ　強★★　複★★★

爽酵酒

170

たくさんの水を使用して、手作業で洗米を行う。(加賀の井酒造)

今代司 特別純米酒 無濾過 生原酒
新潟　いまよつかさ　とくべつじゅんまいしゅ　むろか　なまげんしゅ

第一の香り…桃、スダチ、三色団子、ウエハースなど。

第二の香り…果物香が立ってくる。リンゴ、梨、プリンスメロン、梅の花など。岩清水のような清らかなミネラル香がある。

味わい…艶やかな甘味ときれいな酸味が一体となってのびた後に、ミネラル豊かで爽やかな味わいへと変化する。後口はキレがよく、澄んでいる。シナモンの香りを余韻に感じる。

料理との相性…魚介を非常においしくさせる。原酒にありがちな強さがないので、とくに寿司とは最高の組み合わせになる。

温度…常温では酒本来の味のまとまりが感じにくい。10℃の冷やが酒の特徴がよく出る。オン・ザ・ロックスにしてもよい。燗には向かない。

※菅名岳の伏流水を使用。　特別純米　17.0〜18.0度　米 五百万石／60％　酵 G9酵母　越後杜氏　2000円／720ml　今代司酒造

香りⅠ 強★★ 複★★★　味わい 強★★★ 複★★★　酸味 ★★★★ 甘味 ★★ 旨味 ★★★
香りⅡ 強★★★ 複★★★

爽酒

純米吟醸 加賀の井
新潟　じゅんまいぎんじょう　かがのい

第一の香り…甘い香りで穀物香は少ない。バナナ、デリシャス（リンゴ）、熊笹、カブなど。

第二の香り…果物香のトーンが下がり、カブや大根などのミネラルを思わせる香りが出てくる。

味わい…さらりとしたきれいな飲み口で、上品な甘味と酸味のバランスがよい。しっとりとした辛口感が余韻に広がる。なめらかでみずみずしく飲みやすい酒。

料理との相性…寿司や酢の物などの酢を使った料理、塩味の焼き鳥などと相性がよい。

温度…冷やにすると甘い香りが落ち着く。

※1605年（慶安3年）に創業した同蔵は、新潟で最も古くからある酒蔵である。仕込み水に使用している姫川の伏流水は、新潟では珍しい硬水。　純米吟醸　15.0〜16.0度　米 五百万石／55％　酵 協会901号　自社杜氏　1365円／720ml　2730円／1800ml　加賀の井酒造

香りⅠ 強★★★ 複★★★　味わい 強★★ 複★★　酸味 ★★★ 甘味 ★★★ 旨味 ★★
香りⅡ 強★★★ 複★★★

爽酒

純米吟醸 縄文の響
新潟　じゅんまいぎんじょう　じょうもんのひびき

第一の香り…餅、コーンフレーク、道明寺、ポン菓子、稲穂、竹、ワッフル、新しい畳表、かすかなユリノキのはちみつなど。穀物香、ミネラル感を思わせる香り、甘い香りが混ざり合う。

第二の香り…柔らかく変化し、ウエハースやクッキー、そば粉のような香りが強まる。

味わい…静かな優しい飲み口で、麹の甘味と旨味が味わいの展開を織りなす。含み香にウエハースやたいやきなどの香ばしい香りがあり、余韻まで長く続く。まろやかな中辛口の酒。

料理との相性…味噌を使った料理、天ぷら、豚カツなど、やや強い味の料理と相性がよい。

温度…冷やでもうまいが、燗にすると濃厚な辛口になり、飲み応えも出て食中酒に向く。

※魚沼山系の伏流水を使用。　純米吟醸　15.0度　米 麹：五百万石、掛：亀の尾／50％　酵 協会1801号　自社杜氏　2415円／720ml　4830円／1800ml　魚沼酒造

香りⅠ 強★★★ 複★★★★　味わい 強★★★ 複★★★★　酸味 ★★ 甘味 ★★★ 旨味 ★★★
香りⅡ 強★★★ 複★★★

醇酒

新潟 米百俵 純米酒 (こめひゃっぴょう じゅんまいしゅ)

第一の香り…香りは控えめでおとなしい。白玉粉、菱餅、梨、ビワ、竹など。

第二の香り…そうめん、三色団子など練れた穀物香。

味わい…柔らかい甘味と酸味のある静かな味わいで、米の透明感のある甘味が伝わってくる。しっとりとした潤い感のある後口で、米の旨味、甘味が丸く融合した酒。

料理との相性…バターを使った料理、焼き鳥、ポークソテー、天ぷらなどの油を含んだ料理とよくなじむ。

温度…燗にすると、香りがにぎやかになる。15℃ぐらいにすると旨味と酸味が増し、意外にも食中酒としての力が強まる。

※地元生産組合の酒米を使用。　純米　15.0度　米 たかね錦／57％　酵 新潟酵母　越後杜氏　1228円／720ml　2362円／1800ml　栃倉酒造

香りⅠ 強 ★★　複 ★★★
香りⅡ 強 ★★　複 ★★
味わい 強 ★★　複 ★★★
酸味 ★★★　甘味 ★★　旨味 ★★

醇酒

新潟 ぽたりぽたりきりんざん

第一の香り…イチゴ、ホワイトアスパラガス、マコモダケ、塩せんべいなどの柔らかさ。

第二の香り…リンゴ、梨、カリン、葛餅など。

味わい…なめらかでとろりとした第一印象から、きりっとした酸味のさらさらとしたドライな後口へとつながる。含み香に花のみつや草餅の香りがある。

料理との相性…寿司全般、チーズなどの発酵食品と相性がよい。甘く味つけされた海鮮中華とも合う。脂への対応力が低いので、肉類よりも魚介に向く。

温度…冷やにすると中国の茅台酒やイチゴの香りがする。燗にすると少し甘くなるので、食中酒で楽しむなら常温で。

※2月・12月発売の季節限定商品。　純米吟醸　16.0〜17.0度　米 五百万石／55％　酵 協会1801号、G9酵母　越後杜氏　1523円／720ml　3150円／1800ml　麒麟山酒造

香りⅠ 強 ★★　複 ★★★
香りⅡ 強 ★★　複 ★★★
味わい 強 ★★★★　複 ★★★
酸味 ★★★　甘味 ★★　旨味 ★★

醇酒

新潟 純米吟醸 吟撰 萬寿鏡 (じゅんまいぎんじょう ぎんせん ますかがみ)

第一の香り…穀物、栗、ヒノキなどの香ばしい香りと、竹などの木質感のある心地よい香り。

第二の香り…根菜、春菊、シイタケ、タケノコ、粟おこしなど。ほんのりと森の甘い香りがただよってくる。

味わい…非常になめらかで、丸いとろみがあり、味わいの密度が高い。余韻は短く、うっすらとした甘味が残る。麹の旨味がよく出ている飲み口の柔らかな酒。

料理との相性…ゆでたカニやエビ、寿司などほのかな甘味のある料理と相性がよい。

温度…燗にすると甘味と酸味のバランスが崩れる。12〜15℃までの冷やにすると味わいのバランスのよさが増す。

※甕に入った「甕シリーズ」は贈答用として人気。　純米吟醸　16.0〜17.0度　米 越淡麗／50％　酵 M-310　自社杜氏　1785円／720ml　3570円／1800ml　マスカガミ

香りⅠ 強 ★★★　複 ★★★
香りⅡ 強 ★★　複 ★★★
味わい 強 ★★　複 ★★★
酸味 ★★　甘味 ★★★★　旨味 ★★★

醇酒

新潟 佐渡まほろばに朱鷺の舞う日をねがう酒 (さどまほろばにときのまうひをねがうさけ)

第一の香り…黄桃、ビワ、わらび餅、みたらし団子、そばなどの甘い香りと香ばしさが混ざった複雑な香り。

第二の香り…わらび餅、そば、フキ、ツクシ、カブ、水仙の花などの柔らかな香り。

味わい…透明感のある麹からの甘味があり、甘口の印象から豊かな旨味へと味わいが展開していく。香ばしい香りをともないながら、しっとりとした旨味が余韻となって続く。

料理との相性…ロールキャベツやふろふき大根の甘味噌などの甘味を含んだ野菜料理や、甘辛く煮たすき焼き、鴨すきとも相性がよい。

温度…燗にすると体を温めるどっしりとした重量感のある辛口に変化する。

※EM菌を使った自然農法による米作りを行い、朱鷺が暮らせるような環境を守る役目を担っている。　純米　15.0〜16.0度　米 無農薬コシヒカリ／65％　酵 協会9号　越後杜氏　2730円／1000ml　天領盃酒造

香りⅠ 強 ★★★　複 ★★★★
香りⅡ 強 ★★★★　複 ★★★
味わい 強 ★★★★　複 ★★★★
酸味 ★★★★　甘味 ★★★★★　旨味 ★★★★

醇酒

甲信越地方の日本酒

山梨

富士山を筆頭に2000m〜3000m級の山々に囲まれた山梨県は清澄で非常に豊かな地下水に恵まれており、水質も多彩なこともあって、著名な飲料メーカーや酒類企業が工場を備えている。日本最高水準の量と質を誇るワインの名産県ではあるが、優良な酒蔵、約20場が操業している。気候風土は盆地特有の苛烈さで、夏はフェーン現象による猛暑と手厳しい冬が待っている。米の耕作地が少ないため、他県からの供給によるが、それだけに大切に酒造りを行い、ワインにも通じる爽快で繊細、みずみずしい飲み口の酒を醸している。古くからの宿場町も多くあり、酒を最上のもてなしに用いたことが想像できる。

長野

日本のほぼ中央に位置し、南北200km、東西100kmにおよぶ面積第4位の県勢を擁する。関東、上越、北陸、東海8県に囲まれた、極めて多彩な歴史と人々の往来がある、多数の温泉地や名勝、町村によって形成されている。雄大な高原、平原と狭小な地区がいくつかの河川で紡れ、多様な文化が見られる。保存食品も多彩で、勤勉、質素、手先の器用さを県民性とし、議論好きで工夫心も旺盛である。鑑賞にたえる、繊細な酸味を味わいのハイライトに持つ吟醸・大吟醸・特別純米酒は、きれいな含み香があって、味わい時間が長く感じられる。澄んだミネラル感と旨みが味わいに陰影を与えて、様々な肴との相性もよい。

新潟

30年来、淡麗辛口の酒、地酒ブームの起点であり、同県出身者の多い東京で、今なお人気を博する日本酒王国でもある。佐渡、下越・中越・上越、魚沼はともに日本有数の豪雪地帯である反面、美米の産地として知られている。勤勉で忍耐強く、計画性に優れた県民性で魚種豊富な魚介類と創意工夫、誠実に作られた発酵保存食品の宝庫でもある。優秀な越後杜氏の美酒が多く醸されており、実は淡麗のみではなく、もっちりした飲み心地の純米酒や燗にしてなお柔らかさを保つ吟醸酒、いつまでも飽きずに続けられる大吟醸酒など、酒蔵それぞれの個性と技術が反映された酒も多い。探求の楽しみはまだ残されている。

新潟 純米吟醸 緑川（みどりかわ）

第一の香り…ほのかに白桃や葛餅などの澄んだ静かな香りがする。
第二の香り…ほのかに桃やわらび餅など。上品で穏やかな優しい香り。
味わい…みずみずしさと柔らかさが味の主体で、穏やかな染み入るような飲み口。潤い感のあるさらっとした後口の、上品な優しさのある酒。
料理との相性…野菜の煮物、川魚の塩焼き、豚しゃぶなどのあっさりした味つけの料理と合う。とくに、そばの繊細な風味を引き立てる透明な爽やかさが楽しめる。
温度…12℃くらいの冷やにすると香りにミネラル感があらわれ、涼しげで爽やかな味わいになる。食中酒としてさらに優れた特性が出る。
※地下50mから汲み上げた地下水を使用。
純米吟醸　15.0〜16.0度　米 五百万石／55％　酵 協会9号　越後杜氏　1628円／720ml　3308円／1800ml　緑川酒造

香りⅠ 強★★ 複★★
香りⅡ 強★ 複★★
味わい 強★★ 複★★
酸味★★ 甘味★ 旨味★★

【爽酒】

新潟 根知男山（ねちおとこやま）純米吟醸

第一の香り…梅や藤の花、白桃、上新粉、白玉、かすかにヒノキ、熊笹などの涼しい香り。
第二の香り…香りが丸くなり、果物香が出てくる。
味わい…静かな味のふくらみと柔らかなとろみ、きれいな湧き水のみずみずしい清涼さ、そこに米の芯の上品な甘味と旨味が味わいを盛り上げる。技術と感性の高さを感じる酒。
料理との相性…田楽、脂ののったサバ、ブリ、マグロ、豚のしょうが焼などと相性がよい。ふろふき大根などのあっさりした味つけの野菜料理のおいしさも引き出す。
温度…燗にすると甘味が前に出る。12℃の冷やにすると旨味の密度が増す。
※酒蔵のある根知谷で、酒米作りから酒造りまですべて自社で取り組む。　純米吟醸　15.0〜16.0度　米 五百万石／55％　酵 G9酵母　自社杜氏　1575円／720ml　3045円／1800ml　渡辺酒造店

香りⅠ 強★★★★ 複★★★★
香りⅡ 強★★★★ 複★★★★
味わい 強★★ 複★★★★
酸味★★★ 甘味★★ 旨味★★★

【爽醇酒】

北陸

富山
石川
福井

北陸3県は全国新酒評論会でも好成績を多くあげる日本酒の銘醸地。冬は厳寒の日本海をひかえた酒処であり、食材の宝庫でもある。

純米酒 水のささやき（じゅんまいしゅ みずのささやき）

富山

第一の香り …ハスの実、ウエハース、黄桃のほかに、滝つぼを思わせるミネラルを感じる。

第二の香り …やや穀物の香りが立ってくる。

味わい …優しい味わいで、きめの細かい酸味がきらりと光りながら薄く広がっていく。みずみずしくさらりとした上質な水の風合いを前面に押し出した、きれいな飲み心地の酒。

料理との相性 …白身魚、エビ、白魚、そばなどのあっさりした味つけの食材と相性がよい。

温度 …15℃前後にすると香りが引き締まりとろみが出てきて、さらに水の風合いと柔らかさが生きてくる。

※北アルプスの雪解け水で育まれた酒。　純米14.0～15.0度　**米** 麹：五百万石／55%、掛：富山錦／60%　**酵** 協会1401号　越後杜氏　1070円／720ml　2110円／1800ml　林酒造場

香りⅠ 強★★ 複　　味わい 強★★ 複★★　　酸味★★★ 甘味★ 旨味★★
香りⅡ 強★★ 複★★

爽酒

満寿泉 純米（ますいずみ じゅんまい）

富山

第一の香り …白桃、黄桃、ウエハース、羽二重餅、かすかなレンゲのはちみつなど丸い甘さがある。

第二の香り …穀物香をほとんど感じなくなり、花や白桃の香りが立ってくる。

味わい …柔らかく繊細で、甘味は抑えられていて、清らかな酸味がスムーズに広がる。含み香に透明感のある花の香りがあり、後口は極めて辛口。品格のある飲み口の逸品。

料理との相性 …魚介全般と相性がよく、とくにカレイ、ヒラメ、タイ、エビなどと合う。山菜も含め、野菜全般にも好相性。

温度 …燗にすると酸味が強く辛くなりすぎる。12℃の冷やにすると味が引き締まり、ミネラル感がさらに深まる。

※常願寺川の伏流水を使用。　純米　15.0～16.0度　**米** 山田錦／60%　**酵** MS-1　能登杜氏　1365円／720ml　2310円／1800ml　桝田酒造店

香りⅠ 強★ 複★★★　　味わい 強★★ 複★★★　　酸味★★★ 甘味★ 旨味★
香りⅡ 強★ 複★★

爽醇酒

有磯 曙 純米吟醸 獅子の舞（ありいそ あけぼの じゅんまいぎんじょう ししのまい）

富山

第一の香り …葛餅、わらび餅、森の中の霧、青竹などの柔らかな香り。

第二の香り …香りのトーンが少し上がり、ウエハース、ビスケット、菱餅などの穀物の香ばしい香りが出てくる。

味わい …口当たりがなめらかで、とろみを感じた直後からきれいな酸味がのびていく。酸味が生きた辛口のシャープな後口を持つ酒。

料理との相性 …魚の天ぷら、焼き魚、豚しゃぶ、豚カツ、塩味の焼き鳥などと好相性。パスタや中華の五目焼きそばなど麺類にも合う。

温度 …冷やにしても燗にしてもおいしく飲めて、食中酒としての幅が広い器用さがある。

※地元で獅子舞が有名なことから命名。　純米吟醸　16.0～17.0度　**米** 五百万石／50%　**酵** 協会1401号　能登杜氏　1731円／720ml　3361円／1800ml　高澤酒造場

香りⅠ 強★ 複★★　　味わい 強★★ 複★★★　　酸味★★★★ 甘味★★ 旨味★★
香りⅡ 強★ 複★★

爽醇酒

石川　常きげん　山廃純米吟醸　山純吟
じょうきげん　やまはいじゅんまいぎんじょう　やまじゅんぎん

第一の香り…稲穂、岩おこし、ハスの実、ヒノキ、ケヤキ、エストラゴン、ローリエ、かすかなエビせんべい、カニの甲羅酒、カニ味噌などの香ばしい香りがある。
第二の香り…滝つぼや山の湧水に感じるマイナスイオン、長十郎（梨）、ミント、ビワなど。上品で清涼な香りが木の香りに混ざって香る。
味わい…なめらかで、味わいに空白の時間が訪れる第一印象。柔らかい不思議な感触。とろみ、柔らかさ、旨味を感じた瞬間にあっという間に味が消えていき、ただただ静かな重さのない状態へと向かっていく。含み香にウエハース、羽二重餅、お香などがあり、静かな長い風味の余韻が続く満足感がある。水の輝き、米の旨味、蔵人の感性が見事に融合している酒。幾多の酒を飲んできた人も大いに感動ができる、究極の逸品であり国際的な品質の酒。

料理との相性…魚介と好相性。とくに伊勢エビ、越前ガニ、タラバガニなどの高級な食材や天ぷらにも向く。
温度…冷やにすると、羽のように浮かぶふわふわした感じがよくわかる。冷やから常温がよい。
※田の真ん中にある「白水の井戸」の湧き水を使用。
純米吟醸　16.0〜17.0度　麹：山田錦、掛：美山錦／55％　自家酵母　能登杜氏　2100円／720ml　4200円／1800ml　鹿野酒造

醇酒

香りI　強★★　複★★★　　香りII　強★★　複★★★　　味わい　強★★★　複★★★★★　　酸味★★　甘味★　　旨味★★

石川　萬歳楽　甚　純米
まんざいらく　じん　じゅんまい

第一の香り…炒り米、ひねそうめん、ウエハース、ゴーフル、コブミカンの葉、白鳳（桃）など。
第二の香り…きれいな香りがのびやかに広がる。空気に触れると、香りが柔らかく強くなる。
味わい…静かで奥ゆかしく上品な味わいが展開し、味わいの要素が絹のように織り合わさっている。熟した桃、ベルギーワッフルなどの香りが優しく抜けていき、舌の上には何も残らず、後口は霧が晴れていくようにすがすがしい。水の趣、米の恵み、蔵人の心技を感じる。ここまで軽やかに醸すのは至難の技である。米と水からこんな素晴らしいものができるのかという見本のような、いくらでも飲める魔法の液体。片口にいったん注ぎ入れてから飲むのもよい。
料理との相性…ミネラル感のあるアユやヤマメ、イワナ、ニジマスといった川魚を塩焼きにしたもの、そば、山菜と相性がよい。
温度…燗にすると吟醸香が強まり、ふわっとしたテクスチャーが減り辛くなる。15℃前後にすると繊細、かつ余韻の長い味わいになり、ミネラル感も higher感じる。

※酒米北陸12号を積極的に使用している。仕込み水には手取川の伏流水を使用。ちなみに、萬歳楽は、世阿弥元清作の謡曲「高砂」の一節からとったもの。
純米　15.0度　北陸12号／60％　協会9号　南部杜氏　1000円／720ml　2100円／1800ml　小堀酒造店

爽醇酒

香りI　強★　複★★　　香りII　強★★　複★★★★　　味わい　強★★★　複★★★★　　酸味★★　甘味★★　　旨味★★

石川　自然純米酒　奥能登輪島　千枚田
しぜんじゅんまいしゅ　おくのとわじま　せんまいだ

第一の香り…柔らかい穀物の丸いよい香り。道明寺、ウエハース、ワッフル、バウムクーヘン、クッキー、桃、桜のチップなど。日本酒の香りの一つの極致。
第二の香り…きめ細かで葛餅や桜餅といった上質のデンプンの香りが立ってくる。ふじ（リンゴ）、陸奥（リンゴ）、白桃などのより柔らかな吟醸香が強まる。
味わい…柔らかでふわふわしているが、さまざまな味の要素が上品にまとまっていて、舌の上でふんわりと浮かぶ。含み香にウエハースのような香ばしい香りが漂い、藁葺き屋根の古民家のいろりのような懐かしい香りをともなって、薄い旨味と甘味が余韻に広がる。さらっとしながら複雑な味わいと感触を持った酒飲み心をくすぐる飲み飽きしない美酒。
料理との相性…魚介類全般、カニ、エビ。アマダイなどの旨味のきれいな魚の干物、寿司など。くちこや酒盗といった旨味の強い発酵食品と合わせると幸福なおいしい時間が楽しめる。
温度…15℃ぐらいにするとさらに香りが増し、味わいのピントが合う。燗にすると甘味が増すが、一変して極辛口になる。小ぶりの輪島塗りの酒器に注ぎたい。

※輪島市内の湧き水を使用。白米千枚田という棚田で収穫した米を原料としていることからこの名がついた。
純米　15.0〜16.0度　五百万石、能登ひかり／60％　協会1401号　能登杜氏　1330円／720ml　2750円／1800ml　清水酒造店

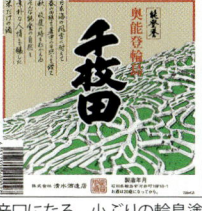

醇酒

香りI　強★　複★★★★　　香りII　強★★　複★★★　　味わい　強★★★　複★★★★　　酸味★★★　甘味★★　　旨味★★

天狗舞 山廃仕込純米酒（石川／てんぐまい やまはいじこみじゅんまいしゅ）

第一の香り…迫力のある香り。稲穂、焼き餅、瓦せんべい、粟おこし、ケヤキの木材など。

第二の香り…お香、木、カブの葉、水菜、春菊、ビスケット、かりんとう、つぶあん、甘納豆など。香りの力は落ち着くが、より複雑な香りが湧き上がる。

味わい…感触は柔らかく、とろりとしている。とろみの中からはっきりとした酸味が出てきて、香ばしさをともなった旨味とともに味わいを形作っていく。含み香にはちみつ、メープルシロップ、求肥、レーズンの香りがあり、まろやかだがはっきりした酸味が、辛口感を持続させる。圧倒的な迫力と繊細さが独特の世界観を作っている。好き嫌いの別れる個性的な酒である。

料理との相性…個性的な酒なので、合わせる料理も個性的なものが好相性。鴨や猪、鶫（つぐみ）、山シギといった野生の鳥獣と根菜を合わせた料理、サムゲタン、クジラ、伊勢エビの具足焼き、猪のローストなど。風味が脂より強いので、肉などを煮込んだ調理法が向く。国際性のある酒だ。

温度…燗にすると力強くなり、カステラのような香ばしい香りが増す。冷や、燗と適温帯が非常に幅広い。

※山廃造りに力を入れている酒蔵。仕込み水には白山の伏流水を使用。　純米　15.0〜16.0度　米 五百万石／60％　酵 自家酵母　能登杜氏　1384円／720ml　2861円／1800ml　車多酒造

醇熟酒

| 香りⅠ | 強★★★★ 複★★★★ | 香りⅡ | 強★★★ 複★★★★ | 味わい | 強★★★★ 複★★★★ | 酸味★★★★ 甘味★★★ | 旨味★★★★ |

手取川 山廃仕込純米酒（石川／やまはいじこみじゅんまいしゅ てどりがわ）

第一の香り…陳皮、デリシャス（リンゴ）、滝つぼの霧、道明寺、粟おこし、ビスケット、ハスの実など。非常に澄んだ香りと丸く柔らかい香りが融合している。

第二の香り…ユリノキのはちみつ、リンゴ、ベルギーワッフル、羽二重餅、マツ、ヒノキなどの香りが出てくる。甘い香りを包むような穀物の香りがあり、広がっていく。

味わい…とろりとしていて、甘い感触があるのに甘くない不思議な味わい。含み香にワッフル、ウエハース、生キャラメル、白桃などの香りがある。余韻に感じるなめらかな酸味が次のひと口を呼ぶ。かどがまったくなく、テクスチャーの繊細さと、ふわふわ感が続く。起承転結の見事なまろやかな酒。

料理との相性…魚と合わせると魚の臭みを抑えて、旨味との相乗効果が起きる。魚だけでなく、野鳥を含む鶏、豚、猪、鹿などのしっかりとした脂を持った肉とも相性がよい。力強い味わいの酒なので、あっさりした料理よりは濃い味つけの料理に向く。

温度…燗にすると辛くなりすぎず、嫌な香りは全くない。強く冷やすとかたくなり、苦味が出てくる。15〜18℃がよい。

※2人の杜氏がそれぞれの蔵を持ち酒造りを行う。仕込み水には手取川の伏流水を使用。　純米　15.0〜16.0度　米 五百万石／60％　酵 金沢系自家酵母　能登杜氏　1326円／720ml　2651円／1800ml　吉田酒造店

醇酒

| 香りⅠ | 強★★ 複★★ | 香りⅡ | 強★★★ 複★★★★ | 味わい | 強★★★ 複★★★★ | 酸味★★★ 甘味★★ | 旨味★★★ |

金紋 純米酒 心待ち（石川／きんもん じゅんまいしゅ こころまち）

第一の香り…桜餅、ポン菓子、干したアンズ、稲藁、エノキタケ、粒あんなど。

第二の香り…ほのかな甘さをともなったきれいな香りが出てくる。

味わい…さらさらとした伸びやかな味わい。酸味と旨味の融合した辛口感がのびていく。軽くみずみずしい味わいの中に明確な辛口感とミネラルが反映されている。シャープな飲み口の超辛口の酒。

料理との相性…ピザ、チーズ、酢の物、シーフードサラダ、タルタルソースやフレンチドレッシングを料理にかけたものなど。

温度…燗は酸味が鋭くなる。12〜16℃ぐらいがおすすめ。

※白山の伏流水を使用。　純米　15.0〜16.0度　米 麹：五百万石、掛：コシヒカリ／65％　酵 リンゴ酸高生産性酵母　能登杜氏　1500円／720ml　3000円／1800ml　金紋酒造

爽酒

| 香りⅠ | 強★★ 複★★ | 香りⅡ | 強★★ 複★★ | 味わい | 強★ 複★★ | 酸味★★★ 甘味★ | 旨味★★ |

いろいろ酒器 ②　越前焼

福井県丹生郡越前町周辺で作られる陶磁器。歴史が古く平安時代から始まったとされる。

こんな日本酒もあり！

加賀鶴　山廃仕込純米酒
かがつる　やまはいじこみじゅんまいしゅ

石川

3年古酒

第一の香り…焼きリンゴ、アップルパイ、ポン菓子、焼き餅、カシューナッツ、マカダミアナッツ、ベルギーワッフル、メープルシロップ、マツの葉を焼いた香りなどの甘く香ばしい香り。

第二の香り…第一の香りが溶け合って丸く広がる。

味わい…柔らかく軽い口当たりで、味わいが一気に盛り上がるようにふくらむ。含み香は完熟した黄桃、ヒノキやマツ、サクラなどの木材、ワッフルやポン菓子といった焦げがしたデンプン質の香り、お香などさまざまな香りが混ざり合い、まろやかさと、練られた旨味と酸味が余韻として広がっていく。とろみの中の、精緻な酸味の広がり方が非常に個性的だが、万人に好まれる持ち味だろう。熟成させた複雑さと繊細さが見事に融合している。

料理との相性…エビやカニなどの香ばしさをともなった魚介を焼いたもの、ポークソテー、串焼きなど。焦がしバターをソースに使った料理やチーズを使った料理と合わせると香ばしい旨味が増幅する。

温度…冷やにすると古い寺にただよっているお香のような幽玄な香りが出て、とろみが強まる。堂々とした味わい・香りを楽しむ、冷やに向いた酒といえる。

※厳選に手作りされた三年熟成酒。　純米　15.0度
協会901号　能登杜氏　五百万石／60%　1575円／720ml　やちや酒造

| 香りⅠ | 強 ★★★ 複 ★★★★ | 味わい | 強 ★★★ 複 ★★★★ | 酸味 ★★★★ 甘味 ★★★ 旨味 ★★★★ |
| 香りⅡ | 強 ★★★ 複 ★★★★ | | | |

醇熟酒

純米吟醸　金澤　地わもん・ごぞう　泉
じゅんまいぎんじょう　かなざわ　じわもん・ごぞう　いずみ

石川

第一の香り…白桃、サクランボ、桜の花、わらび餅、青竹など。

第二の香り…ヒノキの皮、蒸し栗など。落ち着いた澄んだ穀物香が出る。

味わい…非常になめらかで上質な甘味を感じる。さらさらと流れるような感触で、なめらかな酸味と旨味が調和している。みずみずしさを全面に押し出した、軽快で清涼な飲み口の極辛口の酒。

料理との相性…淡泊な魚介の旨味を引き出してくれる。アマダイやエビ、カニ、ホタテ、アワビなどと合わせたい。

温度…12℃くらいの冷やにすると味わいに厚みが出て、濃密になる。

※金沢産の米や酵母にこだわって5つの蔵が共同企画し、それぞれに仕込んだ酒のひとつ。
純米吟醸　16.0度　五百万石／60%
金沢酵母　能登杜氏　1890円／720ml　武内酒造店

| 香りⅠ | 強 ★★ 複 ★★ | 味わい | 強 ★★★ 複 ★★★ | 酸味 ★★★ 甘味 ★★ 旨味 ★★ |
| 香りⅡ | 強 ★★ 複 ★★ | | | |

爽酒

能登の生一本　純米　伝兵衛
のとのきいっぽん　じゅんまい　でんべえ

石川

第一の香り…稲藁、カブ、ラディッシュ、餅など。

第二の香り…きれいで静かな香りが立ってきて、シナモンといったスパイシーな香りが出てくる。

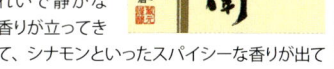

味わい…寒天に包まれたような柔らかさの中に、芯のような旨味と酸味がある。みずみずしく爽やかな酸味を感じるドライなフィニッシュ。初めて酒を飲む人でもおいしいと思える優しい飲み口の酒である。

料理との相性…魚介類全般、昆布だしで煮た豚や鶏と相性がよい。野菜の甘味を引き出してくれる、伝統食材に恵まれた土地の酒だ。

温度…12℃前後の冷やにすると、酒の柔らかさがよくわかる。

※地元を重視した少量生産。　純米　15.0～16.0度　五百万石／50%　協会1401号　能登杜氏　1575円／720ml　3150円／1800ml　中島酒造店

| 香りⅠ | 強 ★★★ 複 ★★★ | 味わい | 強 ★★ 複 ★★★ | 酸味 ★★★ 甘味 ★★ 旨味 ★★★ |
| 香りⅡ | 強 ★★★ 複 ★★★ | | | |

爽醇酒

石川　純米吟醸　ささのつゆ
じゅんまいぎんじょう　ささのつゆ

第一の香り…羽二重餅、稲藁、塩あられなど穀物香が、ミネラル香中心。
第二の香り…葛餅、求肥のほかに、プリンスメロン、ミカンの葉などの甘く爽やかな果物香がしてくる。
味わい…ふわふわとしたなめらかさの中に、硬質な米の旨味が軸としてある。きめ細やかな甘味があり、余韻は短く、キレがよい。
料理との相性…白身魚全般。海藻などの海の幸と、鶏、キノコ、タケノコ、根菜などの山の幸が一緒になった料理と相性がよい。
温度…燗にすると酸味と甘味のまとまりがばける。冷やにするととろみが増し、後口がよりすっきりとなる。
※日本海に近い井戸水を仕込み水に使用している。　純米吟醸　15.0度　**米** 山田錦／40％、五百万石／50％　**酵** 協会1401号　能登杜氏　1890円／720ml　3675円／1800ml　日吉酒造店

香りI　強★★　複★★★
香りII　強★★　複★★★
味わい　強★★　複★★★
酸味★★★　甘味★★　旨味★★

爽醇酒

福井　黒龍　純米吟醸
こくりゅう　じゅんまいぎんじょう

第一の香り…非常に心地よくきれいな香りが広がる。ふじ（リンゴ）、白桃、プリンスメロン、コブミカンの葉、青竹、熊笹など。
第二の香り…透明感のある澄んだ香りに変化し、より心地よくまろやかな優しい香りになっていく。
味わい…絹に包まれたようなふわふわとした形のない浮かぶような無重力の感触で、流れるような優美な味わい。リンゴ、ビワ、桃、スペアミントなどの上品な香りが遠くからただよってくるような含み香があり、清涼で晴れ晴れとした後口。優雅さ、優しさ、水の清らかさ、米の甘さ、艶やかさが渾然一体となっている。天下の名酒である。
料理との相性…越前ガニ、伊勢エビ、アワビ、殻つきのウニなどの高級食材と一緒に楽しむのが幸せな組み合わせである。
温度…12～15℃の冷やにすると香りによりまとまりが出てくる。水の味わいと多彩な味の要素が引き締まりながら滑るような感触が楽しめる。
※白山山系の伏流水を使用している。文化元年（1804年）に創業し、200年以上の歴史のある蔵。　純米吟醸　15.0度　**米** 五百万石／55％　**酵** 自家酵母　能登杜氏　1377円／720ml　2752円／1800ml　黒龍酒造

香りI　強★★★　複★★
香りII　強★★★　複★★
味わい　強★★★　複★★★
酸味★★　甘味★★　旨味★

爽薫酒

石川　風よ水よ人よ　純米
かぜよみずよひとよ　じゅんまい

第一の香り…道明寺、塩あられ、揚げ餅、かりんとう、炒り金ゴマなど。
第二の香り…ミネラルを思わせる、滝の霧、大根、カブ、梅の花など。
味わい…柔らかくさらっとしたバランスのとれた味わいで、含み香にホットケーキ、大判焼などの甘く香ばしい香りがある。後口に、大根のようなミネラル味を感じる。よい水で醸されたことがわかる良酒。
料理との相性…釜揚げうどん、えびしんじょう、ふろふき大根など。料理と合わせるよりもし、乾杯用としてや、酒だけでも楽しめる。
温度…燗より12℃前後の冷やのほうが味にまとまりが出て水の風合いがよくわかる。
※すべての酒を純米造りとしている。　純米　12.0度　**米** 麹：フクノハナ、掛：石川産米／70％　**酵** 自家酵母　自社杜氏　866円／720ml　1733円／1800ml　福光屋

香りI　強★★　複★★
香りII　強★★　複★★
味わい　強★★★　複★★★
酸味★★　甘味★★　旨味★★

爽酒

日本酒のはなし 8

日本酒の唎き酒（テイスティング）用語⑤

日本の酒を表現する言葉にネガティヴな傾向があるのには、もうひとつ理由がある。ワインの葡萄栽培人は、収穫した瞬間と同時に、ほぼワイン醸造家の立場に変わり、自然の恵みを受け入れて、感謝と敬意を表す。一方、日本酒は米農家、杜氏などの蔵人と酒蔵の当主間に分際があり、条件、年俸などの駆け引きの場面で、でき上がった酒を双方が手ばなしで褒められないという舞台裏があるのだ。

福井　山廃純米　ひと肌恋し
やまはいじゅんまい　ひとはだこいし

第一の香り…竹、麹室の空気、ヒノキ、稲藁、餅、生キャラメル、クヌギの樹液、キクラゲ、ゴマ、豆、炒り大豆、にがり、貝のスープ、古民家の土間の香りなどがある。

第二の香り…ウエハース、白玉、葛餅など。懐かしい香りに丸い香りが加わる。

味わい…非常に柔らかで、とろみとふくらみ感がある。まろやかな飲み口で味のバランスが絶妙。含み香はポン菓子やデリシャス（リンゴ）、メープルシロップなど。ソフトな超辛口で、豊かな余韻とゆったりとした味わいの展開が楽しめる。柔らかさ、香りの豊かさ、米の甘味と旨味、水の清らかさが表現されている。山廃仕込み特有のクセがなくて飲みやすく、酒好きが皆で集まって盛り上がれるような酒。

料理との相性…魚介の滋味と旨味を引き立ててくれる。

とくにタイ、ハモ、ウナギなどと相性がよい。肉の脂と合わさると、脂を溶かしつつ香ばしさと旨味を引き出してくれるので、肉類とも好相性を見せる。

温度…燗にすると麹のいい香りが立ってくる。酸味が出るが、柔らかな甘味も増すのでバランスがとれる。常温もよい。

※山廃仕込を基本としている酒蔵。　純米　15.0〜16.0度　米 五百万石／麹60％、掛65％　酵 協会1001号　能登杜氏　1250円／720ml　2500円／1800ml　田嶋酒造

醇酒

香りⅠ　強★★　複★★★★
香りⅡ　強★★★　複★★
味わい　強★★★　複★★★★
酸味★★★★　甘味★★
旨味★★★★

福井　いまじょう　純米
いまじょう　じゅんまい

第一の香り…黄桃、陸奥（リンゴ）、ウエハース、塩あられ、コリアンダーシード、陳皮など。涼しげなミネラルを思わせる香りもある。

第二の香り…羽二重餅や白玉といった、白くきれいなデンプン質の香りが強まる。

味わい…第一印象はなめらかで弾力性があり、甘さを抑えたバランスのとれたきれいな味わい。含み香に桃、フルーツみつ豆、オレンジピールがあり、なめらかで優しく晴れ晴れとした潤いのある辛口のフィニッシュ。飲み口の柔らかさから、爽快な後口への味のつながりが絶妙な、優れた酒である。片口に注ぎ入れてから飲むと柔らかな味と香りが増幅する。

料理との相性…寿司、天ぷら、練りもの全般、そば、アユやワカサギの素揚げ、えびしんじょ、板わさなど。燗ではさらに野菜全般、鶏、豚、チーズなどに合う。

温度…12℃くらいの冷やにすると穀物をあぶったような風合いが出て、味のまとまりがよくなる。50℃の熱燗にすると後口に香ばしさが出て日なたのような香りがする。

※珪石の岩肌からにじみ出て来た良質の水を使用。創業は元禄10年と古い。
純米　15.0〜16.0度　米 福井五百万石／50％　酵 金沢酵母　能登杜氏　1500円／720ml　2500円／1800ml　白駒酒造

薫醇酒

香りⅠ　強★★　複★★
香りⅡ　強★★★　複★★★
味わい　強★★★　複★★★
酸味★★★　甘味★★
旨味★★★

福井　富成喜　生酛造り神力米純米原酒
ふなき　きもとづくりしんりきまいじゅんまいげんしゅ

第一の香り…稲穂、焼き餅、マッシュルーム、リンゴのみつ、ウエハース、俵せんべいなど。

第二の香り…麦焦がし、三色団子、ポン菓子、焼いたマッシュルーム、スターフルーツなど。香ばしさとスパイシーな香りが強まる。

味わい…ふわふわした口当たりから、きれいな甘味と旨味がふくらんでくる。豊かで繊細な酸味がのびやかに続く。米、麹、水の味わいが見事に融合した力強くてコクのある、しかし、アルコールの強さを感じさせない優しさのある見事な辛口の酒。飲み応えがあるが飲み飽きせず、酒好きの心を刺激する。

料理との相性…酒盗や塩辛、ブルーチーズなどの発酵食品、魚醤を使った料理、トロや寒ブリ、牛、豚ロースといった脂ののった魚や肉など。力強い酒なので、あっさりした味つけの料理は、酒の力が上まわる。燗

にすればさらに、猪や鴨といった野生味のある肉類にも向く。

温度…燗にしてもアルコールの強さを感じさせずに丸く柔らかくなる。冷やにすると濃厚で強い印象になる。食中酒として、冷やも燗も優れている。

※契約栽培された酒米「神力」を使用。仕込み水には九頭龍川の伏流水を150mの地下より汲み上げて使用している。
純米　17.4度　米 神力／60％　酵 9号系自家酵母南部杜氏　1838円／720ml　3675円／1800ml　舟木酒造

醇酒

香りⅠ　強★★★　複★★★
香りⅡ　強★★★　複★★★
味わい　強★★★★　複★★★
酸味★★★★　甘味★★★
旨味★★★

左上：米にどれだけ水を吸収させるかは長年の勘がものをいう。
左下：湧き水は清らかで、日本酒造りの水の理想だ。
右：しぼりたての酒を斗瓶にとる。（南部酒造場）

福井

花垣　純米大吟醸　七右衛門
はながき　じゅんまいだいぎんじょう　しちえもん

第一の香り…白桃、陸奥（リンゴ）、レンゲや水仙の花などの柔らかく清らかな香りが広がっていく。
第二の香り…ラベンダー、ミカンの花などの香りが出て、涼しげで爽やかな香りが強まる。
味わい…なめらかな感触で、舌にしっとりとみずみずしく染み通っていく。水の風合いに米の柔らかさが融合した、優美で繊細さを持つキレのよい飲み口の銘醸酒である。
料理との相性…野菜や魚介を油を使って調理したもの、フランス料理とも相性がよい。繊細な身を持つタイやイサキといった白身魚、比内地鶏や軍鶏などの白い身の肉に向いている。
温度…10℃前後の冷やにするとデリケートな旨味と甘味が一体化する。
※日本名水百選の越前大野の伏流水を使用。　純米大吟醸　16.0～17.0度　米 山田錦／40%　酵 9号系酵母　能登杜氏　3675円／720ml　7350円／1800ml　南部酒造場

薫酒

香りⅠ　強★★　複★★　味わい　強★★★　複★★　酸味★★★　甘味★　旨味★
香りⅡ　強★★　複★

福井

伝心　雪　純米吟醸
でんしん　ゆき　じゅんまいぎんじょう

第一の香り…澄んだきれいな香り。羽二重餅、ほのかな陸奥（リンゴ）、ビワなど。
第二の香り…杏仁、白桃、白玉など。
味わい…舌に染み通っていくような潤い感のある飲み口で、清らかで晴れ渡った辛口のフィニッシュ。含み香は、桃や滝つぼの霧など。さらりとした感触の、きれいで爽やか、上品な酒である。
料理との相性…山菜の天ぷら、越前おろしそば、カニ、貝類、アユやイワナ、ヤマメといった川魚など。滋味のある食材に向く。
温度…冷やにすると柔らかさの中のミネラル感が強まり、さらに爽やかになる。
※土・稲・雪・凛からなる伝心シリーズの一つ。原料米は、蔵のある奥越前地方で栽培される酒米にこだわる。　純米吟醸　15.0～16.0度　米 麹：山田錦、掛：五百万石／60%　酵 金沢系酵母　南部杜氏　1575円／720ml　3150円／1800ml　一本義久保本店

爽薫酒

香りⅠ　強★★　複★★　味わい　強★★★　複★★　酸味★★　甘味★★　旨味★★
香りⅡ　強★★　複★

こんな日本酒もあり！

福井　梵 超吟（ぼん ちょうぎん）

5年古酒

第一の香り…スターキングデリシャス（リンゴ）などのみつ入りリンゴ、アップルミント、ハネデュー（メロン）、カリン、幸水（梨）、柚子、カボス、キンカン、イチゴ、ネクタリンといった吟醸香にエノキタケ、シロマイタケ、シメジなどの山の香りが複雑に混ざり合っている。

第二の香り…にぎやかな香りから上品な香りに落ち着いて、柔らかな香りになる。

味わい…とろりとした感触の後、味わいが一旦小休止し、数秒後に香りが細く長くたなびき続ける。含み香に熟したアケビ、ビワ、オレンジなどの香りがある。余韻には清らかな爽快感があり、澄みきった後口。予測を超える驚きの感触と風味で、みずみずしさの中に立体的な香りと味わいが満ちている。品格のある大吟醸酒。

料理との相性…料理と一緒に飲むよりは、食前酒や乾杯酒として飲むのがよい。また、洋梨のコンポートやイチゴのミルフィーユなどのデザートに合わせられる。

温度…15℃前後にすると味わいが濃密になる。冷やしすぎると、香りが閉じ込もり苦味が出てしまうことがあるので注意が必要だ。

※原料米は、兵庫県特A地区産の特上山田錦を使用し、マイナス8℃で五年間熟成。完全予約限定品。　純米大吟醸　16.9度　米山田錦／21％　酵KATO―9号　南部杜氏　10500円／720ml　加藤吉平商店

香りⅠ	★★★★	味わい 強 ★★	酸味 ★★	
	★★★★	複 ★★★	甘味 ★★	
香りⅡ	★★★★		旨味 ★★	
	★★★			

薫酒

福井　純米吟醸 白龍 漫々（じゅんまいぎんじょう はくりゅう まんまん）

第一の香り…道明寺、生キャラメル、キウイ、マシュマロ、ウエハースなど。

第二の香り…ウエハース、白玉、求肥、デリシャス（リンゴ）など。より穀物香が立ってくる。

味わい…ふわふわの感触の中に、きめ細やかな甘味がほのかに感じられて楽しい。米の甘味、旨味がしっとりと広がった後にドライな味わいがやってくる中辛口の酒。

料理との相性…そば、おでん、白身魚、山菜など。野菜を中心にして魚介を組み合わせた、あっさりした味つけの料理と好相性。

温度…12℃前後の冷やにすると香りがより鮮明になり、味わいのシャープさが増す。

※自社栽培の山田錦を使用し、白山麓の伏流水を仕込み水使用している。　純米吟醸　15.0～16.0度　米山田錦／50％　酵金沢酵母、AK―1　大野杜氏　2100円／720ml　4200円／1800ml　吉田酒造

香りⅠ	強 ★★	味わい 強 ★★★	酸味 ★★	
	複 ★★	複 ★★	甘味 ★★	
香りⅡ	強 ★★		旨味 ★★	
	複 ★★			

爽醇酒

北陸地方の日本酒

富山　富山湾に面した富山平野の背後、両側面をとり囲む1000mから3000m級の山々から、豊かな水が湾に流れ込み、新鮮な魚介類の宝庫である。酒質は新潟よりもむしろ淡麗な傾向が強く、みずみずしい辛口酒が個性を競っている。探す楽しみがある。

石川　北端の能登半島から、日本三名山、白山麓まで南北160kmにおよぶ富県。山海の幸に恵まれた半島、文化の香り高い金沢、加賀、各々に個性豊かな酒が醸されている。酒質はコクがあり、柔らかな旨口で、もてなしに向く、飲み口のよい酒が多い。

福井　若狭湾に沿った複雑な海岸線を描く嶺北・嶺南と白山麓、九頭竜沿いともに、上質で洗練された食材と食文化を持つ。能登杜氏と南部杜氏が派を分け合っているが、良水と高品質な酒米から、柔らかで繊細、舌の上を転がるような美酒が醸されている。

東海

岐阜
静岡
愛知
三重

日本アルプスや富士の名水に恵まれた静岡や岐阜、雨の多い三重、歴史ある蔵が多い愛知と、水と上質の米に恵まれた地域。

岐阜　純米原酒　鬼ころし　怒髪衝天辛口
じゅんまいげんしゅ　おにころし　どはつしょうてんからくち

第一の香り…ポン菓子、餅などの穀物の香りが全面に出ている。

第二の香り…求肥、マシュマロ、生キャラメルなどのソフトで甘い香り。

味わい…なめらかでとろみのある口当たりで、強い旨味のふくらみ感が楽しめる。口当たりの柔らかさから一転して後口は超辛口に変わる、飲み飽きしない強靭な酒。

料理との相性…脂と合わせると香ばしさが出るので、肉や魚介をさまざまな油を使って調理した料理と相性がよい。

温度…12℃前後の冷やにしてもうまいが、45℃くらいの燗にすると辛口感の流れが変わり、非常に骨太になる。楽しい豪快な酒。

※飛騨山脈の伏流水を使用。　純米　18.0～19.0度　米 ひだほまれ／58％　酵 協会9号、協会901号　自社杜氏　1330円／720ml　2550円／1800ml　老田酒造店

香りⅠ 強★★★　複★★★★　味わい 強★★★　複★★★★　酸味★★★★　甘味★★　旨味★★★★

醇酒

岐阜　純米仕込み　白真弓
じゅんまいじこみ　しらまゆみ

第一の香り…かすかに稲藁わらび餅、塩あられ、青竹、ミネラルなどの香り。静かな香りの立ち上がり。

第二の香り…森の木立、シイの木、熊笹、マッシュルームなど。

味わい…丸い口当たりで、流れるような甘味の後にわずかな酸味が続いていく。旨味にスパイシーさがともなった、ミネラル感のある後口。飲み口の優しさと後口のドライ感にギャップがあり、甘いのに辛い印象の酒。

料理との相性…みずみずしい野菜や淡い味の川魚と好相性。燗にすると肉料理とも合う。

温度…燗にすると薄い甘味が続くため辛口になりすぎず、飲み飽きしない食中酒となる。

※「ひだ」にかかる枕詞、「しらまゆみ」が酒名の由来。　純米　15.0～16.0度　米 ひだほまれ／60％　酵 協会9号　越後杜氏　1260円／720ml　2400円／1800ml　蒲酒造場

香りⅠ 強★　複★★　味わい 強★★　複★★　酸味★★　甘味★★　旨味★★

醇酒

岐阜　女城主　純米吟醸
おんなじょうしゅ　じゅんまいぎんじょう

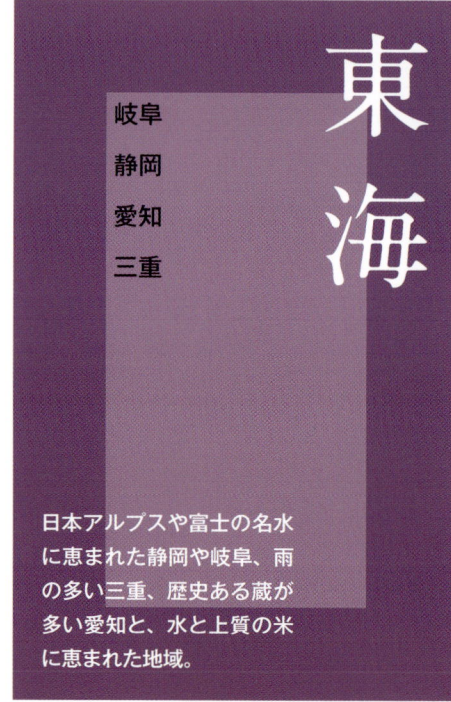

第一の香り…黄桃、サクランボ、寒天、フルーツみつ豆。

第二の香り…炭酸せんべい、ウエハース、桜餅など。きれいで澄んだ穀物香が出る。

味わい…舌に染み込んでいくようなしっとり感がある。水のまろやかさに淡い甘味と非常にきめ細やかな酸味が爽快な味わいを形作る。含み香は果物香をただよわせながら、森の澄んだ空気のようになる。余韻は飲み口のみずみずしさから始まり、ゆっくりと辛口の後味へとリレーされていく。

料理との相性…豆腐、山菜料理、淡水魚の天ぷらなど。野菜料理にはオールマイティーで、鶏の鍋物などにも好適だ。

温度…10℃に冷やすと酸味が明確になる。

※400年前の井戸水を現在も仕込み水に使い続けている。　純米吟醸　15.7度　米 ひだほまれ／50％　酵 協会901号　南部杜氏　1850円／720ml　岩村醸造

香りⅠ 強★★★　複★★★　味わい 強★★★　複★★★　酸味★★★　甘味★★　旨味★★

爽酒

岐阜　清酒 達磨正宗 未来へ 2008
（せいしゅ　だるまさむね　みらいへ　にせんはち）

こんな日本酒もあり！

古酒用原酒

第一の香り…ヒノキ、おこげ、塩せんべい、レーズンパン、栗の花のはちみつなどの香りが複雑に混ざり合っている。
第二の香り…はちみつ、ヘーゼルナッツ、杏仁、竜涎香などの香りが鮮明になる。
味わい…とろみがあって濃厚だが、くどさのない口当たり。豊かな酸味と旨味があふれ出るように感じられる。個性的で、日本酒の多様性を示す貴重な存在である。
料理との相性…中華料理、味噌で味つけした料理、発酵食品などの個性の強いものと相性がよい。
温度…15℃ぐらいにすると甘い香りととろみがまとまる。
※熟成させることを目的に造られた酒。自家で貯蔵すれば、自らの手で古酒を育てる喜びが味わえる。　純米　17.0度　麹：ひだほまれ、掛：日本晴／75％　協会7号　南部杜氏　1890円／660ml　白木恒助商店

香りⅠ	強 ★★★★★	味わい 強 ★★★★	酸味 ★★★★
	複 ★★★★★	複 ★★★	甘味 ★★★★
香りⅡ	強 ★★★★★		旨味 ★★★★
	複 ★★★★		

熟成酒

いろいろ酒器 ③ 片口

片口とは、一方にだけ注ぎ口のある生活雑器。空気に触れる酒の面積が大きくなる。わずか数分で、香りをふくらませたり、味わいを丸くすることができる。

岐阜　長良川 れんげ米純米吟醸
（ながらがわ　れんげまいじゅんまいぎんじょう）

第一の香り…レンゲのはちみつ、リンゴなどの澄んだ香り。
第二の香り…わらび餅、木の皮をはいだときの香り。
味わい…なめらかでさらさらの口当たりで、ほのかな甘味がある。レンゲのはちみつなどの甘い香りが含み香にあり、潤い感のあるクリアな後口。優しく淡い味わいで、良質の仕込み水で丁寧に造られたことが伝わってくる酒である。
料理との相性…ぬる燗で食中酒としての力を増す。甘味のある料理と相性がよい。味噌カツといった味噌を使った料理、中華料理など。冷やではあっさりした味つけの料理に向く。
温度…15℃ぐらいにすると甘味が増す。燗にすると甘味が増えると同時に辛口感も強まる。
※れんげ草を肥料にした「れんげ米」を使用。　純米吟醸　15.0～16.0度　米 れんげ米／55％　酵 自家酵母　南部杜氏　1600円／720ml　3200円／1800ml　小町酒造

香りⅠ	強 ★	味わい 強 ★★	酸味 ★★
	複 ★★	複 ★★	甘味 ★★
香りⅡ	強 ★		旨味 ★
	複 ★		

爽酒

岐阜　天領 純米吟醸 ひだほまれ
（てんりょう　じゅんまいぎんじょう　ひだほまれ）

第一の香り…キノコ類、稲藁、白玉粉、上新粉など。
第二の香り…ウエハース、森林の空気、湧き水のような澄んだ香りなど。
味わい…飲み口が軽く自然体で、みずみずしさの中に味の要素が織り合わさっている。含み香は桜餅、白玉、桜の葉と花など。しっとりと潤い感のある後口で、澄みきったきれいな辛口の酒。
料理との相性…アユやイワナといった川魚の塩焼き、キノコのホイル焼き、炭火焼きなどに合う。油を溶かす力が強いのでそれらの食材のバター焼きなどにも対応できる。
温度…12℃前後に冷やすと味わいにとろみと濃密さが出る。みずみずしさがよりわかる。
※地元産の酒造好適米「ひだほまれ」を100％使用。　純米吟醸　15.0～16.0度　米 ひだほまれ／50％　酵 花酵母　越後杜氏　1575円／720ml　3150円／1800ml　天領酒造

香りⅠ	強 ★★	味わい 強 ★★	酸味 ★★★
	複 ★★	複 ★★	甘味 ★★
香りⅡ	強 ★★		旨味 ★★
	複 ★★		

爽酒

岐阜　純米　三千櫻　じゅんまい　みちざくら

第一の香り…草餅、ビワ、梅や水仙の花、レンゲのはちみつ、カボス、ゴーフルなど。

第二の香り…果物や穀物の香りがまとまり、森林の清涼な空気を思わせる非常にきれいな清涼感のある香りを感じる。

味わい…優しく流れるような口当たりで、軽くみずみずしい。ほのかな甘味と酸味、なめらかな旨味がより合わさって澄んだ辛口感を作り出している。静かで、心を安らげてくれる、非常に丁寧に造られた品のある酒だ。

料理との相性…料理では山菜やとろろのそば、乾杯向けなど、酒単体でも楽しめる。

温度…冷やにするととろみが増し、存在感が出てくる。味わいの要素も少し大きくなる。

※自社の山からの湧水を使用。　純米　15.0～16.0度　米 五百万石／60％　酵 協会1401号　自社杜氏　1350円／720ml　2650円／1800ml　三千櫻酒造

香りⅠ 強 ★★★ 複 ★★★
香りⅡ 強 ★★ 複 ★★
味わい 強 ★★ 複 ★★★
酸味 ★★　甘味 ★★　旨味 ★★

【爽醇酒】

岐阜　小左衛門　特別純米　信濃　美山錦　無濾過生　こざえもん　とくべつじゅんまい　しなの　みやまにしき　むろかなま

第一の香り…カリン、ビワ、稲穂、菱餅、五穀米、シメジ、マイタケ、青竹、熊笹など。

第二の香り…梨、プリンスメロン、桃、リンゴなど。

味わい…とろみのある力強い第一印象から、爽やかな酸味と軽やかな甘味が出てくる。ビワやアケビ、熊笹、カエデの樹液、桜餅のような含み香があり、余韻は緻密でしなやかな味わいの波がかぶさっていき、透明感のある辛口のフィニッシュへと続いていく。

料理との相性…中華料理とも相性がよく、中国の茅台酒の代わりになりうる酒である。

温度…10℃の冷やにすると吟醸香が強まり、ウリや菜の花のような野菜香も出る。16℃前後の常温もおすすめ。燗には向かない。

※屏風山の伏流水を使用。　特別純米　16.8度　米 美山錦／55％　酵 自家酵母　自社杜氏　1300円／720ml　2600円／1800ml　中島醸造

香りⅠ 強 ★★★★ 複 ★★★★
香りⅡ 強 ★★★ 複 ★★★
味わい 強 ★★★★ 複 ★★★
酸味 ★★★★　甘味 ★★★　旨味 ★★★

【薫醇酒】

岐阜　むかしのまんま

第一の香り…竹、ヒラタケ、白玉、道明寺などのミネラルと白いデンプン質の香り。

第二の香り…ミネラル感が強い澄んだ香りになる。

味わい…アルコール感が前にあり、舌を熱くさせる辛口の第一印象から清涼な香りをともなったキレのよいクリーンな後口で、毎日飲んでも飽きない辛口。常備酒の価値がある。

料理との相性…魚と根菜の煮つけ、クルミ和え、川魚など。脂と一緒になると、麦こがしのような香りが出て食材の旨味を引き立てる。脂ののった魚の干物、フライ、飛騨牛など。

温度…ぬる燗から熱燗にすると香ばしさととろみが出る。スムーズな味の展開で料理を引き立てる。

※木曽川の伏流水を使用。　特別純米　15.0～16.0度　米 ひだほまれ／60％　酵 9号系酵母　越後杜氏　1300円／900ml　2500円／1800ml　山田商店

香りⅠ 強 ★★ 複 ★★★
香りⅡ 強 ★★ 複 ★★
味わい 強 ★★ 複 ★★
酸味 ★★★　甘味 ★★　旨味 ★★

【爽醇酒】

岐阜　久寿玉　山廃純米　くすだま　やまはいじゅんまい

第一の香り…上新粉、滝つぼの霧、ヒノキ、サクラ材など。

第二の香り…ウエハース、ゴーフル、求肥など。甘く澄んだ香りになる。

味わい…スムーズな飲み口で、ドライな後味が長く続く。丸い酸味と旨味が溶け合う、ミネラルを思わせる含み香をともなった、非常に辛口の酒。澄んだ水の感触が心地よい。

料理との相性…魚や野菜の甘味を引き立ててくれるので、川魚の塩焼きや天ぷら、根菜の煮物などと相性がよい。燗にすると飛騨牛のステーキや豚の串焼きにも合わせられる。

温度…12℃前後の冷やにすると、水の甘味ときめ細かさが出てくる。ぬる燗にすると、味に厚みが出てなめらかになる。

※北アルプスの伏流水を使用。　純米　15.0～16.0度　米 ひだほまれ／60％　酵 協会901号　自社杜氏　1323円／720ml　2751円／1800ml　平瀬酒造店

香りⅠ 強 ★★ 複 ★★★
香りⅡ 強 ★★★ 複 ★★★
味わい 強 ★★★ 複 ★★★
酸味 ★★★　甘味 ★★　旨味 ★★★

【醇酒】

千代菊 有機純米吟醸（ちよぎく ゆうきじゅんまいぎんじょう）岐阜

第一の香り…シロマイタケ、エノキ、ホンシメジ、白玉、炊きたてのご飯、餅、ミカンの葉、ネクタリン、プリンスメロン、ヒノキ、カエデ、ケヤキ材、竹など。

第二の香り…透明感のあるきれいな香りが出てきて、いろいろな香りがハイレベルで調和する。

味わい…ゆったりした口当たりで味に広がりを感じ、特定の味が突出することなく調和している飲み心地。吟醸酒としては旨味がはっきりして、米の甘・旨味がたなびく、潤い感のある晴れ晴れとした後口。非常に優れた酒で、口当たりの柔らかさ、なめらかさ、味わいの展開のよさ、柔和さが楽しめる。空気に触れることでさらに香りが広がるので、片口に移すとよい。

料理との相性…白身魚や川魚の塩焼きや天ぷら、飛騨牛、合鴨の陶板焼きなどと相性がよい。野菜の甘味を引き立てる力と脂の甘みや旨味と融合する力があるので、野菜全般、名古屋コーチン、ウコッケイ、鴨、猪、地鶏と合う。料理に順応しておいしさを包み込む変幻自在の酒。

温度…冷やにするとしっとり落ち着いた味わいになる。燗にするとシャープ感が出て、深みのある辛口になる。

※アイガモ農法で栽培された JAS 有機認定米を使用。
純米吟醸　15.0度　米麹：日本晴、掛：はつしも／58%　自家酵母　自社杜氏　2100円／720ml　4200円／1800ml　千代菊

香りⅠ 強★★★ 複★★★★　**香りⅡ** 強★★★ 複★★★　**味わい** 強★★★★ 複★★★★★　**酸味**★★★　**甘味**★★　**旨味**★★★

【爽醇酒】

三千盛 純米（みちさかり じゅんまい）岐阜

第一の香り…ほのかにいぶした杉板、カエデの樹液、ゴーフルなど。さまざまな香りが出てくる。

第二の香り…熊笹、滝つぼの霧、朝堀りタケノコ、白桃、レンゲのはちみつ、クリームみつ豆など。木やミネラルと、非常に澄んだ甘さを思わせる香りに変化する。

味わい…なめらかでさらりとした感触から旨味をともなった辛口感がずんずんと広がっていく。一見シンプルな飲み口なのに、いろいろな味わいが展開する。後口はこれ以上にないくらい辛口だが、潤い感がある。飲んでいるうちにさまざまな味の要素が発見できる、毎日でも飲みたい、楽しくなしくなる超辛口の酒だ。

料理との相性…淡泊なものから濃厚な味まで、さまざまな料理に対応できる。寿司、おろしそば、酢の物、淡水魚の天ぷら、中華料理、脂ののった魚の干物、塩味の焼き鳥など。いろりで作る料理が似合う酒だ。

温度…冷やにすると、とろりとしたまろやかさと辛口感のギャップが広がっておもしろい。燗にすると、しなやかさのある優しい超辛口酒に。常温、冷や、燗、温度を問わずいずれもおいしく飲めるオールマイティーな酒。

※掛米には県産の飯米「あさひの夢」を使用。
純米　15.0～16.0度　米麹：美山錦、掛：あさひの夢／45%　協会9号　自社杜氏　1400円／720ml　3150円／1800ml　三千盛

香りⅠ 強★★ 複★★★　**香りⅡ** 強★★ 複★★★　**味わい** 強★★★★ 複★★★★★　**酸味**★★★★　**甘味**★★　**旨味**★★★

【醇酒】

御代櫻 純米酒 生一本（みよざくら じゅんまいしゅ きいっぽん）岐阜

第一の香り…きれいなデンプン質の香り、香ばしいデンプン質の香り、竹の香りが複雑に混ざり合っている。アップルパイ、サクラ、キノコの香りもする。

第二の香り…柔らかい香りが広がっていき、丸みを帯びた包み込むような香りへと変化していく。

味わい…舌の上で浮かぶような柔らかさだが甘くなく、味わいの要素がしっとりと練り込まれたふくよかな飲み口。すべての要素がバランスよく調和していて、味の展開がスムーズ。かすかに酒粕を焼いたような香りや桜の花の香りをともなって、さらさらとした澄んだ辛口のフィニッシュへとつながる。日本酒の豊かさと清らかさをすべて備えた、飲み飽きしない美酒である。

料理との相性…冷やの場合は肉料理、魚の干物、バターやハーブを使った料理などとの相性がよい。燗の場合では逆に精進料理、繊細な味わいの魚と合う。

温度…冷やにすると木の香りが出てきて、まったりとした酒になり飲み応えが出てくる。燗にすると口当たりがまろやかで優しく、味わいの要素が溶け込む。常温、冷や、燗、温度を問わずおいしく飲める。

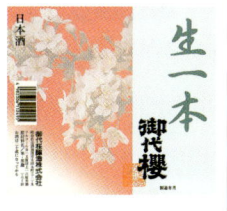

※蔵敷地内の井戸から汲み上げた木曽川の伏流水を仕込み水に。原料米には、地元岐阜産の他に木曽川の源流である長野産の酒米も使用。
純米　15.0～16.0度　米　美山錦／55%　協会901号　自社杜氏　1323円／720ml　2446円／1800ml　御代桜醸造

香りⅠ 強★★★★ 複★★★★　**香りⅡ** 強★★★ 複★★★★　**味わい** 強★★★ 複★★★★　**酸味**★★★　**甘味**★★★　**旨味**★★★

【醇酒】

こんな日本酒もあり！

岐阜　白川郷　純米　にごり酒（しらかわごう　じゅんまい　にごりざけ）

にごり酒

第一の香り…モンキーバナナ、紅玉（リンゴ）、パパイヤ、豆餅、かすかにココナッツリキュールなどの楽しい香り。
第二の香り…エビの尾のような香ばしい香りが混ざってくる。
味わい…濃厚でとろりとした口当たりで、米の粒々感が消えると、豊かでクリーミーな酸味、甘味、旨味が織りなす爽やかな味わいへと展開していく。
料理との相性…食材の血生臭さや臭みを消すので、焼き肉全般、レバ刺し、ホルモン、ブルーチーズと好相性。
温度…常温にするとモヤシのような香りが出てきてしまうので、冷やして飲むのがおすすめ。
※一般清酒の二倍の酒造米を使用し、すべての酒粕をこさない製法で造られる。　純米　14.0〜15.0度　米アケボノ／70％　酵協会7号　南部杜氏　1183円／720ml　2373円／1800ml　三輪酒造

香りⅠ	強★★★★ 複★★★★	味わい	強★★★★★ 複★★★★★	酸味	★★★★★
香りⅡ	強★★★★ 複★★★★			甘味	★★
				旨味	★★

その他

静岡　喜久醉　特別純米（きくよい　とくべつじゅんまい）

第一の香り…水あめ、リンゴあめ、イチゴ、プリンスメロンなどの澄んだ甘い香り。穀物香はない。
第二の香り…きれいなリンゴの香りが出てくる。ほのかにみつ豆、熊笹、滝つぼの霧のようなミネラルなど。米由来の香りはあらわれない。
味わい…極めて柔らかく丸い感触が細くのきていき、味わいの要素が完全に一体となって調和する。含み香に桃や藤の花の香りをともないながら、舌にみずみずしさを与えるようなしっとりとした味わいが後口に広がる。静かな柔らかい感触、優しい甘味と旨味のふくらみ感、澄んだ後口など、日本酒の魅力がすべて詰まった酒である。
料理との相性…冷やならあっさりした料理、燗ならこってりした料理というように温度によって合う料理が大きく変化する。冷やならおでん、白身魚、カニ、エビ、根菜など。燗なら干物、脂ののった青魚、野菜や魚介のバターソテー、クリームソース煮など。
温度…冷やにしても苦くならず、麹の旨味がいきる。燗にすると旨味が増して余韻も長くなるので、食中酒としてさらに力を得る。
※大井川水系南アルプスの伏流水を使用。
特別純米　15.0〜16.0度　米麹：山田錦、掛：日本晴／60％　酵静岡酵母　自社杜氏　1365円／720ml　2730円／1800ml　青島酒造

香りⅠ	強★★ 複★★	味わい	強★★ 複★★★	酸味	★★★
香りⅡ	強★★ 複★★			甘味	★★
				旨味	★★

爽醇酒

静岡　磯自慢　純米吟醸（いそじまん　じゅんまいぎんじょう）

第一の香り…澄んだきれいな香り。白桃、カリン、ブドウの花、南仏のミモザ、ほのかなリンゴの香りなど。丸い柔らかさを感じる。
第二の香り…上品で華やかな香りになる。ふじ（リンゴ）、ネクタリン、羽二重餅、カブ、ルバーブ、山ウドなど。
味わい…なめらかな口当たりで、味わいが静かにゆっくりと広がっていき、高原を吹く風、滝の霧を感じさせる清々しさがある。リンゴ、梨、滋味を持った白い根菜を思わせる含み香。余韻はしっとりと潤い感があり、澄みきる。この上なく上品で優しい極辛口だ。
料理との相性…淡泊な味わいであれば食材を選ばない。練りもの、寿司、白身魚、エビ、ハマグリ、アワビ、そば、ワサビを用いた肴など。油を使ったものでは、天ぷら、塩味の焼き鳥などと相性がよい。
温度…冷やにすると香りがしぼられてまとまる。濃密だが、華やかな軽さもあるという、相対する感触を実現させている。
※南アルプス水系大井川の伏流水を使用している。醸造している酒の原料米はほとんどが特A地区産の山田錦。　純米吟醸　15.0〜16.0度　米山田錦／麹50％　酵自家酵母　南部杜氏　4032円／1800ml　磯自慢酒造

香りⅠ	強★★ 複★★	香りⅡ	強★★★ 複★★	味わい	強★★ 複★★★	酸味	★★★	旨味	★★
						甘味	★		

薫醇酒

浅羽一万石　純米吟醸 （あさばいちまんごく　じゅんまいぎんじょう）　静岡

第一の香り…シイタケ、エノキタケ、白玉、道明寺粉、ビワ、ふじ（リンゴ）、梅と桜の花、エストラゴン、ラディッシュ、聖護院カブ、ほのかに白桃など。

第二の香り…熟したリンゴ、みつ入りリンゴ、二十世紀（梨）、ワサビ田、そばの花など。段階的に香りが広がり、より澄んだ豊かなものになる。

味わい…まろやかで舌にまとわりつくような浮遊感と、舌に染み込んでいくような潤い感が同時に展開していく。はっきりした酸味があるが酒のまろやかさと水の甘さに包まれ溶けている。含み香はビワ、梨、カブなどで、ほのかな甘い香りとキノコ類が持つミネラル香をともなう。しっとりした味わいとドライな後口への流れが非常に楽しい。飲み飽きしない美酒。片口に移し替えてから飲むと澄んだ香りが楽しめる。

料理との相性…寿司全般、刺身、天ぷら、そばなど。

ワサビにも最適。植物性油を使った料理とも合う。

温度…強く冷やすとミネラル感が増し、かたくなる。

※静岡の浅羽で作られた酒造好適米「山田錦」を使っていることから銘柄に「あさば」がつく。酒蔵近くの高天城跡に湧き出る「長命水」という水を仕込みに使う。

純米吟醸　16.0〜17.0度　米 山田錦／50％　酵 静岡酵母　能登杜氏　1575円／720ml　3045円／1800ml　土井酒造場

香りⅠ 強★ 複★★　香りⅡ 強★★ 複★★★　味わい 強★★★ 複★★★　酸味★★★★　甘味★★　旨味★★★

薫醇酒

特別純米酒　登呂の里 （とくべつじゅんまいしゅ　とろのさと）　静岡

第一の香り…まろやかで香ばしい香り。ポン菓子、炒り米、塩あられ、わらび餅、熊笹、黄桃など。

第二の香り…黄桃や梨などの果物香が立ってくる。かすかにらくがんの香ばしい香りも感じられる。

味わい…非常にまろやかで優しく包み込むような感触。とろみやまったり感が楽しめる。旨味と甘味が、優しいコクを作り出し、旨味に包み込まれた酸味が爽やかさと深みを感じさせる。余韻に上質な抹茶や玉露のような旨味が長く続く。後口はやや辛口。米、麹、水の要素をきれいにまとめた飲み心地のよい酒で、上質な酒を目指している蔵人の魂が感じられる。

料理との相性…寿司、干物、白身魚の刺身、蒸し物、昆布締めに合う。冷やは魚の旨味を引き出す力が強い。燗では脂をおいしくする力も出るので、鶏や豚のソテー、牛の鉄板焼き、鴨のグリルとも相性がよい。

温度…12〜14℃の冷やにするととろみの中の旨味が明確に出てくる。ぬる燗にすると味わいの幅が広がる。余韻に続く茶葉のようないい香りは変わらずに香る。どの温度帯も酒の香り、味わいそれぞれの持ち味が失われることはない。

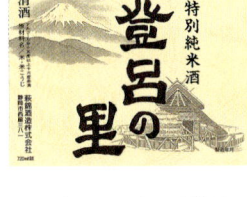

※安倍川の伏流水を使用。酒名の由来は蔵近くにある「登呂遺跡」からきている。　特別純米　15.0〜16.0度　米 美山錦／55％　酵 静岡HD-1　南部杜氏　1223円／720ml　2446円／1800ml　萩錦酒造

香りⅠ 強★ 複★★★　香りⅡ 強★★ 複★★★　味わい 強★★★ 複★★★　酸味★★　甘味★★★　旨味★★★

醇酒

初亀　岡部丸 （はつかめ　おかべまる）　静岡

第一の香り…香りは控えめだが、空気に触れることで、徐々にさまざまな香りが出てくる。稲穂、リンゴ、スギ、もみがら、高野豆腐、青ウメ、完熟したウメ、葉ワサビ、ワサビ田、ミントなどが静かに香る。

第二の香り…辛味大根、カブ、ほのかに白桃など。

味わい…もちもちした口当たりの舌にまとわりつく感触で、心地よく柔らかな旨味が口に広がる。含み香にわらび餅やリンゴの香りをともない、後口は静かでドライ。口当たりの丸さと後口の辛さが絶妙なコントラストを見せる。

料理との相性…魚やだしの旨味を引き立てるので、魚介類全般、京料理、寿司、そばなどと相性がよい。また、ソテーやグリルのようなシンプルな肉料理、鮭のムニエルやホタテのクリームソース煮、ホイル焼きといったクリームやバターを使った料理、天ぷらそばなどと

合わせると、脂に反応して懐かしい香ばしい香りが生まれる。

温度…12℃前後の冷やにするととろみが増し、燗にすると酸味と甘味が立ってドライ感が強まる。

※静岡の酒造好適米「誉富士」を使用している。寛永12年（1636年）に創業し、370年以上の歴史のある蔵。
純米　16.0〜17.0度　米 誉富士／55％　酵 静岡ND-2　能登杜氏　1750円／720ml　初亀醸造

香りⅠ 強★ 複★★　香りⅡ 強★★ 複★★★　味わい 強★★ 複★★★　酸味★★★　甘味★★　旨味★★★

醇酒

静岡　花の舞　純米酒
はなのまい　じゅんまいしゅ

第一の香り…柔らかく上品な香り。白玉、ウエハース、羽二重餅、玉露の葉、デパートの茶葉売り場の香りなど清々しい不思議な和の香りを感じる。

第二の香り…葉ワサビ、玉露の葉、草団子、ビスケット、そばボーロなど。

味わい…口当たりは絹のようで、落ち着いた静かな柔らかさの中に、味と香りが織り込まれている。含み香に森の中の霧や玉露の葉、ウエハース、ほのかな梨といった爽やかで柔らかな香りをともないながら、静かで繊細な旨味と酸味がゆっくりと続く。柔らかな口当たりがやや甘口に感じさせるが、本来はみずみずしさをともなった極辛口。味わいのバランスが絶妙で、上品の極みといえる。しっとりとしていて、雑味が一切感じられないきれいな澄んだ味わい。

料理との相性…懐石料理、山かけそば、淡泊な魚介のほか、鶏のローストや唐揚げなどと相性がよい。料理と合わせずに酒単体でもおいしく飲める。

温度…冷やにすると味わいがまとまり、するりと飲める。燗にしても味わいの密度が高く、辛くなりすぎない。冷や、常温、燗、どの温度も対応できる。

※赤石山系伏流水を使用。　純米　15.0〜16.0度
米　静岡産米／60％　酵　協会901号　自社杜氏
1019円／720ml　2048円／1800ml　花の舞酒造

爽醇酒

香りⅠ	強★★★	香りⅡ	強★★	味わい	強★★	酸味★★★	旨味★★★
	複★★★		複★★★		複★★★★	甘味★	

静岡　高砂　山廃仕込　純米
たかさご　やまはいじこみ　じゅんまい

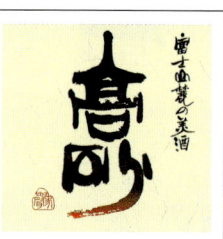

第一の香り…山吹や藤の花、白桃、陸奥（リンゴ）、ウエハース、道明寺、お香、シロマイタケ、ホンシメジなどの香りが複雑に混ざり合っている。

第二の香り…お香や寺の中のような幽玄な香り。丸く柔らかな香りになる。

味わい…舌を包み込むような丸さ、きめ細やかなまろやかさがあり、全ての要素がとろけている。極めて柔らかな飲み心地を持続しながら、澄みきった爽快な辛口感へとつながる。森の中や桜の花のようなきれいな含み香、ゆっくりとした味わいの広がり感、整った辛口感という、日本酒に求められるすべての要素を満たす。

料理との相性…白身魚やエビ、根菜の甘味を引き立てる。とくに蒸し料理が最適である。燗にして脂と合わせると、香ばしいような甘味が出てくるので、肉料理とも相性がよくなる。ほかにとろろそば、おでん、天ぷら、板わさなど。

温度…冷やにすると竹や熊笹、ヒノキといった木の香りとミネラルを思わせる香りが強まり、味がまとまる。燗にすると味わいが細く長く続く。ドライでありながらも、柔らかさを保っている。酒に旨味がなじんでくる。

※山廃造りに力を入れている。仕込み水には富士山の伏流水を使用。　純米　15.0〜16.0度　米　山田錦／55％　酵　静岡NEW-5　能登杜氏　1427円／720ml　2854円／1800ml　富士高砂酒造

醇酒

香りⅠ	強★★★	香りⅡ	強★★	味わい	強★★★	酸味★★★	旨味★★★
	複★★★★		複★★★		複★★★	甘味★★★	

静岡　臥龍梅　純米吟醸　生貯蔵酒
がりゅうばい　じゅんまいぎんじょう　なまちょぞうしゅ

第一の香り…蘭、藤、桜の花、ヒノキ、ほのかな桃やリンゴなど。

第二の香り…ヘチマ水、ビワなど。

味わい…非常に軽やかで、舌の上を丸く浮かんでいるような感触がある。非常に精緻で密度の高い旨味を感じる。含み香はおいしいフルーツケーキを食べているかのようだ。後口はキノコのような旨味をともなったソフトな辛口。

料理との相性…白身の刺身、干物、天ぷら、苦味のある野菜など。甘く調味しない料理と好相性。

温度…12℃ぐらいに冷やすとマツやヒノキ、サクラ材、白コショウの香りがし、じわりと酸味が出てフレッシュさが楽しめる。

※山田錦の元となった酒造好適米「雄町」を100％使用。　純米吟醸　16.0〜17.0度　米　雄町／55％　酵　協会10号　南部杜氏　1575円／720ml　3150円／1800ml　三和酒造

爽醇酒

香りⅠ	強★★★	香りⅡ	強★	味わい	強★★★	酸味★★★★	旨味★★★
	複★★		複★★		複★★★★	甘味★★	

いろいろ酒器 ④

美濃焼

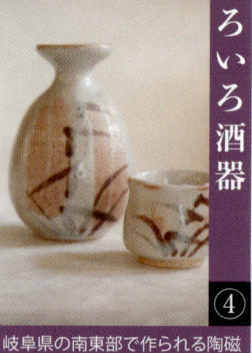

岐阜県の南東部で作られる陶磁器の素材であたたかみのある徳利とぐい呑み。（田窯）

愛知　神杉 あじわいもよう 純米
かみすぎ　あじわいもよう　じゅんまい

[第一の香り]…道明寺、かき餅、炒米、柏餅、ヒノキ、竹、シメジ、藁、古い民家の土間などの懐かしい香りが丸くまとまっている。

[第二の香り]…落ち着いた柔らかい穀物香が主体になってくる。

[味わい]…とろりとした舌ざわりから、ゆっくりときれいな旨味がのびていく。味わいの展開は明るくきれいで、落ち着いてまとまっており、木綿豆腐を食べた後に感じる、にがりのようなミネラル感が含まれている。銘柄名の通り、スギやヒノキを思わせるような含み香があり、さらさらとしたきれいな潤いのある辛口感が余韻に広がる。米のわずかな甘味と旨味、すがすがしい香り、ミネラル感が融合した見事な辛口の酒。

[料理との相性]…食中酒として最高の多様性とバランスを持つ酒。ハマグリ、アワビ、エビ、カニ、タコ、フグ、ヒラメ、スズキといった淡泊だが充実した旨味をたたえた魚介と合う。バターを使って調理したもの、鶏肉のクリーム煮、猪鍋、燻製などにも向く。

[温度]…冷やにするととろみが増して、余韻が長く感じられるようになる。燗にしても味わいの密度は変わらずに、より辛口になる。雑味は一切ない優れた酒だ。

※矢作川の伏流水を使用。　純米　15.0〜16.0度　[米]若水／65%　[酵]自家酵母　自社杜氏　945円／720ml　神杉酒造

香りⅠ 強★★★ 複★★★　味わい 強★★★ 複★★★　酸味★★ 甘味★★ 旨味★★★
香りⅡ 強★★ 複★★

[醇酒]

日本酒のはなし ⑨
日本酒を楽しむ −料理との相性−

水溶性の旨味（昆布、カツオ節、干しシイタケ、煮干しなど）に塩、しょうゆ、味噌、酢を適宜用いて、野菜や魚介に組み合わせる和食の料理体系は世界的に見ても極めて特異な位置にある。日本酒は水溶性の酒であるので、これらとは調子が合う。一方で油脂を含んだ料理には燗という、酒の熱で油を溶かして、味覚上と保健上の対応をさせる方策も日本酒ならではといえる。

静岡　杉錦 純米吟醸
すぎにしき　じゅんまいぎんじょう

[第一の香り]…スギ、ヒノキ、竹、リンゴ、ビワ、サクランボ、カシューナッツなど。澄んだ水のようなミネラル感がある。

[第二の香り]…藤や水仙の花など。

[味わい]…口当たりはまったりとしていて、とろとろとした味わい。非常にきれいな酸味が感じられ、柔らかい感触と精緻な酸味が見事に融合している。豊かな含み香があり葛餅、水ようかん、梅の花などを感じる。後口はさらさらとした柔らかな辛口へと変わっていく。

[料理との相性]…イカ、淡水魚、岩場の魚など。食前酒として酒だけでも楽しめる。

[温度]…強く冷やすとかたく重くなる。12〜16℃がおすすめ。

※現在でも昔ながらの甑を用いて米を蒸している。　純米吟醸　15.8度　[米]山田錦／50%　[酵]静岡HD−1　自社杜氏　1628円／720ml　3150円／1800ml　杉井酒造

香りⅠ 強★ 複★★★　味わい 強★★ 複★★★　酸味★★★ 甘味★★ 旨味★★
香りⅡ 強★★ 複★★

[爽醇酒]

静岡　純米吟醸 富士山
じゅんまいぎんじょう　ふじさん

[第一の香り]…かすかに桃、白玉などの澄んだ香り。

[第二の香り]…カリン、桃、かすかにマスクメロン、そうめん、そばなど。

[味わい]…しっとりとした軽やかな感触で、味わいの要素が清潔で澄んでいる。桃、桜の花などの含み香をともなった、さらさらとした酸味とミネラルが感じられるドライなフィニッシュ。

[料理との相性]…あっさりした味つけの料理と相性がよく、とくに白身魚の甘味を引き立てる。ほかに、静岡おでん、冷奴、湯葉の刺身、山菜の和え物、そば、海苔、板わさなどと一緒に飲むのがおすすめ。

[温度]…燗にするとさらに軽くさらっとした酒になる。12℃くらいの冷やもよい。

※富士山の伏流水を使用。　純米吟醸　15.0〜16.0度　[米]麹：山田錦、掛：五百万石／60%　[酵]協会1401号　能登杜氏　2100円／720ml　牧野酒造

香りⅠ 強★★ 複★★　味わい 強★★★ 複★★★　酸味★★ 甘味★★ 旨味★★
香りⅡ 強★★ 複★★

[爽醇酒]

金虎 純米（きんとら じゅんまい）愛知

第一の香り…とてもよい香り。ゴーフル、ウエハース、塩あられ、焼き餅、稲藁、生キャラメル、栗の木のはちみつなど。

第二の香り…クラッカー、求肥、フルーツみつ豆、新しい畳表など。

味わい…柔らかで流れるようなとろける感触。じっくりと味わいが広がっていく。余韻は非常にクリアで、舌に潤いと爽快感を与えてくれる。味わいのバランスはよく、軽くて柔らかい旨味があり、いつまでも飽きのこない酒である。

料理との相性…淡泊な料理も濃いめの味つけのものとも合わせられる。バター焼き、スモークした魚、味噌漬けした魚、焼き肉、ステーキ、すき焼き、レバー焼き、スパイスを使った料理などと相性がいい。燻製にも向いている。

温度…冷やにすると木の香りが出てくる。とろりとした感触が増し、飲み応えが出て、食中酒として楽しい酒になる。燗にすると辛口感が強く、風格のあるどっしりとした酒になる。常温、冷や、燗、すべての温度帯でおいしく飲める。

※現在販売されている同銘柄の精米歩合は60％。

純米　15.0～16.0度　麹：五百万石、掛：日本晴／65％　酵 FIA 1、FIA 2　越後杜氏　795円／720ml　1970円／1800ml　金虎酒造

香りⅠ 強★★★ 複★★★　香りⅡ 強★★★ 複★★★　味わい 強★★★ 複★★★　酸味★★ 甘味★★　旨味★★★

爽酵酒

勲碧 特別純米酒（くんぺき とくべつじゅんまいしゅ）愛知

第一の香り…切干し大根、つきたての餅、青竹、シメジ、桜のチップ、豆、マイタケなど。全体にスモークがかった印象で、古寺の中、味噌、ヒノキのような懐かしい香りがする。

第二の香り…柔らかでふくよかな穀物の香り。

味わい…ふくらみ感があり、柔らかいふんわりと浮かぶような飲み心地である。味わいに溶け込んだ旨味が、酸味と甘味のバランスのよさをより引き立てている。餅、ウエハース、ポン菓子などの丸く豊かな含み香が抜けていくと、しっとりした舌を潤すような潤い感と、きれいな旨味が細く長く続く。丸みがあり柔らかな酸味を持つ、うまい酒の見本のような酒である。米と水に恵まれた蔵の特徴がよく出ている。

料理との相性…京懐石、繊細な椀もの、上質な豆腐、伊勢エビ、アワビ、ウニなどと合う。脂とも相性がよく、クリームを使った料理のおいしさを引き立てる。肉は松阪牛のような舌の上でとろける肉がよい。

温度…15℃ぐらいにするとほのかな吟醸香やふんわり感、米のきれいな甘さが出てきて、上品な、世界に通用する酒となる。

※地下100ｍから汲み上げた木曽川の伏流水を使用。地産地消にこだわり、少量を家族で仕込む。　特別純米　15.0度　麹 山田錦、あいちのかおり／60％　酵 協会10号　自社杜氏　1155円／720ml　2415円／1800ml　勲碧酒造

香りⅠ 強★★★ 複★★★　香りⅡ 強★★ 複★★　味わい 強★★★ 複★★★　酸味★★★★ 甘味★★★　旨味★★★

醇酒

白老 純米 百二拾二號（はくろう じゅんまい ひゃくにじゅうにごう）愛知

第一の香り…ポン菓子、ウエハース、焼き餅、白玉、あられ、塩せんべい、炒り大豆、かすかにしょうゆ、海苔、竹の香りなどの熟成香がある。

第二の香り…ポン菓子、ウエハースなど。香ばしさが落ち着き、純米酒の柔らかくてよい香りがする。

味わい…しっとりとした感触から甘味と旨味がふくらみ、徐々に潤い感のある辛口に変化する。ポン菓子や竹細工のかご、キリのような香りをともないながら、薄い甘味ときれいな細い旨味が残る。味わいのバランスがよく、柔らかさと辛口感が見事に融合している。蔵人の愛情と、一生懸命造った酒という思いが伝わる老舗の酒である。

料理との相性…根菜、ふろふき大根、味噌おでん、しょうが焼き、天ぷら、煮魚、焼き魚、ウナギの白焼き、レバー、牛肉のローストやグリルなどと幅広く対応する酒である。

温度…冷やにしても香ばしさが出る。燗にするとミネラル感と香ばしさが出て、極めて例外的にとろみのある辛口の酒になる。

※仕込み水には、知多半島の湧水を、米は自社栽培している「若水」を使用している。酒米は大きな木製の甑（こしき）で蒸すなど、昔ながらの道具を使い酒造りを行う。　純米　15.0～16.0度　麹 五百万石、掛：若水／65％　酵 協会10号　自社杜氏　1208円／720ml　2415円／1800ml　澤田酒造

香りⅠ 強★★★ 複★★★　香りⅡ 強★★ 複★★　味わい 強★★★ 複★★★　酸味★★ 甘味★★　旨味★★★

醇酒

愛知　蓬莱泉　特別純米　可。(ほうらいせん とくべつじゅんまい べし)

第一の香り…オートミール、餅、塩あられ、マシュマロ、クッキー、青竹、マッシュルーム、ポン菓子、ビワ、藤や水仙の花などの香りが複雑に混ざり合っている。
第二の香り…第一の香りがしっとりとまとまり、ヒノキやケヤキなどの木の香り、お香の香りが出てくる。
味わい…なめらかでとろみのある感触で舌の上でふくらむ。含み香は、餅やポン菓子などの香りから熊笹などの澄んだ香りに変化し、余韻に柔らかな旨味がたなびく。バランスのよさ、精妙さ、ふわふわの感触、後口の旨味の余韻、澄んだ水の清らかさ、米の甘・旨味が見事に融合している。地域を代表する美酒。
料理との相性…とくに、エビ、ウナギのような旨味の強い食材と相性がよい。ほかにアユやワカサギといった川魚の塩焼きや、味噌おでん、天ぷら、オリーブオイルを使った魚介料理など。
温度…12℃の冷やにすると吟醸香が出てくる。味わいの柔らかさが増し、より飲み飽きしなくなる。燗にすると豊かで上品な旨味が強まる。常温、冷や、燗、広い温度帯でおいしく飲める。

※「夢山水」は山間高冷地専用の酒造好適米。同蔵では酒造り体験の他、オリジナルの日本酒をオーダーメイドすることも可能。　特別純米　15.0度　麹：夢山水、掛：チヨニシキ／55%　酵母 非公開　自社杜氏　1313円／720ml　2625円／1800ml　関谷醸造

香りⅠ　強★★★　複★★★★　　香りⅡ　強★★　複★★★　　味わい　強★★★　複★★★★　　酸味　強★★★　甘味★★　　旨味★★★

醇酒

愛知　東龍　山廃純米酒　佐藤東兵衛 (あずまりゅう やまはいじゅんまいしゅ さとうとうべえ)

第一の香り…まろやかで豊かな香り。五穀米、発芽玄米、稲藁、きび餅、ヒノキ、ケヤキ、シメジ、ブラウンマッシュルーム、マイタケ、コショウ、山椒、寺のお堂の中のお香のような香りなどが複雑に混ざり合って香る。
第二の香り…豊かさを思わせる心地よい香りにまとまってくる。
味わい…とろりとした感触で、さまざまな香りを放ちながら、味わいがぐんぐんのびていく。繊細な味わいの要素が複雑に絡み合い、まとまったボリューム感を醸し出す。含み香にさまざまな木やスパイス、穀物の香ばしさがただよい、精緻で澄んだ酸味と旨味が余韻に広がる。力強く飲み応えがあり、飲めば飲むほど味わいが深まっていく。
料理との相性…力強い味わいの酒なので、個性の強い食材と一緒に楽しめる。ウォッシュタイプのチーズ、味噌を使って調理したもの、フナ寿司、カニ、名古屋コーチンのもも肉のソテー、松阪牛のステーキなども向く。
温度…冷やでさらに重厚な風味になり、燗にすると酸味と旨味が増してコクのある味わいになる。日本有数の酒だといえる。

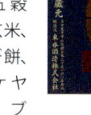

※木曽川の伏流水を使用。　純米　15.0〜16.0度　山田錦／65%　7号系自家酵母　自社杜氏　1054円／720ml　2280円／1800ml　東春酒造

香りⅠ　強★★★★　複★★★★　　香りⅡ　強★★★　複★★★　　味わい　強★★★★　複★★★★　　酸味★★★★　甘味★★　旨味★★★★

醇酒

愛知　尊皇　辛口純米　活鱗 (そんのう からくちじゅんまい かつりん)

第一の香り…ヒノキ、ケヤキ、粟おこし、求肥、道明寺、陸奥（リンゴ）、フルーツトマト、ふろふき大根、かすかなカリンなどの楽しい香り。
第二の香り…熊笹、羽二重餅、わらび餅など。
味わい…なめらかでとろけるような感触。味の要素がつまった緻密な味わい。濃密な中盤から徐々に辛口へと変わり、含み香に笹餅や木の香りをともなう。切れ長の酸味とキノコを思わせるような旨味が余韻に続き、ミネラル味のフィニッシュへ。柔らかい飲み口からドライな後口への味わいのグラデーションがおもしろい。隠れた銘酒である。
料理との相性…魚介類の旨味をとてもよく引き出す。魚介類の浜焼きや蒸しもの、岩場の魚（タイ、カサゴ、フグなど）の刺身や鍋物、天ぷら、寿司、クリームやバターを使った魚介料理などに対応する力がある。
温度…冷やにすると洋梨のような香りが出て、引き締まる。燗にすると甘味が増すが辛口感は変わらない。冷やから熱燗まで自在に対応する酒だ。

※蔵内で地下から汲み上げる天然水を使用。　純米　16.0度　若水／70%　自家酵母　自社杜氏　1155円／720ml　2415円／1800ml　山崎

香りⅠ　強★★★　複★★★　　香りⅡ　強★★　複★★★　　味わい　強★★★　複★★★　　酸味★★★　甘味★★　旨味★★★

薫醇酒

愛知　特撰國盛　純米吟醸　南吉の里
とくせんくにざかり　じゅんまいぎんじょう　なんきちのさと

第一の香り…柔らかな香り。餅、ポン菓子、ワッフル、そばボーロ、黄桃、新品の畳表など。
第二の香り…クッキー、ウエハース、マシュマロなどの甘いデンプン質の香りが出てくる。
味わい…柔らかくとろみがあり、急転して酸味と旨味が出る。含み香に熊笹や滝っぼの霧のような香りがあり、旨味をともなった非常にドライな後口が印象的だ。
料理との相性…料理に合わせると、酒だけのときには感じられなかったとても強い力がある。味噌煮込みおでん、カレーなどの強い味つけの料理にも向く。
温度…12℃の冷やで味わいが長くなる。オン・ザ・ロックスもおすすめ。
※酒名は、半田が生んだ童話作家「新美南吉」にちなむ。　純米吟醸　15.0～16.0度　米 五百万石／55%　酵 愛知県酵母　自社杜氏　2021円／720ml　中埜酒造

香りⅠ 強★★★ 複★★★
香りⅡ 強★★★ 複★★★
味わい 強★★ 複★★★
酸味★★★ 甘味★★ 旨味★★★
爽醇酒

愛知　相生　花菖蒲　純米吟醸
あいおい　はなしょうぶ　じゅんまいぎんじょう

第一の香り…メロン、青バナナ、干したアンズ、ラムレーズン、エノキ、スギの香りなど。
第二の香り…香りのトーンが落ち着き、柚子のような涼しげな柑橘の香りがわずかに出る。
味わい…柔らかく爽快な味わいで、シャープな酸味がキレ味のよさを出している。さらりとした旨味を感じるドライなフィニッシュ。
料理との相性…油を含む料理と格好の組み合わせ。フライ、脂ののった魚、焼き肉など。猪鍋、鴨鍋などの豪快な料理にも向く。
温度…冷やにすると香りが清涼になり、丸いとろみが出てくる。
※日本酒のほかにみりんなどの調味酒も数多く製造している。　純米吟醸　15.0～16.0度　米 夢山水／47%　酵 自家酵母　自社杜氏　2084円／720ml　相生ユニビオ　碧南事業所

香りⅠ 強★★ 複★★★
香りⅡ 強★★ 複★★
味わい 強★★★ 複★★
酸味★★★★ 甘味★★ 旨味★★
爽醇酒

愛知　義侠　純米原酒60%
ぎきょう　じゅんまいげんしゅろくじゅうぱーせんと

第一の香り…ヒノキ、サクラ材、餅、白玉、道明寺、ほのかにリンゴなど。
第二の香り…穀物や木の香りが上品に融合している。涼しげなリンゴの香りもはっきりしてくる。
味わい…柔らかで澄んだ味わい。柔らかさの中から芯の通った酸味が出てきて、旨味と酸味が長く余韻に続く。含み香は、青竹、ウエハースなど。原酒にあるアルコール感は感じられず、完成度の高いうまい酒である。
料理との相性…脂を溶かす力が非常に強く、炉端焼き、天ぷら、タレの焼き鳥、豚しゃぶ、豚カツ、スパイシーな手羽先などとよい。
温度…10℃の冷やにすると味わいはよりまとまり、おいしく飲める。オン・ザ・ロックスもうまい。
※特A地区の兵庫県東条町産の特別栽培米の山田錦を使用。　純米　16.0～17.0度　米 山田錦／60%　酵 協会9号　自社杜氏　オープン価格　山忠本家酒造

香りⅠ 強★★★ 複★★★
香りⅡ 強★★ 複★★★
味わい 強★★★ 複★★★
酸味★★★ 甘味★★ 旨味★★★
醇酒

愛知　四天王　純米酒　いっこく
してんのう　じゅんまいしゅ　いっこく

第一の香り…丸い香り。餅、塩あられ、おこげ、瓦せんべい、竹、カシューナッツなどの香ばしい香り。
第二の香り…第一の香りと変わらず、丸い香り。
味わい…非常に丸く、とろみがあるふわふわの感触。含み香にポン菓子、陸奥（リンゴ）などの甘い香りをともないながら、しっとりとした酸味と甘味が余韻に続く中辛口の酒。
料理との相性…あっさりした味つけの料理と相性がよい。豆腐、湯葉、えびしんじょ、白身魚の刺身や湯引き、野菜の炊き合わせなど。
温度…冷やすととろみが増し、麹からの上品な甘味と旨味を感じる。ぬる燗にすると味わいがさらに丸くなり、後口は辛くなる。
※みりんの醸造もしている。　純米　15.0～16.0度　米 麹：五百万石、掛：夢錦／60%　酵 協会9号　自社杜氏　1029円／720ml　2247円／1800ml　甘強酒造

香りⅠ 強★★ 複★★★
香りⅡ 強★★ 複★★★
味わい 強★★★ 複★★★
酸味★★ 甘味★★★ 旨味★★★
醇酒

こんな日本酒もあり！

愛知　琥珀粋　スリムボトル
こはくすい　すりむぼとる

12年古酒

[第一の香り]…岩のり、餅、おはぎ、栗、ミカンの木のはちみつ、ヘーゼルナッツ、カシューナッツ、レーズンなど。
[第二の香り]…金ゴマ、メープルバター、プロポリス、ココナッツ、カモミールティーなど。日本酒とは思えない香り。
[味わい]…なめらかで甘いが、明確な酸味もある。濃厚でこってりとした飲み口から、極めてドライな後口への展開がスローに起こる。強烈な個性のある酒だ。
[料理との相性]…四川料理、味噌を使った料理、レーズンを使ったデザートなどに合わせて。食中酒としてより、婚礼などの祝儀に使うのも一考である。
[温度]…冷やにすると酸味が強まってキレがよくなる。
※平成7年醸造の純米秘蔵古原酒。　純米　18.0～19.0度　[米]山田錦／70%　[酵]協会7号　越後杜氏　2800円／300ml　小弓鶴酒造

		酸味 ★★★★★	
香りⅠ	強★★★ 複★★★★★	味わい 強★★★★	熟
香りⅡ	強★★★ 複★★★★	甘味 ★★★★★ 旨味 ★★★	酒

三重　初日　純米大吟醸
はつひ　じゅんまいだいぎんじょう

[第一の香り]…藤や水仙、オレンジの花、白桃、ネクタリン、ゴーフルなど。
[第二の香り]…花の香りが強まり、より澄んだ香りに。リンゴのような香りも加わる。
[味わい]…予想される力強さはなく、非常になめらか。澄んだ清らかな飲み口で、含み香に三色団子、フルーツみつ豆などがある。さらさらとした感触と、爽快なドライ感が絶妙の、純粋で飾らない端正な酒である。
[料理との相性]…昆布やカツオのだしを使った料理、京料理、寿司など。脂と合わせると酒の純粋さが消されるおそれがある。
[温度]…強く冷やすと花の香りが弱まる。後口が少し苦くなるので15℃くらいがおすすめ。
※雲出川の伏流水を仕込み水に使用。　純米大吟醸　16.0～17.0度　[米]山田錦／40%　[酵]三重MK-3　但馬杜氏　3675円／720ml　8925円／1800ml　油正

香りⅠ	強★★ 複★★★	味わい 強★★★	酸味 ★★★ 甘味 ★★	爽
香りⅡ	強★★★ 複★★		旨味 ★	薫酒

三重　鈿女　純米吟醸　生貯蔵酒
うづめ　じゅんまいぎんじょう　なまちょぞうしゅ

[第一の香り]…リンゴ、梨、メロン、カボス、藤や山吹の花、エノキタケ、ヤマブシタケ、マイタケ、湧き水のようなミネラル香など。
[第二の香り]…リンゴ、梨、桃などの果肉の白い果物を思わせる香り、みつ豆、わらび餅など。
[味わい]…ふんわりとした優しい口当たりで、ほのかな甘味がゆっくり流れるように広がっていく。後口はしっとりとしていてみずみずしい。優しくきれいな飲み口の、やや甘口の酒。
[料理との相性]…川魚、そば、おろしおでん、松阪牛の網焼き、塩味の焼き鳥、山菜やキノコの天ぷらなど。
[温度]…10℃以下の冷やにすると味わいがまとまる。春から夏におすすめ。
※日本名水百選の智積養水を使用。　純米吟醸　14.0度　[米]神の穂／60%　[酵]三重MK-1　自社杜氏　1680円／720ml　3150円／1800ml　伊藤酒造

香りⅠ	強★★★ 複★★★	味わい 強★★★	酸味 ★★ 甘味 ★★★	爽
香りⅡ	強★★★ 複★★★		旨味 ★★★	醇酒

蒸し米は大きく広げて冷やす。（伊藤酒造）

三重　特別純米酒　英　生酛　無濾過生原酒
とくべつじゅんまいしゅ　はなぶさ　きもと　むろかなまげんしゅ

- **第一の香り**…澄んだよい香り。藁、アップルパイ、二十世紀（梨）、デラウェア、プリンスメロン、わらび餅、寒天など。
- **第二の香り**…ブドウ、プリンスメロン、梨などの果物の香りのほかに、ほのかにヨモギ餅の香りがある。
- **味わい**…柔らかくゆっくりと豊かに広がっていく味わいで、草餅の香りをともなった味の展開。酸味の高さとアルコール度数のわりには軽やかでよくまとまったドライな酒である。
- **料理との相性**…クリームやバター、オリーブオイルを使った料理全般と相性がよい。
- **温度**…15℃くらいにすると果物香が落ち着いて穀物香が立ってくる。味わいがまろやかにまとまる。冷やに向いている酒。

※無農薬の山田錦を使用。　特別純米 17.4度　米 山田錦／60％　酵 自家酵母　自社杜氏　1995円／720ml　3990円／1800ml　森喜酒造場

香りⅠ 強★★★ 複　　／味わい 強★★★ 複★★★／酸味★★★★ 甘味★★★ 旨味★★★
香りⅡ 強★★★ 複★★

【醇酒】

流水の勢いで米を洗米。意外に米には優しい。（土井酒造場）

三重　純米大吟醸　仙右衛門
じゅんまいだいぎんじょう　せんうえもん

- **第一の香り**…水仙、バラ、リンドウ、ラベンダーなどの花の香りと、リンゴ、ミカン、オレンジ、柚子などの果物香が合わさった、とても華やかな香り。
- **第二の香り**…ほのかなガーベラやリンドウなど花の華やかな香りがあらわれてくる。
- **味わい**…力強い味わいで、甘味と酸味が交互に押し寄せてくる。充実した甘味、酸味、優しい香りがたくさん詰まっている美酒。
- **料理との相性**…中華料理などの濃い味つけの料理と好相性。ポークソテーや鶏のハーブ焼きなど。食中酒として優れた大吟醸酒だ。
- **温度**…12℃前後の冷やにすると濃密でまったりとしたとろみと、果物香が合う。食中酒としても、酒単体での鑑賞も楽しめる。

※アベリアの花酵母を使用。　純米大吟醸 15.0～16.0度　米 山田錦／45％　酵 花酵母アベリア　自社杜氏　3500円／720ml　森本仙右衛門商店

香りⅠ 強★★★★★ 複★★★／味わい 強★★★★ 複★★★／酸味★★★★ 甘味★★★★ 旨味★★★
香りⅡ 強★★★ 複★★

【薫酒】

三重　辛口純米　瀧水流
からくちじゅんまい　はやせ

- **第一の香り**…蒸し米、白玉、ポン菓子、ウエハース、三色団子などの穀物香。
- **第二の香り**…木やミネラルを感じる香りがあらわれてくる。
- **味わい**…非常になめらかな柔らかい口当たりで、みずみずしい爽やかさを感じる。ほのかに藤の花や桃のような香りをともなった、旨味と潤い感のある辛口の後口。
- **料理との相性**…白身魚とくに岩場の魚、アワビ、ウニ、牡蠣、鶏、豚、山菜、アスパラガスなどをシンプルな味つけで調理したものと相性がよい。
- **温度**…冷やにすると甘い香りが出てきて、より透明感のあるきれいな酒になる。燗にするとみずみずしい辛口の酒になる。

※赤目四十八滝の伏流水を使用。　純米 15.0～16.0度　米 掛：山田錦、五百万石／60％　酵 自家酵母　南部杜氏　1218円／720ml　2447円／1800ml　瀧自慢酒造

香りⅠ 強★★ 複★★★／味わい 強★★ 複★★★／酸味★★ 甘味★★ 旨味★★★
香りⅡ 強★★ 複★★

【醇酒】

東海地方の日本酒

三重　純米吟醸　義左衛門　三重山田錦
じゅんまいぎんじょう　ぎざえもん　みえやまだにしき

第一の香り…ふじ（リンゴ）、白桃、カリン、モンキーバナナ、桜や山吹、木蓮の花、アップルミント、羽二重餅、菱餅、森の香り、滝つぼの霧など。

第二の香り…とても心地よい果物や花の香り。早く飲みたくなる魅惑的な香りである。

味わい…ふわふわとした柔らかさととろみ感の中に、味わいがなめらかに結びついている。染み込むような潤い感を持ち、味わいの要素それぞれが緻密で繊細。果物や穀物の香りの中に、スパイシーさを含んだ香りが立ち上がってくる。ビンテージシャンパンを思わせる香りをともなった、澄んだ後口が余韻に広がる。カシやナラ材の繊細で複雑な香りを持っており、飲み飽きしない辛口の酒。

料理との相性…オリーブオイルやバター、クリームソースにも合うので、魚介を使ったフレンチやイタリアンに。きれいな味わいを持つ食材をシンプルに調理したものもよいので、伊勢エビやアワビの蒸し物とも好相性。

温度…10℃くらいの冷やにすると果物と木の香りが見事に融合し、苦味も出ずクリアで爽快な飲み口となる。

※青山高原の伏流水を使用。　純米吟醸　15.0〜16.0度　⽶ 三重山田錦／60%　酵 自家酵母　自社杜氏　1575円／720ml　3150円／1800ml　若戎酒造

香りⅠ　強★★　複★★
香りⅡ　強★★　複★★★
味わい　強★★★　複★★★
酸味★★★　甘味★★　旨味★★

爽薫酒

三重　夢窓　特別純米酒
むそう　とくべつじゅんまいしゅ

第一の香り…スギ、ヒノキ、シメジ、エノキ、稲穂、柏餅、桜餅、若いバナナなど。

第二の香り…すっきりとした香りにまとまってくる。スギの木箱に入ったカステラや土蔵の中にいるような香りが出てくる。

味わい…とろみがあり、舌を包み込むような柔らかい感触。緻密な味わいの要素がそれぞれ連携して、溶け合っている。ぎゅっとつまった密度の高い味わいで、ミネラルの風味が豊かに感じられる。しっとりとした旨味、キノコのようなほのかな渋味、ウリのようなみずみずしいミネラル感が余韻に残る。木やキノコを思わせるほのかで上品な渋味の後口。極辛口の旨口酒。

料理との相性…脂のあるものと一緒に味わうと、脂の中のおいしさを引き出し、酒のふくよかさも増す。名古屋コーチン、松阪牛などと相性がよい。ほかにアユ、アワビ、伊勢エビ、フグなどとも相性がよい。

温度…15℃の冷やにするとワサビやカブのような、ミネラル感に富んだ清涼感が出てくる。苦味はなく、クリアな味わいを保つ。

※仕込み水は布引山系の伏流水を使用し、米は減農薬で特別栽培している。　特別純米　15.0〜16.0度　⽶ 五百万石／60%　酵 MH－1　自社杜氏　1260円／720ml　2552円／1800ml　新良酒造

香りⅠ　強★★★　複★★
香りⅡ　強★★　複★★
味わい　強★★★　複★★★
酸味★★★　甘味★　旨味★★★

醇酒

東海地方の日本酒

岐阜　7県に囲まれ、飛騨、東濃、中濃、西濃の各地域がある。山あいの飛騨では潤いのある辛口酒、三濃では複雑な水脈が地下の異なる層で流れており、酒質はやや濃醇さを主軸にしながらも、酒蔵各々が個性を競う。灘への原酒提供をした蔵元も多い。

静岡　富士山の表側、伊豆、東・中・西遠州の太平洋沿いから南アルプスと、多彩な地勢と文化を有する。江戸の昔から豊かな産物の集積地であったことと多くの杜氏流派が競い合って、極めて洗練された香りと味わいとともに色々な上質の肴・料理と好相性を見せる、高雅な食中酒となる特性を併せ持つ。

愛知　名古屋・瀬戸の尾張、海の知多、渥美の両半島、1000m級の山塊、美濃三河高地と多様な地勢を持つ。旧くから様々な発酵調味料の大産地でもあり、合理的な知恵が酒造りにいかされている。酒質は濃醇で、酸味が引き締める流れとなる。

三重　桑名から松坂、伊勢にかけての沿岸部と伊賀の上野盆地に酒蔵があり、熊野灘に面する紀勢には見られない。飲み口がなめらかで、ほのかな甘味があるものの、キレのよさを引き出す酸味の配置が巧みである。愛・三・岐の東海3県には、大手酒造の指導による灘流の生酛、山廃の技術基盤がある。

関西

滋賀
大阪
京都
兵庫
奈良
和歌山

関西は、兵庫の「灘」「伊丹」、京都の「伏見」、大阪の「天野酒」など摂津十二郷として、日本の酒造りの技術と生産の中心地であった。

滋賀　笑四季 純米酒（えみしき じゅんまいしゅ）

第一の香り…岩ゴケ、上新粉、シメジ、完熟ウメなど。
第二の香り…メロンパン、羽二重餅、道明寺、ほのかなアプリコットなど。
味わい…麹のほのかな甘味と、繊細な旨味がみずみずしさの中にバランスよく存在している。非常にクリアな後口の、優しく潤い感のあるミネラルを感じさせる超辛口の酒である。
料理との相性…冷やにすると天ぷら、川魚、夏の京懐石などと相性がよい。魚料理には冷や、肉料理には燗が向いている。
温度…10℃前後まで強めに冷やすと、日本酒としては珍しく、喉の渇きを潤す酒となり、いくらでも飲める。燗にするとやさしい香りがそぎ落とされ、さらにドライになる。
※鈴鹿山系の伏流水を使用。　純米　15.0～16.0度　米 日本晴／70％　酵 協会9号　越後杜氏　1050円／720ml　2140円／1800ml
笑四季酒造

香りⅠ 強★★★ 複★★★★
香りⅡ 強★★★ 複★★
味わい 強★★ 複★★★
酸味★★★ 甘味★ 旨味★★

爽醇酒

滋賀　特別純米 山廃仕込 道灌（とくべつじゅんまい やまはいじこみ どうかん）

第一の香り…餅、白玉、ウエハース、そば粉、青竹など。
第二の香り…黄桃、デラウェア（ブドウ）などの果物香が出てくる。ほのかに梅の花、藤の花の香りなど。
味わい…静かに染み入るような安心感のある味わいで、しみじみとした清らかさを感じる。きれいな透明感のある旨味と、爽やかで澄んだ辛口感が余韻に広がる。
料理との相性…あっさりした料理と相性がよい。湯豆腐、白身魚や野菜の天ぷら、ちらし寿司、京料理、炭火焼きの川魚など。
温度…45℃のぬる燗にすると、酸味が旨味に包まれて丸い味わいになる。16℃くらいの常温もよい。
※ワイン造りもしている酒蔵。　特別純米　15.0～16.0度　米 玉栄／57％　酵 自家酵母　能登杜氏　1312円／720ml　2625円／1800ml
太田酒造

香りⅠ 強★★ 複★★
香りⅡ 強★★★ 複★★
味わい 強★★ 複★★★
酸味★★★ 甘味★ 旨味★

爽醇酒

滋賀　純米吟醸 蔵人 生酒（じゅんまいぎんじょう くらびと なましゅ）

第一の香り…ハスの実、玉露の茶葉、柿の葉、ウーロン茶、そば粉、春雨、ひよこ豆など。
第二の香り…香りはクリアになり、アーモンド、杏仁、竹などの香りがしてくる。
味わい…濃密で大らかな味わいから、さらさらとした爽やかでドライなフィニッシュへと移り変わる。力強さ、みずみずしさ、ドライ感がスピーディーに展開していく酒だ。
料理との相性…味噌を使った料理、アナゴの棒寿司、みりん干しをあぶったもの、カニのしゃぶしゃぶ、魚の煮つけなどの味の深い料理と相性がよい。
温度…10℃の冷やにすると、甘味に艶が出る。
※すべての酒を手しぼりで造る。　純米吟醸　15.0～16.0度　米 山田錦／50％　酵 非公開　自社杜氏　2000円／720ml　4100円／1800ml　池本酒造

香りⅠ 強★★★ 複★★★
香りⅡ 強★★ 複★★
味わい 強★★★★ 複★★★
酸味★★★★ 甘味★★★★ 旨味★★★

醇酒

こんな日本酒もあり！

滋賀　不老泉 特別純米 山廃仕込 原酒 参年熟成（赤ラベル）
ふろうせん とくべつじゅんまい やまはいじこみ げんしゅ さんねんじゅくせい（あからべる）

3年古酒

第一の香り…マカダミアナッツ、炒り大豆、レンゲのはちみつ、粟おこし、ワッフル、焼きリンゴ、クラッカー、焼き餅などの甘く香ばしい香りが中心にあり、ほのかに熊笹、竹、ケヤキ、カエデなどの木の香りもある。

第二の香り…熟した梨、道明寺、砂糖をまぶした餅など。

味わい…濃密な、非常になめらかな口当たりで、味わいの要素が完全に溶け合っている。アルコール感と酸味がまとまっていて、とろみがあるのに辛口の味わい。はっきりとした含み香の強さを感じる。焼き餅やワッフルなどの香ばしい香りをともなった辛口感に、寄り添うようにきれいな甘みが残る。熟成感よりも、味わいの要素が複雑に融合した、ふくよかに育った酒という印象である。

料理との相性…フナ寿司、焼きガニ、伊勢エビ、ニシンの糠漬け、中華料理全般、味噌煮込みおでん、霜降りステーキ、干物やチーズといった発酵食品などの濃い味の料理と相性がよい。

温度…冷やにすると、秋の田んぼや古い民家の懐かしい香りが強調されてくる。

※木槽天秤しぼりの山廃純米酒。木槽天秤しぼりは全国でも数蔵でしか行われておらず、手間と時間がかかるが、雑味の少ない酒ができるとされる。　純米　17.0～18.0度　米 たかね錦／60％　酵 無添加　但馬杜氏　1575円／720ml　3150円／1800ml　上原酒造

香りⅠ 強★★★ 複★★★
香りⅡ 強★★★ 複★★★
味わい 強★★★★ 複★★★★
酸味★★★★ 甘味★★★ 旨味★★★★

薫酒

滋賀　松の花 特別純米酒 酔後知楽
まつのはな とくべつじゅんまいしゅ すいごたのしきをしる

第一の香り…餅、蒸した餅米、稲穂、青竹、ブナシメジ、ウエハースなど。

第二の香り…丸く安心する香りに変化し、塩せんべいといった穀物香とミネラル感を中心にまとまりが出る。

味わい…麹のもたらす甘味と旨味がふくらみ、味の展開はスピーディーである。含み香は、三色団子、かき餅、カブの千枚漬けなど。静かで落ち着いた、しっとりとした優しいフィニッシュ。旨味の余韻が心地よい。

料理との相性…エビ、カニ、イカ、アユなどの魚介類全般、鶏、鴨、豚、発酵食品と相性がよい。

温度…燗にすると力強く、辛味が強い酒になる。冷やにすると樹木の香りがし、清らかさとみずみずしさが強調される。

※比良山系の伏流水を使用。　特別純米　15.0～16.0度　米 玉栄／60％　酵 協会701号　能登杜氏　1430円／720ml　2520円／1800ml　川島酒造

香りⅠ 強★★★ 複★★★
香りⅡ 強★★★ 複★★★
味わい 強★★★ 複★★★
酸味★★★ 甘味★★★ 旨味★★★

醇酒

滋賀　純米吟醸 近江米のしずく
じゅんまいぎんじょう おうみまいのしずく

第一の香り…甘味噌、稲穂、粟おこし、桜の花など。

第二の香り…花と稲穂の香りが強まる。

味わい…味わいの要素が、水と一緒に溶け込んだような軽い感触。甘い香りをともないながら、爽やかでドライなフィニッシュへと展開していく。アルコール度数の高さを感じさせない、軽くて上品な飲みやすい酒である。

料理との相性…白身魚の干物、寿司、天ぷら、塩味の焼き鳥などと相性がよい。野菜の滋味を引き立てるので、あっさりしただしによる味つけの野菜料理とも好相性。

温度…10℃前後の冷やにすると、香りが強まって甘味がとろみに変わり、食中酒として最上質の酒になる。

※減農薬の近江産「玉栄」を使用。　純米吟醸　17.0～18.0度　米 玉栄／55％　酵 自家酵母　南部杜氏　1528円／720ml　3058円／1800ml　北島酒造

香りⅠ 強★★★ 複★★★
香りⅡ 強★★★ 複★★★
味わい 強★★ 複★★★
酸味★★★★ 甘味★★★ 旨味★★★

爽醇酒

いろいろ酒器 ⑤ 銚子(ちょうし)

銚子は最初、提(ひさげ)とも呼ばれていた。江戸前期には、料亭で頻繁に使われるようになった。

萩乃露 吟醸純米 渡舟 無ろ過生原酒
はぎのつゆ ぎんじょうじゅんまい わたりぶね むろかなまげんしゅ

滋賀　薫醇酒

第一の香り…わらび餅、ウエハースのほかに、ほのかに陸奥(リンゴ)やカリンの香り。

第二の香り…香りが落ち着き、華やかな香りが影をひそめて、水仙や梅の花やレモングラスなどの爽やかな香りが立ってくる。

味わい…なめらかで、甘味とアルコール感のバランスが非常によい。前半の印象からは予想できない辛口の後口。日本酒の初心者にも飲みやすいと感じる酒である。

料理との相性…フナ寿司、天ぷらそば、甘味噌で味つけした鶏料理などと好相性。

温度…10℃前後の冷やにすると果物香が出てきて、食中酒としても華やかな食卓に向く酒である。

※山田錦の父親品種「渡船」を使用。　純米吟醸　17.0度　米 滋賀渡船六号／55%　酵 自家酵母　能登杜氏　1680円／720ml　3150円／1800ml　福井弥平商店

香りⅠ 強★★★　香りⅡ 強★★★　味わい 強★★★　酸味 強★★★★　旨味 強★★
　　　複★★　　　　　複★★　　　　　複★★★　甘味 強★★★★

旭日純米大吟醸原酒 滋賀渡船六号
きょくじつじゅんまいだいぎんじょうげんしゅ　しがわたりぶねろくごう

滋賀　爽酒

第一の香り…森や滝つぼの霧、熊笹、ウエハース、道明寺、羽二重餅など。果物香はない。

第二の香り…香りのトーンが落ち、羽二重餅などのきれいなデンプン質の香りが立ってくる。

味わい…アルコール度数の高さを全く感じさせない非常に優しいしっとりとしたスムーズな飲み口。ヒノキ、熊笹、滝つぼの霧などの爽やかな含み香をともないながら、晴れ渡った潤い感のあるフィニッシュへと展開する。ほのかで繊細なうつろいやすい味わいの中に、水と米の恵みを感じる。万人受けする上品で繊細な味わい。

料理との相性…あっさりとした京料理や懐石料理から野菜を多用したフランス料理まで相性がよい。カツオの西京焼き、タイの昆布締め、タイのソテーのクリームソース、エビグラタン、湯豆腐、ハモやアナゴの天ぷらなど。旨味成分が少ないので肉料理は難しい。冷やにすると食中酒にしてとても優れてくる。魚介や野菜に合わせると、酒の香りが立つ。

温度…冷やにするとベビーカステラのような香ばしい香り、まったりした味わいになる。

※滋賀県を発祥の地とする山田錦の父親系品種「渡船」を70年ぶりに使用した。　純米大吟醸　18.0度　米 滋賀渡船六号／50%　酵 協会901号　能登杜氏　4000円／720ml　藤居本家

香りⅠ 強★★★　味わい 強★★　酸味 強★★★　
香りⅡ 強★★★　　　　複★★　甘味 強★★
　　　複★★　　　　　　　　　旨味 強★

七本鎗 純米
しちほんやり じゅんまい

滋賀　爽醇酒

第一の香り…ハスの実、カシューナッツ、ふじ(リンゴ)、カブ、稲穂、らくがんなど。

第二の香り…甘納豆、あんみつなどの甘い香りがかすかに出てくる。

味わい…とろみのある感触が舌に広がり、柔らかくのびやかに味わいが展開する。含み香に水ようかん、わらび餅、羽二重餅、滝つぼの霧があり、みずみずしく磨き上げられたクリーンな旨味が余韻に長く続く。水と米でこんな飲みものができるのかと驚く風合いを持つ。味をまとめる技術と蔵人の愛情を感じる。14号系酵母というポピュラーではない酵母を使っているが、完成度の高い酒に。

料理との相性…アマダイ、伊勢エビ、エビ、カニ、ハマグリ、ウニ、ホタテなどの甘味のある魚介類を塩焼きや蒸し焼きにした料理、鴨やホロホロ鳥などのジューシーな鳥と相性がよい。燗にすると秋に向くこってりした肉料理との相性もよくなる。

温度…燗にするとお香のような香りが湧き立ってきて、味がまとまる。12℃前後の冷やにすると柔らかさとみずみずしさが調和する。燗より冷やのほうが料理との相性が幅広い。

※奥伊吹山系の伏流水を使用。　純米　15.0～16.0度　米 玉栄／60%　酵 協会1401号　能登杜氏　1260円／720ml　2520円／1800ml　冨田酒造

香りⅠ 強★★★　味わい 強★★　酸味 強★★★
香りⅡ 強★★★　　　　複★★★　甘味 強★★
　　　複★★　　　　　　　　　旨味 強★★

秋鹿 特別純米酒 山廃 無濾過 生原酒 山田錦
あきしか とくべつじゅんまいしゅ やまはい むろか なまげんしゅ やまだにしき

大阪

- **第一の香り**…幸水（梨）、キンカン、コブミカンの葉、アプリコット、ゴールデンキウイ、ヘーゼルナッツ、水仙の花、果物入りのロールケーキなどの豊かな吟醸香。
- **第二の香り**…香りがまとまって、非常にきれいな澄んだ香りに変わって持続する。
- **味わい**…シャープな口当たりで、フレッシュ感のある酸味と、完熟した果物を思わせる甘味と香りを軸にして味わいがのびていく。直線的でシャープな味わいから、柔らかく甘い香りの含み香があらわれ、きりっと引き締まった辛口のフィニッシュへと展開する。一貫して辛口だが、その中に味わいの要素がよくまとまっていて、さまざまな果物の香りが沸き立つようである。アルコールの高さを感じさせず、上質のシャルドネ種のような辛口の白ワインを思わせる。
- **料理との相性**…タイ、伊勢エビ、アワビ、カニ、牡蠣などの高級で力強い魚介をシンプルに調理したものと相性がよい。脂を切る力があり、オリーブオイルに合うので、魚介を使ったフレンチやイタリアンともいける。
- **温度**…常温でもおいしく飲めるが、冷やにすると味わいにまとまりが出て、いっそうよくなる。

※歌垣山の谷川の伏流水を使用。自社で耕作地を持ち、米作りを行っている。　特別純米　18.0～19.0度
米 山田錦／70%　酵 協会7号　但馬杜氏　1575円／720ml　2835円／1800ml　秋鹿酒造

薫酒

香りⅠ 強★★★★ 複★★★　香りⅡ 強★★★ 複★★★　味わい 強★★★★ 複★★★　酸味★★★★ 甘味★★　旨味★★

利休梅 むくね逍遥 純米大吟醸
りきゅうばい むくねしょうよう じゅんまいだいぎんじょう

大阪

- **第一の香り**…粟おこし、らくがん、シメジ、クヌギの樹液、ビワ、黄桃、イチジクなど。
- **第二の香り**…陸奥（リンゴ）などの吟醸香が出てくるが、大吟醸の華やかさはなく、穏やかで心地よい香り。
- **味わい**…ミネラル感に富んだ味わいでかたさの中に柔らかさが、辛味の中にほのかな甘味がある。豊かな酸味が主軸となっており、しっとりとした旨味がのびていく。空気に触れると穀物と果物の香りが融合し、柔らかな味わいになることから、片口に入れて楽しみたい。含み香はシメジやクロモジの幹の皮、シナモンなど。非常にドライで後口はさらさらとしている。鋼のようなしなやかさと、森の中の空気を感じる。いつまでも飲み飽きしない超辛口の酒。
- **料理との相性**…ヒラメやタイなどの白身魚や、カサゴやキチジといった岩場の魚、アワビ、サザエ、牡蠣、バイ貝に合う。バターやオリーブオイル、クリームと相性がよいのでイタリア料理やフランス料理の魚介料理にも向く。
- **温度**…ぬる燗にすると辛味が倍増し、丸いのに極めて辛口になる。12℃の冷やも安定感がある。

※仕込み水も地元の交野郷山の湧き水を使用。　純米大吟醸　16.4度
米 雄町／50%　酵 協会901号　南部杜氏　1995円／720ml　3990円／1800ml　大門酒造

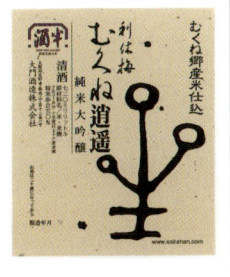

爽薫酒

香りⅠ 強★★ 複★★★　香りⅡ 強★★ 複★★★　味わい 強★★★ 複★★★　酸味★★★★ 甘味★★　旨味★★

荘の郷 純米山田錦
しょうのさと じゅんまいやまだにしき

大阪

- **第一の香り**…稲穂、粟おこし、羽二重餅、キノコなど。ほのかにミネラルを思わせる香りがある。
- **第二の香り**…道明寺や葛餅などの白いデンプン質の香りが出てくる。
- **味わい**…麹からもたらされる甘味と旨味がふんわりと広がる。余韻はしっとりしたみずみずしい澄んだ辛口。
- **料理との相性**…燗にすると魚の旨味を引き立てるので、ヒラメ、カワハギ、サバ、イワシなどと相性がよい。冷やにすると塩味の焼き鳥ととくに相性がよい。
- **温度**…燗にするとコクのある辛口に激変する。冷やにすると甘味の少ない締まった味になる。

※和泉山系の伏流水を使用。　純米　15.8度
米 山田錦／70%　酵 協会1101号　自社杜氏　1365円／720ml　2730円／1800ml　北庄司酒造店

醇酒

香りⅠ 強★★ 複★★★　香りⅡ 強★★ 複★★　味わい 強★★★ 複★★　酸味★★★ 甘味★★　旨味★★★

いろいろ酒器⑥　温べぇ〜冷べぇ〜
ぬくべぇ ひやべぇ

大きい用器に熱湯を入れれば熱燗に、冷水を入れれば冷酒になる便利な陶器製器具。

こんな日本酒もあり！

京都　英勲　純米吟醸　古都千年
えいくん　じゅんまいぎんじょう　ことせんねん

第一の香り…ポン菓子、稲穂、シメジ、マイタケ、ウエハース、いろりの香りなど。穏やかなデンプン質の香りがする。

第二の香り…より柔らかな香りになる。

味わい…なめらかで上品過ぎるほど上品な味わい。米の旨みと甘みが水の風合いとともに軽やかに広がる。含み香は葛餅、熊笹など。後口に静かでさらさらとした辛口感が広がる。

料理との相性…蒸しカニ、ハモ、天ぷら、京料理に合う。肉類は蒸し鶏や蒸し豚など脂を落とす調理法が向く。

温度…燗にすると優しい口当たりだが辛口へと直行する。冷やにするとまろやかでとろみが出てくる。12℃の冷やもおすすめ。

※京都生まれの酒造好適米「祝」を100％使用。
純米吟醸　15.0〜16.0度　米：祝／55％　酵：非公開　但馬杜氏　1575円／720ml　3150円／1800ml　齊藤酒造

香りⅠ　強★★　複★★★
香りⅡ　強★★　複★★★
味わい　強★★　複★★
酸味★★★　甘味★★　旨味★★

【爽醇酒】

京都　純米大吟醸　延寿千年
じゅんまいだいぎんじょう　えんじゅせんねん

第一の香り…果物香、花の香り、穀物香が混ざり合った穏やかな香り。

第二の香り…第一の香りが完全に融合して、柔らかく上品な香りになる。

味わい…つるつるとした絹のような口当たりで、しっとり落ち着いた味の展開。丸くて柔らかい香りが、鼻から抜けていく。軽く、柔らかくてほのかな味わいで、伏見の典型といっていい「女酒」だといえる。

料理との相性…あっさりした味つけの料理と相性がよい。京料理、ゴマ和え、白身魚など。

温度…冷やにすると、ゆったりとしたのびやかな味わいになり、甘味が抑えられて食中酒としての上品さが向上する。

※日本名水百選の伏見の御香水と同じ水脈の水を使用。　純米大吟醸　15.0度　米：山田錦／45％　酵：KA-1　自社杜氏　2835円／720ml　5250円／1800ml　招徳酒造

香りⅠ　強★★　複★★★★
香りⅡ　強★★　複★★★★
味わい　強★★　複★★★
酸味★★　甘味★★　旨味★

【爽薫酒】

大阪　僧房酒
そうぼうしゅ

【復刻酒】

第一の香り…デーツ（ナツメヤシ）、アプリコットやアンズなどを干した香り、キウイ、ワッフル、ユリノキのはちみつ、玄米、ドーナッツ、ビスケット、レーズン入り蒸しパン、竹、メープルシロップなどが混ざった複雑な香りで心地よい。

第二の香り…よりまろやかにまとまる。非常に心地よい。

味わい…とろりとした非常に濃厚な口当たりで、リキュールのような甘味と、その甘味をさっぱりさせる酸味がある。栗、はちみつ、ビスケット、レーズンパイなどの甘く香ばしい香りが長く余韻に続き、後口はさらさらしている。香ばしく個性的な甘口の酒で、現在の日本酒の概念からはかけ離れている。室町時代に造られていたとは思えないほどの、世界に誇れる高貴な銘醸酒である。

料理との相性…甘い酒なので、食事より和菓子や果物、パウンドケーキといったデザートに合わせるとよい。デザート以外ではフォアグラ、ロックフォールチーズなどの個性が強い食材とも好相性。

温度…10℃前後に冷やすと香りが落ち着き、フランスやドイツの貴腐ワインのような酒となる。

※室町時代の文献をもとに、当時の金剛寺僧房酒製法を用い、精米歩合も二段仕込みの手法も全て古式にのっとり、再現した復刻酒。　純米　15.0〜16.0度　米：麹：山田錦／65％、掛：雄町／90％　酵：非公開　南部杜氏　1500円／300ml　西條

香りⅠ　強★★★★★　複★★★★★
香りⅡ　強★★★★★　複★★★★★
味わい　強★★★★★　複★★★
酸味★★★★　甘味★★★★★　旨味★★★★

【その他】

京都　特別純米酒　香田（こうでん）

- **第一の香り**…コブミカンの葉、ふじ（リンゴ）、よしず、稲穂、カリン、羽二重餅など。
- **第二の香り**…道明寺や葛餅などの柔らかくきれいなデンプンの香り。
- **味わい**…なめらかでつるつるとした澄んだ飲み口で、落ち着いた後口が余韻に広がる。米と水でこんなにソフトできれいな酒ができるのかと不思議に思う酒である。
- **料理との相性**…あっさりした料理と相性がよい。京料理、白身魚の刺身や湯引き、ハモ寿司など。
- **温度**…冷やにすると、吟醸香が出て上品な華やかさが楽しめる。

※不動山水という超軟水を使用。
特別純米　14.0～15.0度　米 山田錦／麹60%、掛70%　酵 9号系自家酵母　自社杜氏　1313円／720ml　2625円／1800ml　ハクレイ酒造

香りⅠ 強★★ 複★★　香りⅡ 強★★ 複★★★　味わい 強★★ 複★★★　酸味★★ 甘味★★　旨味★★

【爽薫酒】

京都　月の桂　平安京（へいあんきょう）

- **第一の香り**…スターキングデリシャス（リンゴ）、カリン、柚子、稲穂、三色団子、青竹、サクラ材、ローリエ、エストラゴン、藤の花など。
- **第二の香り**…涼しげな香りが出てくる。ユーカリ、ミント、梅の花、ブドウの葉の酢漬けなど。
- **味わい**…非常になめらかな、重量感を感じさせない羽のような感触で、味わいがするするとのびていく。すべての味わいの要素に澄みきった透明感があり、抵抗感や刺激が一切なく、スムーズに味わいが展開する。リンゴやキウイなどの爽やかな果物香が含み香にあり、余韻は一点のくもりもなく鮮やか。晴れ晴れとしたきれいな辛口感が後口に感じられる。舌や体に染み入るような柔らかな味わいで、上質のワインを飲み慣れている人も満足させるインターナショナルな酒だ。
- **料理との相性**…料理と合わせると食材の味を薄く引きのばしてくれる。京懐石、普茶料理のほか、ハモ、カニ、鶏の水炊などに。
- **温度**…12～14℃の冷やにすると華やかな香りがまとまり、より密度の高い酒になる。

※無農薬で育てた県産の「祝」を使用した純米大吟醸酒。　純米大吟醸　16.0度　米 祝／50%　酵 自家酵母　但馬杜氏　2625円／720ml　5250円／1800ml　増田徳兵衛商店

香りⅠ 強★★★★ 複★★★　香りⅡ 強★★★ 複★★★　味わい 強★★★ 複★★★★　酸味★★★ 甘味★★★　旨味★★★

【薫醇酒】

京都　翁鶴（おきなつる）　生酛純米酒（きもとじゅんまいしゅ）

- **第一の香り**…おこげ、ウエハース、炭酸せんべい、塩あられ、竹、ケヤキ、ヒノキ、カエデ、サクラ材、マシュマロ、かすかに陸奥（リンゴ）やカリン、黄桃など。
- **第二の香り**…香ばしい香りが立ってくる。
- **味わい**…非常に柔らかく羽のように軽やかで重量感がない。スムーズ過ぎるほどすーっと体に染み入ってくる。霧のようにつかみどころのない上品さ、ふわふわしていて手応えがなく、雲をつかむような柔らかさ。含み香は煤竹、羽二重餅など。後口はクリアでしっとりと落ち着いている。
- **料理との相性**…脂を落とす力が意外に強いので肉類全般に合う。とくにジューシーな肉によい。魚の臭みを旨味に変えてくれる。京料理や発酵食品にも合う良酒だ。
- **温度**…燗にすると酸味のきめが細やかになり、脂を落とす力がさらに強くなる。冷やにすると蒸しパンの香りがしてくる。野性的で豪快だが繊細さもある、侍のような酒なる。外国人に好まれそうな味わいで、冷や、常温、燗どの温度帯でも楽しめる。

※地元丹波で作られた酒造好適米「山田錦」と「五百万石」を使用。　純米　15.0度～16.0度　米 山田錦、五百万石／65%　酵 協会901号　丹波杜氏　2500円／720ml　5000円／1800ml　大石酒造

香りⅠ 強★★★ 複★★★★　香りⅡ 強★★ 複★★★　味わい 強★★ 複★★★★　酸味★★★ 甘味★★　旨味★★★

【爽醇酒】

京都　日出盛　純米酒　山田錦 (ひのでさかり　じゅんまいしゅ　やまだにしき)

第一の香り…竹、ヒノキ、エノキタケ、マイタケ、シメジ、白玉、塩あられ、つきたての餅、ほのかにリンゴ、カリンなど。穏やかながらも、さまざまな香りが絡まり合い、複雑な構成になっている。

第二の香り…リンゴ、カリンの香りが立ってくる。

味わい…上品でしなやかな飲み口で、ほのかな旨味のふくらみ感がある。刺激のない味わいだが、じわじわと辛口に変わっていく。穏やかで優しい味わい。含み香は羽二重餅、わらび餅、エストラゴンなど。後口は純粋さと澄み切った空気を思わせるみずみずしさ。

料理との相性…ハモやアマダイなどの上品な白身魚などや、京料理や豆腐料理に合う。酒が魚や野菜の旨味を引き立てる。脂のある料理とは燗にして楽しめる。

温度…燗にすると稲藁やお香のよい香りがする。口当たりが柔らかくまろやかになり、味わいに広がり感が出てくる。冷やにすると上品なデンプン質の香りがする。甘味と旨味が柔らかくまとまる。冷やかぬる燗で飲むのがよい。

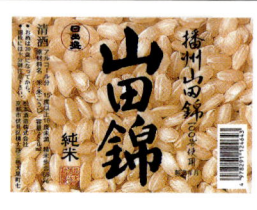

※同蔵の敷地に湧く伏見桃山の伏流を仕込み水として使用している。同蔵は日本の産業近代化に貢献した建物や設備に付与される「近代化産業遺産」に認定された。　純米　15.0度～16.0度　米 山田錦／65％　酵 協会1401号　自社杜氏　2691円／720ml　松本酒造

爽酒

香りⅠ 強★★ 複★★★　香りⅡ 強★★ 複★★　味わい 強★★ 複★★　酸味★★★ 甘味★★　旨味★★

兵庫　菊正宗　嘉宝蔵　生酛　特別純米 (きくまさむね　かほうぐら　きもと　とくべつじゅんまい)

第一の香り…空豆、稲穂、道明寺、スギ、ヒノキ、カステラ、カツオ節、カカオマスなどの香ばしい香り。

第二の香り…澄んだ森の木々の香りと、どこかにキャラウェイやカルダモンのようなスパイスの香りがある。

味わい…なめらかで力強く、どっしりとした飲み口。細部まで味わいの要素が詰まっていて、絹のようななめらかさを感じる。とぎすまされた酸味となめらかな旨味が充実した力強い味わいを作り出している。含み香にヒノキやマイタケのような香りとスパイシーな香りをともない、旨味が薄いでいくと同時に、硬質なミネラルを思わせる辛口のフィニッシュへ。力強さとまろやかさを持ち、スパイシーな香りがただよい、江戸時代から万人が好んだ、歴史が楽しめる酒。

料理との相性…どんな食材、調理法でもおいしく飲めて、食中酒の見本のような酒。脂と合わせても食材の旨味を消さずに引き出して、なおかつ酒自体もおいしくなる。とくに魚介全般、天ぷら、焼き鳥、ステーキ、スモークハムなどと好相性。

温度…冷やでもうまいが、燗にすると木々の香りが立ってきて、非常にシャープな風格を感じる辛口になる。

※万治2年（1659年）に創業してから350年の間、昔ながらの生酛造りにこだわりを持っている。　特別純米　16.0度　米 兵系酒18号／70％　酵 キクマサ酵母　丹波杜氏　1280円／720ml　菊正宗酒造

醇酒

香りⅠ 強★★★ 複★★★★　香りⅡ 強★★★ 複★★★★　味わい 強★★★★ 複★★★★★　酸味★★★ 甘味★★　旨味★★★★

兵庫　上撰白雪　純米酒クラシック白雪　昭和の酒 (じょうせんしらゆき　じゅんまいしゅくらしっくしらゆき　しょうわのさけ)

第一の香り…酒らしい香り。カブや大根などの根菜類、菜の花、吉野葛など、柔らかで穏やかなゆったりとした香りである。

第二の香り…ミネラル香に穀物香が加わる。ウエハース、蒸し栗、きび餅、羽二重餅など。ほのかに甘く落ち着く。

味わい…突出したものはなく柔らかくまとまる。個性を主張するのではなく、誰が飲んでもおいしいと感じられる酒を目指していることがわかる。欠点がなく、万人受けする酒といえるだろう。また、バランスも非常によく、純米酒の基準のような酒だ。含み香には和菓子のような香りがあり、ほのかにきれいな旨味が静かに続く後口。しっとりとやさしい辛口の酒である。

料理との相性…刺身、干物、焼き魚、煮魚、牛鍋などオールマイティーに合わせられる。食中酒として非常に優れている。冷やでは刺身などに、燗では脂の強い肉料理に合わせたい。

温度…燗にすると旨味のふくらみ感をいかしつつ、常温のときよりやや辛口になる。瞬間的に熟成が進んだような、より練れてまとまった酒となる。

※昭和初期に使用されていた「白雪昭和菌」という麹菌を用いて、昔懐かしい味を再現。　純米　15.0～16.0度　米 一般米／70％　酵 自社酵母　丹波杜氏　1034円／720ml　小西酒造

醇酒

香りⅠ 強★★ 複★★★　香りⅡ 強★★ 複★★★　味わい 強★★★ 複★★★★　酸味★★★ 甘味★★　旨味★★★

瑞穂黒松剣菱（みずほくろまつけんびし） 兵庫

第一の香り…稲穂、炒り米、道明寺、らくがん、五穀米、カシューナッツ、塩あられ、ヒノキ、シメジ、ヤマブシタケ、マイタケ、伽羅（きゃら・沈香の一種）など。

第二の香り…力強い香りの中に、熊笹や滝つぼの霧を思わせるミネラル香が感じられる。

味わい…なめらかさ、とろみ、ボリューム感、力強さを感じる。非常に品格のある旨味、精緻な酸味、しっとりとしたほのかな甘味が織りなす味わいののびが素晴らしい。木や穀物の香りが含み香として余韻まで続き、力強い旨味をともなった辛口のフィニッシュへとつながる。力強さ、繊細さ、味わいの要素の多彩さが完全に調和した飲み応えのある酒。

料理との相性…塩辛、チーズ、干物などの発酵食品全般、揚げ物、猪、鴨、ステーキなどの力強い味わいの素材や料理と相性がよい。

温度…15〜16℃の冷やにすると迫力が増し、存在感があるのに繊細な酒に。50℃の熱燗にすると飲み口が濃密になって味わいに深みが出る。酒：水＝8：2の割合で水で割ってから燗にするのもすすめ。

※日本名水百選である灘の名水「宮水」を使用した山廃仕込みの純米酒。　純米　17.0度　米 山田錦／70％　酵 自家酵母　能登杜氏・但馬杜氏・糠杜氏　1575円／720ml　剣菱酒造

醇熟酒

香りⅠ 強★★★ 複★★★★　香りⅡ 強★★★ 複★★★★　味わい 強★★★★ 複★★★★　酸味★★★ 甘味★★　旨味★★★★

生酛 純米酒 無濾過 米搗水車 亀の尾（きもと じゅんまいしゅ むろか こめつきすいしゃ かめのお） 兵庫

第一の香り…らくがん、ポン菓子、ビスケット、かりんとう、干したアンズ、ヒノキ、竹、藁葺き屋根の古い民家など。

第二の香り…ミネラルを思わせる香りの後に、ビスケットやそばボーロ、アプリコットパイのような甘く香ばしい香りがしてくる。

味わい…まろやかで悠然とした飲み口から、ふわふわとした軽やかな味わいへと変化する。味わいの要素は緻密で豊か。重厚で深みのある味わいだが、軽やかで弾むような風合いも感じられる不思議な酒。含み香に木や藁の香りが広がり、香ばしさをともなった旨味が長く続く。

料理との相性…伊勢エビ、ハマグリ、アワビなどの魚介を浜焼きなどの調理法で、旨味をぎゅっと凝縮させたものと相性がよい。バターや味噌を使って濃いめに味つけした料理と合わせても、酒が負けることなく料理の旨味を引き立ててくれる。

温度…冷やにするともちもちとした感触になり、柔らかい香りが出てくる。燗にすると、とろみが増し、意外な感触が生まれる。

※名前のとおり、水車で米を搗いて精米している。　純米　16.0〜17.0度　米 亀の尾／85％　酵 自家酵母　但馬杜氏　1575円／720ml　3150円／1800ml　田中酒造場

その他

香りⅠ 強★★★ 複★★★★　香りⅡ 強★★★ 複★★★　味わい 強★★★★ 複★★★★　酸味★★★★ 甘味★★ 旨味★★★★

山田錦の里 実楽 特別純米酒 生酛造り（やまだにしきのさと じつらく とくべつじゅんまいしゅ きもとづくり） 兵庫

第一の香り…稲穂、菱餅、道明寺、ウエハース、ブナシメジ、ブナの樹液、熊笹、稲藁など。

第二の香り…柔らかな香りにまとまってくる。ポン菓子、羽二重餅などの穀物香、しっとりとしたミネラルを思わせる香り。ほのかに伽羅も香る。

味わい…非常にしっとりとした柔らかな飲み口で、透明感がある。みずみずしく軽やかな飲み口の中に、さまざまな味わいの要素が密度高く配置されている印象がある。余韻にはほのかな渋味をともなった旨味があり、豊かな香りを放ちながら、鮮やかな透明感を残す辛口の後口が広がる。軽くしなやかで、飲み飽きしない辛口。歴史につちかわれた旨酒だ。

料理との相性…魚介と一緒に食べると、魚の旨味を引き出しつつ酒の旨味もふくらませるので、とくに寿司との相性は好相性。味噌を使った料理、発酵食品、神戸牛、鴨などとも相性がよい。脂と合わさると懐かしさを感じる香ばしさが出てきて、さらに余韻が長くなる。

温度…冷やにするとまろやかさと潤い感が増し、45℃のぬる燗にするとクリーミーな味わいになる。どの温度でもおいしく飲める酒。

※米にこだわりを持っていることから、栽培地の区画の集落名「実楽」を銘柄にした。　特別純米　14.5度　米 山田錦／70％　酵 自家酵母　丹波杜氏　1041円／720ml　2604円／1800ml　沢の鶴

爽醇酒

香りⅠ 強★★★ 複★★★　香りⅡ 強★★★ 複★★★　味わい 強★★ 複★★★　酸味★★★ 甘味★★ 旨味★★★

兵庫　富久錦 純米
ふくにしき　じゅんまい

第一の香り…玄米茶、ウエハース、モッツァレラチーズ、クッキー、そばボーロ、レンゲのはちみつなど。

第二の香り…岩清水のようなミネラルを思わせる香りが出てくる。香りはまろやかにまとまる。

味わい…ふわふわとした柔らかさから、ミネラル感と豊かな旨味がふくらんでいく。非常に強いインパクトのある味わいで、ほのかな甘味と、それを包み込むような酸味と旨味が調和している。ケヤキやサクラ材のような渋味のある香りをともないながら、爽やかでキレのよい酸味と、マグネシウムを思わせるミネラル感のある旨味が余韻に広がる。米の旨味と仕込み水のミネラル感が見事に融合している辛口の酒。

料理との相性…魚介の塩焼きなどの、塩で調理したものの旨味をとてもよく引き出してくれる。天ぷら、そば、鶏や豚の蒸し物、山菜とも好相性。

温度…冷やにするとさらに増したミネラル感が酒を支える。料理を楽しくさせ、いくらでも飲める酒になる。燗にすると五穀米のような旨味を感じさせる香りが出てくる。どの温度でもおいしく飲める優れた酒だ。

※地元の米・水・人にこだわった純米酒造りをしている。

純米　15.0～16.0度　米 キヌヒカリ／70％　酵 協会901号　丹波杜氏　1050円／720ml　2100円／1800ml　富久錦

分類：醇酒

香りⅠ　強 ★★★　複 ★★★
香りⅡ　強 ★★　複 ★★★
味わい　強 ★★★　複 ★★★★　酸味 ★★★★　甘味 ★　旨味 ★★★★

兵庫　特別純米 龍力 こうのとり
とくべつじゅんまい　たつりき こうのとり

第一の香り…稲穂、ウエハース、塩あられ、ふじ（リンゴ）、山吹やキンモクセイの花など。

第二の香り…五穀米、三色団子など。柚子や黄桃のような華やかな香りも出てくる。

味わい…味わいの密度が高くシルキーな感触で、なめらかな飲み口から、きれいで豊かな味わいへと展開していく。米と水、それぞれの味わいの要素が完全に溶け合っていて、隙間のない、つややかな風合いがもたらしている。含み香に藁やカブを思わせる香りをともないながら、旨味と酸味が重なり合った澄んだ辛口のフィニッシュへとつながっていく。

料理との相性…ステーキ、猪鍋、鉄板焼き、塩味の焼き鳥などが合う。燗酒では、ミネラル感が引き立ち、塩味を甘く感じさせてくれるので、川魚の塩焼きなどととくに好相性。

温度…冷やにすると非常にきれいな香りになって、味わいもとろみが出て柔らかさが増す。米の旨味とミネラルが感じられる。燗にするとアルコール感がやや強くなり、柔らかな極辛口に変化する。

※コウノトリが生息する田んぼで育てた米を使用。

特別純米　16.0～17.0度　米 五百万石／65％　酵 9号系酵母　南部杜氏　1575円／720ml　2940円／1800ml　本田商店

分類：薫醇酒

香りⅠ　強 ★★　複 ★★★
香りⅡ　強 ★★★　複 ★★★
味わい　強 ★★★★　複 ★★★★　酸味 ★★★★　甘味 ★★★　旨味 ★★★★

兵庫　山廃仕込 特別純米 風のまゝ
やまはいじこみ　とくべつじゅんまい　かぜのまま

第一の香り…わらび餅、ウエハース、ビワ、土壁、陶器、塩あられ、畳、干したアンズ、ビスケットなど。

第二の香り…香りがまとまり、繊細さが出てくる。柚子やミントなどの涼しい香りもある。

味わい…とろみのあるふわふわと浮かぶような感触で、味わいの要素がとろみの中に完全に包み込まれている。まろやかな味わいが舌の上で転がる。そばボーロ、ポン菓子にラベンダーが溶け合ったような不思議な含み香があり、しっとりとした甘味と旨味がより合わさったきれいな辛口の後口へとつながる。無重力的なテクスチャーと舌の上を玉のように丸く転がる味の要素が絶妙な組み合わせとなり、至高の個性を形作る。

料理との相性…魚介の旨味を極限まで引き出す。タイ、カサゴ、車エビ、アナゴ、アワビ、ウニなどと合う。脂と合わさると、キャラメルのような甘い香りが出て余韻が長くなるので、バターやクリームを使った料理とも相性がよい。牛ステーキや鉄板焼きにも対応できる。

温度…冷やにすると羽二重餅のような優しい香りが出て、丸くとろりとした味わいのきれいな酒に。燗にしても丸さは変わらず、苦味も出ない良酒。

※創業以来、山廃仕込みにこだわる。仕込み水には諭鶴羽山系の伏流水を使用し、米は兵庫産の山田錦を使っている。

特別純米　15.5度　米 山田錦／65％　酵 協会901号　能登杜氏　1575円／720ml　2730円／1800ml　都美人酒造

分類：爽醇酒

香りⅠ　強 ★★★　複 ★★★
香りⅡ　強 ★★　複 ★★
味わい　強 ★★★　複 ★★★★　酸味 ★★★　甘味 ★★　旨味 ★★★

山廃 特別純米 香住鶴（やまはい とくべつじゅんまい かすみつる） 兵庫

第一の香り…わらび餅、葛餅、粟おこし、稲藁、ヒノキ、シメジなど。

第二の香り…涼しい柑橘類の香りが出てくる。

味わい…非常にきれいな酸味と、緻密な甘味が柔らかく広がる。きれいでみずみずしい旨味が続いたあとに、カラッと晴れ上がったシャープな印象の辛口のフィニッシュへ。みずみずしい味わいの辛口の酒。

料理との相性…魚介の旨味を受け止めて、おいしさを引き出し、倍増してくれる。とくにカニと合わせたい。また、バターを使った料理と合わせると、丸いおいしさが生まれる。

温度…燗にすると鋭い香りにならず、丸い香りを保つ。12℃の冷やも絶品だ。

※矢田川の伏流水を使用。　特別純米　15.0度　米 五百万石、兵庫北錦／60％　酵 協会901号　但馬杜氏　1575円／720ml　2415円／1800ml　香住鶴

香り I　強★★　複★★
香り II　強★★　複★★★
味わい　強★★★　複★★★
酸味★★★　甘味★★　旨味★★★
爽醇酒

梅乃樹 純米（うめのき じゅんまい） 兵庫

第一の香り…柔らかな香り。葛餅、道明寺、桜や梅の花、ほのかに黄桃など。

第二の香り…柔らかな香りからミネラル感のある香りに変化する。ゼリーのような風味をともなったサクランボやみず豆など。

味わい…舌の先で転がるようななめらかさと丸み、とろみが愛らしい。味わいの要素すべてが溶け合って調和しており、非常に柔らかで上品。繊細でまとまり感があり、柔らかさ、とろみ、清らかさが味わいの展開の主軸となっている。稲穂、熊笹、桜餅などの香りが含み香にあり、丸く柔らかでしっとりとした感触と繊細な旨味が余韻にたなびく。極辛口だが、優しくしっとりとした後口で、蔵人の愛情が伝わってくる逸品。

料理との相性…伊勢エビやタイなどの繊細な魚介の刺身、魚介を使ったフランス料理やイタリア料理、天ぷらなどと一緒に飲むのが最高の組み合わせになる。

温度…12～15℃の冷やにすると透明感が増し、ほのかに花の香りがただよってきて、この酒の本質がよりよくわかる。

※阪神淡路大震災によって、木造蔵がすべて倒壊してしまったが、挫けずに地道に復興してきた情熱のある酒蔵。　純米　15.0度　米 山田錦／58％　酵 協会9号　自社杜氏　1445円／720ml　2890円／1800ml　安福又四郎商店

香り I　強★★　複★★★
香り II　強★★　複★★
味わい　強★★★　複★★★
酸味★★　甘味★★　旨味★★★
醇酒

純米吟醸 天乃美禄 瀧鯉（じゅんまいぎんじょう てんのみろく たきのこい） 兵庫

第一の香り…道明寺粉、三色団子、ポン菓子、ワッフル、蒸し栗、ブナの樹液、青竹、熊笹など。

第二の香り…香りがまとまって、上品な香りに。ミネラルの香りと甘く香ばしい香りも出てくる。

味わい…重量感がなく、羽のように軽いテクスチャーの中にしっとりした酸味、甘味、旨味のハーモニーが感じられる。優しさに富んだきれいな味わいで、飲み飽きしない軽やかな辛口の酒。上品な飲み口が楽しめる。

料理との相性…アナゴ、ハマグリ、サザエ、ハモなどの刺身や寿司、天ぷら、塩味の焼き鳥などと合う。

温度…常温から15～16℃くらいに冷やして飲むと、酒の繊細な特徴がよくわかる。

※地日本名水百選の宮水を使用。　純米吟醸　15.0度　米 山田錦／55％　酵 協会901号　丹波杜氏　1890円／720ml　3465円／1800ml　木村酒造

香り I　強★★　複★★★
香り II　強★★　複★★
味わい　強★★　複★★★
酸味★★　甘味★★　旨味★★★
爽醇酒

日本酒のはなし 10

日本酒を楽しむ －温度－ ①

日本酒は世界中のアルコール飲料の中で最も幅広い飲用温度帯を持つ。低いほうでは-15℃位の半凍結状から、最高温で、フグのヒレ酒の70℃ぐらいまでである。ワインやビールにも温めて飲む習慣を持つ地方もあるが、これには砂糖やレモン、スパイスなどを添加して、香味を調える必要がある。日本酒は麹がもたらす柔軟性によって、そのままで温度の可変ができる世界唯一の醸造酒といえる。

兵庫　山廃純米　奥播磨（やまはいじゅんまい　おくはりま）

- **第一の香り**…五穀米、雷おこし、炒り米、焼きリンゴ、稲藁、ピスタチオ、カシューナッツなどの香ばしい香り。
- **第二の香り**…リンゴや桃、オレンジ、キウイのコンポート、ヒノキ、ケヤキ、マホガニー、ひねそうめん、そばボーロ、ぬれせんべいなど複雑な香味を思わせる。
- **味わい**…どっしりとした重厚で濃密な味わいで、とろみを強く感じる。香ばしい香りをともないながら、豊かな酸味と旨味が余韻に長く続く。
- **料理との相性**…中華料理、バターやクリームソースを使った料理、ステーキなど。
- **温度**…冷やにすると、濃密な味わいの中に鮮やか酸味と旨味が出てくる。燗にすると味わいはより重たくなる。冷やのほうがよい。

※林田川の伏流水を使用。　純米　16.0〜17.0度　米 夢錦／55%　酵 協会7号　南部杜氏　1312円／720ml　2625円／1800ml　下村酒造店

香りⅠ	強 ★★★★	味わい	強 ★★★★★	酸味 ★★★★★
	複 ★★★★		複 ★★★★	甘味 ★★★
香りⅡ	強 ★★★★			旨味 ★★★★
	複 ★★★★			

醇熟酒

兵庫　福寿　純米酒　御影郷（ふくじゅ　じゅんまいしゅ　みかげごう）

- **第一の香り**…稲穂、炒り米、塩豆、餅、マイタケなど。
- **第二の香り**…菱餅、わらび餅、道明寺、熊笹など。
- **味わい**…まとまりのよいきれいな飲み口で、甘味と酸味を主軸にして、香ばしい味わいが広がっていく。ヒノキや竹の香りを含み香にともないながら、しっとりとした辛口の後口につながる。飲み進めていくうちに、徐々に味わいの幅が広がる。
- **料理との相性**…魚の煮つけ、ヒラメ、カレイ、オコゼ、コチ、エビなどと相性がよい。塩辛や塩うにのような旨味と塩が合わさった食材にも力量を発揮する。
- **温度**…12℃くらいの冷やにしても柔らかさは変わらず、ほのかな甘味が出てくる。

※伝統的な酒造りを大切にしていて、麹は全量手造りを貫いている。　純米　15.0〜16.0度　米 麹：兵庫夢錦、掛：県産米／65%　酵 協会9号　自園杜氏　1050円／720ml　2310円／1800ml　神戸酒心館

香りⅠ	強 ★★★	味わい	強 ★★	酸味 ★★★
	複 ★★★		複 ★★★	甘味 ★★
香りⅡ	強 ★★			旨味 ★★★
	複 ★★			

醇酒

兵庫　櫻正宗　焼稀　生一本（さくらまさむね　やきまれ　きいっぽん）

- **第一の香り**…ほのかな香ばしさをともなった柔らかい香り。ポン菓子、らくがん、ウエハースなど。
- **第二の香り**…柔らかい甘い香りと香ばしい香りがふくらむ。
- **味わい**…緻密でのびのある味わいで、木の香ばしさをともなった旨味がのびていく。木の香りとほのかな渋味が余韻に広がる。しっとりとした飲み口、品格のある風味、潤い感のある旨味を持った極辛口の酒。
- **料理との相性**…白身魚やエビなどの刺身や寿司、天ぷらなどと合う。香ばしさのある肉料理とも好相性。
- **温度**…15℃ぐらいにすると丸く甘い香りが出て、甘味ととろみが増す。ぬる燗もよい。

※宮水を発見した酒蔵。　純米　15.0〜16.0度　米 山田錦／70%　酵 協会10号　丹波杜氏　1137円／720ml　2273円／1800ml　櫻正宗

香りⅠ	強 ★★★	味わい	強 ★★★	酸味 ★★★
	複 ★★★		複 ★★★	甘味 ★★
香りⅡ	強 ★★★			旨味 ★★★
	複 ★★★			

醇酒

袋掛け法は圧力をかけずに時間をかけ、日本酒をしぼる。（櫻正宗）

小鼓 丹鼓（こつづみ たんこ） 兵庫

第一の香り…らくがん、ポン菓子、更級粉、マイタケ、和紙（コウゾ）、ナツミカンの木など。
第二の香り…黄桃やウエハースなどのほのかに甘い香りが立ってくる。岩清水のようなミネラル香もあらわれてくる。
味わい…柔らかな口当たりから、一転してはっきりとした辛口感とミネラルを思わせる風味が出てくる。水の清冽さを全面に押し出したミネラルと米の旨味が豊かな超辛口の酒。
料理との相性…黒豆豆腐、白身魚、エビ、カニなどの魚介をさらりと調理したものに。
温度…12℃の冷やにすると味が柔らかくなり、まとまり感も出てくる。ぬる燗もよい。
※竹田川の伏流水を使用。　純米吟醸　15.0～16.0度　米 但馬強力／55%　酵 協会10号　丹波杜氏　1890円／720ml／3150円／1800ml　西山酒造場

香りⅠ　強★★★　複★★★　味わい　強★★★　複★★★　酸味★★★　甘味★★　旨味★★
香りⅡ　強★★★　複★★

爽醇酒

松竹梅白壁蔵 生酛純米（しょうちくばいしらかべぐら きもとじゅんまい） 兵庫

第一の香り…聖護院カブ、陸奥（リンゴ）、堀川ゴボウ、黄桃、カリン、桜餅など。
第二の香り…果物と大根のような白い野菜、ミネラルの香りが混ざり、灘と伏見が融合する。
味わい…しっとりとした柔らかさと明確な辛口感が寄り合わさっている。バランスのよいキレのある酸味と旨味がゆっくりとのびる。余韻に旨味をともなったミネラルを感じる。
料理との相性…魚介類全般、寿司、キノコ、野菜、根菜を用いた料理、鶏に合う。クリームソースを使った料理や天ぷらにもよい。
温度…燗にすると辛口感とまろやかさがわかれるが、味わいはばらけない。冷やにするとドライ感が丸さの中に包まれる。常温もよい。
※白壁蔵は、「現代の技術」と「伝統の技」の融合を目指し作られた。　純米　15.0～16.0度　米 五百万石／70%　酵 自家酵母　但馬杜氏　1124円／640ml　2490円／1800ml　松竹梅白壁蔵

香りⅠ　強★★　複★★★★　味わい　強★★　複★★★　酸味★★★　甘味★★　旨味★★
香りⅡ　強★　複★★

爽醇酒

超特選 純米吟醸 惣花（ちょうとくせん じゅんまいぎんじょう そうはな） 兵庫

第一の香り…柔らかできれいな香り。葛餅、ウエハース、シメジ、ヒノキなど。
第二の香り…涼しげな松の葉や青竹、ウエハースなど。
味わい…舌に染み渡っていくような、なめらかな味わいの展開で、静かで安定した堂々とした飲み口。個性が強いわけではないが、飽きのこない、飲み続けられる万人向けの酒だ。
料理との相性…タイやヒラメの昆布締め、アマダイの西京焼きなどと相性がよい。
温度…冷やにすると味がまとまり、しっとりとした香ばしさをともなった香りが出てくる。熱燗にすると味わいの要素がばらけるので、ぬる燗がおすすめ。
※独自の「惣花酵母」を使用。宮内庁に納めている。　純米吟醸　15.0～16.0度　米 山田錦、ほか酒造好適米／55%　酵 惣花酵母　自社杜氏　1553円／720ml　2910円／1800ml　日本盛

香りⅠ　強★★　複★★　味わい　強★★　複★★　酸味★★★　甘味★★★　旨味★★
香りⅡ　強★★　複★★

爽醇酒

純米 雪彦山 浜（じゅんまい せっぴこさん はま） 兵庫

第一の香り…五穀米、粟おこし、稲藁、百合根、ピスタチオ、陸奥（リンゴ）など。
第二の香り…リンゴ、白桃、イチゴなどの澄んだ果物と穀物の香りが立ち上がってくる。
味わい…舌にまとわりつくもっちりとした口当たりから、ゆっくりと味わいの要素がのびていく迫力のある展開。味わいは豊かで力強く、コクを感じる。堂々とした飲み口の豊かさがある酒で、野武士のような存在感がある。
料理との相性…伊勢エビ、アワビ、ウニなどの深い旨味のある食材と相性がよい。タレの焼き鳥、牛すき焼き、豚の味噌漬け焼きなどの甘い味つけの肉料理とも好相性。
温度…12℃の冷やにすると柚子やリンゴの香りが出てきて、味わいのピントが合ってくる。
※雪彦山の伏流水を使用。　純米　18.0度　米 五百万石／70%　酵 協会701号　自社杜氏　2625円／1800ml　壺坂酒造

香りⅠ　強★★★　複★★★　味わい　強★★★★★　複★★★　酸味★★★★　甘味★★★　旨味★★★★
香りⅡ　強★★★　複★★★

醇酒

特撰 白鶴 特別純米酒 山田錦
兵庫 とくせん はくつる とくべつじゅんまいしゅ やまだにしき

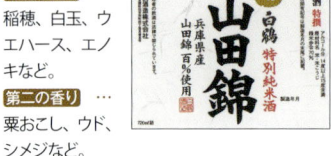

第一の香り…稲穂、白玉、ウエハース、エノキなど。
第二の香り…粟おこし、ウド、シメジなど。
味わい…非常になめらかでとろみがあり、のびやかな甘味と酸味、ふくよかな旨味が長く続く。静かで落ち着いた味わいの展開で、辛口感に旨味がともなった後口。
料理との相性…素材を引き立てる強い力を持っており、白身魚の淡い味を生かした寿司と、とても相性がよい。燗にするとステーキにまで対応できるオールマイティーな酒になる。
温度…冷やにすると香りは控えめになるが、清涼感のある後口になる。燗にしてもまろやかで、酸味と甘味が一体になってくる。
※自社開発した「白鶴錦」を使用した酒も販売している。　特別純米　14.0～15.0度
米 山田錦／70％　酵 白鶴5号酵母　丹波杜氏　1042円／720ml　2184円／1800ml　白鶴酒造

醇酒

香りⅠ	強★★★ 複★★★	味わい	強★★★ 複★★	酸味★★ 甘味★★ 旨味★★
香りⅡ	強★★ 複★★			

櫂入れは毎日行う作業で、醸造における重労働のひとつだ。（白鶴酒造）

鳳鳴 丹波篠山 田舎酒 純米
兵庫 ほうめい たんばささやま いなかざけ じゅんまい

第一の香り…五穀米、炒り米、ポン菓子、ビスケット、熊笹、マッシュルーム、ゴールデンキウイなど。
第二の香り…森の澄んだ木質の香りを穀物香が柔らかく包んでいる。ほのかに蒸し栗など。
味わい…甘味が舌の上で瞬間的に感じられた直後に、丸い酸味とはっきりした旨味が広がっていく。力強くゆったりとした超辛口の酒。
料理との相性…脂と一緒になると、脂の旨味を引き出しながら酒自体もうまくなる。焼き魚、干物、猪、鴨、鹿などと相性がよい。
温度…熱燗にすると優しい感触のさらに超辛口になる。12℃ぐらいの冷やにすると常温より味わいがまとまる。
※篠山川の伏流水を使用。　純米　15.0～16.0度　米 五百万石／65％　酵 協会9号　丹波杜氏　1500円／720ml　2350円／1800ml　鳳鳴酒造

醇酒

香りⅠ	強★★★★ 複★★★	味わい	強★★★ 複★★	酸味★★★★ 甘味★★ 旨味★★★★
香りⅡ	強★★★ 複★★★			

金松白鷹
兵庫 きんまつはくたか

第一の香り…ポン菓子、そばボーロ、三色団子、シメジ、ロールケーキなどの柔らかい香り。
第二の香り…ミネラルを思わせる香りの後、よりすっきりと透明感のある香りになる。
味わい…なめらかな口当たりから、徐々にきめ細やかな甘味と旨味が一体となって広がっていく。きれいな旨味が消えた後に澄んだ辛口感が残る。自然体に味わいが展開する。
料理との相性…天ぷら、カツオ、サバ、ブリ、アナゴの寿司や刺身などと合わせると素材の、甘味を明確に浮かび上がらせる。
温度…15℃ぐらいにすると非常に柔らかな飲み口へと変わり、味わいがまとまる。
※同蔵は全国で唯一、神々に供える御料酒を伊勢神宮に献上し続けている。　純米　16.0～17.0度　米 山田錦／70％　酵 協会7号　但馬杜氏　1019円／720ml　2396円／1800ml　白鷹

醇酒

香りⅠ	強★★★ 複★★★	味わい	強★★★ 複★★★	酸味★★★ 甘味★ 旨味★★★
香りⅡ	強★★★ 複★★★			

奈良　春鹿　旨口四段仕込　純米酒
はるしか　うまくちよだんしこみ　じゅんまいしゅ

- **第一の香り**…羽二重餅、らくがん、みつ豆、ウエハース、キノコ、タケノコ、ヒノキなど。
- **第二の香り**…澄んだお香の香りが出る。
- **味わい**…なめらかで酸味と甘・旨味が迫ってくる。とろっとした味わいの中に複雑な酸味と旨味がより合わさる。含み香に羽二重餅や森のような清々しい香りがある。甘味と旨味が織りなす柔らかでしっとりした後口。
- **料理との相性**…根菜に合う。脂ののった魚や揚げ物、豚料理全般にも合う。甘い味つけをした料理にも合わせられる。
- **温度**…燗にすると味わいがよく練られて、味の要素が融合した辛口に。冷やすと香りが縮んだようになる。常温がよい。

※米の旨味をより引き出すために米麹を四段で仕込んでいる。　純米　16.0度　米ヒノヒカリ／70%　酵協会901号　南部杜氏　1155円／720ml　2310円／1800ml　今西清兵衛商店

香りⅠ 強★★★ 複★★★★　味わい 強★★★★ 複★★★　酸味★★★★ 甘味★★★ 旨味★★★★
香りⅡ 強★★ 複★★★　【醇酒】

兵庫　純米大吟醸　青乃　無
じゅんまいだいぎんじょう　あおのむ

- **第一の香り**…ビワ、白桃、水仙、羽二重餅、スダチなど。
- **第二の香り**…リンゴや桃のシャーベット、フルーツみつ豆など。華やかな果物香が出てくる。
- **味わい**…洗練された味のつながりと清らかな飲み口が特徴的である。含み香に白桃、藤の花、滝つぼの霧など柔らかな香りが続きさらさらとしたきれいなフィニッシュ。華やかな果物や花の香りが広がるきれいな味わいの辛口の酒である。
- **料理との相性**…ハモ、アナゴ、ウナギ、白身魚の湯引きやあらい、酢を効かせたカニなどと好相性。食前酒として飲むのもよい。
- **温度**…冷やにするとさまざまなきれいな花の香りが立ってくる。

※林田川の伏流水を使用。　純米大吟醸　15.0～16.0度　米麹：山田錦、掛：五百万石／50%　酵自家酵母　但馬杜氏　2625円／720ml　5250円／1800ml　ヤヱガキ酒造

香りⅠ 強★★★★ 複★★★★　味わい 強★★★ 複★★★　酸味★★★ 甘味★★★ 旨味★
香りⅡ 強★★★ 複★★★　【薫酒】

奈良　梅乃宿　雄町山廃純米吟醸
うめのやど　おまちやまはいじゅんまいぎんじょう

- **第一の香り**…餅、ゴーフル、大福餅、ゆで小豆、そばボーロ、梅や桜の花、ほのかに稲穂やケヤキなど。
- **第二の香り**…羽二重餅、サクランボ、白桃など。
- **味わい**…力強い飲み口で押し出すような旨味を感じる。米の甘・旨味を十分に引き出しており、含み香は蒸し栗、ヒノキ、スギなど。木のような渋味があり、さらりとドライだ。
- **料理との相性**…麹の旨味が脂と一体となって複雑な味わいを生み出す。濃厚な味の肉に合うので、タレの焼き鳥、ポークステーキ、すき焼き、キジ、鴨、猪などの鍋物に合う。
- **温度**…燗にすると渋味が強まる。冷やにすると木あめのような甘い香りが出るが、味わいは引き締まった印象になる。

※稀少生産品の「備前雄町」を100%使用。　純米吟醸　16.0～17.0度　米備前雄町／50%　酵協会9号　南部杜氏　1300円／720ml　2600円／1800ml　梅乃宿酒造

香りⅠ 強★★★ 複★★★　味わい 強★★★ 複★★★　酸味★★★ 甘味★★★ 旨味★★★★
香りⅡ 強★★★ 複★★★　【醇酒】

兵庫　奥丹波　幻の復刻酒「野条穂」
おくたんば　まぼろしのふっこくしゅ「のじょうほ」

- **第一の香り**…澄んだ優しい香り。ウエハース、ホワイトチョコレート、粟おこし、きび団子など。
- **第二の香り**…香りが丸くまとまり、青竹や稲穂のような香りが出てくる。
- **味わい**…とろみのある優しい包み込むような感触で、とげがなく穏やかな丸い味わい。さらさらとしたきれいな後口で、ほのかな甘味と旨味が余韻にたなびく。
- **料理との相性**…魚介全般と相性がよく、とくにカレイ、カワハギ、川魚などと合う。山菜やキノコの天ぷら、焼き鳥、猪汁とも好相性。
- **温度**…冷やにしても優しい香りをそのまま保つ。12℃前後の冷やがおすすめ。

※一度は栽培されなくなってしまった「野条穂」を復活させ使用。　純米　16.0度　米野条穂／60%　酵協会10号　丹波杜氏　1785円／720ml　3570円／1800ml　山名酒造

香りⅠ 強★★ 複★★★★　味わい 強★★★ 複★★★　酸味★★★ 甘味★★★ 旨味★★
香りⅡ 強★★ 複★★★　【爽醇酒】

こんな日本酒もあり！

発泡酒

奈良

菩提酛仕込純米　生原酒　百楽門
(ぼだいもとじこみじゅんまい　なまげんしゅ　ひゃくらくもん)

第一の香り…ミカン、柚子、カボス、蒸し米、餅、松やに、乳香、シメジ、ヒノキ、かすかなリンゴ、梨など。非常に複雑で、酸味、爽やかさ、香ばしさなどがある。

第二の香り…第一の香りが落ち着き、なめらかな香りに。

味わい…しゅわしゅわとした炭酸がまろやかな刺激へと変わる。飲み口は非常にシャープでさらさらとしている。酸味が強いのに酸っぱくなく、甘味は少ないが非常にバランスはよい。爽快でキレがよく、発泡性清酒とは一線を引く味わいの深さがあり、挑戦的な酒が完成されている。もろみの米粒の中から炭酸の柔らかな刺激と葛餅のような香りが一体となって出て、この酒ならではの心地よさをもたらす。後口は雑味がなく、アルコール感も丸く、きれいでフレッシュ感がある。

料理との相性…酒だけで飲むのが一番よい。合わせるなら名職人が作った寿司や天ぷらなど。

温度…発泡性なので8℃前後に冷やして飲むのがよい。

※室町時代に菩提山正暦寺にて醸造されていた製法を復活させた。正暦寺は、清酒の原型ともいえる「菩提酛（酒母）」を開発した地。酒母の仕込み水に「ソヤシ水」と呼ばれる水と生米から作られた乳酸水を使用する。酒母がなかった時代は、酒母の代わりにソヤシ水を使い、酒造りをしていた。　16.5度　雄町他／60.4%　正暦寺酵母　自社杜氏　1575円／720ml　葛城酒造

香りⅠ　強★★★　複★★★
香りⅡ　強★★　複★★
味わい　強★★★★　複★★★
酸味★★★★★　甘味★★　旨味★★★

その他

やたがらす　特別純米酒
(やたがらす　とくべつじゅんまいしゅ)

奈良

第一の香り…ウエハース、そばボーロ、粟おこし、らくがん、ヒノキなど。

第二の香り…ドライフルーツの入ったパウンドケーキなど。

味わい…ふんわりと柔らかで、絹のようになめらか。潤い感のあるきれいな味わいがのびていき、森のような清々しさを感じる。含み香に香ばしさをともなう。繊細な旨味が長く続き、辛口のフィニッシュの優しい酒だ。

料理との相性…川魚、エビ、カニ、豚、鶏、山菜、季節野菜の煮物など。油を溶かしてくれるので天ぷらや揚げ物に向く。

温度…燗にすると味がまとまり、柔らかさがより増す。冷やにすると味がかたく引き締まる。ぬる燗か15℃ぐらいがよい。

※吉野川の豊かな水を使用。　特別純米　15.0〜16.0度　五百万石／60%　協会701号、協会1801号　能登杜氏　1155円／720ml　2310円／1800ml　北岡本店

香りⅠ　強★★★　複★★★
香りⅡ　強★★★　複★★★
味わい　強★★★　複★★★
酸味★★★　甘味★★　旨味★★★

醇酒

純米吟醸　大和の清酒
(じゅんまいぎんじょう　やまとのせいしゅ)

奈良

第一の香り…葛餅、きな粉、シロマイタケ、エノキタケ、沈香など。キノコと木、穀物香が混ざり合っている。

第二の香り…香木、シナモン、木皮の漢方など。穏やかだが非常によい香りがする。

味わい…さらりとした口当たりからほのかな甘味が出てくる。含み香はヒノキや稲穂をかじったような木の香りなど。後口にヘチマ水やキュウリのようなみずみずしい涼感がある。

料理との相性…山菜や新芽など苦味のある食材、アユやイワナなどの川魚によく合う。

温度…冷やにするとスギの箱に入ったカステラのような香りがする。ぬる燗もよい。

※奈良県だけで栽培されている「露葉風」を100%使用。　16.0〜17.0度　純米吟醸　露葉風／60%　協会7号　自社杜氏　1223円／720ml　2243円／1800ml　八木酒造

香りⅠ　強★★　複★★★
香りⅡ　強★★　複★★
味わい　強★★　複★★
酸味★★★　甘味★★★　旨味★★★

爽醇酒

南方 純米吟醸　みなかた じゅんまいぎんじょう　和歌山

第一の香り…陸奥（リンゴ）、梨、イチゴ、ハニーメロン、ルバーブの砂糖漬け、カリン、スギ、白檀など。
第二の香り…柔らかで爽やかな花のみつの香りに変わる。
味わい…非常に上品でさらりとしたなめらかさ。軽やかさの中に充実した味わいの要素がちりばめられている。含み香はスペアミント、タイムなど。後口は潤い感があり非常に辛口。
料理との相性…ハマチやカツオなどの青魚やマグロの刺身に合う。脂と合うので脂ののった魚やすき焼き、串カツ、タレの焼き鳥など。
温度…冷やすと吟醸香が落ち着いた濃密な酒になる。オン・ザ・ロックスもおすすめ。
※2008年から720mlと1800mlを各800本ずつの限定醸造で発売を開始。　純米吟醸　16.0〜17.0度　米：山田錦、掛：オオセト／50％　吟醸系自家酵母　但馬杜氏　1450円／720ml　2900円／1800ml　世界一統

| 香りI | 強★★★ 複★★ | 味わい | 強★★★ 複★★ | 酸味 ★★★ 甘味 ★★ 旨味 ★★ |

薫醇酒

純米吟醸 超超久 平成十九年 備前雄町全量使用　じゅんまいぎんじょう ちょうちょうきゅう へいせいじゅうきゅうねん びぜんおまちぜんりょうしよう　和歌山

第一の香り…白桃、道明寺粉、花のみつなど。
第二の香り…プリンスメロン、野イチゴ、コブミカンの葉、陸奥（リンゴ）、青い柚子など。
味わい…濃厚な味わいがゆったりと流れていく。麹のもたらす旨味が結びついたとろけるような甘味がある。含み香はコブミカン、カリン、桃など。余韻にはほのかな甘味と蒸し栗のような香ばしさがたなびく個性的な酒。
料理との相性…エビグラタン、マグロの漬け焼き、タレの焼き鳥、豚の味噌焼き、佃煮など。
温度…冷やすとレーズンや干したマンゴーのような甘さが出る。冷やかオン・ザ・ロックスで。
※代表銘柄の「長久」を超える酒を目指して、酒米を変えたりなどさまざまなチャレンジを続けている。　純米吟醸　18.0度　米：備前雄町／55％　9号系酵母　自社杜氏　1470円／720ml　2940円／1800ml　中野BC

| 香りI | 強★★ 複★★★ | 味わい | 強★★★★★ 複★★★ | 酸味 ★★★ 甘味 ★★★★ 旨味 ★★★★ |

醇熟酒

七人の侍 純米　しちにんのさむらい じゅんまい　和歌山

第一の香り…スペアミント、ユーカリ、ヒマラヤスギの葉、アップルミント、羽二重餅、葛餅、ふじ（リンゴ）など。爽やかな香りがする。
第二の香り…非常に柔らかい心地よい香りへと変わる。香り全体がまとまってきて、優しくなめらかになる。
味わい…優しくしっとりとした味わいが広がっていく。突出した味わいの要素がなく、みずみずしさの中で融合している。七人の侍という名前からは想像もつかない、意表をついた上品で清らかな飲み口。片口に注ぎ移して飲むと香りが楽しめる。含み香は白桃、スペアミントなどと滝の霧のようなミネラル感が見事に融合した香りを放つ。後口はしっとりと潤い感があり、澄みきっている。
料理との相性…白身魚、エビ、カニ、地鶏の塩焼きなど。植物性油には対応できるのでオリーブオイルを使った料理やハーブを使った料理にもよい。酒の香りと料理の味が互いを引き立て合い、クッキーやマシュマロのような香ばしく弾力のある余韻を引き出す。
温度…10℃に冷やすと純米酒の中では例外的に爽やかな香りが出る。
※海外の輸出を視野に入れて醸造している。　純米　15.0〜16.0　米：五百万石／60％　協会7号　南部杜氏　1050円／720ml　2100円／1800ml　田端酒造

| 香りI | 強★★★ 複★★ | 味わい | 強★★ 複★★ | 酸味 ★★★ 甘味 ★★ 旨味 ★★ |

爽醇酒

日本酒のはなし 11

日本酒を楽しむ－温度－②
冷やす

近代の日本酒を冷やす方法には①冷蔵庫で冷却する、②冷凍庫で急速に冷却する、③氷と水に浸ける、④（冷却した）蓄熱ポリマーで包む、⑤気化熱を用いる、がある。それぞれ酒瓶と触れる媒体と比熱が異なり、熱の伝達が空気、液体、固体と違うため、その速度も大きく異なる。全く同一銘柄の日本酒を同一の温度に設定しても、冷やし方によって、香味とテクスチャーに微妙な差が生じる。

211

関西地方の日本酒

滋賀 広大な琵琶湖を擁し、1300m級の伊吹山地の湖北、鈴鹿山脈麓の湖東・甲賀、比良山地の湖西、京に近い湖南と酒蔵が全県にある。かつては灘・伏見に原酒供給していたが、近年は若手当主が、地元産米を用いて優良な酒を自社銘柄として世に問うている。酸味と旨味の調和した酒質だ。

大阪 大阪市以外の府下に20ほどの酒蔵があり、多くが歴史のある寺社に近接している。大阪は明るい商人気質をイメージするところだが、酒造りは、非常に生真面目で、こだわりの酒を産み出す。京都・兵庫両県境の寒冷地、能勢は自社田で稲作をも行う蔵もあり、伝統と改新の姿が象徴的。

京都 世界的観光地である市内の離れに伏見地区がある。非常に複雑な地形の山間部と日本海、山陰に至る地域にも小さな酒蔵が散在する。伏見のふうわり、はんなりに表される柔らかでなめらかな酒質。一方の小町村の蔵でも伏見に負けない、明確な意志を持って醸された良酒が探せる。

兵庫 南西部には米処、米の集積地大阪、灘の宮水、優秀な技術集団である丹波杜氏・蔵人に製樽産業、六甲おろし、そして大消費地江戸につながる良港。と酒造産業が発展する要素を兼ね備えていた灘五郷がある。また多くの優良な酒を醸す蔵が散在している。質実剛健でしなやかな味わいを持つ。

奈良 日本で最も古い都市形態と文化を誇る土地であり、同時に日本酒が現在の姿になりゆく揺りかごだったといえる。5県に囲まれた雄壮で複雑な高地と森林は、傑出した良水をもたらし、慎重で精魂込めた酒造りは、濃密でなめらか、優雅な含み香、さらりとした後口の良酒を生み出す。

和歌山 紀伊水道と太平洋に面した海側と紀ノ川中流に20数蔵がある。県の共通の酒質は形成されていないが、骨太さが主軸にあり、どっしりした酒質から繊細な飲み口を持つものまで多彩である。山あいでは、ふくよかで優しい酒になる傾向がある。全般に豪快な魚介料理と好相性を見せる。

和歌山　純米酒　黒牛（くろうし・じゅんまいしゅ）

第一の香り … マツ、青竹、シナモン、ミント、ウリなど。

第二の香り … 黄桃、陸奥（リンゴ）、二十世紀（梨）、セロリシードなど。

味わい … 濃厚かつどっしりとして力強い。酸味と甘味で味わいのバランスを組立てながら、迫力ある味わいと超辛口への展開が非常に印象的。含み香は栗、生キャラメル、ヒノキ、キノコなど。後口はさらさらとした透明感に変わる。

料理との相性 … トロやウナギ、エビ、カニなどに合う。動物性油脂と相性がよいので猪鍋やすき焼き、焼き鳥、ステーキなどによい。

温度 … 熱燗にするとアルコール感と酸味の角が立つ、12℃の冷やにすると凝縮感が出る。

※長期低温発酵で仕上げている。　純米　15.6度　**米** 麹：山田錦／50％、掛：五百万石／60％　**酵** 協会901号、泡なし9号系酵母　但馬杜氏　1200円／720ml　2450円／1800ml　名手酒造店

香りⅠ	強★★★ 複★★★	味わい	強★★★★ 複★★★	酸味★★★ 甘味★★★★ 旨味★★★
香りⅡ	強★★★ 複★★★			

【醇酒】

和歌山　車坂　純米吟醸酒（くるまざか・じゅんまいぎんじょうしゅ）

第一の香り … 稲穂、青竹、熊笹、滝つぼの霧など。

第二の香り … サクランボ、ヒノキなど。きれいな山の香りに変わる。

味わい … 甘味と酸味が融合した口当たりから徐々に辛口の味わいへと変わっていく。含み香に花のみつを思わせる香りがある。後口は澄んでいてドライ。

料理との相性 … ウナギ、アナゴ、すき焼き、タレの焼き鳥、おでんなど。味噌を使った味の濃い料理や、みりんや砂糖を使った調味。チーズなどの発酵食品にも向く。

温度 … 燗にすると甘味に隠れていた旨味が出てくる。冷やにすると甘味が強くなる。50℃ほどの熱燗にするとキレ味がよくなる。

※同蔵では県の酒造好適米と認定される前から「山田錦」を栽培している。　純米吟醸　16.0度　**米** 山田錦／58％　**酵** 和歌山酵母　但馬杜氏　1400円／720ml　2800円／1800ml　吉村秀雄商店

香りⅠ	強★★ 複★★	味わい	強★★★ 複★★	酸味★★★ 甘味★★★ 旨味★★
香りⅡ	強★★★ 複★★			

【爽醇酒】

中国

鳥取
島根
岡山
広島
山口

中国地方の日本酒は山岳をはさんだ山陽と山陰で特色がわかれる。瀬戸内海側は濃醇なタイプが、日本海側はすっきりしたタイプが好まれる傾向がある。

鳥取　日置桜　鍛造生酛山田錦
（ひおきざくら　たんぞうきもとやまだにしき）

第一の香り…稲穂、あられ、竹、ヒノキ、ゴマ、ビワ、梨など。
第二の香り…ウリ、プリンスメロン、わらび餅など。
味わい…とろりとしたなめらかさと麹からもたらされる甘味と旨味が酒を支える。艶やかな多層的な酸味が豊かな辛口の酒で、含み香は熊笹、あられ、ミネラルなど。余韻にキレのよい酸味が辛口感を倍増させる。
料理との相性…魚介類の甘味と旨味を引き立てる。肉類では鶏や豚、牛、鴨、猪に合う。凝った調理法でも受け止める力がある。
温度…燗にするとミネラル感と酸味が立ってくる。冷やにするとほのかな甘味を感じさせる。冷や、常温、燗すべてに異和感がない。
※原料米は一軒の農家で作られているこだわりの酒米。　15.8度　純米　米 山田錦／70％　酛 協会7号　出雲杜氏　1470円／720ml　2940円／1800ml　山根酒造場

香りⅠ	強 ★★	味わい	強 ★★★	酸味 ★★★★
	複 ★★★		複 ★★★	甘味 ★★
香りⅡ	強 ★★			旨味 ★★★
	複 ★★			

醇酒

鳥取　千代むすび　純米吟醸 強力
（ちよむすび　じゅんまいぎんじょう　ごうりき）

第一の香り…二十世紀（梨）、菱餅、青竹、シメジなど。
第二の香り…ゴーフル、ベビーカステラ、寒天、稲藁などの甘い香ばしさ。
味わい…甘味と酸味が絡まり合って弾力のあるボリューム感を持ったふくらみ、複雑な辛口感が特徴的。含み香は梨や熊笹など。余韻は豆腐を食べたときのようなマグネシウムに似たミネラル味と酸味が調和している。
料理との相性…脂をよく溶かし、甘味を引き出す力があるので魚介のバター焼きや天ぷら、唐揚げと相性がよい。力強い味の魚や焼きガニ、高級魚の白身魚、貝にも合う。
温度…燗にすると力強い酸味が湧いてくる。冷やにすると濃密さが増す。冷や、常温、燗どれもそれぞれの違いが楽しめる。
※大戦前に作られていた「強力」を復活栽培した。　純米吟醸　16.5度　米 強力／50%　酛 協会9号　出雲杜氏　1575円／720ml　3150円／1800ml　千代むすび酒造

香りⅠ	強 ★★	味わい	強 ★★★	酸味 ★★★★
	複 ★★		複 ★★★	甘味 ★★
香りⅡ	強 ★★			旨味 ★★
	複 ★★★			

醇酒

ひとつずつ手作業で袋に醪を詰めている。（千代むすび酒造）

鳥取　純米吟醸　いなたひめ　強力

じゅんまいぎんじょう　いなたひめ　ごうりき

爽薫酒

- **第一の香り**…二十世紀（梨）、カリン、ビワ、ふじ（リンゴ）、菱餅、三色団子、ブナシメジ、ヒラタケなど。ほのかな吟醸香がする。
- **第二の香り**…二十世紀（梨）、王林（リンゴ）、ポン菓子など。
- **味わい**…非常になめらか、澄んでいて、繊細な甘みと酸味のしっとりとした味わいが続く。上品な甘い香りとみずみずしい梨のような香りをともなう。含み香も梨や葛餅などと、ミネラルを感じさせる香りが加わる。余韻はかすかな旨みがたなびき、潤い感のある辛口のフィニッシュへと続く。
- **料理との相性**…カブや大根、ウリ、トウガンなどの野菜が主体のみずみずしい料理に合う。鮮度のよい白身魚や魚介、カニ、エビとも相性がよい。油の風味に負けない力があるので、天ぷらやオイル焼きによい。

温度…45℃前後のぬる燗にすると吟醸香が強くなり、酸味のキレ味が際立ってくる。12℃前後の冷やにすると反対に華やかな果物香が減り、キノコとみずみずしい果物の香りを感じる。味の展開と余韻が長くなり、米の甘さを感じさせるようになる。

※全国で唯一、鳥取だけで栽培されている「強力」を100％使用。　純米吟醸　15.0〜16.0度　米 強力／55％　酵 自家酵母　出雲杜氏　1575円／720ml　3255円／1800ml　稲田本店

香りⅠ　強★★★　複★★　　香りⅡ　強★★　複★★　　味わい　強★★　複★★★　　酸味★★★　甘味★★　　旨味★★

鳥取　諏訪泉　純米吟醸　満天星

すわいずみ　じゅんまいぎんじょう　まんてんせい

爽醇酒

- **第一の香り**…稲穂、らくがん、ワッフル、竹、ケヤキ材など。
- **第二の香り**…黄桃、水茄子など。果物香が少し出てくる。
- **味わい**…なめらかできれいな口当たりから、つるつるしたのびやかな味わいへ。バランスがよく、よくこなれた仕上がりで、水と米の豊かな持ち味が見事に融合している。含み香に秋の田んぼを思わせるような懐かしい香りと羽二重餅のような心地よいほのかな甘い香りがある。後口に静かで上品な旨味が広がり、晴れ晴れとしていて澄んだ森と湧き水の風合いがある。
- **料理との相性**…酒自体のアピール力は控えめだが食中酒としては大変優れている。魚の旨味を引き立て倍増してくれる。とくにカニとは好相性。脂に含まれている旨味や香ばしさを浮かび上がらせる。タイやカレイの干物、アゴの野焼き（トビウオの練り物）などに向く。

温度…燗にすると潜在的な力を発揮させ、繊細な軽さから一転して力強くなる。冷やにすると体にしっとりと染み渡っていくような感覚をもたらす。冷や、常温、燗どれも優雅な味わいだ。

※掛米には地元産の「玉栄」を、麹米は兵庫県で有機栽培された「山田錦」を使用している。　純米吟醸　15.0〜16.0度　米 麹：山田錦、掛：玉栄／50％　酵 協会9号　自社杜氏　1785円／720ml　3570円／1800ml　諏訪酒造

香りⅠ　強★★★　複★★★　　香りⅡ　強★★　複★★　　味わい　強★★　複★★　　酸味★★　甘味★★　　旨味★★

島根　純米酒　隠岐誉　藻塩の舞

じゅんまいしゅ　おきほまれ　もしおのまい

醇酒

- **第一の香り**…稲穂、ヒノキ、竹、貝の化石、柚子など。
- **第二の香り**…スギ、青竹、稲藁、森や林などの木々など。穏やかでしっとりとしており、上品で奥ゆかしい。
- **味わい**…とてもきめ細やか、なめらかでゆったりとしている。玉のようにふくらんでゆっくりと染み通っていくような感触の中に、お屠蘇を思わせるようなスパイシーさがある。穏やかながらも格調が高く、水の素晴らしさと造り手の愛情を感じる酒である。含み香にヒノキやブナ、スパッと切った青竹などが湧き上がる。余韻は静かで透き通った旨味と潤い感が待っている。
- **料理との相性**…ブリやタイ、フグ、イカ、エビ、カワハギなど日本海にいる魚全般に合う。魚の脂は溶かすので天ぷらや脂ののった魚にも対応する。冬が旬の脂ののった魚とは必然の相性。海の幸と山の幸を一緒に組み合わせた料理とも相性がよい。

温度…燗にしてもクリアで澄んだ酒になる。冷やにすると甘味が減り酸味が出てきて、非常にまとまり感が出る。味わいに隙間がないため、みずみずしいのに水っぽく感じない充実した酒である。味に奥行きがあるので10℃前後の冷やも試したい。

※米の栽培時にミネラルが豊富な藻塩の水溶液を散布している。　純米　15.0〜16.0度　米 コシヒカリ／70％　酵 協会901号　出雲杜氏　1300円／720ml　隠岐酒造

香りⅠ　強★★　複★★　　香りⅡ　強★★　複★★　　味わい　強★★　複★★★　　酸味★★★　甘味★★　　旨味★★★

日本酒造り最盛期。夜明け頃に蔵から湯気が立ちのぼる。〈吉田酒造〉

島根

月山　特別純米
がっさん　とくべつじゅんまい

第一の香り…かき餅、焼きホンシメジ、ウエハース、藤の花、カリン、デリシャス（リンゴ）など。
第二の香り…柔らかな穀物の香りとリンゴの香り、ヒノキを思わせる香りがする。ほんの少し果物香が上がってくる。
味わい…磨き込まれたようなきめ細やかさでつるつるした感触があり、よく練られた味わいの要素が溶け合っている。軽やかだが味わいが複雑で、丸くまとまっていて、最上級のきめ細やかさと潤い感を持つ。含み香は葛餅やらくがん、ミカンあめなど。余韻は澄みきったしっとりとした潤い感で、後口が晴れ晴れとしている。山陰の酒の典型といってよい。
料理との相性…魚の旨味を十分に引き出す力がある。ブリやハマチ、カワハギ、エビ、タイ、キンメダイ、キンキといった脂ののった甘味のある魚介に合う。
温度…燗にするとゆったりとした濃密な味わいがゆるんで、ぼんやりとした甘味が出てくる。冷やにすると国宝級の寺のお堂のような、雅で悠然とした香りがする。軽いのに味わいがしっかりと感じられる。14℃前後の冷やがよい。
※茶道不昧流で最高の水といわれていた井戸を復元し、仕込み水に使用。　特別純米　15.0〜16.0度　米 麹：五百万石、掛：神の舞／60％　酵 協会9号　出雲杜氏　1210円／720ml　2430円／1800ml　吉田酒造

香りⅠ　強★★★　複★　　味わい　強★★　複★★★★　酸味★★★　甘味★★　旨味★★★
香りⅡ　強★★　複★★★

爽醇酒

島根

山廃特別純米酒　やさか仙人
やまはいとくべつじゅんまいしゅ　やさかせんにん

第一の香り…稲藁、ヒノキ、マイタケ、シメジ、焼いたタケノコ、シナモン風味のアップルパイなど。
第二の香り…かき餅、クヌギの樹液、バウムクーヘン、カステラなど。
味わい…とろみと柔らかさとともに、舌の上でしばらくふんわりとただよっているような不思議な感触が楽しめる。透明感のある甘味と旨味が柔らかくのびていく。含み香はリンゴ、ヒノキ、ヘーゼルナッツ、お香など。高貴な香りが鼻から抜けていく。余韻は非常にきれいな旨味と酸味がたなびいていく辛口のフィニッシュ。
料理との相性…伊勢エビ、アワビ、牡蠣、ホタテ、魚などを炭火で焼いた料理に合う。脂とも合うので、焼き鳥やローストチキン、ポークソテー、鴨といった肉料理にも向く。燗ではさらに、炉端焼きやバーベキュー、燻製などの野性的な食事ともよく合う。
温度…燗にすると力強さと味わいの幅が出てくる。香ばしい風味と酸味がより合わさる。冷やにするとおいしさの中にたき火のような煙ったような香ばしさが出てくる。冷や、常温、燗どれでも季節を問わず楽しめる酒だ。
※弥畝山系からの伏流水と地元産「五百万石」を100％使用して醸造した。　特別純米　15.0〜16.0度　米 五百万石／60％　酵 協会9号　但馬杜氏　1470円／720ml　2625円／1800ml　日本海酒造

香りⅠ　強★★★　複★　　味わい　強★★★　複★★★★　酸味★★★　甘味★★　旨味★★★
香りⅡ　強★★　複★★★

醇酒

初陣　純米酒（ういじん　じゅんまいしゅ）― 島根

第一の香り…つきたての餅、クッキー、ウエハース、ワッフル、カスタード、ほのかなバニラなど。

第二の香り…サクラ材、メープルシロップ、焼き栗など。

味わい…しっとりとしたとろみと柔らかさがある。ふわふわとしたつかみどころのない味わいからきれいな甘味と旨味がのびていく。含み香は田んぼの稲穂、カスタード、カエデの樹液など。余韻は非常に長く、蒸し栗やクヌギの甘い樹液の香りを感じつつ、しっとりとした辛口感が続く豊かな飲み心地の酒だ。

料理との相性…アナゴ、ハモ、クエ、タチウオといった旨味と脂のある魚に合う。フグ、牡蠣や松葉ガニ、アワビを焼いたものとも好相性。塩ウニや生ウニとも相性がよい。地鶏や豚、猪といった肉類のほか、大トロなどの高級な寿司ネタなどオールマイティーに対応する。燗では焼いたエビやカニ、牛肉にも合う。とくに、キノコがたっぷり入った猪鍋との相性を楽しみたい。

温度…燗にすると優しく、かつキレがよくなる。冷やにするとエビせんべいのような香りが出てくる。冷や、常温、燗どれにも食中酒として優れている。

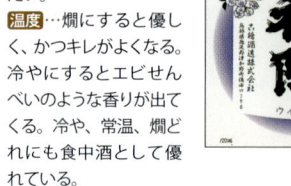

※「天泉」と呼ばれている青野山山麓の湧き水を仕込み水として使用している。　純米　15.0〜16.0度
米 日本晴／70％　酵 島根酵母　石見杜氏　1300円／720ml　2450円／1800ml　古橋酒造

香りI 強★★★ 複★★★　香りII 強★★★ 複★★★　味わい 強★★★ 複★★★　酸味★★★ 甘味★★★★　旨味★★★★

醇酒

純米大吟醸　李白（じゅんまいだいぎんじょう　りはく）― 島根

第一の香り…ふじ（リンゴ）、長十郎（梨）、わらび餅、ほのかにカリン、アップルミント、滝つぼの霧など。澄みきれいな香りがする。

第二の香り…きれいで抑制のきいた上品な香りになる。

味わい…非常に透明感があり、澄んでいて、つるつるとなめらか。しっとりとしていて柔らかな味わいが広がっていく。軽やかできめ細かい味わいは、米がここまで変身できるのかと感動する。清らかなオーラがあり、日本酒のひとつの極致といえる。含み香はほのかにヒノキや羽二重餅、ローリエ、エストラゴン、桜の花など。不思議な取り合わせの風味である。余韻はきめ細やかで味わいの要素が詰まっているが、同時に軽やかで透明感がある。

料理との相性…白身魚や淡水魚、エビ、カニ、アワビなどの魚介類に万能。とくに、松葉ガニと相性が抜群。蒸す、ゆでるなどといった素材の味をいかす調理方法がよい。

温度…12℃の冷やにすると抑制された奥ゆかしい香りが出て、より丸く柔らかさが楽しめる。

※どの銘柄にも酒造好適米以外は一切使用せず、さらに仕込み水は石橋の大井戸と呼ばれる天然水を使用。　純米大吟醸　16.0〜17.0度　米 山田錦／45％　酵 島根K－1、9号系酵母　出雲杜氏　3066円／720ml　6510円／1800ml　李白酒造

香りI 強★★ 複★★★　香りII 強★★ 複★★★　味わい 強★★★ 複★★★　酸味★★★ 甘味★★★ 旨味★★★

薫酒

豊の秋　特別純米酒（とよのあき　とくべつじゅんまいしゅ）― 島根

第一の香り…稲穂、古い農家のいろり、塩せんべい、ウエハース、かき餅、焼き栗、ケヤキ材など。香ばしい香りがする。

第二の香り…炒り米など。香ばしく懐かしい香りがする。

味わい…悠然とした豊かな味わいの中に、きめ細やかな酸味と丸い旨味が一体となって広がっていく。米の旨味をいかした端整で静かな超辛口の酒。含み香はわらび餅や水ようかん、綿あめ、ワッフルなど。余韻は静かで、おいしい煎茶のような旨味が広がる。

料理との相性…食中酒として真の実力を発揮する。料理をたいへんおいしくし、酒自体もおいしくなる。魚介類の甘味を引き立て、脂に対しても油の風味と酒の風味が寄り添うほどの力を持っている。野菜の滋味も引き出す。

温度…燗にするとカステラや瓦せんべいのような甘く香ばしい香りが出てくる。米の旨味がしっとりと感じられる。冷やにすると、ひねそうめんやそば、伽羅などの香りがあらわれる。冷や、常温、燗それぞれにおいしくなる。

※甑（こしき）を使い蒸し米にしたり、スギ製の麹蓋や暖気樽などに木の道具を使うなど、伝統技術を守っている。　特別純米　15.0〜16.0度　米 山田錦、改良雄町／58％　酵 協会901号　出雲杜氏　1260円／720ml　2573円／1800ml　米田酒造

香りI 強★★★ 複★★★　香りII 強★★ 複★★★　味わい 強★★ 複★★★　酸味★★★ 甘味★★ 旨味★★★

醇酒

島根

天穏 純米吟醸 佐香錦
（てんおん じゅんまいぎんじょう さかにしき）

第一の香り…寒天、岩苔、みつ豆、ワラビ、ウド、キノコなど。海と山の幸が混ざり合ったような香りがする。

第二の香り…リンゴ、梨、カリン、ウリなど。柔らかな香りが立ってくる。

味わい…豊かな酸味にしっとりとした甘味が寄り添うようにのびていく。風味のあちらこちらに海の要素と山の要素が融合したような取り合わせがある。含み香はヒノキやシロマイタケなど。余韻はさらさらとしている。

料理との相性…甘味のある魚介に合う。油やバターとの相性がよいので、キノコ類や魚介のバター焼きやオイル焼きに最適。

温度…冷やすと稲穂や柑橘類の葉の香りがし、甘味が少し前に出るがキレがよくなる。

※原料米も仕込み水も地元出雲産を使用。
純米吟醸　15.5度　米 佐香錦／50％
酵 島根K-1　出雲杜氏　1650円／720ml　3300円／1800ml　板倉酒造

（爽醇酒）

香りⅠ	強 ★★★ 複 ★★★	味わい	強 ★★ 複 ★★★	酸味 ★★★★ 甘味 ★★★★ 旨味 ★★★★
香りⅡ	強 ★★ 複 ★★★★			

岡山

嘉美心 特別純米（厳選素材）
（かみごころ とくべつじゅんまい げんせんそざい）

第一の香り…きび団子、三色団子、わらび餅、ウエハース、エビせんべい、塩せんべい、梨、ラディッシュなど。

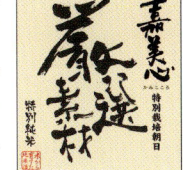

第二の香り…餅、葛餅、カシューナッツ、ウド、マイタケなど。穀物香が強くなる。

味わい…飲み口はまろやかで甘味、旨味が豊か。麹からのなめらかな旨味と甘味が丸くふくらんで、静かに流れるように広がっていく。日本酒の感触の極致といえよう。含み香は藁葺き、稲穂、黄桃など。どこかにあおさのりや、まつ藻、青のりといった海藻を思わせる。余韻は優しく潤いのある味わいがのびていく。

料理との相性…タイやヒラメ、カワハギ、ハモといった白身魚の刺身や鍋。ウナギ、アナゴ、カニ、エビといった素材に甘味を持つ海の幸とも合う。とろろそばやなめこそば、根菜の煮物などの山里の料理にも合う。脂もスムーズに溶かすので手羽先や豚しゃぶ、蒸し豚、牛しゃぶなどにも対応する。

温度…燗にすると辛口になるが後味が甘くなる。冷やにすると余韻にきび団子や桜餅を感じる。14℃前後がおすすめ。

※岡山名産の清水白桃から分離培養した「岡山白桃酵母」を使用し、米は特別栽培米を使っている。　特別純米　15.0～16.0度　米 朝日／58％　酵 岡山白桃酵母　備中杜氏　1292円／720ml　2594円／1800ml　嘉美心酒造

（醇酒）

香りⅠ	強 ★★★ 複 ★★★	味わい	強 ★★★ 複 ★★★★	酸味 ★★★ 甘味 ★★★ 旨味 ★★★
香りⅡ	強 ★★ 複 ★★★			

島根

特別純米 七冠馬
（とくべつじゅんまい ななかんば）

第一の香り…稲藁、きなこ、栃餅、粟おこし、焼き豆腐、干したアンズ、ウエハースなど。

第二の香り…餅、かき餅、竹、熊笹など。

味わい…柔らかく丸く、どっしりとしている。とろみがあり、力強い味わいから非常に辛口のフィニッシュへと味わいが展開していく。含み香は栗など。余韻は乾いた印象がある。

料理との相性…サバやカツオといった脂と旨味が濃厚な魚に合う。味の薄い料理には難しい。焼き肉や味噌を使った料理にもよい。

温度…燗にするとギンナンや煙ったような香りが出てくる。味わいがさらに濃密になり、重くなる。12℃ぐらいに冷やすとレモンバームやレモングラスなどの香りが出る。

※同蔵は泡なし酵母発祥の蔵である。　特別純米　15.0～16.0度　米 改良雄町、五百万石／55％　酵 協会901号　出雲杜氏　1418円／720ml　2835円／1800ml　簸上清酒

（醇酒）

香りⅠ	強 ★★★ 複 ★★★	味わい	強 ★★★ 複 ★★★	酸味 ★★★ 甘味 ★★★ 旨味 ★★★
香りⅡ	強 ★★ 複 ★★★			

日本酒のはなし 12
日本酒を楽しむ－温度－③　冷やす

冷やし方には、釉薬を塗っていない焼き締めの徳利を用いる手法もある。一昼夜程、徳利を井戸（水温12～17℃ぐらい）に沈めておき、陶器の微細な孔に水気を吸わせ、同様に冷やしておいた酒をこの徳利に注ぎ入れる。すると陶器から水が蒸発する際の気化熱によって、1.5℃～2℃ほど、全体の温度が下がるというもの。冷蔵庫などなかった江戸時代の風流な知恵である。

（左）蛇管による火入れ風景。
（右上）酒造りの副産物として酒粕がとれる。（高祖酒造）

千寿　純米吟醸酒　唐子踊り（せんじゅ　じゅんまいぎんじょうしゅ　からこおどり）

岡山

第一の香り…稲藁、三色団子、白トリュフ、白マイタケ、白桃、アケビ、ふじ（リンゴ）など。
第二の香り…麦穂、アップルパイ、ひねそうめんなど。果物香と穀物香が見事に融合している。まろやかでとてもよい香りがする。
味わい…味わいに酸味や甘味、旨味が突出することなく、丸くまとまっている。非常になめらかでとろみ感がふくらむ。含み香はきび団子や白桃など。余韻には晴れ晴れと爽快でキレ味のよい澄んだドライ感と、海の風を思わせるようなミネラル感がある。
料理との相性…タイやチヌ、キンメダイ、ガザミ、伊勢エビ、ウナギ、アナゴ、ママカリ、タチウオ、ハモ、ウニ、アワビといった瀬戸内海近郊で採れる魚介類に合う。酸味が冴えるので油と一緒に料理する魚介のバターソテーなどと相性抜群。肉は軍鶏や地鶏のロースト、塩味の焼き鳥、蒸し豚などのシンプルな調理法のものに向く。あまり甘い味つけをしない野菜料理もよい。
温度…冷やにすると透明感のあるきれいな香りに変わる。10℃でぐらいに冷やして飲むのがよい。

※岡山の代表的な飯米である「朝日」を使用。　純米吟醸　15.0〜16.0度　米 朝日／60％　酵 協会9号　但馬杜氏　1630円／720ml　3058円／1800ml　高祖酒造

醇酒

香りⅠ　強★★★　複★★★
香りⅡ　強★★　複★★
味わい　強★★★　複★★★
酸味★★★　甘味★★
旨味★★★

大典白菊　純米酒　白菊米（たいてんしらぎく　じゅんまいしゅ　しらぎくまい）

岡山

第一の香り…白桃、ハニーメロン、イチジク、ピオーネ（ブドウ）、青竹、ヨモギ餅、ミント、ウエハース、きび団子、わらび餅、熊笹、シロマイタケなど。日本酒の香りのサンプルのような香りが次々とする。
第二の香り…非常に抑制のきいた静かな香りに移行する。上品な果物香が立ち上がる。
味わい…なめらかでふくらみ感があり、精緻な酸味と旨味が寄り添うようにのびていく。ゆったりとした飲み口から酸味、ミネラル感、旨味と味の連携は見事である。含み香は桃、メロン、ビワ、ブドウといった果物香にヨモギ餅のような穀物香が加わったきれいなコクが心地よい。余韻はシャープで爽やかな澄んだ辛口感。
料理との相性…アナゴやウナギ、エビなどを甘辛く味つけした料理に向く。タレの焼き鳥やすき焼き、甘味噌の猪鍋、きじ焼きなどにも合わせたい。
温度…燗にすると甘味より辛口感が勝り、バランスがとれる。後口に甘さが残らず、燗にこそ、この酒の真価がある。冷やにすると味わいがまとまる。後味が甘くなる傾向がある。

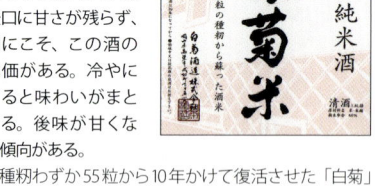

※種籾わずか55粒から10年かけて復活させた「白菊」を使用。ほかに50年の時を超えて復活した「造酒錦」を使用した酒も醸造している。　純米　16.0〜16.9度　米 白菊／60％　酵 9号系酵母　備中杜氏　1365円／720ml　2730円／1800ml　白菊酒造

醇酒

香りⅠ　強★★　複★★★
香りⅡ　強★★　複★★
味わい　強★★★　複★★★
酸味★★★　甘味★★
旨味★★★

岡山　櫻室町　雄町純米（特別純米酒）
さくらむろまち　おまちじゅんまい（とくべつじゅんまいしゅ）

第一の香り…稲穂、きび団子、三色団子、ウエハース、切り干し大根、干しアンズ、エビせんべい、森の土など。

第二の香り…木や稲藁、シメジ、マイタケなどキノコの香りが出てくる。少し香りがおとなしくなるが懐かしい香りがあらわれてくる。

味わい…非常になめらかでさらさらとしている。麹の甘旨味とみずみずしさのバランスが見事。ほとんど甘味を感じないが艶のある丸み感がある。優れた水の風合いと米の優しさが溶け合っている。含み香は上質なデンプンから作った餅や団子など。余韻はとてもしっとりとしてみずみずしく、舌の上を癒してくれる涼しげな爽やかさがある。

料理との相性…魚の旨味を引き出してくれる。タイやチヌ、キンメダイ、シャコ、エビ、タコ、アナゴなどに合う。肉類は鶏や豚に合う。魚、肉ともに淡く、甘辛い味つけした料理がよい。祭寿司などにも合う。

温度…燗にするととろみが倍増し、旨味があり優しい辛口になる。冷やにすると味わいは柔らかくまとまるが、甘くなる。ぬる燗がよい。

※地元産酒造好適米の「雄町」を秋にハゼ干し（天日干し）している。仕込み水には、日本名水百選に選ばれた「雄町の冷泉」を使用している。　特別純米　15.0～16.0度　雄町／60％　協会9号　但馬杜氏　1260円／720ml　2625円／1800ml　室町酒造

香りⅠ 強★★★ 複★★★　味わい 強★★ 複★★★　酸味★★★ 甘味★ 旨味★★

爽醇酒

岡山　極聖　雄町米純米大吟醸　斗瓶どり
きわみひじり　おまちまいじゅんまいだいぎんじょう　とびんどり

第一の香り…陸奥（リンゴ）、ふじ（リンゴ）、スターキングデリシャス（リンゴ）、ソルダム（スモモ）、青い柚子、稲穂、ホンシメジ、ミネラル香など。吟醸香がある。

第二の香り…エノキタケなどの白いキノコ。果物香を第一の香りから引き続き感じる。

味わい…柔らかくのびやかでやや甘味の勝る飲み口。しっとりと静かな味わいで、米と麹の豊かさと仕込み水のみずみずしさとともに、さまざまな山の風味が渾然一体となっている。含み香は白桃や焼き栗、アケビ、ヤマブシタケなどの混ざり合ったおもしろい香り。余韻は優しい感触で舌と体に潤い感をもたらしてくれる。デラックスな酒である。

料理との相性…アナゴやシャコ、エビといった寿司のツメをつけるような食材と合う。練り物や天ぷら、祭寿司（少し甘めの寿司飯に魚介類の刺身を中心に鮮やかに盛りつけた岡山の郷土料理）、鍋などもいける。まんじゅうやういろうといった和菓子のお供にもなる。

温度…常温では吟醸香が強まり、甘くなる。10℃ぐらいまで冷やして飲むと引き締まる。

※しぼりは圧力をかけずに、滴り落ちる雫を長時間かけて斗瓶にとり、低温で貯蔵した。仕込み水は、地下100mから汲み上げた旭川の伏流水を使用。　純米吟醸　16.0～17.0度　雄町／45％　協会1401号、協会1801号　備中杜氏　3150円／720ml　宮下酒造

香りⅠ 強★★★★ 複★★★★　味わい 強★★★★ 複★★　酸味★★★ 甘味★★★ 旨味★

醇熟酒

岡山　桃の里　雄町の春　しぼりたて
もものさと　おまちのはる　しぼりたて

第一の香り…ほのかなリンゴ、梨、イチジク、岩清水など。

第二の香り…ネクタリンなど。

味わい…丸い甘味から豊かな酸味、きれいな旨味へと味わいのリレーがある。フルーティーさを保ちながら、米の甘・旨味をしっかりと感じさせてくれる。含み香はみずみずしい果物。余韻にはカラリと澄んだドライ感がある。

料理との相性…練り物、干物、みりん干し、西京焼き、ウナギの蒲焼き、鍋などによい。蒸し鶏や蒸し豚などコラーゲンを含む食材をシンプルに調理した料理に合う。

温度…10℃くらいの冷やにすると甘味が強まるが味わいがまとまり酸味のキレがよくなる。冷やがよい。

※米を蒸すのに伝統的な和釜甑を使用。しぼりたての時期以外は「桃の里　雄町の春」として販売。　純米　17.0～18.0度　雄町／60％　協会9号　自社杜氏　1260円／720ml　2625円／1800ml　赤磐酒造

香りⅠ 強★★ 複★★　香りⅡ 強★★★ 複★★　味わい 強★★★ 複★★★　酸味★★★ 旨味★★★

爽醇酒

岡山　酒一筋　生酛純米吟醸 （さけひとすじ きもとじゅんまいぎんじょう）

- **第一の香り**…米、餅、みたらし団子、青竹、土壁、山芋、自然薯、ひねそうめん、干しシイタケなど。
- **第二の香り**…木、薬、木材、土、古い民家の納屋など。
- **味わい**…なめらかできめ細やかな甘味と非常に豊かな酸味が、渾然一体となってきれいなふくらみ感をもたらす。含み香はシメジやヒノキ、カルシウムなど。余韻はとてもドライな印象で静かな旨味とともに続いていく。
- **料理との相性**…練り物やアナゴ、ウナギ、シャコ、タコなどに合う。肉類なら鶏や豚によい。
- **温度**…燗にすると米の旨味が十分にいきた、まろやかで優しい辛口になる。冷やにすると味わいがまとまり、麹の甘・旨味がいきる。

※地元赤磐市で栽培した「雄町」を100％使用。　純米吟醸　15.0～16.0度　米 雄町／58％　酵 無添加　但馬杜氏　1533円／720ml　3150円／1800ml　利守酒造

香りⅠ 強★★★ 複★★★★　味わい 強★★★ 複★★★★　酸味★★★★　甘味★★　旨味★★★
香りⅡ 強★★★ 複★★★★

醇酒

岡山　黒田庄　純米酒 （くろだしょう じゅんまいしゅ）

- **第一の香り**…三色団子、きび団子、カブ、青竹など。
- **第二の香り**…餅、菱餅、羽二重餅など。
- **味わい**…非常になめらかで豊かで、かつ軽やか。酸味は少ないように感じられるが甘味に複雑さを与え、後口をさっぱりさせる。含み香は羽二重餅や滝つぼの霧のようなミネラル感など。余韻は非常に潤いを感じる。
- **料理との相性**…魚の煮つけやみりん干し、佃煮、幽庵焼き、イカの姿焼きなどに合う。貝類との相性もよい。燗なら、すき焼きといった甘めの味つけの肉料理にも向く。
- **温度**…燗にすると料理の幅が広がる。冷やにすると味わいがすっきりする。ぬる燗から熱燗で食中酒としての真価を発揮する。

※モーツァルトを聴かせながら醸造、貯蔵している。　純米　15.0～16.0度　米 山田錦／65％　酵 協会901号　備中杜氏　1200円／720ml　2415円／1800ml　菊池酒造

香りⅠ 強★★★ 複★★★★　味わい 強★★★ 複★★★★　酸味★★★★　甘味★★　旨味★★★
香りⅡ 強★★★ 複★★★★

醇酒

岡山　特別純米酒　媛 （とくべつじゅんまいしゅ ひめ）

- **第一の香り**…きび団子、ワッフル、竹、カシューナッツ、マイタケなど。
- **第二の香り**…ビスケット、黄桃など。
- **味わい**…麹からもたらされるなめらかな甘味と精緻な旨味が楽しく、非常に豊かな味わいがある。しっとりとした旨味とミネラル感のある余韻で、フレッシュ感と熱さを感じる。
- **料理との相性**…タイやヒラメ、ハマグリ、牡蠣、ウニなどの魚介類に合う。野菜は砂糖やみりんを使う調味にも向く。
- **温度**…ぬる燗にすると甘味が目立たなくなり、辛口になる。冷やにすると麹の甘・旨味が出て味わいに芯が感じられる。

※大正時代まで吉備地方で栽培されていた「都」を復活栽培し100％使用。　特別純米　15.0～16.0度　米 都／60％　酵 岡山白桃酵母、熊本系酵母　自社杜氏　1470円／720ml　3360円／1800ml　三宅酒造

香りⅠ 強★★★ 複★★★　味わい 強★★★ 複★★★　酸味★★　甘味★★　旨味★★★
香りⅡ 強★★ 複★★★

醇酒

岡山　菩提もと純米9NINE（ナイン） （ぼだいもとじゅんまいないん）

- **第一の香り**…葛餅、きび団子、カブ、石切場にまう石の粉末、ウド、スモモなど。
- **第二の香り**…ソフトクリーム白桃などの丸く甘い香りが広がる。
- **味わい**…なめらかで舌の上でバターが溶けていくような感触が特徴的で、飲み始めの前半と後半で表情をころりと変える。含み香に山芋のおやきやミネラル感がある。余韻はさらさらとしたドライな印象。
- **料理との相性**…エビやタコ、貝類、ウナギといった少し味の濃い魚介や脂ののった魚に合う。豊かな酸味があり、鶏や豚、牛肉にも向く。
- **温度**…燗にすると辛口ながらも潤い感を失わない。10℃の冷やにすると味わいが引き締まる。

※レギュラーボトル以外に夏・秋に1種類ずつ、冬に2種類季節限定で販売している。　純米　15.0～16.0度　米 雄町／65％　酵 協会9号　備中杜氏　900円／500ml　2625円／1800ml　辻本店

香りⅠ 強★★★ 複★★★　味わい 強★★★ 複★★★　酸味★★★★　甘味★★★　旨味★★★
香りⅡ 強★★ 複★★★

醇酒

広島　純米吟醸　朱泉本仕込（じゅんまいぎんじょう　しゅせんほんじこみ）

第一の香り…雷おこし、ポン菓子、かき餅、焼き栗、アーモンド、ヘーゼルナッツ、ヒノキ、桜の木、ケヤキ、竹、マイタケ、ブラウンマッシュルーム、お香など。
第二の香り…香りがタイトになり、品格のある香りへと変わっていく。
味わい…力強くどっしりとした飲み口から、すぐに丸く艶やかな感触へと変化し、豊かで緻密な酸味と旨味が融合していく。含み香では木の香りやお香のような高雅な香りが続く。余韻は香ばしい香りとともに練られた旨味がゆっくりと続き、非常に辛口のフィニッシュへとつながる。味わいの要素が濃密で、力強さがありながらも優しい旨味の広がる辛口の酒である。
料理との相性…牡蠣と相性がよく、フライや土手鍋、焼き、生といったようにさまざまな食べ方と合う。ほかにフグ料理。牛テールのシチュー、ビーフシチュー、豚の味噌煮もよい。ウナギが好相性。
温度…燗にするとさらにまろやかになり、味わいのバランスと米の旨味、丸みのある風味が素晴らしい。よく練られた酸味がフィニッシュの辛口感を引き締める。冷やにすると甘味と旨味がこじんまりする。常温ぬる燗で飲むのがよい。

※同蔵が所有している山林にある山陽道の名水「茗荷清水」を使用。日本酒本来の伝統的な手法に基づき、米、米麹だけの純米醸造にこだわる。　純米吟醸　16.0度　米　麹：広島八反、掛：中生新千本／58%　酵　せとうち21号　広島杜氏　1657円／720ml　2694円／1800ml　賀茂泉酒造

爽酵酒

香りⅠ　強★★★★　複★★★★
香りⅡ　強★★★　複★★★
味わい　強★★★★　複★★★★
酸味★★★★
甘味★★
旨味★★★★

広島　賀茂鶴　純米大吟醸　大吟峰（かもつる　じゅんまいだいぎんじょう　だいぎんぽう）

第一の香り…ふじ（リンゴ）、幸水（梨）、ネクタリン、エストラゴン、ローリエ、セージ、ヨモギ餅、羽二重餅、上質な抹茶など。香り高い果物香と清涼な深い香りがあり、非常に清らか。
第二の香り…しっとりと落ち着いたほうじ茶のような香ばしさが第一の香りに加わる。幽玄で心地よい香り。
味わい…晴れ晴れと澄みきった飲み口で清らかな酸味と旨味がまとまっている。上品さの中にさまざまな味の要素がちりばめられていて、緻密な味わいである。日本を代表する、口当たりが静かで柔らかな銘酒。含み香はほのかなヒノキ、スギの葉、桜の葉、梅の花など。余韻はしっとりとした長い旨味から澄みきったきれいな後口へと続く。
料理との相性…タイやアワビ、伊勢エビ、カニといった新鮮な魚介類の刺身やいろ蒸しなどシンプルで上品な料理に合う。脂を切る作用はおとなしいので、肉類と合わせると、酒の上品さをそこなうおそれがある。
温度…冷やすとさらに吟醸香が出てくる。冷やしすぎるとかたさが出てくるので、12～15℃までがよい。

※原料米は地元芸備北高原で栽培された「山田錦」を100％使用し、寒中に手造りで醸造している。仕込み水には、賀茂山系に降った雨水が15年かけて地中で濾過されたものを使用している。　純米大吟醸　15.0～16.0度　米　山田錦／38%　酵　広島吟醸酵母、協会901号　広島杜氏　3675円／720ml　8400円／1800ml　賀茂鶴酒造

薫酒

香りⅠ　強★★★　複★★★
香りⅡ　強★★★　複★★
味わい　強★★　複★★★
酸味★★★
甘味★★
旨味★★

広島　純米吟醸　綺麗（じゅんまいぎんじょう　きれい）

第一の香り…蒸し栗、お香、かすかなバニラ、ほうじ茶、白桃、梨、アンズなど。不思議な香りがする。
第二の香り…二十世紀（梨）など。優しくてソフトでよい香りがする。果物とナッツを思わせる香りが融合している。この蔵でしか出せないような忘れられない個性的な香りがする。
味わい…軽やかで柔らかく、なめらかでふわふわした飲み口がしっとりと流れていく。ほのかな甘味が辛口感を和らげ、この酒でしか表現できない美しい香りと飲み心地を持つ。含み香は梅の花やふじ（リンゴ）、梨など。余韻はさらさらとしたきれいな辛口感がある。
料理との相性…鮮度のよい魚介の刺身や蒸し物に合う。冷やではさらに、そばや寿司にも合わせられる。食中もよいが、食前や前菜に向いている。
温度…燗にするとさらっとした飲み口で味わいが薄くなり、ドライ感が強くなりすぎる。冷やにするとみずみずしい日本の果実の香りがする。スムーズで柔らかな飲み心地で味わいが上品にまとまる。冷やのほうが感触と香りが楽しめ、飲み飽きしない。

※蔵の名前は「亀齢」と書いて「きれい」と読み、「鶴は千年、亀は万年」のように飲み手の長寿を願い名づけられた。仕込み水には、西条の水を自家井戸から汲み上げすべての工程に使用する。　純米吟醸　15.0～16.0度　米　八反／50%　酵　NK酵母　但馬杜氏　2022円／720ml　4035円／1800ml　亀齢酒造

醇熟酒

香りⅠ　強★★★　複★★★
香りⅡ　強★★　複★★
味わい　強★★★　複★★
酸味★★★
甘味★★
旨味★★★

広島　西條鶴 純米酒 大地の風（さいじょうづる じゅんまいしゅ だいちのかぜ）

第一の香り…みたらし団子、ウエハース、粟おこし、蒸し栗、ヘーゼルナッツ、金ゴマ、マッシュルーム、マイタケ、ヒノキ、竹、サクラ材など。

第二の香り…落ち着いた森や林の木の香りなど、とても深い香りがする。

味わい…非常になめらかでとろみがあり、ゆったりとした味わいが感じられる。リッチな口当たりと飲み口で、きめ細かく、丸く艶やか。豊かな旨味を持ち、飲み応えのある典型的な旨口の酒。含み香はヘーゼルナッツや甘栗、稲穂、キノコのバター炒めなどの香ばしい香りが漂う。余韻は豊かな旨味と上品な香ばしさが広がり、きれいなドライ感が楽しめる。

料理との相性…鮮度のよいタイやハマチ、ヒラメといった白身魚や牡蠣、ハマグリ、ウナギ、カニに合う。脂をおいしくする力があるので鶏、豚、牛のさまざまな調理法に対応できる。イタリア料理や中華料理との相性もよい。

温度…燗にすると旨味が強く、かつ辛口になり、広島の酒らしい線の太さがあらわれて、飲み飽きさせない。冷やにすると整った丸い味わいになり、酒の由緒正しさが感じられる。冷や、常温、燗ともによい。艶やかさが最もわかる冷やに向いている。

※天保の時代に掘った井戸に湧き出る水を仕込み水として使用し続けている。　純米　15.0〜16.0度　八反錦／68%　酵 協会9号　広島杜氏　1050円／720ml 2100円／1800ml　西條鶴醸造

醇酒

香りⅠ 強★★★★ 複★★★★　香りⅡ 強★★★ 複★★★　味わい 強★★★★ 複★★★★　酸味★★★★ 甘味★★　旨味★★★★

広島　無農薬米 純米吟醸酒 千の福（むのうやくまい じゅんまいぎんじょうしゅ せんのふく）

第一の香り…稲穂、藁葺き屋根の古い農家、白トリュフ、マッシュルーム、ウエハース、わらび餅、羽二重餅など。

第二の香り…滝つぼの霧などの澄んだ香りに変わる。

味わい…軽やかさと米麹からもたらされるしっとりとした旨味が基調をなしている。優しく精緻で流麗な味わいとあふれ出るような豊かな風味が、渾然と一体化する辛口の酒。含み香はマシュマロや白トリュフ、青竹、お香など。余韻は長く、キノコや樹木やヘーゼルナッツを思わせる。体が自然に受け入れる上品な酒だ。

料理との相性…鮮度のよいタイやアワビ、伊勢エビといった高級魚介の刺身や蒸し物に合う。バターやクリームと相性がよいのでフレンチにも合わせられる。カマンベールチーズのような白カビのチーズにも向く。燗ではさらに牡蠣フライや牡蠣の土手鍋、上質なすき焼きによい。

温度…ぬる燗にすると酸味と旨味がより合わさったコクが出てきて、甘味は生キャラメルのような香りに昇華する。冷やにするとウエハースやマシュマロ、熟した桃の香りがする。冷や、常温、燗どれにでも向く多様な面を持つ。

※無農薬で栽培した酒造好適米「八反錦」を100%使用し、広島で開発された「せとうち21号」の酵母で醸造。　純米吟醸　16.5度　八反錦／60%　酵 せとうち21号、広島吟醸酵母、協会601号、協会701号　広島杜氏　3150円／720ml　三宅本店

爽醇酒

香りⅠ 強★★ 複★★★★　香りⅡ 強★★ 複★★　味わい 強★★ 複★★★★　酸味★★★ 甘味★★　旨味★★★

広島　雨後の月 純米大吟醸（うごのつき じゅんまいだいぎんじょう）

第一の香り…陸奥（リンゴ）、梨、カリン、プリンスメロン、ホンシメジ、ヒノキ、青竹など。

第二の香り…カボス、白桃、二十世紀（梨）、滝つぼの霧など。

味わい…非常に緻密でさらさらとしたきれいな味わいで、丸くきれいな酸味とほのかな甘味が調和しており、しっかりとした飲み口から上品な爽やかさを感じさせる。含み香は藤や玉露など。余韻は澄みきったドライ感がある。

料理との相性…鮮度のよい魚介の刺身や蒸し物に合う。食前酒に向いている。

温度…冷やしすぎず12〜15℃の井戸水ぐらいの温度が理想的。

※仕込み水に花崗岩地帯を浸透する良質な水を使用している。　純米大吟醸　16.0〜17.0度　雄町／40%　酵 協会9号、広島吟醸酵母　広島杜氏　3675円／720ml 7350円／1800ml　相原酒造

薫酒

香りⅠ 強★★★ 複★★　香りⅡ 強★★ 複★★　味わい 強★★★ 複★★★　酸味★★★ 甘味★★　旨味★★★

いろいろ酒器 ⑦

枡型盃

本来は日本酒や液体を量るための枡をあえて酒器にデザインしてある。

広島　比婆美人　純米酒　生貯蔵酒（ひばびじん　じゅんまいしゅ　なまちょぞうしゅ）

第一の香り…粟おこし、国光（リンゴ）など。

第二の香り…モンキーバナナ、マンゴスチン、笹の葉、青竹、ルバーブの砂糖漬けなど。

味わい…第一印象はほのかな甘みとキレのある酸味。純米の生貯蔵酒のよさとして、酒蔵でしぼりたての酒を飲んだときのあっと驚く感激を味わえる。含み香はスギや蒸し栗など。余韻に精緻で隙のない充実した味わいが続く。

料理との相性…生牡蠣や牡蠣酢、牡蠣フライ、寿司などに合う。強い油脂には合わせにくい。

温度…冷やにすると透明感のある爽やかな酒になる。滑るような味わいが感じられる。10℃前後の冷やで本領を発揮する。

※原料米は自社栽培している。　純米　15.0～16.0度　米　八反35号／60％　酵　せとうち21号　自社杜氏　1000円／720ml　比婆美人酒造

香りⅠ　強★★★　複★★
香りⅡ　強★★　複★★
味わい　強★★★　複★★
酸味★★★　甘味★★　旨味★★
爽醇酒

広島　生酛華鳩　純米（きもとはなはと　じゅんまい）

第一の香り…餅、五穀米のかゆ、粟おこし、マッシュルーム、シロマイタケ、稲穂、サクラ材、ケヤキ材、ナツメグなど。

第二の香り…森や田んぼの稲穂の香りがする。

味わい…飲み口はさらさらとスムーズ。みずみずしさの中に豊かな酸味と旨味が調和している。含み香はキノコや木など。余韻はしっとりとした旨味が細く長く続く。優しさを感じる酒。

料理との相性…魚介類の甘・旨味を引き立ててくれるので魚介類全般や練り物、寿司に合う。肉類では鴨や猪、すき焼きに対応できる。

温度…ぬる燗にすると、香ばしさともっちりした旨味に辛口感が融合する。常温もよい。

※減農薬で栽培された地元産「中生新千本」を100％使用。　純米　15.0～16.0度　米　中生新千本／麹70％、掛80％　酵　協会701号　広島杜氏　1200円／720ml　2400円／1800ml　榎酒造

香りⅠ　強★★★★　複★★★
香りⅡ　強★★★　複★★★
味わい　強★★　複★★★
酸味★★★★　甘味★　旨味★★
醇酒

広島　龍勢　夜の帝王　特別純米酒（りゅうせい　よるのていおう　とくべつじゅんまいしゅ）

第一の香り…白炒り米、白玉、雷おこし、蒸し栗、ヘーゼルナッツ、岩のり、シメジ、マイタケ、マッシュルーム、竹など。

第二の香り…ナツメグなどの木のスパイシーさ。

味わい…軽やかさの中に濃密な米の甘味と旨味、香ばしさが展開。含み香は稲穂や甘栗、お香など。余韻は明確な旨味とミネラル感、たっぷりとした旨味の複雑さを残す辛口感が続く。

料理との相性…背の青い魚や牡蠣、フグ、キンキ、ウナギ、鴨、猪などに合う。海藻類と山の幸を組み合わせた料理、キノコや燻製に。

温度…燗では非常に濃厚な飲み口で強い旨味をともなった超辛口酒になる。冷やでは海藻のようなミネラルを感じる。どの温度も優れている。とくにぬる燗がよい。

※晩酌に適した酒をコンセプトにして醸造した。　特別純米　15.0度　米　八反錦／60％　酵　協会6号　広島杜氏　1175円／720ml　2350円／1800ml　藤井酒造

香りⅠ　強★★★　複★★★★
香りⅡ　強★★　複★★
味わい　強★★★　複★★★
酸味★★★　甘味★★　旨味★★★★
醇酒

広島　酔心槇のしずく　純米酒（すいしんぶなのしずく　じゅんまいしゅ）

第一の香り…稲穂、ヒノキ、シロマイタケなど。

第二の香り…しっとりとした味わいを思わせる香りに。

味わい…透明感のある旨味を感じさせ、水のみずみずしさと柔らかさを見事に表現している。含み香は竹やわらび餅、カシューナッツなど。余韻に艶やかな旨味と甘味があらわれる。

料理との相性…魚介類や豆腐に合い、肉類では塩味の焼き鳥や豚しゃぶなどに対応。燗は牡蠣の旨味を最高に引き出す力を発揮する。

温度…燗にすると潤いを保ったままシャープになり、旨味が強まる。冷やも旨味が常温よりも強調される。12℃前後の冷やとぬる燗に向く。

※銘柄の由来でもあるブナの原生林を水源とする伏流水を仕込み水に使用。　純米　15.0～16.0度　米　麹：山田錦、掛：一般米／60％　酵　自家酵母　備中杜氏　1244円／720ml　2481円／1800ml　酔心山根本店

香りⅠ　強★★★　複★★★
香りⅡ　強★★　複★★
味わい　強★★★　複★★★
酸味★★　甘味★　旨味★★★
爽醇酒

五橋 生酛 純米酒（ごきょう きもと じゅんまいしゅ）

山口／醇酒

第一の香り…稲穂、餅、ウエハース、焼き栗、クルミ、焼き銀杏、青竹、ヒノキ、サクラ材、あめ湯など。
第二の香り…木、森、秋の田んぼなど。田園を思わせるとても複雑で懐かしい、濃密な香りがする。
味わい…非常にとろみがあり濃密な味わいだが、重くなく、ふんわりとしていて、みずみずしく潤いのある感触が続く。造り手の感性のよさが酒に反映されていて、濃厚さと羽のような軽さ、優しさと柔らかさ、甘味と酸味が融合している。含み香はわらび餅や梨、岩清水など。余韻はなめらかで雑味のない旨味が長く続く。
料理との相性…魚介類全般に合う。とくにフグ、ハモやタイなどゼラチンを多く含む魚と相性がよい。肉類は地鶏やキジ、渡り鳥、豚に合う。燗ではさらにブリ、カニ、猪、鴨といった脂のある食材の鍋などにオールマイティーに合わせられる。
温度…燗にすると水と米の旨味に森の香りが勝って酒に迫力が出る。冷やにするとヒノキやスギ、蒸し栗などの香ばしい香りが出てきて、しっとりとまとまった格調高い味わいになる。15〜16℃ぐらいで飲むとふんわり感が楽しめる。

※錦川の伏流水を深さ10m、30m、40mのそれぞれ3本の井戸から汲み上げ、仕込み水に使用している。

純米　15.0〜16.0度　山田錦／60％　協会701号　大津杜氏　1417円／720ml　2835円／1800ml　酒井酒造

香りⅠ　強★★★　複★★★★　香りⅡ　強★★★　複★★★★　味わい　強★★★★　複★★★★　酸味★★★★　甘味★★★　旨味★★★★

東洋美人 特別純米酒（とうようびじん とくべつじゅんまいしゅ）

山口／薫酒

第一の香り…コブミカンの葉、わらび餅、ウエハース、わずかにふじ（リンゴ）、スペアミントなど。
第二の香り…白桃などの果物香が立ってくる。丸く柔らかい香りがする。
味わい…柔らかな味わいととろみの中からきめ細やかな酸味が出てくる。とろみとまろやかさを十分に感じさせながらカラッとした辛口への味わいのリレーが見事。含み香はふじ（リンゴ）やカリン、ビワ、黄桃、羽二重餅など。とてもきれいな香りで、余韻にはきれいな旨味と酸味が辛口感を醸し出す。後口に心地のよい涼しげできれいな香りがただよう。
料理との相性…フグやゆでたガザミ（カニ）、エビ、寿司に合う。油に丸さを与える力が強いので天ぷらやハム、ソーセージ、すき焼きにも合う。淡白な素材中心の料理やシンプルな味つけの調理法は向かない。
温度…冷やすとさまざまな果物やコブミカンの葉、熊笹の香りを感じる。吟醸香が出てきて、澄んだ香りになり、味わいはまとまるが少し甘くなる。14℃ぐらいの冷やがよい。

※蔵の裏にある月山から湧き出る岩清水を仕込み水に使用している。「東洋美人」という銘柄名は、亡き妻に向けて初代がつけた。

特別純米　16.0度　山田錦／55％　9号系自家酵母　自社杜氏　1417円／720ml　2835円／1800ml　澄川酒造場

香りⅠ　強★★　複★★★　香りⅡ　強★★★　複★★　味わい　強★★★　複★★★　酸味★★★★　甘味★★★　旨味★★★

宝船 純米酒 西都の雫（たからぶね じゅんまいしゅ さいとのしずく）

山口／醇酒

第一の香り…道明寺粉、わらび餅、熊笹、竹、ヒノキ、ワッフルなど。
第二の香り…ウエハース、塩せんべい、クッキーなど。
味わい…非常に軽やかでふわふわとしており、味わいに粘るような感触がありながら、さらりとほどけていく不思議なテクスチャーがある。含み香は白桃やわらび餅、水仙、クローバーのはちみつなど。余韻では淡くきれいな甘味が舌に潤い感を与え、辛口感をなだめる。あっさりした中に複雑な要素が溶け込んでいる。
料理との相性…エビやカニ、貝類、白身魚の高級な食材と相性がよい。脂と相性がよいので焼き鳥や豚しゃぶ、野菜の天ぷら、オリーブオイルを使った魚料理に合う。燗にするとさらに脂を流す力が強くなるのでコラーゲンを含む食材全般に向く。
温度…燗にすると体に温かさが伝わりゆったりとした旨味が出て、甘味と旨味も調和する。冷やにすると味わいがまとまり、ゆったりとしたなめらかさは失わない。冷や、常温、燗、それぞれに違ったよさがあり、どれも食中酒としての幅広さがある。

※山口県独自の酒米「西都の雫」を100％使用。

純米　15.0〜16.0度　西都の雫／60％　協会9号　山口杜氏　1200円／720ml　2400円／1800ml　中村酒造

香りⅠ　強★★　複★★　香りⅡ　強★★　複★★　味わい　強★★　複★★★★　酸味★★★　甘味★★　旨味★★

中国地方の日本酒

鳥取 20数蔵が全県中に散在する。背後に1000m級の中国山地を控える。巨大な大山もあり積雪による良水に恵まれている。酒質は、きれいな飲み口の辛口。

島根 東西170kmの日本海沿いと山口県境に40ほどの酒蔵があり、隠岐の島町でも極めて流麗な酒が醸される。豊かなふくらみと風味の長い、きれいな酒質である。

岡山 米、水、果物、新鮮な海産物に恵まれている。80ほどの酒蔵から、控えめで、なめらかな飲み飽きしない酒が醸される。

広島 多様な地形と気候の中に80ほどの酒蔵がある。西条は銘醸地で、麹の甘・旨味と酸味のキレがよい広島流の本拠地。

山口 瀬戸内、周防灘、日本海と極めて複雑な地形に60数蔵が散在し、水脈も多様である。飲み応えがあり、食中に向く酒質。

山口　特別純米酒　八代の鶴の里米　かほり鶴
とくべつじゅんまいしゅ　やしろのつるのさとまい　かほりつる

第一の香り…ワッフル、ウエハース、稲藁、干したアンズ、サクラ材、マイタケ、アミガサダケなど。
第二の香り…餅、滝つぼの霧などにイチゴなどの香りが加わる。香りが強くなる。
味わい…しっとりとした飲み口で柔らかくのびやか。濃密な味わいを持ち、潤い感がある。含み香は甘栗やベビーカステラ、みつ豆、鶏卵素麺、木、ナツメグなど。余韻はしっとりとしてやや甘口である。
料理との相性…フグ料理全般に相性抜群。
温度…燗にするとキレが甘くなり重くなる傾向がある。冷やにすると、柔らかくなる。12～15℃がよい。
※ナベツルの飛来地を守る無農薬米で醸造している。　特別純米　15.0～16.0度　米 つるの里（コシヒカリ）／60％　酵 山口9E　熊毛杜氏　1890円／720ml　山縣本店

香りⅠ　強★★　複★★　味わい　強★★★　複★★　酸味★★★　甘味★★　旨味★★★
香りⅡ　強★★★　複★★★

醇酒

山口　獺祭　磨き二割三分　純米大吟醸
だっさい　みがきにわりさんぶ　じゅんまいだいぎんじょう

第一の香り…カリン、梨、キノコ類、青竹、稲穂、藤など。
第二の香り…香りが落ち着き、キノコや滝つぼの霧のような清涼なミネラル香が出てくる。
味わい…非常にはっきりとしていて、濃密で力強い。甘味と酸味のバランスが高いレベルで融合している。余韻はしっとりとした酸味と甘味がゆっくりとたなびくように消えていく。
料理との相性…淡泊だが旨味のある高級な魚介類に合う。脂に対して十分に対応できる酸味があるので、魚介のイタリア料理にも向く。
温度…12℃ぐらいの冷やにすると濃密だが透明感が出て、澄んだキレのよさが冴え渡る。
※銘柄のとおり山田錦を23％まで磨き上げている。最初は25％から23％までの最後の2％を磨くために丸一日をかける。　純米大吟醸　16.0～17.0度　米 山田錦／23％　酵 非公開　自社杜氏　10000円／720ml　5000円／1800ml　旭酒造

香りⅠ　強★★★★　複★★★　味わい　強★★★★　複★★★　酸味★★★★　甘味★★★　旨味★★★
香りⅡ　強★★　複★★

薫酒

山口　純米　あらばしり　わかむすめ
じゅんまい　あらばしり　わかむすめ

第一の香り…黄桃、稲藁、マイタケ、エノキタケ、スギなど。
第二の香り…青リンゴ、キンカン、プリンスメロンなど。爽やかな香り。
味わい…強く濃厚で、非常に甘口の印象。甘味とアルコール感が主体となっている。珍しい昔風の甘口酒で、生原酒らしいがっちりした味わいが楽しめる。含み香はラム酒をかけたスポンジケーキなど。余韻には甘味をほのかに残しつつ、渋味を感じさせる。
料理との相性…カステラやまんじゅう、ようかん、おはぎといった和菓子に合う。
温度…燗にすると酸味が消え、甘味が出る。10℃ぐらいの冷やかオン・ザ・ロックスで飲むのがよい。
※生酒にこだわりを持っている蔵。　純米　17.0～18.0度　米 西都の雫／65％　酵 協会701号　大津杜氏　1365円／720ml　2688円／1800ml　新谷酒造

香りⅠ　強★★★　複★★★　味わい　強★★★★★　複★★　酸味★★★　甘味★★★★　旨味★★★
香りⅡ　強★★★　複★★

醇酒

四国

徳島
香川
愛媛
高知

土佐(高知)をはじめ、古くから海と酒文化を大切にしてきた。温暖な気候の中でも安定した酒造りを模索し、良質の酒を生み出している。

御殿桜 純米酒（ごてんさくら じゅんまいしゅ）

徳島

[第一の香り]…桜餅、道明寺粉、わらび餅、ウエハース、ロールケーキ、水ようかんなどの夏の和菓子、竹、熊笹、ホンシメジなど。とても心地のよい米の香りがあらわれる。

[第二の香り]…するっとした、飲みたくなるような柔らかく自然体の香りがする。

[味わい]…ふんわりと浮かんでいるような感触で重量感を感じない。丸くきめ細やかでつるつるとしている。含み香には三色団子や葛餅、ホンシメジ、白桃、粟おこしなどが混ざっていて非常においしい香り。余韻は味わいの要素がいくつもより合わさって、優しく複雑な旨味がゆっくりと長く続く。

[料理との相性]…カマスやアマダイ、エボダイといった旨味のある魚の干物やウニ、ホタテやハマグリといった貝類に合う。ゴマ油や、オリーブオイル、バターを使った料理と相性がよい。肉類は地鶏や鴨に合う。

[温度]…燗にすると力強くかつ辛口になるが軽やかな特徴が消える。冷やにすると菱餅や団子、ウエハース、カステラなど甘く香ばしいデンプン質の香りが楽しめる。

※剣山を源とする鮎喰川の伏流水を仕込み水に使用している。　純米　14.0〜15.0度
[米] 松山三井／60%　[酵] 協会901号　自社杜氏　855円／720ml　1921円／1800ml　斎藤酒造場

[醇酒]

香りI　強★★　複★★★★
香りII　強★★　複★★★
味わい　強★★　複★★★★
酸味★★　甘味★★　旨味★★★

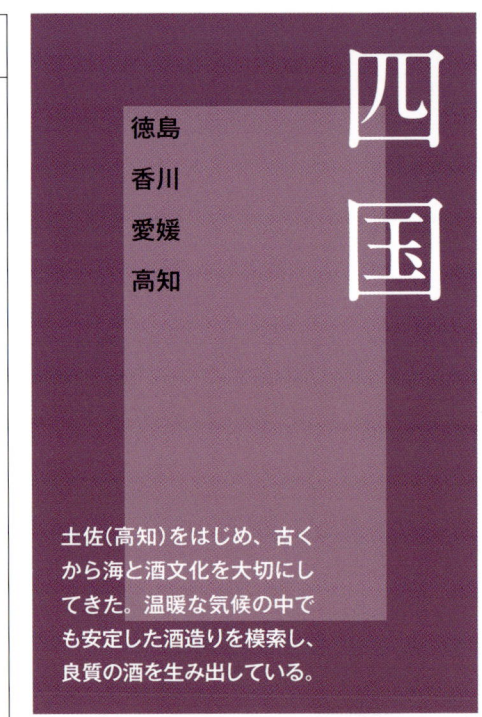

有機純米 阿波の大地（ゆうきじゅんまい あわのだいち）

徳島

[第一の香り]…白カビのチーズ、生パスタ、栗、クラッカーなど穏やかな米、麹の香りがある。

[第二の香り]…餅、カシューナッツ、竹、菱餅、ケヤキ材など控えめな香り。

[味わい]…なめらかで力強い旨味を感じる。ふくらみ感とふんわりした丸みを感じながら、長くのびるきれいな旨味が心地よい。香りは地味だが含み香がとても豊かで、フルーツみつ豆や羽二重餅、二十世紀(梨)など。みずみずしい果物の香りがする。余韻にしっとりとした潤い感を与える旨味がある。抑制された美酒だ。

[料理との相性]…いろいろな料理をおいしくする可能性を秘めた酒。イカやタコ、白身魚に合う。とくにエビやタイといった澄んだ旨味のある食材と相性抜群。脂に含まれた味を引き出し、かつ酒もおいしくする。地鶏や鴨、猪、牛、鉄板焼き、しゃぶしゃぶにも向く。

甘い味つけにせず、素材の味をいかした調味がよい。

[温度]…燗にすると旨味が重くなるが力強い辛口酒になる。冷やにすると乳製品のような香りが出て、きれいな旨味がある。12℃くらいの冷やのほうがよい。燗はぬる燗よりキレの出る熱燗にすると、シャープさが出る。

※合鴨農法で栽培された無農薬・無化学肥料の有機米を使用。　純米　15.5度　[米] 日本晴／60%　[酵] TK-2　自社杜氏　1100円／720ml　2500円／1800ml　日新酒類

[醇酒]

香りI　強★　複★★
香りII　強★★　複★★
味わい　強★★★　複★★★
酸味★★★　甘味★★　旨味★★★★

徳島　芳水　生酛仕込　特別純米酒　ほうすい　きもとじこみ　とくべつじゅんまいしゅ

| 第一の香り |…スギ、ヒノキ、サクラ材、ナラ、エノキタケ、シロマイタケ、炒り米、かき餅、ワッフルなど。
| 第二の香り |…第一の香りがまとまり、湧き出すように感じられる。純米酒の中でも、ここまで複雑ではっきりした香りの酒は珍しい存在だ。
| 味わい |…濃密でさまざまな味わいを放ちつつ、静かな旨味が広がっていく。米の力を強くアピールしながら、キレがよくいつまでも飲み飽きしない稀代の銘酒。含み香はヒノキやサクラ材、わらび餅など。余韻は純米からイメージされる以上に洗練された品格がある。優しくまろやかで、舌を癒してくれるような潤いがある。
| 料理との相性 |…魚介類の旨味を引き出し、酒自体のおいしさも主張する酒。脂に対応できる酸味があるので鶏や鴨、豚、牛といった肉類や天ぷら、ソテーなどにも向く。それぞれの食材のよさを引き立てるので、食中酒として優れた柔軟性がある。
| 温度 |…燗にすると生酛特有の緻密な酸味と旨味が織りなす非常に辛口の酒になり個性が強く現れる。冷や、常温、燗どの温度帯も自然体である。料理とはぬる燗で本領を発揮する。

※仕込み水は銘柄の由来となっている吉野川の伏流水を使用。　特別純米　15.0〜16.0度　米 玉栄／60%　酵 協会7号　自社杜氏　1155円／720ml　2415円／1800ml　芳水酒造

醇酒

香りⅠ 強★★★★ 複★★★★　香りⅡ 強★★★★ 複★★★★　味わい 強★★★★ 複★★★★　酸味★★★★　甘味★★　旨味★★★★

徳島　鳴門鯛　純米吟醸原酒　なるとたい　じゅんまいぎんじょうげんしゅ

| 第一の香り |…餅、麩、蒸しパン、葛餅、コブミカンの葉、酒粕、もろみなど。
| 第二の香り |…リンゴ、ビワ、梨、ウエハース、サクラ材など。果物香と少し香ばしい香りがあるが、ゆっくりと落ち着き、澄んでくる。
| 味わい |…なめらかな旨味と湧き立つ芳醇感と粘り感がある。濃密な味わいで含み香と余韻が長く力強い。含み香は黄桃やリンゴ、プリンスメロンなどの吟醸香。余韻は柔らかく、甘い香りとふわふわした感触がある。フィニッシュには焼き栗やはちみつのような風味と辛口感がある。誰にも好まれる個性を持った美酒。
| 料理との相性 |…焼いたタイや焼きアワビ、焼きウニ、エビの天ぷら、ハモに合う。脂をしっかりと受け止める力強さがあるので大トロや地鶏、豚ロース、豚トロなどの脂のある食材の炭火焼きや牛肉の鉄板焼きに合わせられる。
| 温度 |…冷やにすると綿あめのような純粋な甘い香りがし、酸味もはっきり出てくる。8℃くらいの冷やかロックがよい。水割り（酒：水＝8：2）にしても、柔らかさと旨味を失うことなく、よりバランスがとれる。燗も試してみたい。

※同蔵は山廃系酒母を多く使用し、伝統的な醸造方法を続けている。　純米吟醸　16.0〜17.0度　米 麹：山田錦、五百万石、掛：五百万石、山田錦、一般米／50％以下　酵 協会9号　自社杜氏　2039円／720ml　本家松浦酒造場

薫酒

香りⅠ 強★★★ 複★★★　香りⅡ 強★★ 複★★　味わい 強★★★★ 複★★★　酸味★★★　甘味★★★★　旨味★★

香川　金陵　特別純米酒　楠神　きんりょう　とくべつじゅんまいしゅ　くすかみ

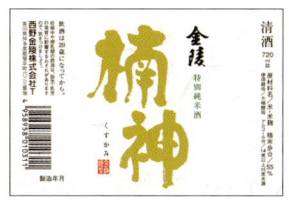

| 第一の香り |…白玉、ウエハース、わずかにカリン、ケヤキ材、サクラ材、蘭の花など。
| 第二の香り |…ロールケーキのようなクリーミーな香りがあり、木と白桃の香りがほんのりと感じられる。
| 味わい |…柔らかくしっとりとしており、静かにじっくりと味わいが広がっていく。酸味と薄くきれいな甘みが一体となり、旨味とともに味わいの要素が溶け合って突出するものがない。含み香はとても静かな印象で、お香や三色団子、ウエハースなど。余韻はのびやかでつるつるとしていて、みずみずしさと潤いが長く感じられる。なめらかな口当たりと上品な香りが特徴的な、極めて完成度の高い軽やかな酒。
| 料理との相性 |…アナゴ、カレイ、クロダイ、チヌ、オコゼ、アイナメ、カサゴといった近海の岩場の魚や、アワビや牡蠣、ハマグリなどの貝類に合う。豊かな酸味があるので脂とも相性がよい。天ぷらや寿司のほか、魚のカルパッチョなどイタリア料理の前菜もいける。
| 温度 |…冷やすと香りが澄み、マツやヒノキ、サクラ、ケヤキなどが香ってくる。味わいのバランスがよくなり上品で高貴な味になる。ほのかに木の味がただよう。

※同蔵内にそびえ立つ樹齢約900年の楠から採取した天然酵母で醸造。　特別純米　14.0〜15.0度　米 オオセト／55%　酵 大隅酵母　自社杜氏　1365円／720ml　2625円／1800ml　西野金陵

爽醇酒

香りⅠ 強★★ 複★★　香りⅡ 強★★ 複★★　味わい 強★★★ 複★★★　酸味★★★　甘味★★　旨味★★★

香川　長田屋　山廃純米
ながたや　やまはいじゅんまい

- **第一の香り**…カステラ、スギ、塩あられ、切干し大根など。
- **第二の香り**…エノキタケ、三色団子など。
- **味わい**…軽く柔らかでさらりとした飲み口の中にある、ほのかな甘味が心地よい。キレのよい酸味と辛口感が一緒になって味わいがのびている。含み香はヒノキ、ビスケット、わらび餅など。余韻はしっとりと静かである。
- **料理との相性**…脂ののった魚の刺身などシンプルな料理に合う。鶏や豚、牛、猪などの肉類全般に。イタリア料理やフランス料理にも向く。
- **温度**…燗にすると旨味のあるドライ感があり後味に苦味のミネラル感が強まる。15℃ぐらいにすると酸味のキレがよくなる。

※テイスティング時と銘柄名が変わり、現在は「山廃純米　よいまい綾菊」として発売している。　純米　15.0度　米 さぬきよいまい／65％　酵 協会7号 広島杜氏　1365円／720ml　2520円／1800ml　綾菊酒造

香りⅠ	強★★ 複★★★★	味わい	強★★★ 複★★	酸味★★★★ 甘味★★★ 旨味★★★
香りⅡ	強★★★ 複★★★			

醇酒

愛媛　雪雀　媛の愛・天味　純米大吟醸
ゆきすずめ　ひめのあい・てんみ　じゅんまいだいぎんじょう

天味 純米大吟醸　雪雀

- **第一の香り**…ポン菓子、きび団子、柚子、黄桃、藻塩、ミネラル香など。
- **第二の香り**…非常にきれいな澄んだ香りに変わる。桃、水梨、藤の花、和三盆糖などの香りがわずかにあらわれてくる。
- **味わい**…味を感じるまでに時間差があり、ゆっくりと精緻な味わいが広がる。極めて上質な丸い食感触の中に味の要素が溶け込んでいる。甘くないのにとろりとした風合いがある。吟醸香が抑えられたきれいな味で、いっさいの苦味や雑味がない。日本を代表する銘酒のひとつといえる。含み香に特上の和菓子のような淡い甘い香りと果物香がする。余韻に潤い感と艶やかさ、ほのかな甘さが長く続く。
- **料理との相性**…エビやカニ、フグの薄造りに合う。植物性の油を使った料理にもよい。とっておきの日の食前酒として、乾杯用としても価値がある。
- **温度**…燗にするとマイルドになる。強く冷やすと丸い感触がなくなる。温度に対して敏感な酒である。低めの常温が上品さを引き出す。燗は40℃くらいの人肌燗。丁寧な燗の作業が要求される。

※愛媛県の酒造用醸造米である「松山三井」を100％使用。　純米大吟醸　16.4度　米 松山三井／45％　酵 KA-1　越智杜氏　5093円／750ml　雪雀酒造

香りⅠ	強★★ 複★★★★	味わい	強★★★ 複★★★★	酸味★★ 甘味★★ 旨味★★
香りⅡ	強★★ 複★★			

薫醇酒

香川　川鶴　旨口　純米酒　無濾過
かわつる　うまくち　じゅんまいしゅ　むろか

- **第一の香り**…菱餅、わらび餅、ヒノキ、幸水（梨）、青竹など。
- **第二の香り**…栃餅、水仙、レモングラス、沈香、黄桃など。
- **味わい**…ほのかな甘味と明確な旨味が感じられる。飲むほどに落ち着いた味わいが堪能できる。含み香は黄桃、梨など。余韻は非常に落ち着いていてみずみずしい。ほのかな旨味をともなった辛口のフィニッシュが鮮やかに冴える酒だ。
- **料理との相性**…魚の蒸し物、瀬戸内海の上質な干物、貝類に合う。オリーブオイルやバターを使った魚介類の料理とも相性がよい。
- **温度**…燗にすると旨味と甘味がほんのり感じられる辛口酒になる。冷やはとろみと柔らかさが出てくる。冷や、常温、燗どれも爽快だ。

※原料米は地元讃岐田野々産の「山田錦」を使用。　純米　15.0～16.0度　米 山田錦／65％　酵 協会9号　但馬杜氏　1260円／720ml　2520円／1800ml　川鶴酒造

香りⅠ	強★★★ 複★★★★	味わい	強★★★ 複★★★	酸味★★★ 甘味★★ 旨味★★★
香りⅡ	強★★★ 複★★★			

爽醇酒

タンクは深さ6m以上あり階上の床に上部が出ている。（雪雀酒造）

愛媛　梅錦　しずく媛　純米吟醸
うめにしき　しずくひめ　じゅんまいぎんじょう

- **第一の香り**…ソルダム（すもも）、らくがんなど。
- **第二の香り**…すっきりとまとまってのびてくる。
- **味わい**…きらきらとした酸味と甘味がのびていき、豊かでふくらみ感のある旨味が追いかけていく。含み香では木と柑橘類、葛餅の香りが絡まり合う。余韻に繊細な旨味が続く。
- **料理との相性**…甲殻類やウナギ、ハモ、鶏、豚などに合う。オリーブオイルやバター、クリームと柑橘類を使った魚料理に好相性。
- **温度**…燗にすると甘い香りによって辛口感がやわらぐ。冷やにすると透明感が増す。冷や、常温、燗どれもバランスのよい優れた酒だ。

※新酒造好適米「しずく媛」を使用している22の酒造が同じ銘柄で酒を販売。　純米吟醸　15.0～16.0度　米 しずく媛／60%
酵 協会9号、協会901号、EK－1、EK－3ほか　但馬杜氏　1575円／720ml　梅錦山川

爽醇酒

香りⅠ	強★★	味わい	強★★★	酸味 ★★★
	複★★★		複★★★	甘味 ★★
香りⅡ	強★★			旨味 ★
	複★★★			

愛媛　伊予賀儀屋　純米大吟醸　無濾過生詰
いよかがや　じゅんまいだいぎんじょう　むろかなまづめ

- **第一の香り**…梨、リンゴ、ビワ、抹茶、滝つぼの霧など。
- **第二の香り**…香りがまとまり、豊かに広がる。
- **味わい**…ほのかな甘味と豊かな酸味、丸い旨味が渾然一体となっている。含み香はらくがんやリンゴ、梨など。余韻は甘味と旨味の後にさらりとした辛口感が広がる。
- **料理との相性**…ルッコラやアスパラガス、シュンギク、チンゲンサイといった少し苦味のある野菜と貝類を合わせた野菜主体の料理などに合う。イカやタコとも相性がよい。
- **温度**…燗にすると苦味が出てくる。15℃前後にすると味わいがまとまる。

※「松山三井」と新酒造好適米「しずく媛」を使用。　純米大吟醸　16.0～17.0度　米 麹：しずく媛／45%、掛：しずく媛／45%、松山三井／50%　酵 EK－1　自社杜氏　1838円／720ml　3675円／1800ml　成龍酒造

薫酒

香りⅠ	強★★	味わい	強★★	酸味 ★★★
	複★★★		複★★	甘味 ★★
香りⅡ	強★★★			旨味 ★
	複★★★			

愛媛　純米吟醸　松山三井　無濾過生酒
じゅんまいぎんじょう　まつやまみい　むろかなましゅ

- **第一の香り**…キイチゴ、サクランボ、新鮮なアンズ、プリンスメロン、陸奥（リンゴ）など。
- **第二の香り**…羽二重餅、生アーモンド、滝の霧など非常にきれいな香りがある。
- **味わい**…飲み口はなめらかできめ細かくさらりとしており、ほのかな甘味とそれを上回る豊かな酸味が鮮烈な味わいを形作る。味わいの中盤以降はドライだが、果物を思わせる含み香がシャープな酸味に優しさを与えている。バランスがよく、軽快さを感じさせる。
- **料理との相性**…キノコを使った鍋やおでんに。柑橘類を多用した料理にも好相性。
- **温度**…冷やすとねっとりとした甘味が出る。16～18℃で味わいがまとまる。

※高縄山系湧ヶ渕の伏流水を仕込み水に使用している。　純米吟醸　16.5度　米 松山三井／50%　酵 EK－1　越智杜氏　1470円／720ml　2415円／1800ml　栄光酒造

爽薫酒

香りⅠ	強★★★	味わい	強★★	酸味 ★★★★
	複★★★		複★★★	甘味 ★★
香りⅡ	強★★			旨味 ★★
	複★★★			

愛媛　山丹正宗　しずく媛　純米吟醸
やまたんまさむね　しずくひめ　じゅんまいぎんじょう

- **第一の香り**…梨、陸奥（リンゴ）など。
- **第二の香り**…白玉、葛餅、菱餅など。
- **味わい**…きめ細やかな絹の味わいで、艶ととろみの中からドライ感がゆっくりと広がっていく。含み香は葛餅、ピオーネ（ブドウ）など。余韻は晴れ渡っていて、潤いがある。
- **料理との相性**…燗では繊細な魚料理からオリーブオイルを使った料理に合う。冷やではイカやタコと野菜の煮物やワカメの酢の物といった惣菜などと相性がよく、多彩な面を持つ。
- **温度**…燗にするとまろやかになる。強く冷やすと味のまとまりがかたくなり、飲んだ瞬間に辛くなる。常温と40～45℃の燗に向いているが、15～18℃にもインパクトがある。

※愛媛県が開発した新酒造好適米「しずく媛」を100%使用。　純米吟醸　16.0度　米 しずく媛／50%　酵 EK－1　越智杜氏　1470円／720ml　八木酒造部

薫酒

香りⅠ	強★★★	味わい	強★★★	酸味 ★★★
	複★★		複★★★	甘味 ★★
香りⅡ	強★★			旨味 ★★
	複★★★			

こんな日本酒もあり！

高知　酔鯨　純米酒　吟の夢60%
すいげい　じゅんまいしゅ　ぎんのゆめろくじゅうぱーせんと

第一の香り…稲穂、菱餅、水ようかん、わらび餅など。米の柔らかで力強い香りを感じる。

第二の香り…ウエハース、アップルパイ、キウイなど。

味わい…口当たりは丸く柔らか。その後、辛口で硬質感のあるミネラルを感じる。含み香はウリや白桃、わらび餅など。余韻に酸味の豊かなドライ感ときれいで淡い旨味が感じられる。澄んだ香りとの味わいの鮮烈な酒だ。

料理との相性…魚介類をきれいに引き立てる。肉類では塩味の焼き鳥やハム、ソーセージ、しゃぶしゃぶなどに対応ができる。海鮮のパスタといったイタリア料理にも向く。

温度…熱燗にすると味わいがばらける。15℃ぐらいにするときれいに澄んだ味わいになる。

※鏡村に湧き出る硬度39の軟水を使用。
純米　15.0〜16.0度　米 吟の夢／60％
酵 自家酵母　広島杜氏　1418円／720ml
酔鯨酒造

香りI	強★★★	味わい	強★★	酸味	★★★
香りII	強★★ 複★★★		複★★★	甘味	★★★
				旨味	★★

爽醇酒

高知　純米酒　久礼
じゅんまいしゅ　くれ

第一の香り…ふじ（リンゴ）、黄桃、滝つぼの霧など。

第二の香り…梨、葛餅、稲藁、野イチゴ、青竹、エノキタケ、わらび餅など。

味わい…柔らかだが骨太な味わいで、力強い酸味と辛口感を包み込む甘味ととろみを感じる。含み香は梨やトウガン、葛餅、わらび餅、ミネラル香など。余韻も非常にキレ味のよい酸味と旨味が交錯する。極めて辛口の酒。

料理との相性…寿司全般や天ぷらやフライなどの油を使った魚料理、豚カツ、串揚げ料理に合う。食前酒にもよい。

温度…熱燗にすると甘味とアルコール感が浮く。冷やにするとシャープになるが後味が重くなる。16℃ぐらいからの常温がよい。

※四万十川の源流とした伏流水を仕込み水に使用。　純米　16.0度　米 松山三井／60％
酵 高知酵母、自家酵母　土佐杜氏　1155円／720ml　2205円／1800ml　西岡酒造店

香りI	強★★★	味わい	強★★★★	酸味	★★★★
香りII	強★★ 複★★		複★★★	甘味	★★★
				旨味	★★★★

醇酒

愛媛　銀河鉄道
ぎんがてつどう

シャーベット古酒

長期熟成生酒

第一の香り…羽二重餅、白鳳（桃）、デリシャス（リンゴ）などの甘い香りの中に透明な爽やかさを秘めている。

第二の香り…沈香など。澄んだ香りの中に静かで幽玄さがある。

味わい…繊細かつ軽やかな味わいでこれぞ無重力の感触。新鮮さと熟成感が絡み合ったさまざまな味の要素がゆっくりとほどけていく。アルコール感は、完全に練られていて全くあらわれない。世界中の酒と比べても余韻が長く、最高峰といえる。日本酒の概念を飛び越えて、未知の世界に誘う新境地の酒。含み香には蒸し栗やホンシメジ、伽羅などの香りがわずかにある。余韻はどこまで続くのかわからないほど長い。ほのかな甘味と旨味が融合した感触と味わいが続いていく。

料理との相性…食中酒としてすばらしく、カレー、チョコレートまで世界中のどのような食品とも合う。繊細な味わいの魚介類でも脂のしたたり落ちるような野性的な肉類でも相性のよい場所を備えている。最も好相性なのは寿司で、インターナショナルな寿司屋にもおすすめする。

温度…冷凍にして保存ができる。半解凍状態でビンを軽く振り、シャーベット状にしていただく唯一独自の酒である。

※−2℃〜＋2℃の低温で10年以上熟成させている。
純米大吟醸　16.0度　米 松山三井／40％　酵 協会9号　自社杜氏　10500円／720ml　21000円／1800ml　亀岡酒造

香りI	強★★	味わい	強★★★★★	酸味	★★★★
香りII	強★★ 複★★		複★★★★★	甘味	★★★
				旨味	★★★

薫熟酒

亀泉 特別純米酒 土佐の生一本 （高知）

第一の香り…黄桃、フルーツトマト、羽二重餅、水ようかん、ピオーネ（ブドウ）など。果物香がほのかに香る。
第二の香り…梨、わらび餅、みつ豆など柔らかな香り。
味わい…しっとりとした飲み口から旨味と柔らかな甘味がふくらんで転がり、その後ゆっくりと辛口の味わいへと変化していく。甘味の要素をほとんど感じないのにとろっとした甘い感触がある。舌の上で展開するとろみ感の繊細さは天下一品。含み香に藤の花や陸奥（リンゴ）、キウイ、桜餅などの柔らかな香りがほのかにする。余韻は澄みきった後口でみずみずしく艶のある、吟醸香と組み合わさった旨味をともなう。
料理との相性…魚介の旨味と一体となって旨味を増幅する酒なので背の青い魚やウナギ、アナゴ、貝類と非常に相性がよい。意外にも脂を流す力も強いので鶏や豚、牛、鴨のステーキや炭火焼きに対応できる。

温度…燗にすると杏仁豆腐やアーモンドの香りがする。ドライになり一転してシャープさに徹した辛口酒になる。14℃ぐらいの冷やにするとリンゴや白桃、ピオーネ（ブドウ）といった果物香が出る。味わいがまとまり、とろみに艶が増してくる。

※県産酒造米「土佐錦」と県の酵母「A-14」を使用して醸造。　特別純米　15.0度　**米** 土佐錦／60%　**酵** A-14　土佐杜氏　1235円／720ml　2470円／1800ml　亀泉酒造

薫醇酒

香りI	強 ★★	香りII	強 ★★	味わい	強 ★★★	酸味 ★★★	旨味 ★★
	複 ★★★		複 ★★★		複 ★★★	甘味 ★	

米から育てた純米酒 司牡丹 （高知）

第一の香り…餅、麩、粟おこし、ビスケット、白玉、プリンスメロン、黄桃、稲刈り時の田んぼなど。
第二の香り…稲穂、ひねそうめん、ワッフルなど。柔らかく、落ち着いた香りに変わっていく。
味わい…非常に豊かな味わいでなめらかさとふくらみ感、とろみ感があり、少しずつ、ほのかな甘味ときれいな旨味が広がっていく。含み香は夏の涼しげな和菓子、秋の田んぼの香りなど。余韻は潤いの中にきれいな酸味と繊細な旨味、しっとりとした甘味が隙間なく広がる。超辛口なのに優しい味わいが染み通っていく。
料理との相性…タイやフグ、マグロ、カツオ、伊勢エビなどの魚類や地鶏、ブランド豚、土佐牛のように旨味が豊かで力強い素材と相性がよく、とりわけ甘くしない味つけが合う。フレンチ、イタリアン、中華料理まで幅広く対応できる。日本を代表する国際的な酒だ。

温度…燗にすると生キャラメルのような香りが出てくる。まろやかな辛口の中にミントのような涼しさがある。冷やにすると果物香と穀物香、水の清らかさが見事に融合する。冷や、常温、燗どれにでも向いているが、15℃ぐらいにするとほかと一線を画する品格と風味の違いがあらわれる。

※永田農法による地元四万十町（旧窪川町）産米を100%使用。　純米酒　15.0～16.0度　**米** 山田錦、吟の夢、土佐錦／70%　**酵** 協会9号　土佐杜氏　1232円／720ml　2560円／1800ml　司牡丹酒造

醇酒

香りI	強 ★★	香りII	強 ★★	味わい	強 ★★★★	酸味 ★★★	旨味 ★★★★
	複 ★★★★		複 ★★		複 ★★★★	甘味 ★	

四国地方の日本酒

徳島　太平洋、紀伊水道、瀬戸内海に面した県ではあるが、吉野川流域と徳島市近郊、那賀川沿いに30ほどの酒蔵がある。1500m級の四国山地は良水と爽快な涼風をもたらす。食文化は高度に発達しており、柔らかで繊細な酒質が料理と呼応する。

香川　瀬戸内海に張り出し、1000m級の讃岐山脈を背後に広大な讃岐平野に田園が広がる。優良な水と米に恵まれ、丸く、ほのかな甘さのある純米酒、木の香りのする、きれいな吟醸酒など、気候と産物に恵まれた土地ならではのバランスの妙が楽しい酒造りをしている。

愛媛　北に瀬戸内、伊予灘、西に豊後水道、南の一部に太平洋と海に面し、背後には1500m級の四国山地の激しい地形がせまっている。60ほどの小さな酒蔵が散在し、全国的に知られた銘柄も多く、個性的で優れた美酒が生み出されている。

高知　1500m級の四国山地にぐるりと背後をとり囲まれ、前面には太平洋を望む。気っ風が良く豪快で日本酒を大飲みする県民性が育った酒である。噛み応えがあるような力強さとキレのよい極辛口の味わいを持つ。総じて、魚介と合わせて飲むことによって、飽きずに続けられる宴会酒の本領を発揮する。

九州

福岡
佐賀
長崎
熊本
大分

上記五県は焼酎文化圏と日本酒文化圏が共存している。清酒、焼酎両方を醸造する酒造も多くあり、豪放かつ繊細な酒が生み出されている。

三井の寿 純米吟醸 芳吟
福岡　みいのことぶき　じゅんまいぎんじょう　ほうぎん

第一の香り…ウエハース、三色団子、ブナシメジなど。
第二の香り…白玉、葛餅、ウエハース、水あめなど。きれいな穀物の香りがする。
味わい…しっとりとした柔らかな口当たりから味わいがスピーディーに変化し、なめらかでみずみずしいミネラル感と旨味が広がる。含み香は滝つぼの霧や葛切り、ほのかなサクラ材など。余韻はカラリと澄みきっていてドライに切れ上がる。
料理との相性…青魚や白身魚に相性がよい。肉類では鶏や豚に対応できるが、シンプルな味つけの料理がよい。
温度…12℃前後の冷やにすると黄桃や木蓮の花などの吟醸香が出てくる。燗よりも冷やに向いている。
※福岡県の糸山地区で栽培した「山田錦」を100％使用。　純米吟醸　15.0〜16.0度　米山田錦／55％　酵9号系自家酵母　自家杜氏　1575円／720ml　3150円／1800ml　井上

香りⅠ 強★★ 複★★　味わい 強★★ 複★★　酸味★★★　甘味★★　旨味★★★
香りⅡ 強★★ 複★★

爽醇酒

玉出泉 純米吟醸
福岡　たまでいづみ　じゅんまいぎんじょう

第一の香り…ポン菓子、稲穂、ウエハース、塩あられ、メープルシロップ、ヒノキ、サクラ材、黄桃、マシュマロなど。
第二の香り…バタークッキー、カエデなど。
味わい…なめらかで優雅な口当たりで柔らかな旨味と丸い甘味が溶け合って広がる。含み香はヒノキ、マツ、稲藁など。余韻はさらさらとしていて、澄んだきれいな辛口感がある。
料理との相性…ミネラル味があり、山芋やアスパラガス、ウドなどの野菜に合う。鍋ものやおでんと相性がよい。川魚にも好相性。
温度…燗にすると甘い香りがただよい、パリッとした酸味が立ってくる。冷やにすると、きめ細かい味わいと鉱物質を感じる。12〜16℃の冷やから常温が向いている。
※1673年創業、県内で最も古い酒蔵。　純米吟醸　15.0〜16.0度　米山田錦、夢一献／55％　酵鈴木酵母　小値賀杜氏　1281円／720ml　2572円／1800ml　大賀酒造

香りⅠ 強★★★★ 複★★★　味わい 強★★★ 複★★★★　酸味★★★　甘味★★　旨味★★★
香りⅡ 強★★★ 複★★★

醇酒

亀の尾 吟仕込 純米酒
福岡　かめのお　ぎんじこみ　じゅんまいしゅ

第一の香り…粟おこし、白玉、稲穂、ヒノキ、シメジなど。
第二の香り…ウエハース、ビスケット、ヒノキなど。
味わい…口当たりはなめらかでとろみがある。舌を包み込むような旨味が柔らかに広がる。含み香はあまり感じず、わずかに白玉団子の香りがある。余韻はみずみずしい旨味感と辛いアルコール感が絡まり合っている。
料理との相性…魚介類全般と野菜全般をおいしくする。鶏や豚、牛などの肉類の旨味にも合う。寄せ鍋などの鍋物にも好相性。
温度…燗にしても味わいのバランスは崩れない。12℃の冷やにすると丸い味わいになる。
※九州で唯一酒米に「亀の尾」を使用して醸造している。　純米　15.0〜16.0度　米山田錦／60％　酵協会14号、自家酵母　久留米杜氏　1020円／720ml　2243円／1800ml　伊豆本店

香りⅠ 強★★ 複★★　味わい 強★★ 複★★　酸味★★★　甘味★★　旨味★★★
香りⅡ 強★★ 複★★★

醇酒

こんな日本酒もあり！

福岡　綾杉 純米秘蔵酒 一酌散千愁（あやすぎ じゅんまいひぞうしゅ いっしゃくせんしゅうをさんず）

7年古酒

第一の香り…雷おこし、五穀米、発芽米、ポン菓子、ビスケット、アーモンド、ヘーゼルナッツ、ピスタチオ、金ゴマ、ヒノキ、ケヤキ、サクラ材、クヌギの樹液、メープルシロップ、土壁、土蔵などの中の木や土の混ざった懐かしい空気。

第二の香り…丸くまとまり、ナッツとお香の香りがしてくる。

味わい…ゆったりとしたとろみ感のある口当たりで、柔らかさの中に力強さを秘めている。いぶしたお香の香りと香ばしさをともなった複雑な味わいが展開していく。長期熟成酒の中では穏やかで優しい飲み口と味わいになっている。含み香はワッフルや高野豆腐、焼き餅、サクラ材の煙、伽羅、炒ったヘーゼルナッツなど。余韻はよく練られた酸味と豊かな旨みがゆっくりとのびていく辛口のフィニッシュ。古風さを愛でる優雅な酒だ。

料理との相性…魚介類ではマグロやブリ、カマスやホッケといった脂ののった干物、焼きガニ、焼きアワビ、大正エビのフライ、粒ウニ、イカの塩辛、からすみに合う。肉類では牛ロースや鴨焼き、鉄板焼き、猪鍋と好相性。

温度…冷やしすぎると味わいに重みが増し、個性が強くなる。15℃ぐらいがよい。

※純米原酒を蔵の中で静かに7年間寝かせて仕上げた古酒。　純米　17.0〜17.9度　米 レイホウ／麹60%、掛65%　酵 協会7号　城島杜氏　2400円／720ml　綾杉酒造場

香りⅠ 強★★★★ 複★★★★★　味わい 強★★★ 複★★★★　酸味★★★★ 甘味★★ 旨味★★★★★
香りⅡ 強★★★ 複★★★★

醇熟酒

福岡　純米清酒 寒北斗（じゅんまいせいしゅ かんほくと）

第一の香り…黄桃、ヒノキ、ミネラル香など。

第二の香り…葛餅、レンゲのはちみつ、マイタケなど。

味わい…ゆったりとした柔らかさとみずみずしさが融合した飲み口の超辛口の酒。含み香は炒り米や熊笹、稲藁など。余韻にはなめらかではっきりとした米の旨味、ミネラルの味わいを感じる。涼やかさを持つ良酒だ。

料理との相性…少し甘味のある魚介類と波長が合う。脂を乳化する力が強いので、すき焼き、鉄板焼き、しゃぶしゃぶと相性がよい。モツ鍋など味噌を使った料理とも合わせられる。

温度…燗にすると甘味が出てきて重くなる。15℃前後にすると味わいがまとまる。

※雄峰・馬見山の伏流水を井戸から汲み上げ使用。　純米　15.0〜16.0度　米 麹：山田錦、掛：夢一献／55%　酵 協会9号　九州杜氏　1350円／720ml　2700円／1800ml　玉の井酒造

香りⅠ 強★★ 複★★★　味わい 強★★ 複★★★　酸味★★★ 甘味★ 旨味★★★
香りⅡ 強★★ 複★★★

醇酒

福岡　純米酒 源じいの森（じゅんまいしゅ げんじいのもり）

第一の香り…五穀米、粟おこし、コーンフレーク、ひよこ豆、とうもろこしのクレープ、きび餅など。穀物の香ばしい香りがする。

第二の香り…白玉、菱餅、ひねそうめん、稲藁など懐かしい農家の台所を思わせる。

味わい…味わいの展開はみずみずしさに満ちており、口当たりになめらかな薄い甘味と包み込むような旨味を感じる。含み香はきび餅や稲刈りした田んぼなど。余韻には明確な旨味がゆっくりと続き、澄んだ辛口感がある。

料理との相性…魚介類の甘・旨味を引き出してくれる。アラ鍋、寿司、焼き魚と相性がよい。キノコ類の天ぷらやバター焼きに合う。

温度…燗にすると豆モヤシのような香りが出る。冷やから常温がよい。

※黒い紙を田んぼに敷く、「紙マルチ農法」で無農薬米を栽培。　純米　15.0〜16.0度　米 夢つくし／60%　酵 協会9号　小値賀杜氏　1365円／720ml　林酒造場

香りⅠ 強★★★ 複★★★　味わい 強★★ 複★★　酸味★★ 甘味★ 旨味★★★
香りⅡ 強★★ 複★★

醇酒

いろいろ酒器 ⑧ 夜光杯

天然石（黒めのう）を極限まで薄くくり抜き猪口にしてある。薄い側面が透き通り美しい。

福岡　若竹屋　純米吟醸　渓（わかたけや　じゅんまいぎんじょう　たに）

第一の香り…梨、黄桃、イチジク、きび餅、ヒノキなど。

第二の香り…穀物香と果物香がきれいに調和する。

味わい…繊細な酸味とかすかな甘味、しっとりとした旨味がほのかに広がる。含み香はウエハースやシメジなど。余韻はミネラル味。米と水が融合した辛口。

料理との相性…白身魚や貝類と相性がよく、とくに岩場にいる魚や川魚に合う。ほかに豆腐料理とも好相性。肉類は鶏の塩焼きなど。

温度…冷やにするときれいな香りになり、ミネラル感がさらにまる。10℃ほどの少し強めの冷やで味わうと一層の艶が出る。

※現在でも全家庭が井戸水を使用できるほどの良水が湧き出る地域に蔵がある。　純米吟醸　15.0度　山田錦／50％　協会9号　久留米杜氏　1470円／720ml　2940円／1800ml　若竹屋酒造場

爽酒

香りⅠ 強★★★ 複★★　香りⅡ 強★★★ 複★★　味わい 強★★ 複★★★　酸味★★★　甘味★★　旨味★★

福岡　純米吟醸　黒兜（じゅんまいぎんじょう　くろかぶと）

第一の香り…雷おこし、ビスケット、ジンジャーブレッド、オールスパイス、マイタケ、ヒラタケ、シメジ、柚子コショウ、土壁など。スパイシーさがある。

第二の香り…スギ、ヒノキ、マツボックリ、柚子、山椒、粟おこしなど。

味わい…なめらかな口当たりから一転して、極めて複雑な味の展開になる。スパイシーさとミネラル感が合わさった、複合的な旨味が広がる。味わいの要素がきれいな緊張感のバランスを保っている。非常に凝った酒造りを反映した唯一無二の渋みある酒。含み香はヒノキやジンジャーブレッド、炒った銀杏、強いミネラル香など。余韻は長く、スパイシーさがのびる柔らかな辛口。

料理との相性…味のしっかりしたものと相性がよく、カニやアワビ、ウニなどの活けの魚介を焼いた料理に合う。ほかにはハムやベーコン、猪鍋、味噌味の鍋などと相性がよい。燗ではさらに中華料理とも好相性を示す。

温度…燗では中国の白酒のようになる。冷やでは梨やクワの実、パッションフルーツのような吟醸香がほのかに出る。マグネシウムのようなミネラル感もある。冷やがよい。

※本来は焼酎で使用する黒麹菌で仕込んでいる。仕込み水には筑後川の伏流水を使用。　純米吟醸　15.0度　山田錦／50％　9号系自家酵母　三潴杜氏　1680円／720ml　3360円／1800ml　池亀酒造

醇酒

香りⅠ 強★★★ 複★★★★　香りⅡ 強★★★ 複★★★★　味わい 強★★★★ 複★★★　酸味★★★★　甘味★★　旨味★★★★

福岡　特別純米　繁枡（とくべつじゅんまい　しげます）

第一の香り…バタースカッチ（煮詰めた砂糖とバターで固めた菓子）、ポン菓子、ウエハース、マイタケ、サクラ材、ふじ（リンゴ）など。ユニークな香りがある。

第二の香り…メロンパン、クリームパン、クワの木、アケビなど。香ばしさと柔らかさが増し、より広がる。

味わい…とろりとしたなめらかさがあり、旨味のふくらみ感と潤い感が見事に融合している。熟練の蔵人による酒造りが伝わってくるほどの、飲み飽きのしない繊細できれいな味わいさえも優雅な銘酒。含み香は黄桃や羽二重餅など。余韻は透明感のある爽やかな後口で、キレのよい酸味が奥行きを与える辛口。

料理との相性…魚介類に向いていて、とくに寿司と好相性。肉類では鶏や豚、軍鶏などに対応できるが、甘くない味つけの料理がよい。野菜では山菜の天ぷらやおでんに合う。燗ではさらに料理との相性が幅広くなる。

温度…燗にすると味わいのバランスは保つもののとろみが失われた辛口になる。冷やにするとリンゴや梨などのきれいで、すっきりとした香りになり、味わいがしっとりとまとまる。10〜16℃の冷やか常温が向いているが、油脂のある料理と合わせるときは45℃までのぬる燗もよい。

※享保2年創業、江戸時代からの歴史を持つ仕込み蔵。　特別純米　15.0〜16.0度　山田錦／55％　9号系酵母　三潴杜氏　1481円／720ml　2961円／1800ml　高橋商店

醇酒

香りⅠ 強★★ 複★★　香りⅡ 強★★★ 複★★★　味わい 強★★★ 複★★★　酸味★★★　甘味★　旨味★★★

佐賀

木桶仕込生酛純米酒 花伝
きおけじこみきもとじゅんまいしゅ かでん

第一の香り…瓦せんべい、稲穂、炒り米、五穀米、ヒノキ、ブナ、ケヤキ材、ホンシメジ、マイタケ、青竹など。

第二の香り…ビスケット、菱餅、ポン菓子、椿油など。穀物と木質の香ばしい香りが広がる。

味わい…味わいの主軸となっている豊かな酸味と香ばしい旨味が絶妙なバランスを保っている。含み香はウエハースやマイタケ、ホンシメジ、桜の花のはちみつなど。余韻は極めてドライでわずかな渋味をともなう。繊細な飲み口の中に秋の田んぼや雑木林のような懐かしい昔の風景を想起させる風合いが感じられる。

料理との相性…マグロやブリ、ハマチ、牡蠣、フグの唐揚げなどにも向く。肉類では野性味のある食材と相性がよく、野鴨や猪、鹿、軍鶏、レバー、牛ステーキなどに合う。北京ダックやチンジャオロースーといった中華料理でも酒の味を保ちながら旨味を引き出す。

温度…燗にすると藁や干した果実といった太陽の香りが出てきて、より個性が強くなる。冷やにすると稲を天日干ししているときの香りが出る。常温、水割りも試したい。

※江戸時代から伝わる木桶を用いた酒造りを復活。　純米　15.0〜16.0度　**米** 西海134号／60％　**酵** 自家酵母　自社杜氏　1559円／720ml　3111円／1800ml　窓乃梅酒造

香りⅠ 強★★★★ 複★★★　味わい 強★★★ 複★★★　酸味★★★★ 甘味★★★ 旨味★★★
香りⅡ 強★★★ 複★★★

醇酒

佐賀

特別純米 宮の松
とくべつじゅんまい みやのまつ

第一の香り…白玉、わらび餅、ヒノキ、ブナ、チューリップ、ミネラル香など。しとやかで静かな香り。

第二の香り…ビワ、アケビ、シロマイタケ、ふじ（リンゴ）、稲穂などまろやかできれいな香り。

味わい…とろみがあり、なめらかな口当たり。甘味と旨味のふくらみ感からしっとりした後味へとリレーしていく。上品な味わいの中に多層な旨味が潜んでいる。含み香ではリンゴやカエデ材、ヒノキ、滝つぼの霧などの香りが広がる。余韻はしっとりとした潤い感と精緻な旨味がミネラル感とともに続く。

料理との相性…クエやアラ、フグといった旨味のある高級な魚に合う。スッポンや鶏といったゼラチン質の豊かな食材の鍋物と相性がよい。繊細な酒であるため肉類は難しい。

温度…燗にしても柔らかく、旨味と甘味の存在感が増す。冷やにするとまろやかで刺激がなく、ふんわりとする。冷や、常温、ぬる燗のどれでも味わいがきれいに出る。

※流紋岩に育まれた竜門の名水を仕込み水に使用。原料米の「山田錦」は隣町の有田で栽培された。　特別純米　15.0〜16.0度　**米** 山田錦／60％　**酵** 協会901号　肥前杜氏　1313円／720ml　2625円／1800ml　松尾酒造場

香りⅠ 強★★ 複★★★　味わい 強★★ 複★★★　酸味★★★ 甘味★★ 旨味★★★
香りⅡ 強★★ 複★★

醇酒

いろいろ酒器 ⑨ 唎き酒グラス

日本酒向けに小ぶりにして、色、香りをより引き出す。「唎き猪口」をヒントに著者がデザインした。

佐賀

天吹 生酛 純米大吟醸 雄町
あまぶき きもと じゅんまいだいぎんじょう おまち

第一の香り…桃、ふじ（リンゴ）、山吹、ヒノキ、モンキーバナナ、クミン、蒸しパン、ゴーフルなど。

第二の香り…穏やかで柔らかなスパイスが加わった香りに変わる。

味わい…さらりとした甘味と豊かでのびのある酸味、しっとりとした旨味、明確なミネラル感が広がる。含み香は花のみつやケヤキ、カエデ材など。余韻はシャープなドライ感のある晴れ渡った後口。

料理との相性…寄せ豆腐や湯葉、からすみやくちこなどの上質な旨味を持つ酒の肴に向く。酒だけを鑑賞するのもよい。

温度…冷やにすると味わいがまとまり、アルコール感が立つ。

※シャクナゲの花酵母を使用して醸造。　純米大吟醸　16.0〜17.0度　**米** 雄町／40％　**酵** シャクナゲ酵母　自社杜氏　2000円／720ml　4000円／1800ml　天吹酒造

香りⅠ 強★★★★ 複★★★　香りⅡ 強★★★ 複★★★　味わい 強★★★ 複★★★　酸味★★★ 甘味★★ 旨味★★★

爽薫酒

清酒心意気 純米酒
せいしゅこころいき じゅんまいしゅ

長崎

第一の香り…稲穂、焼き餅、羽二重餅、ビスケット、マイタケ、シメジ、マツ、白コショウ、アケビ、プリンスメロンなど。

第二の香り…お香や森の香りが混ざってくる。

味わい…なめらかさの中からシャープな味わいが広がる。清涼な水のよさと米の繊細な甘い旨味が調和している。しっとりとした精緻な味わいはきめ細やか。含み香はひねそうめんやシロマイタケ、マツの樹液、そばボーロなど。余韻は晴れ晴れとしたドライ感に潤いを与えるみずみずしい旨味が続く。

料理との相性…魚全般とカニ、エビ、タコに合う。油を乳化しておいしくする酒なので唐揚げやフライなどといった、食材をジューシーに仕上げる揚げ物などと相性がよい。肉類では鴨や豚、牛に対応ができる。燗ではさらに魚の甘・旨味を引き出す力が強くなる。

温度…燗にするととろみと旨味が増し、力強さが出てくる。冷やにすると丸く柔らかく、しっとりとする。柔・剛両面を併せ持つ。

※玄武岩層で長い年月をかけて磨かれた清冽な自然水を仕込み水に使用。 純米 15.0〜15.9度 米麹：西海134号、掛．レイホウ／65％ 酵 協会701号 自社杜氏 937円／720ml 1979円／1800ml 壱岐焼酎協業組合

香りⅠ 強★★★ 複★★★　味わい 強★★ 複★★★★　酸味 ★★★ 甘味 ★★ 旨味 ★★★

爽醇酒

日本酒のはなし 13

和らぎ水（やわらぎみず）の知恵

日本酒を飲むときに、グラスのかたわらに水を用意する。「日本酒にときどき、水」を飲むことで酒の味がひと口ごとに新鮮に感じられる。また、深酔の予防になり、次の日が爽快に迎えられる。水はミネラルウォーターが理想である。注意すべきことは決して氷を入れないこと。氷の冷たさは舌を冷やし、かえって酒の味がわかりにくくなることがある。これも江戸時代の知恵なのである。

純米酒 松浦一
じゅんまいしゅ まつうらいち

佐賀

第一の香り…五穀米、マイタケ、ふじ（リンゴ）など。

第二の香り…リンゴ、バナナ、エノキタケ、青竹、葛餅など。

味わい…なめらかさの中に明確な酸味に寄り添うように甘みが融合している。含み香はきび餅やミネラル感など。余韻にしっとりとした優しい旨味が広がり、辛口のフィニッシュへとつながる。

料理との相性…魚介類とはさまざまな調理法のものに合う。肉類では鶏、鴨、軍鶏、豚などの塩焼き、燗では脂ののった魚と好相性になり、肉類には反発するようになる。

温度…燗にすると辛口になりすぎる。冷やにすると干したプルーンやアプリコットの香りが出てくる。常温がよい。

※有田泉山白磁泉の湧き水を仕込みに使用。 純米 15.0度 米 西海134号／60％ 酵 協会901号 肥前杜氏 1365円／720ml 2835円／1800ml 松浦一酒造

香りⅠ 強★★★ 複★★★　味わい 強★★★ 複★★★　酸味 ★★★ 甘味 ★★★ 旨味 ★★★
香りⅡ 強★★★ 複★★

醇酒

福鶴 純米吟醸
ふくつる じゅんまいぎんじょう

長崎

第一の香り…梨、ジョナゴールド（リンゴ）、幸水（梨）、ビワ、水仙、わらび餅、らくがん、ミネラル香など。

第二の香り…みずみずしい日本の果物の香りがする。

味わい…ふわふわと軽やかで、のびのある味わいがしっとりとした潤いを染み渡らせながら去っていく。含み香は三色団子やサクランボなど。余韻には透明感のある旨味と爽やかなドライ感を残す。鮮やかな軽い飲み口。

料理との相性…刺身やシーフードサラダ、オードブルなどに合う。

温度…冷やしすぎると香りと味わいのバランスが崩れてしまう。16℃ぐらいがよい。

※天然の広葉樹林の原生林より湧き出る水を仕込み水に使用。 純米吟醸 14.0〜15.0度 米 山田錦／58％ 酵 自家酵母 自社杜氏 2100円／720ml 4200円／1800ml 福田酒造

香りⅠ 強★★ 複★★　味わい 強★ 複★★★　酸味 ★★ 甘味 ★★ 旨味 ★★
香りⅡ 強★★ 複★★

爽薫酒

本陣 純米吟醸（ほんじん じゅんまいぎんじょう）

長崎　みつぼしほんじん じゅんまいぎんじょう

爽醇酒

[第一の香り]…道明寺、わらび餅、葛切り、そうめん、そばの更科粉、コブミカンの葉、サクラ材、ブナ材、梅の花など。さまざまな穀物やデンプン質、木質のきれいな香りが次々とあらわれる。

[第二の香り]…柔らかで澄んだ香りに変わる。

[味わい]…しっとりとした清らかな飲み心地で、さらさらとしている。強くはないが緻密で絹のようにきめの細かい味わいの要素が寄り合わさっている。繊細な味わいの中にきれいな旨味と爽やかな酸味が絡み合い、酒飲み心をくすぐる、隠れた銘酒である。含み香は岩清水のような清涼な香りや完熟ウメ、アプリコット、熊笹など。余韻には繊細でのびやかな旨味と豊かな酸味、キレのよい辛口感が見事な調和を見せる。

[料理との相性]…魚との相性がとてもよい。とくに川と海の境である汽水域の繊細な魚に合う。燗にするとさらに貝類や脂のった魚にも合うようになる。

[温度]…燗にするとミネラル香が立ってきて、辛口になりながらも優しさが倍増する。冷やにすると樹木やキノコの香りがし、後口の透明感が素晴らしい。冷や、常温、燗どれも楽しめる。

※地元江迎町梶の村にて契約栽培した酒造好適米「山田錦」を100％使用。　純米吟醸　15.0～16.0度
[米] 山田錦／50％　[酵] 協会9号　小値賀杜氏　1575円／720ml　2625円／1800ml　潜龍酒造

香りI 強★★★ 複★★★　香りII 強★ 複★　味わい 強★★ 複★★★　酸味★★★　甘味★　旨味★★★

亀萬 純米酒（かめまん じゅんまいしゅ）

熊本　かめまん じゅんまいしゅ

醇酒

[第一の香り]…炒り米、粟おこし、お屠蘇、ヘーゼルナッツ、蒸し栗、ヒノキ、ブナ、ブナシメジ、マイタケ、古い瓶壺など。

[第二の香り]…穀物香とミネラル香が、まろやかにまとまってくる。

[味わい]…一体感のある濃密な味わいが、流れるようなきれいな旨味感とミネラル感へと変化していく辛口の酒。濃密で味わいを感じ始めるまでに時間があり、少しずつ軽やかな味わいへと展開していく。含み香はポン菓子やウエハース、稲藁、竹、蒸し栗など。余韻に透明な旨味感と鉱物的なミネラル感を強く感じる。

[料理との相性]…干物や加熱した魚料理なら何にでも合う。低融点の脂を持つ鶏、鴨、キジ、豚、猪豚、猪などさまざまな肉の料理に対応ができる。牛や羊などの脂の融点が高い肉は難しい。味噌などを使った力強い風味のある料理との相性もよく、料理との関係も考えて造られた酒だ。

[温度]…燗にすると丸さの中に適度な辛味がちりばめられたピリッとした燗酒になる。冷やにすると土やミネラルの味が強くあらわれる。15℃ぐらいがよい。

※日本酒の天然醸造では日本最南端にある蔵。　純米　15.0度
[米] レイホウ／60％　[酵] 協会9号　筑後杜氏　1200円／720ml　2415円／1800ml　亀萬酒造

香りI 強★★★ 複★　香りII 強★★ 複★　味わい 強★★★★ 複★★★　酸味★★★　甘味★★★　旨味★

純米吟醸酒 小国蔵一本〆（じゅんまいぎんじょうしゅ おぐにくらいっぽんじめ）

熊本　じゅんまいぎんじょうしゅ おぐにくらいっぽんじめ

爽醇酒

[第一の香り]…スギ、ヒノキ、ホンシメジ、ブナシメジ、エノキタケ、ヤマブシタケ、稲藁、メープルシロップ、玉露の葉、塩あられ、カステラなど。

[第二の香り]…木々の香りの穏やかさが全面に出て、ほのかに完熟ウメ、黄桃などの甘い香りもする。

[味わい]…ゼリーのようなふるふるとしたとろみ感のある口当たり。初めの圧倒的な存在感から一転して、非常に繊細でなめらかな飲み口に変化してゆく。意表をつく味わいの展開。とろみのあるみずみずしさの中に、味わいの要素が完全に溶けている。余韻はクリアで、軽やかでふんわりとした後口へとつながっていく。含み香に黄桃、アーモンドなど。第一印象はアルコール度数が15度とは思えないほどどっしりとしているが、低度数ゆえに飲み疲れせず、力強い酒から軽い酒に変えたいときにもおすすめできる。

[料理との相性]…魚介類と相性がよい。そば、寿司、おでん。燗では馬刺し、肥後牛、猪とも合う。

[温度]…冷やにしても軽やかさとどっしり感はそのまま。木や果物の香りが絶妙に溶け合っている。燗にすると木やスパイスのような香りと接触が出てきて、より濃密な味わいになり、ミネラル感も増す。

※阿蘇山麓の湧水を使用。　純米吟醸　15.0度
[米] 一本〆／53％　[酵] 協会9号　自社杜氏　1365円／720ml　2730円／1800ml　河津酒造

香りI 強★★★ 複★　香りII 強★★ 複★　味わい 強★★★★ 複★★★★　酸味★★　甘味★　旨味★★★

熊本　香露　純米吟醸（こうろ　じゅんまいぎんじょう）

第一の香り…菱餅、ポン菓子、ヘーゼルナッツのオイル、ウエハース、ヒノキ、ふじ（リンゴ）、カリン、バナナ、イチゴなど。

第二の香り…甘い香りが消え、ブナ材やヒノキなどの木の香りが出てくる。

味わい…とろりとしていて、玉のように転がる味わいから一転して非常に辛口の鋭さと酸味がのびていく。含み香は梨やビワ、エノキタケ、ケヤキ材など。余韻は乾いた印象である。ふくらみ感とキレのよさの対照が見事。

料理との相性…白身魚全般と相性がよい。肉の脂と合わさると酒から渋味が出る。反面、シャープな酸味が天ぷらなどの油を溶かす。

温度…冷やにすると味わいに透明感と上質感が増す。冷やか常温に向いている。

※熊本酵母が開発された蔵。　純米吟醸　16.0〜17.0度　米 山田錦／麹45％、掛55％　酵 9系自家酵母　福岡杜氏　2960円／720ml　熊本県酒造研究所

香りⅠ	強 ★★★	味わい	強 ★★★	酸味 ★★★★
香りⅡ	複 ★★		複 ★★★	甘味 ★★
	強 ★★			旨味 ★★
	複 ★★★			

【醇酒】

熊本　純米酒　朱盃（じゅんまいしゅ　しゅはい）

第一の香り…餅、コンデンスミルク、シメジ、栗おこしなど。

第二の香り…穀物とキノコの香りが立ってくる。ヒノキやブナ材などの木の香りが出てくる。

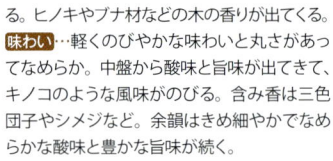

味わい…軽くのびやかな味わいと丸さがあってなめらか。中盤から酸味と旨味が出てきて、キノコのような風味がのびる。含み香は三色団子やシメジなど。余韻はきめ細やかでなめらかな酸味と豊かな旨味が続く。

料理との相性…白身魚の刺身や淡水魚に合う。味の強い脂のある食材には難しい。

温度…燗にするとはりつめた辛口酒になる。冷やにすると味わいがまとまる。14〜16℃までの冷やか常温で澄んだ風格が楽しめる。

※阿蘇山からの豊かな伏流水を仕込み水に使用。　純米　14.5度　米 麹：山田錦、掛：レイホウ／59％　酵 協会9号　九州杜氏　1050円／720ml　2100円／1800ml　千代の園酒造

香りⅠ	強 ★★	味わい	強 ★★★	酸味 ★★★
香りⅡ	複 ★★★		複 ★★★	甘味 ★★
	強 ★★			旨味 ★★★
	複 ★★★			

【醇酒】

熊本　れいざん　特別純米酒　阿蘇ものがたり（れいざん　とくべつじゅんまいしゅ　あそものがたり）

第一の香り…マイタケ、ブナシメジ、干しシイタケ、スギ、ヒノキ、柏餅、五穀米、甘栗、キウイ、栗とキノコのおこわなど。

第二の香り…ほうじ茶、わらび餅、ほのかにビスケットなど。複雑な要素が加わってくる。

味わい…柔らかで非常に優しい口当たり。潤い感と透明感があり、控えめな味わいの要素が長くのびていく。みずみずしさの中に複雑な味がきめ細かく織り込まれている。キノコやラディッシュのようなミネラルを思わせるものが含み香にあり、澄みきった透明感とほのかな旨味が余韻に続く。軽やかな味わいだが、風味が変化しながら長く続く、柔らか。転がるような感触と、染み込むようなみずみずしさが融合しているきれいな辛口の酒。軽やかさと整った味の構成で豊かなミネラル感が印象的で清涼な酒である。

料理との相性…地鶏の白焼きや蒸し物、スッポンの鍋、山菜、そば、イワナ、アユなどと好相性。脂を流す力はあるが、同時に酒の風味も消えてしまうので、馬刺しでも脂の強い部位には向かない。

温度…20℃ぐらいの常温か、15〜16℃ぐらいがよい。燗にするとみずみずしさが失われる。

※幻の酒米「福神」を復活させ使用している。　特別純米　15.0〜16.0度　米 福神／60％　酵 KA−4　自社杜氏　1600円／720ml　山村酒造

香りⅠ	強 ★★★	味わい	強 ★★	酸味 ★★
香りⅡ	複 ★★★★		複 ★★★★	甘味 ★
	強 ★★★			旨味 ★★★
	複 ★★★			

【爽醇酒】

日本酒のはなし 14

日本酒を楽しむ ー番外編ー

日本酒は、飲む、調理に用いるという一般的な利用以外にも、さまざまな民間伝承がある。たとえば、植木の根や盆栽にやると虫がつかず、葉の艶がよくなる。バスタブの湯に1合ほどの日本酒を入れた酒風呂は、冬はいつまでもポカポカと温かく、夏はさっぱりとした湯上がりになる。頭皮にふりかけると毛髪が活性するなど、1度は試してみる価値があるかもしれない。

久住千羽鶴 純米酒 生酛造り（くじゅうせんばづる じゅんまいしゅ きもとづくり）　大分

[第一の香り]…わらび餅、そば粉、稲藁、シメジ、ブナ材など。
[第二の香り]…そば、玉露の葉、小豆、ゴールデンキウイなど。より爽快な香りが立つ。
[味わい]…なめらかで転がるような浮遊感がある。味わいの要素が屈強でありながらしなやか。含み香は煎茶やそば、わらび餅など。余韻もなめらかで豊かな酸味と緻密な旨味が調和している。高原の空気を思わせる美酒。
[料理との相性]…ブリやマグロといった脂ののった魚と相性がよい。肉類では鶏や豚、黒豚、牛、軍鶏、馬刺しなどオールマイティーだ。
[温度]…燗にすると辛口感と旨味が合わさる。15℃ぐらいにすると香りがまとまり、すっきりしてくる。冷やや常温がおすすめ。
※久住山の伏流水を仕込み水に使用。　純米　15.5度　[米]ヒノヒカリ／65％　[協]協会901号　自社杜氏　1290円／720ml　2570円／1800ml　佐藤酒造

香りⅠ 強★★ 複★★　味わい 強★★★ 複★★★　酸味★★★★　甘味★★★　旨味★★★
香りⅡ 強★★ 複★★★　　　　　　　　　　　　　　　　　　【醇酒】

通潤 純米酒（つうじゅん じゅんまいしゅ）　熊本

[第一の香り]…わらび餅、道明寺粉、キャラメル、貝の煮汁、ブナ、ナラ、ミネラル香など。
[第二の香り]…かすかな吟醸香と穀物香が融和する。
[味わい]…軽やかでとろりとしていて、シンプルな味わいの中に豊かな旨味と酸味が潜んでいる。含み香は炭酸せんべい、芋あめなど。余韻は晴れ晴れとときれいな辛口感で香ばしさをともなう、食中酒として力を発揮する酒だ。
[料理との相性]…貝類全般や淡水魚や川のエビやカニに合う。バターソテーといったバターを使った料理や香ばしいパイ料理と相性がよい。
[温度]…燗にすると味が散ってしまう。冷やは密度が上がり、しっとりとする。15〜18℃ぐらいで飲むとよい。
※樹齢千年のケヤキが育んだ天然水を使用。　純米　15.0度　[米]レイホウ／60％　[協]協会9号　自社杜氏　1200円／720ml　2240円／1800ml　通潤酒造

香りⅠ 強★★ 複★★　味わい 強★★★ 複★★★　酸味★★★　甘味★★★　旨味★★★
香りⅡ 強★★ 複★★　　　　　　　　　　　　　　　　　　【醇酒】

鷹来屋 五代目 特別純米酒（たかきや ごだいめ とくべつじゅんまいしゅ）　大分

[第一の香り]…葛餅、白玉、雑煮、ところてん、ブナシメジ、ケヤキ材など。
[第二の香り]…デンプン質の香りとミネラル香が出てくる。
[味わい]…とろりとした飲み口からさまざまな味が力強く展開する。豊かな酸味が味わいの主軸となっている。含み香は葛餅や葛湯、サクラ材、湧き水など。余韻に柔らかな旨味と鮮烈でなめらかな酸味、旨味が続く。
[料理との相性]…木の香りと酸味が川魚や干物、スモークサーモン、脂ののった鶏の部位の炭焼きなどに合う。
[温度]…燗にすると含み香のミネラル感が強調される。低めの常温が酒の持ち味をいかす。
※「山田錦」や「レイホウ」、「若水」を自家栽培している。　特別純米　15.0〜16.0度　[米]麹：山田錦／50％、掛：レイホウ／55％　[協]協会9号　自社杜氏　1365円／720ml　2730円／1800ml　浜嶋酒造

香りⅠ 強★★★ 複★★　味わい 強★★★ 複★★★★　酸味★★★★　甘味★★★　旨味★★★
香りⅡ 強★★★ 複★★★　　　　　　　　　　　　　　　　　　【醇酒】

西の関 美吟 純米吟醸酒（にしのせき びぎん じゅんまいぎんじょうしゅ）　大分

[第一の香り]…わらび餅、ウエハース、ゴールデンキウイ、黄桃、ヒノキ、竹、シメジ、青い稲穂など。
[第二の香り]…涼しげで爽やかな香りに変わる。
[味わい]…始まりは静かだが、徐々に力強さが湧き出てくる。いろいろな香りを放ちながら余韻へとつながる。余韻はにじみ出るような旨味と酸味が続く。きれいな飲み心地の美酒。
[料理との相性]…カニやエビ、フグ、ウニといった甘・旨味のある魚介に合う。
[温度]…燗にするとアルコール感が前に出てきて、酒のよさが失われる。冷やにするとレーズンのような香りによって風味が甘くなる。冷やしすぎない15〜18℃がおすすめ。
※大正初期に建てられた蔵で昔ながらの酒造風景が見られる。　純米吟醸　16.0〜16.9度　[米]八反錦／55％　[協]協会9号、協会901号　柳川杜氏　2970円／720ml　5893円／1800ml　萱島酒造

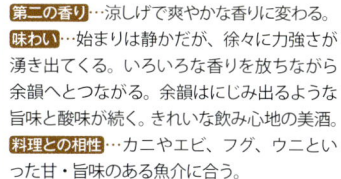

香りⅠ 強★★★ 複★★★★　味わい 強★★★ 複★★★　酸味★★★　甘味★★★　旨味★★★
香りⅡ 強★★★ 複★★★　　　　　　　　　　　　　　　　　　【薫醇酒】

大分　八鹿 特別純米（やつしか とくべつじゅんまい）

第一の香り…稲藁、稲穂、菱餅、ポン菓子、クッキー、道明寺粉、柏餅、ヒノキ、サクラ材、シナモン、ナツメグなど。

第二の香り…強さはそのままに香りがまとまり、上品で柔らかな香ばしさがただよう。

味わい…なめらかできめ細やかな味わいが中盤から力強くふくらんでいき、飲み口にむっちりとしたボリューム感を持たせている。味と香りの要素が完全にとろけている。含み香は葛切りやひねそうめん、滝つぼの霧、炒ったアーモンドスライスなど。香ばしさをともなった香りが感触とともに広がる。余韻は非常に長く、後口の旨味にも透明感がある。

料理との相性…山菜やキノコ、ゼラチンのある鶏や豚、とくにフグとの相性がよい。森の恵みが海へとつながる近海の魚介を用いた寿司。燗ではさらに川魚のバター焼きや天ぷら、ハム、ソーセージにも対応できる。

温度…燗にすると軽くなり、透明感はそのままにみずみずしい燗酒になる。冷やにすると木の香りが立ち、味わいに力強さが増す。燗、冷やともに上質の食中酒となる。

※九州の最高峰である九重連山を源とする地下水を仕込み水に使用。　特別純米　15.0～16.0度　米 山田錦／60％　酵 協会9号　小値賀杜氏　1140円／720ml　2272円／1800ml　八鹿酒造

香りⅠ 強★★　複★★★　香りⅡ 強★★　複★★★　味わい 強★★★　複★★★★　酸味★★★　甘味★★　旨味★★★　醇酒

大分　純米酒 薫長（じゅんまいしゅ くんちょう）

第一の香り…五穀米、炒り米、稲穂、粟おこし、クッキー、伽羅、ヒッコリーのチップなど。

第二の香り…穀物の香ばしさ、柔らかな香りが非常に豊か。

味わい…とろりとした豊かな飲み口でゆたりとしており、味わいの要素はそれぞれとろみの中に溶け込んでいる。まろやかで悠然としたコクがあり、旨口酒の典型的なお手本といえる。含み香はウエハースやゴーフル、ホットケーキ、ワッフル、アケビ、かすかな黄桃の缶詰など。余韻にしっとりとした旨味がどこまでも続く。明るく柔らかな銘酒である。

料理との相性…干物や伊勢エビ、牡蠣、黒豚、軍鶏、鴨などといった凝縮した旨味のある食材に合う。フグやアンコウ、クエなどの魚を使った鍋物や馬刺し、牛ステーキと相性がよい。燗ではとくにフグ鍋に最適。水と米、さまざまな産物に恵まれた土地の酒である。

温度…燗にすると旨味が強まる。冷やではしっとりとした味わいになり、黒糖のような香りが立つ。冷や、常温、燗とそれぞれに豊かな味わいが楽しめる。

※山間部にあるため九州の東北と呼ばれるほど冷涼で、寒暖差がある土地に蔵がある。

純米15.0～16.0度　米 麹:富山五百万石、掛:夢一献／65％　酵 協会9号　五島杜氏　1150円／720ml　2550円／1800ml　クンチョウ酒造

香りⅠ 強★★　複★★★★　香りⅡ 強★★★　複★★★　味わい 強★★★　複★★★★　酸味★★★　甘味★★　旨味★★★★　醇酒

九州地方の日本酒

福岡　九州の中で最多の80数蔵が全県に散在する。文物と多数の人々の往来する交通の要衝であり、表玄関である。焼酎圏の中で、酒質は柔らかく、きれいな旨味があり、多種多様な料理に合わせられる。

佐賀　北は玄界灘、南に有明海があり、複雑な海岸線をもつ東松浦半島と、海産物の多彩さは日本有数である。華やかな食文化の中で、やや甘味を感じながらも、後口に旨味を残す酒質に転換してきた。

長崎　大小の半島と離島とで構成される複雑で長い海岸線は日本の中でも特異で、海産物の豊富さが想像できる。小値賀、生月両島出身の杜氏がいる。酒質は柔らかくのびやかな旨味で、食中酒に向く。

熊本　阿蘇から熊本市内までの山あいに10数蔵がある。有明、島原、八代、天草の海と湾から珍しい魚介が揚がる。焼酎圏域にあり、とろみのある飲み口から辛味の後口へと鮮やかに切り替わる。

大分　臨海部と半島、平野から1500m級の山岳へとせり上がる特異な地勢に、冷涼で澄んだ水と空気が極めて繊細な食文化ともてなし心を育む地である。酒質も同様に、きれいな飲み口の辛口酒である。

INDEX

薫酒

秋鹿 特別純米酒 山廃 無濾過	229
生原酒 山田錦	181
雨後の月 純米大吟醸	197
伊予賀儀屋 純米大吟醸 無濾過生詰	146
賀茂鶴 純米大吟醸 大吟峰	180
越乃寒梅 特醸酒	227
純米大吟醸 紫紺	224
純米大吟醸 青乃無	225
純米大吟醸 仙右衛門	141
純米大吟醸 天上大風	216
純米大吟醸 李白	170
純米大吟醸 和田来 亀の尾	194
獺祭 磨き二割三分 純米大吟醸	153
東洋美人 特別純米酒	209
鳴門鯛 純米吟醸原酒	119
花垣 純米大吟醸 七右衛門	221
府中誉 純米大吟醸 渡舟	222
不老泉 特別純米 山廃仕込 原酒	229
参年熟成（赤ラベル）	199
梵 超吟	
山丹正宗 しずく媛 純米吟醸	

爽薫酒

天吹 生酛 純米大吟醸 雄町	235
久保田 萬寿 純米大吟醸	117
黒龍 純米大吟醸	178
越乃寒梅 大吟醸 超特選	119
純米吟醸 いなたひめ 強力	214
純米吟醸 義左衛門 三重山田錦	195
純米吟醸 香梅	140
純米吟醸 松山三井 無濾過生酒	229
純米大吟醸 延寿千年	200
純米吟醸 亀の翁	167
大吟醸 八海山	121
伝心 雪 純米吟醸	180
特別純米酒 香田	144
人気一 黒人気 純米大吟醸	201
初日 純米大吟醸	193
福鶴 純米吟醸	199
利休梅 むくね逍遥 純米大吟醸	236

爽酒

今代司 特別純米酒 無濾過 生原酒	171
女城主 純米	182
風よ水よ人よ 純米	178
京の夢 純米大吟醸	146
旭日純米大吟醸原酒 滋賀渡船六号	198
金紋 純米酒 心待ち	176
久保田 紅寿 特別純米	116

久保田 翠寿 大吟醸 生酒	117
久保田 千寿 特別本醸造	116
久保田 百寿 本醸造	116
久保田 碧寿 純米大吟醸（山廃仕込）	117
契約栽培米純米大吟醸 白龍	168
源水仕込 谷川岳 超辛純米酒	150
しみずの舞 純米吟醸	134
純米 伝衛門	165
純米吟醸 浮城	153
純米吟醸 加賀の井	171
純米吟醸 金澤 地わもん・ごぞう 泉	177
純米吟醸 霧ヶ峰の風	163
純米吟醸 深山桜	173
純米吟醸 緑川	161
純米吟醸 元巳	156
純米酒 水のささやき	166
純米酒 初花	174
清酒 八海山	120
仙人郷 純米酒	129
宝川 しぼりたて生原酒（特別純米原酒）	124
出羽燦々誕生記念 出羽桜 純米吟醸	140
天領 純米吟醸 ひだほまれ	183
特別限定純米酒 綾酔	159
特別純米酒 命まるごと 信濃錦	163
特別純米酒 純越後	167
特別純米酒 龍泉 八重桜	129
長良川 れんげ米純米吟醸	183

爽醇酒

- 八海山　しぼりたて原酒　越後で候 …… 120
- 日出盛　純米酒　山田錦 …… 202
- 鳳凰美田　しずく絞り　純米吟醸　若水米 …… 149
- 無冠帝　純米大吟醸 …… 166
- 山古志　棚田米仕込み　特別純米酒 …… 165
- 若竹屋　純米吟醸　渓 …… 234

- 相生　花菖蒲　純米吟醸 …… 192
- 阿櫻　寒仕込純米超旨辛口 …… 133
- 有磯　曙　純米吟醸　獅子の舞 …… 174
- 鈿女　純米吟醸　生貯蔵酒 …… 193
- 梅錦　しずく媛　純米吟醸 …… 229
- 英勲　純米酒　古都千年 …… 200
- 笑四季　純米酒 …… 196
- 翁鶴　生酛純米酒 …… 201
- 奥丹波　幻の復刻酒「野条穂」…… 209
- 越生梅林　純米酒 …… 152
- 小野こまち　特別純米酒 …… 135
- 鶴齢　純米吟醸 …… 170
- 月山　特別純米 …… 215
- 辛口　特別純米酒　千曲錦 …… 163
- 臥龍梅　純米吟醸　生貯蔵酒 …… 188
- 川鶴　旨口　純米酒　無濾過 …… 228
- 関山　純米吟醸 …… 129
- 喜久酔　特別純米 …… 186
- 木曽路　特別純米酒 …… 161

- 北アルプス　特醸純米酒 …… 160
- 吟醸　八海山 …… 121
- 金虎　純米 …… 190
- 金紋両國　蔵の華　純米吟醸 …… 130
- 金陵　特別純米酒　楠神 …… 227
- 銀嶺月山　純米吟醸　月山の雪 …… 139
- 車坂　純米吟醸酒 …… 212
- 謙信　純米吟醸　米のしずく …… 170
- 越乃寒梅　特別純米酒　金無垢 …… 119
- 越乃梅里　特別純米酒　無垢 …… 118
- 越乃旅人 …… 165
- 悟乃越州　純米吟醸 …… 207
- 櫻室町　雄町純米（特別純米酒）…… 170
- 笹の川　純米酒 …… 219
- 七賢　酵母のほほえみ …… 143
- 七人の侍　純米 …… 158
- 七本鎗　純米 …… 211
- 〆張鶴　純 …… 198
- 春鶯囀　純米酒　鷹座巣 …… 168
- 純米　三千櫻 …… 159
- 純米協奏曲　蔵粋 …… 184
- 純米吟醸　池錦　酒聖 …… 143
- 純米吟醸　卯兵衛の酒 …… 147
- 純米吟醸　近江米のしずく …… 154
- 純米吟醸　ささのつゆ …… 197
- 純米吟醸　自然郷　一貫造り …… 178
- 純米吟醸 …… 143

- 純米吟醸　朱泉本仕込 …… 221
- 純米吟醸　瀧澤 …… 162
- 純米吟醸　龍岡城　五稜郭 …… 162
- 純米吟醸　鳥海山 …… 136
- 純米吟醸　天乃美禄　瀧鯉 …… 205
- 純米吟醸　白龍　漫々 …… 181
- 純米吟醸　八海山 …… 121
- 純米吟醸　富士山 …… 189
- 純米吟醸　北雪「黒酢農法米使用」…… 168
- 純米吟醸酒　大和の清酒 …… 210
- 純米吟醸酒　小国蔵一本〆 …… 237
- 純米酒　吟香　ささのしずく …… 146
- 純米酒　善十郎 …… 148
- 純米酒　月の輪 …… 127
- 松竹梅白壁蔵　生酛純米 …… 207
- 醉心樓のしずく　純米酒　吟の夢60% …… 230
- 酔鯨　純米酒 …… 223
- 酔富　特別純米酒　山廃 …… 127
- 酔仙　特別純米 …… 145
- 杉錦　純米吟醸　垂涎乃的 …… 189
- 清酒心意気　純米酒 …… 214
- 諏訪泉　純米吟醸　満天星 …… 236
- 大雪渓　純米吟醸 …… 160
- 超特選　純米吟醸　惣花 …… 207
- 千代菊　有機純米吟醸 …… 185
- 天穏　純米吟醸　佐香錦 …… 217
- 特撰國盛　純米吟醸　南吉の里 …… 192

特別純米　山廃仕込　道灌	196
特別純米酒　酒一筋　わしが國	132
七笑　純米吟醸	160
根知男山　純米吟醸	173
能登の生一本　純米　伝兵衛	177
箱根山　純米吟醸　ブルーボトル	156
花の舞　純米酒	188
一人娘　純米酒　生貯蔵酒	147
比婆美人　純米超辛口	223
満寿泉　純米	174
真澄　純米吟醸　辛口生一本	161
萬蔵楽　甚　純米	175
三井の寿　純米吟醸　芳吟	232
∴本陣　純米吟醸	237
むかしのまんま	184
無農薬米　純米吟醸酒　千の福	222
明鏡止水　純米吟醸	159
桃の里　雄町の春　しぼりたて	219
山田錦の里　実楽　特別純米　生造り	203
山廃　特別純米　香住鶴	205
山廃仕込　特別純米　風のまゝ	204
山廃純米酒　北仕込	125
有機栽培　純米酒　大自然	142
雪の茅舎　秘伝山廃　山廃純米吟醸	135
隆　越後五百万石　純米吟醸生	157
赤紫　2008年	
れいざん　特別純米酒　阿蘇ものがたり	238

薫醇酒

浅羽一万石　純米吟醸	187
磯自慢　純米吟醸	186
一ノ蔵　特別純米酒　松籟	131
いまじょう　純米	179
大山　特別純米	139
亀泉　純米原酒　暑寒しずく　土佐の生一本	231
国稀　純米　信濃　美山錦　無濾過生	124
小左衛門　特別純米	184
純米吟醸　展勝桜	135
純米原酒　亀の舞	129
純米酒　堀米	127
仙禽　木桶仕込み　生酛　純米吟醸	148
尊皇　辛口純米　活鱗	191
月の桂　平安京	204
特別純米　龍力　こうのとり	201
西の関　美吟　吟醸純米	126
萩乃露　吟醸純米　渡舟　無ろ過生原酒	239
松の寿　純米吟醸	198
南方　純米吟醸	149
宮寒梅　純米美山錦	211
雪雀　媛の愛・天味　純米大吟醸	131
あさ開　特別純米酒　南部流　生酛造り	228
醇酒	126
東龍　山廃純米酒　佐藤東兵衛	191

天の戸　美稲	133
いづみ橋　恵　青ラベル	157
稲里純米　山ラベル	145
磐乃井　特別純米酒　ブラック	128
初陣　純米酒	216
梅乃宿　純米	205
梅乃宿　雄町山廃純米吟醸	209
羽陽　男山　純米酒　山酒八十六号	137
越後鶴亀　白藤郷	144
鳳金寶自然酒　特別純米	148
開華　特別純米原酒　みがき　竹皮	217
華心　特別純米酒	131
嘉美心　特別純米（厳選素材）	189
神杉　あじわいもよう　純米	232
亀の尾　吟仕込　純米酒	237
亀萬　純米酒	194
辛口純米　滝水流	151
寒梅　純米吟醸　生酛仕込	235
木桶仕込生酛純米酒　花伝	192
義侠　純米原酒60％	145
菊盛　山廃原酒	202
菊正宗　嘉宝蔵　生酛　特別純米	154
甲子　純米酒	151
喜八郎　純米吟醸	138
生酛純米　本辛　圓	138
生酛純米酒　初孫	223
生酛華鳩　純米	

243

- 金松白鷹 … 208
- 久住千羽鶴 純米酒 生酛造り … 239
- 久寿玉 山廃純米 … 184
- 黒田庄 純米酒 … 219
- 勲碧 特別純米酒 … 190
- 乾坤一 特別純米辛口 … 131
- 香露 純米吟醸 … 238
- 五橋 生酛 純米酒 … 224
- 極上純米酒 萩の鶴 … 132
- 越乃景虎 名水仕込 特別純米酒 … 169
- 越乃寒梅 吟醸酒 特選 … 118
- 越乃寒梅 白ラベル 特別本醸造 別撰 … 118
- 西條鶴 純米酒 大地の風 … 226
- 櫻正宗 焼稀 生一本 … 125
- 駒泉 純米酒 白ラベル … 231
- 御殿桜 純米酒 … 172
- 酒一筋 生酛純米吟醸 … 222
- 佐渡まほろばに朱鷺の舞う日をねがう酒 … 206
- 米から育てた純米酒 司牡丹 … 220
- 米百俵 純米酒 … 172
- 山内杜氏 純米酒 … 136
- 自然酒 五人娘 無ろ過酒 … 153
- 四天王 純米酒 いっこく … 192
- 自然純米酒 奥能登輪島 千枚田 … 175
- 純米 あらばしり わかむすめ … 225
- 純米 雪彦山 浜 … 207

- 純米吟醸 菊秀 … 162
- 純米吟醸 吟撰 萬寿鏡 … 172
- 純米吟醸 蔵人 生酒 … 196
- 純米吟醸 黒兜 … 234
- 純米吟醸 縄文の響 … 171
- 純米原酒 鬼ころし … 182
- 純米原酒 総の舞 … 155
- 純米仕込み 白真弓 怒髪衝天辛口 … 182
- 純米酒 隠岐誉 藻塩の舞 … 214
- 純米酒 久礼 … 230
- 純米酒 黒牛 … 212
- 純米酒 薫長 … 240
- 純米酒 源じいの森 … 233
- 純米酒 米一途 … 151
- 純米酒 朱盃 … 238
- 純米酒 伝四郎 … 156
- 純米酒 松浦一 … 236
- 純米酒 武蔵野 … 152
- 純米酒 陸奥 菊の里 … 126
- 純米清酒 寒北斗 … 233
- 上喜元 純米 出羽の里 … 137
- 常きげん 山廃純米吟醸 山純吟 … 175
- 上撰白雪 純米酒クラシック白雪 昭和の酒 … 202
- 荘の郷 純米酒 山田錦 … 199
- 神亀 手作り純米酒 … 152
- 住乃井 純米酒 … 167
- 清酒金婚 純米無ろ過原酒 豊島屋 十右衛門 … 156

- 千寿 純米吟醸酒 唐子踊り … 218
- 大七 純米 生酛 … 142
- 大典白菊 純米 白菊米 … 218
- 太平山 秋田 生酛純米 … 135
- 鷹来屋 五代目 特別純米酒 … 239
- 高砂 山廃仕込 純米 … 188
- 宝船 純米酒 西都の雫 … 224
- 多満自慢 山廃純米原酒 … 155
- 玉出泉 純米吟醸 … 232
- 千代むすび 純米吟醸 強力 … 213
- 通潤 純米酒 … 239
- 出羽鶴 純米酒 … 134
- 特撰 白鶴 特別純米吟醸 山田錦 … 208
- 特別純米 縁 … 130
- 特別純米 勝山 … 124
- 特別純米 北の錦 まる田 … 169
- 特別純米 極上 吉乃川 … 234
- 特別純米 生一本 浦霞 … 137
- 特別純米 宮の松 … 217
- 特別純米 七冠馬 … 235
- 特別純米 秀鳳 恋おまち … 130
- 特別純米酒 繁枡 … 138
- 特別純米酒 銀住吉 … 187
- 特別純米酒 登呂の里 … 194
- 特別純米酒 英 生酛 無濾過生原酒 … 141
- 特別純米酒 濱田 … 220
- 特別純米酒 媛 ぶなの露 … 169

特別純米酒　八代の鶴の里米　かほり鶴 …… 225
特別純米酒　山廃　田酒 …… 125
特別純米酒　山廃仕込み　國権 …… 142
特別純米酒　山廃仕込み …… 216
豊の秋　特別純米酒 …… 228
長田屋　山廃純米 …… 190
白老　純米　百二拾二號 …… 187
春鹿　旨口四段仕込　純米酒 …… 209
日置桜　鍛造生酛山田錦 …… 213
飛良泉　無農薬米使用　山廃純米酒 …… 134
福寿　純米酒　御影郷 …… 206
富久錦　純米 …… 204
富成喜　生酛造り神力米純米原酒 …… 179
武勇　生酛　生一本 …… 147
豊香　純米原酒 …… 163
芳水　生酛仕込　特別純米酒 …… 227
鳳鳴　丹波篠山　田舎酒　純米 …… 208
蓬莱泉　特別純米　可。 …… 191
菩提もと純米9NINE（ナイン） …… 220
ぽたりぽたりきりんざん …… 172
本醸造　八海山 …… 120
松の花　特別純米酒　酔後知楽 …… 197
真鶴　山廃仕込み純米酒 …… 132
幻の酒米　酒の華　純米酒 …… 141
三千盛　純米 …… 185
御代櫻　純米酒　生一本 …… 185
夢窓　特別純米酒 …… 195

薫熟酒

無添加純米酒　自然舞 …… 154
もち純米 …… 164
やたがらす　特別純米酒 …… 210
八鹿　特別純米 …… 240
山形正宗　純米 …… 139
山廃仕込純米酒　手取川 …… 176
山廃純米　ひと肌恋し …… 133
山廃純米　貴醸春霞 …… 179
山廃特別純米酒　寒河江之荘 …… 140
山廃純米酒　やさか仙人 …… 215
有機純米　阿波の大地 …… 226
米鶴　純米　まほろば …… 141
龍勢　夜の帝王　特別純米酒 …… 223
両關　山廃仕込特別純米酒 …… 136
若緑　特別純米酒　手造りの酒 …… 162

銀河鉄道 …… 230

醇熟酒

綾杉　純米秘蔵酒　一酌散千愁 …… 233
尾瀬の雪どけ　生酛仕込純米 …… 150
加賀鶴　山廃仕込純米酒 …… 177
極聖　雄町米純米大吟醸　斗瓶どり …… 219
群馬泉　超特撰純米 …… 150
澤乃井　元禄酒 …… 155
16BY　山廃純米酒　田从 …… 136

熟酒

山廃純米　奥播磨 …… 221
瑞穂黒松剣菱 …… 211
天狗舞　山廃仕込純米酒 …… 183
清酒　達磨正宗　未来へ　2008 …… 176
備前雄町全量使用 …… 203
純米吟醸　超超久　平成十九年 …… 206
純米吟醸　綺麗 …… 221

その他

菩提酛仕込純米　生原酒　百楽門 …… 210
南部美人　All Koji　2005 …… 128
僧房酒 …… 200
白川郷　純米　にごり酒 …… 186
生酛　純米酒　無濾過　米揚水車　亀の尾 …… 203

山廃純米　熟露枯 …… 193
琥珀粋　スリムボトル …… 149

問い合わせ先一覧

北海道・東北

北海道
国稀（くにまれ）酒造	北海道増毛郡増毛町稲葉町 1-17	☎ 0164-53-1050
小林酒造	北海道夕張郡栗山町錦 3-109	☎ 0123-72-1001
田中酒造	北海道小樽市信香町 2-2	☎ 0134-21-2390
日本清酒	北海道札幌市中央区南 3 東 5	☎ 011-221-7109

青森
西田酒造店	青森県青森市油川大浜 46	☎ 017-788-0007
八戸酒類 八鶴工場	青森県八戸市八日町 1	☎ 0178-43-0010
三浦酒造	青森県弘前市石渡 5-1-1	☎ 0172-32-1577
盛田庄兵衛酒造店	青森県上北郡七戸町字七戸 230	☎ 0176-62-2010

岩手
あさ開	岩手県盛岡市大慈寺町 10-34	☎ 019-652-3111
磐乃井酒造	岩手県一関市花泉町涌津字舘 72	☎ 0191-82-2100
喜久盛酒造	岩手県北上市更木 3-54	☎ 0197-66-2625
酔仙酒造	岩手県陸前高田市高田町字大石 1-1	☎ 0192-55-3141
泉金酒造	岩手県下閉伊郡岩泉町岩泉字太田 30	☎ 0194-22-3211
髙橋酒造店	岩手県紫波郡紫波町片寄字堀米 36	☎ 019-673-7308
月の輪酒造店	岩手県紫波郡紫波町高水寺字向畑 101	☎ 019-672-1133
南部美人	岩手県二戸市福岡字上町 13	☎ 0195-23-3133
浜千鳥	岩手県釜石市小川町 3-8-7	☎ 0193-23-5613
両磐酒造	岩手県一関市末広 1-8-23	☎ 0191-23-3392

宮城
一ノ蔵	宮城県大崎市松山千石字大欅 14	☎ 0229-55-3322
大沼酒造店	宮城県柴田郡村田町大字村田字町 56-1	☎ 0224-83-2025
男山本店	宮城県気仙沼市魚町 2-2-14	☎ 0226-22-3035
角星	宮城県気仙沼市魚町 2-1-9	☎ 0226-22-0007
勝山企業	宮城県仙台市泉区福岡字二又 25-1	☎ 022-348-2611
寒梅酒造	宮城県大崎市古川柏崎字境田 15	☎ 0229-26-2037
佐浦	宮城県塩竈市本町 2-19	☎ 022-362-4165
田中酒造店	宮城県加美郡加美町字西町 88-1	☎ 0229-63-3005
萩野酒造	宮城県栗原市金成有壁新町 52	☎ 0228-44-2214
山和酒造店	宮城県加美郡加美町字南町 109-1	☎ 0229-63-3017

秋田
秋田酒類製造	秋田県秋田市川元むつみ町 4-12	☎ 018-864-7331
秋田清酒	秋田県大仙市戸地谷字天ヶ沢 83-1	☎ 0187-63-1224
秋田県醗酵工業	秋田県湯沢市深堀字中川原 120-8	☎ 0183-73-3106
阿桜酒造	秋田県横手市大沢字西野 67-2	☎ 0182-32-0126
浅舞酒造	秋田県横手市平鹿町浅舞字浅舞 388	☎ 0182-24-1030
喜久水酒造	秋田県能代市万町 6-43	☎ 0185-52-2271
栗林酒造店	秋田県仙北郡美郷町六郷字米町 56	☎ 0187-84-2108

※ 2010 年 1 月現在の情報です。

小玉醸造	住 秋田県潟上市飯田川飯塚字飯塚 34-1	☎ 018-877-2100
齋彌(さいや)酒造店	住 秋田県由利本荘市石脇字石脇 53	☎ 0184-22-0536
天寿酒造	住 秋田県由利本荘市矢島町城内字八森下 117	☎ 0184-55-3165
備前酒造本店	住 秋田県横手市大森町字大森 169	☎ 0182-26-2004
飛良泉本舗	住 秋田県にかほ市平沢字中町 59	☎ 0184-35-2031
舞鶴酒造	住 秋田県横手市平鹿町浅舞字浅舞 184	☎ 0182-24-1128
両関酒造	住 秋田県湯沢市前森 4-3-18	☎ 0183-73-3143

山形

男山酒造	住 山形県山形市八日町 2-4-13	☎ 023-641-0141
月山酒造	住 山形県寒河江市大字谷沢 769-1	☎ 0237-87-1114
加藤嘉八郎酒造	住 山形県鶴岡市大山 3-1-38	☎ 0235-33-2008
香坂酒造	住 山形県米沢市中央 7-3-10	☎ 0238-23-3355
酒田酒造	住 山形県酒田市日吉町 2-3-25	☎ 0234-22-1541
秀鳳酒造場	住 山形県山形市山家町 1-6-6	☎ 023-641-0026
樽平酒造	住 山形県東置賜郡川西町大字中小松 2886	☎ 0238-42-3101
千代寿虎屋	住 山形県寒河江市南町 2-1-16	☎ 0237-86-6133
出羽桜酒造	住 山形県天童市一日町 1-4-6	☎ 023-653-5121
東北銘醸	住 山形県酒田市十里塚字村東山 125-3	☎ 0234-31-1515
中沖酒造店	住 山形県東置賜郡川西町大字西大塚 1792-3	☎ 0238-42-4116
浜田	住 山形県米沢市窪田町藤泉 943-1	☎ 0238-37-6330
麓井酒造	住 山形県酒田市麓字横道 32	☎ 0234-64-2002
水戸部酒造	住 山形県天童市大字原町乙 7	☎ 023-653-2131
米鶴酒造	住 山形県東置賜郡高畠町二井宿 1076	☎ 0238-52-1130
渡會(わたらい)本店	住 山形県鶴岡市大山 2-2-8	☎ 0235-33-3262

福島

大木代吉本店	住 福島県西白河郡矢吹町本町 9	☎ 0248-44-3161
小原酒造	住 福島県喜多方市字南町 2846	☎ 0241-22-0074
國権酒造	住 福島県南会津郡南会津町田島字上町甲 4037	☎ 0241-62-0036
笹の川酒造	住 福島県郡山市笹川 1-178	☎ 024-945-0261
末廣酒造	住 福島県会津若松市日新町 12-38	☎ 0242-27-0002
大七酒造	住 福島県二本松市竹田 1-66	☎ 0243-23-0007
仁井田本家	住 福島県郡山市田村町金沢字高屋敷 139	☎ 024-955-2222
人気酒造	住 福島県二本松市小高内 51	☎ 0243-23-2091

関東

茨城

石岡酒造	住 茨城県石岡市東大橋 2972	☎ 0299-26-3331
磯蔵酒造	住 茨城県笠間市稲田 2281-1	☎ 0296-74-2002
木内酒造	住 茨城県那珂市鴻巣 1257	☎ 029-298-0105
酔富(すいふ)銘醸	住 茨城県常陸大宮市中富町 965-2	☎ 0295-52-0010
竹村酒造店	住 茨城県常総市水海道宝町 3375-1	☎ 0297-23-1155
府中誉	住 茨城県石岡市国府 5-9-32	☎ 0299-23-0233
武勇	住 茨城県結城市結城 144	☎ 0296-33-3343
山中酒造店	住 茨城県常総市新石下 187	☎ 0297-42-2004

栃木

池島酒造	住 栃木県大田原市下石上 1227	☎ 0287-29-0011
小林酒造	住 栃木県小山市大字卒島 743-1	☎ 0285-37-0005
島崎酒造	住 栃木県那須烏山市中央 1-11-18	☎ 0287-83-1221
せんきん	住 栃木県さくら市馬場 106	☎ 028-681-0011
第一酒造	住 栃木県佐野市田島町 488	☎ 0283-22-0001
松井酒造店	住 栃木県塩谷郡塩谷町大字船生 3683	☎ 0287-47-0008
若駒酒造	住 栃木県小山市大字小薬 169-1	☎ 0285-37-0429

群馬

島岡酒造	住 群馬県太田市由良町 375-2	☎ 0276-31-2432
永井酒造	住 群馬県利根郡川場村大字門前 713	☎ 0278-52-2311
龍神酒造	住 群馬県館林市西本町 7-13	☎ 0276-72-3711

埼玉

麻原酒造	住 埼玉県入間郡毛呂山町毛呂本郷 94	☎ 049-294-0005
五十嵐酒造	住 埼玉県飯能市川寺 667-1	☎ 050-3785-5680
寒梅酒造	住 埼玉県久喜市中央 2-9-27	☎ 0480-21-2301
小山本家酒造	住 埼玉県さいたま市西区大字指扇 1798	☎ 048-623-0013
佐藤酒造店	住 埼玉県入間郡越生町大字津久根 141-1	☎ 049-292-2058
神亀酒造	住 埼玉県蓮田市馬込 1978	☎ 048-768-0115
横田酒造	住 埼玉県行田市桜町 2-29-3	☎ 048-556-6111

千葉

飯沼本家	住 千葉県印旛郡酒々井町馬橋 106	☎ 043-496-1111
木戸泉酒造	住 千葉県いすみ市大原 7635-1	☎ 0470-62-0013
小泉酒造	住 千葉県富津市上後 423-1	☎ 0439-68-0100
寺田本家	住 千葉県香取郡神崎町神崎本宿 1964	☎ 0478-72-2221
東薫酒造	住 千葉県香取市佐原イ 627	☎ 0478-55-1122
吉野酒造	住 千葉県勝浦市植野 571	☎ 0470-76-0215

東京

石川酒造	住 東京都福生市熊川 1	☎ 042-553-0100
小澤酒造	住 東京都青梅市沢井 2-770	☎ 0428-78-8210
小澤酒造場	住 東京都八王子市八木町 2-15	☎ 042-624-1201
豊島屋酒造	住 東京都東村山市久米川町 3-14-10	☎ 042-391-0601

神奈川

泉橋酒造	住 神奈川県海老名市下今泉 5-5-1	☎ 046-231-1338
井上酒造	住 神奈川県足柄上郡大井町上大井 552	☎ 0465-82-0325
川西屋酒造店	住 神奈川県足柄上郡山北町山北 250	☎ 0465-75-0009
黄金井酒造	住 神奈川県厚木市七沢 769	☎ 046-248-0124

甲信越

山梨
| 山梨銘醸 | 住山梨県北杜市白州町台ヶ原 2283 | ☎ 0551-35-2236 |
| 萬屋醸造店 | 住山梨県南巨摩郡増穂町青柳町 1202-1 | ☎ 0556-22-6931 |

長野
今井酒造店	住長野県長野市大字小島 62	☎ 026-243-3745
大澤酒造	住長野県佐久市茂田井 2206	☎ 0267-53-3100
岡崎酒造	住長野県上田市中央 4-7-33	☎ 0268-22-0149
橘倉酒造	住長野県佐久市臼田 653-2	☎ 0267-82-2006
佐久の花酒造	住長野県佐久市下越 620	☎ 0267-82-2107
信州銘醸	住長野県上田市長瀬 2999-1	☎ 0268-35-0046
大雪渓酒造	住長野県北安曇郡池田町会染 9642-2	☎ 0261-62-3125
千曲錦酒造	住長野県佐久市長土呂 1110	☎ 0267-67-3731
豊島屋	住長野県岡谷市本町 3-9-1	☎ 0266-23-1123
七笑（ななわらい）酒造	住長野県木曽郡木曽町福島 5135	☎ 0264-22-2073
福源酒造	住長野県北安曇郡池田町大字池田 2100	☎ 0261-62-2210
古屋酒造店	住長野県佐久市塚原 411	☎ 0267-67-2153
宮坂醸造	住長野県諏訪市元町 1-16	☎ 0266-52-6161
宮島酒店	住長野県伊那市荒井 3629-1	☎ 0265-78-3008
湯川酒造店	住長野県木曽郡木祖村薮原 1003-1	☎ 0264-36-2030
麗人酒造	住長野県諏訪市諏訪 2-9-21	☎ 0266-52-3121

新潟
青木酒造	住新潟県南魚沼市塩沢 1214	☎ 025-782-0012
朝日酒造	住新潟県長岡市朝日 880-1	☎ 0258-92-3181
池浦酒造	住新潟県長岡市両高 1538	☎ 0258-74-3141
池田屋酒造	住新潟県糸魚川市新鉄 1-3-4	☎ 025-552-0011
石本酒造	住新潟県新潟市江南区北山 847-1	☎ 025-276-2028
今代司酒造	住新潟県新潟市中央区鏡が岡 1-1	☎ 025-245-3231
上原酒造	住新潟県新潟市西蒲区竹野町 2580	☎ 0256-72-2039
魚沼酒造	住新潟県十日町市中条丙 1276	☎ 025-752-3017
越後伝衛門	住新潟県新潟市北区内島見 101-1	☎ 025-388-5020
小黒酒造	住新潟県新潟市北区嘉山 1-6-1	☎ 025-387-2025
お福酒造	住新潟県長岡市横枕町 606	☎ 0258-22-0086
加賀の井酒造	住新潟県糸魚川市大町 2-3-5	☎ 025-552-0047
金升酒造	住新潟県新発田市豊町 1-9-30	☎ 0254-22-3131
菊水酒造	住新潟県新発田市島潟 750	☎ 0254-24-5111
麒麟山酒造	住新潟県東蒲原郡阿賀町津川 46	☎ 0254-92-3511
久須美酒造	住新潟県長岡市小島谷 1537-2	☎ 0258-74-3101
住乃井酒造	住新潟県長岡市吉崎 581-1	☎ 0258-42-2229
大洋酒造	住新潟県村上市飯野 1-4-31	☎ 0254-53-3145
千代の光酒造	住新潟県妙高市窪松原 656	☎ 0255-72-2814
天領盃酒造	住新潟県佐渡市加茂歌代 458	☎ 0259-23-2111
栃倉酒造	住新潟県長岡市大積町 1 乙 274-3	☎ 0258-46-2205
白龍酒造	住新潟県阿賀野市岡山町 3-7	☎ 0250-62-2222
八海醸造	住新潟県南魚沼市長森 1051	☎ 025-775-3866

北雪酒造	🏠新潟県佐渡市徳和 2377-2	☎ 0259-87-3105
マスカガミ	🏠新潟県加茂市若宮町 1-1-32	☎ 0256-52-0041
緑川酒造	🏠新潟県魚沼市青島 4015-1	☎ 025-792-2117
宮尾酒造	🏠新潟県村上市上片町 5-15	☎ 0254-52-5181
武蔵野酒造	🏠新潟県上越市西城町 4-7-46	☎ 025-523-2169
諸橋酒造	🏠新潟県長岡市北荷頃 408	☎ 0258-52-1151
吉乃川	🏠新潟県長岡市摂田屋 4-8-12	☎ 0258-35-3000
渡辺酒造店	🏠新潟県糸魚川市根小屋 1197-1	☎ 025-558-2006

北陸

富山
髙澤酒造場	🏠富山県氷見市北大町 18-7	☎ 0766-72-0006
林酒造場	🏠富山県下新川郡朝日町境 1608	☎ 0765-82-0384
桝田酒造店	🏠富山県富山市東岩瀬町 269	☎ 076-437-9916

石川
鹿野酒造	🏠石川県加賀市八日市町イ 6	☎ 0761-74-1551
金紋酒造	🏠石川県小松市下粟津町ろ 24	☎ 0761-44-8188
小堀酒造店	🏠石川県白山市鶴来本町 1ワ 47	☎ 076-273-1171
清水酒造店	🏠石川県輪島市河井町 1-18-1	☎ 0768-22-5858
車多酒造	🏠石川県白山市坊丸町 60-1	☎ 076-275-1165
武内酒造店	🏠石川県金沢市御所町イ 22-乙	☎ 076-252-5476
中島酒造店	🏠石川県輪島市鳳至町稲荷町 8	☎ 0768-22-0018
日吉酒造店	🏠石川県輪島市河井町 2-27-1	☎ 0768-22-0130
福光屋	🏠石川県金沢市石引 2-8-3	☎ 0120-293-285
やちや酒造	🏠石川県金沢市大樋町 8-32	☎ 076-252-7077
吉田酒造店	🏠石川県白山市安吉町 41	☎ 076-276-3311

福井
一本義久保本店	🏠福井県勝山市沢町 1-3-1	☎ 0779-87-2500
加藤吉平商店	🏠福井県鯖江市吉江町 1-11	☎ 0778-51-1507
黒龍酒造	🏠福井県吉田郡永平寺町松岡春日 1-38	☎ 0776-61-6110
田嶋酒造	🏠福井県福井市桃園 1-3-10	☎ 0776-36-3385
南部酒造場	🏠福井県大野市元町 6-10	☎ 0779-65-8900
白駒酒造	🏠福井県南条郡南越前町今庄 82-24	☎ 0778-45-0020
舟木酒造	🏠福井県福井市大和田町 46-3-1	☎ 0776-54-2323
吉田酒造	🏠福井県吉田郡永平寺町北島 7-22	☎ 0776-64-2015

東海

岐阜
岩村醸造	🏠岐阜県恵那市岩村町 342	☎ 0573-43-2029
老田酒造店	🏠岐阜県高山市上三之町 67	☎ 0577-32-0166
蒲酒造場	🏠岐阜県飛騨市古川町壱之町 6-6	☎ 0577-73-3333
小町酒造	🏠岐阜県各務原市蘇原伊吹町 2-15	☎ 058-382-0077

白木恒助商店	住 岐阜県岐阜市門屋門 61	☎ 058-229-1008
千代菊	住 岐阜県羽島市竹鼻町 2733	☎ 058-391-3131
天領酒造	住 岐阜県下呂市萩原町萩原 1289-1	☎ 0576-52-1515
中島醸造	住 岐阜県瑞浪市土岐町 7181-1	☎ 0572-68-3151
平瀬酒造店	住 岐阜県高山市上一之町 82	☎ 0577-34-0010
三千盛	住 岐阜県多治見市笠原町 2919	☎ 0572-43-3181
三千櫻酒造	住 岐阜県中津川市田瀬 25	☎ 0573-72-3003
御代桜醸造	住 岐阜県美濃加茂市太田本町 3-2-9	☎ 0574-25-3428
三輪酒造	住 岐阜県大垣市船町 4-48	☎ 0584-78-2201
山田商店	住 岐阜県加茂郡八百津町八百津 3888-2	☎ 0574-43-0015

静岡

青島酒造	住 静岡県藤枝市上青島 246	☎ 054-641-5533
磯自慢酒造	住 静岡県焼津市鰯ヶ島 307	☎ 054-628-2204
三和酒造	住 静岡県静岡市清水区西久保 501-10	☎ 054-366-0839
杉井酒造	住 静岡県藤枝市小石川町 4-6-4	☎ 054-641-0606
土井酒造場	住 静岡県掛川市小貫 633	☎ 0537-74-2006
萩錦酒造	住 静岡県静岡市駿河区西脇 381	☎ 054-285-2371
初亀醸造	住 静岡県藤枝市岡部町岡部 744	☎ 054-667-2222
花の舞酒造	住 静岡県浜松市浜北区宮口 632	☎ 053-582-2121
富士高砂酒造	住 静岡県富士宮市宝町 9-25	☎ 0544-27-2008
牧野酒造	住 静岡県富士宮市下条 1037	☎ 0544-58-1188

愛知

相生ユニビオ碧南事業所	住 愛知県碧南市弥生町 4-3	☎ 0566-41-2000
神杉酒造	住 愛知県安城市明治本町 20-5	☎ 0566-75-2121
甘強（かんきょう）酒造	住 愛知県海部郡蟹江町大字蟹江本町字海門 96	☎ 0567-95-3131
金虎酒造	住 愛知県名古屋市北区山田 3-11-16	☎ 052-981-3960
勲碧酒造	住 愛知県江南市小折本町柳橋 88	☎ 0587-56-2138
小弓鶴酒造	住 愛知県犬山市大字羽黒字成海郷 70	☎ 0568-67-0033
澤田酒造	住 愛知県常滑市古場町 4-10	☎ 0569-35-4003
関谷醸造	住 愛知県北設楽郡設楽町田口字中浦 22	☎ 0536-62-0505
東春酒造	住 愛知県名古屋市守山区瀬古東 3-1605	☎ 052-793-3743
中埜（なかの）酒造	住 愛知県半田市東本町 2-24	☎ 0569-23-1231
山崎	住 愛知県幡豆郡幡豆町大字西幡豆字柿田 57	☎ 0563-62-2005
山忠本家酒造	住 愛知県愛西市日置町 1813	☎ 0567-28-2247

三重

油正（あぶしょう）	住 三重県津市久居本町 1583	☎ 059-255-2007
伊藤酒造	住 三重県四日市市桜町 110	☎ 059-326-2020
瀧自慢酒造	住 三重県名張市赤目町柏原 141	☎ 0595-63-0488
新良酒造	住 三重県松阪市大黒町 130	☎ 0598-21-0256
森喜酒造場	住 三重県伊賀市千歳 41-2	☎ 0595-23-3040
森本仙右衛門商店	住 三重県伊賀市上野福居町 3342	☎ 0595-23-5500
若戎（わかえびす）酒造	住 三重県伊賀市阿保 1317	☎ 0595-52-1153

関西

滋賀
池本酒造	滋賀県高島市今津町今津 221	☎ 0740-22-2112
上原酒造	滋賀県高島市新旭町太田 1524	☎ 0740-25-2075
笑四季(えみしき)酒造	滋賀県甲賀市水口町本町 1-7-8	☎ 0748-62-0007
太田酒造	滋賀県草津市草津 3-10-37	☎ 077-562-1105
川島酒造	滋賀県高島市新旭町旭 83	☎ 0740-25-2202
北島酒造	滋賀県湖南市針 756	☎ 0748-72-0012
冨田酒造	滋賀県伊香郡木之本町木之本 1107	☎ 0749-82-2013
福井弥平商店	滋賀県高島市勝野 1387-1	☎ 0740-36-1011
藤居本家	滋賀県愛知郡愛荘町長野 1769	☎ 0749-42-2080

大阪
秋鹿酒造	大阪府豊能郡能勢町倉垣 1007	☎ 072-737-0013
北庄司酒造店	大阪府泉佐野市日根野 3173	☎ 072-468-0850
西條	大阪府河内長野市長野町 12-18	☎ 0721-55-1101
大門酒造	大阪府交野市森南 3-12-1	☎ 072-891-0353

京都
大石酒造	京都府亀岡市稗田野町佐伯垣内亦 13	☎ 0771-22-0632
齊藤酒造	京都府京都市伏見区横大路三栖山城屋敷町 105	☎ 075-611-2124
招徳酒造	京都府京都市伏見区舞台町 16	☎ 075-611-0296
ハクレイ酒造	京都府宮津市字由良 949	☎ 0772-26-0001
増田德兵衞商店	京都府京都市伏見区下鳥羽長田町 135	☎ 075-611-5151
松本酒造	京都府京都市伏見区横大路三栖大黒町 7	☎ 075-611-1238

兵庫
香住鶴	兵庫県美方郡香美町香住区小原 600-2	☎ 0796-36-0029
菊正宗酒造	兵庫県神戸市東灘区御影本町 1-7-15	☎ 078-854-1043
木村酒造	兵庫県神戸市東灘区御影石町 1-1-5	☎ 078-851-0260
剣菱酒造	兵庫県神戸市東灘区御影本町 3-12-5	☎ 078-811-0131
神戸酒心館	兵庫県神戸市東灘区御影塚町 1-8-17	☎ 078-821-2913
小西酒造	兵庫県伊丹市中央 3-5-8	☎ 072-775-0524
櫻正宗	兵庫県神戸市東灘区魚崎南町 5-10-1	☎ 078-411-2101
沢の鶴	兵庫県神戸市灘区新在家南町 5-1-2	☎ 078-881-1234
下村酒造店	兵庫県姫路市安富町安志 957	☎ 0790-66-2004
松竹梅白壁蔵	兵庫県神戸市東灘区青木 2-1-28	☎ 078-452-2851
田中酒造場	兵庫県姫路市広畑区本町 3-583	☎ 079-236-0006
壺坂酒造	兵庫県姫路市夢前町前之庄 1418-1	☎ 079-336-0010
西山酒造場	兵庫県丹波市市島町中竹田 1171	☎ 0795-86-0331
日本盛	兵庫県西宮市用海町 4-57	☎ 0120-212-343
白鷹	兵庫県西宮市浜町 1-1	☎ 0798-33-0001
白鶴酒造	兵庫県神戸市東灘区住吉南町 4-5-5	☎ 078-856-7190
富久錦	兵庫県加西市三口町 1048	☎ 0790-48-2005
鳳鳴酒造	兵庫県篠山市呉服町 73	☎ 079-552-1133
本田商店	兵庫県姫路市網干区高田 361-1	☎ 079-273-0151
都美人酒造	兵庫県南あわじ市榎列西川 247	☎ 0799-42-0360

ヤヱガキ酒造	住兵庫県姫路市林田町六九谷 681	☎ 079-268-8080
安福又四郎商店	住兵庫県神戸市東灘区御影塚町 1-5-10	☎ 078-851-0151
山名酒造	住兵庫県丹波市市島町上田 211	☎ 0795-85-0015

奈良

今西清兵衛商店	住奈良県奈良市福智院町 24-1	☎ 0742-23-2255
梅乃宿酒造	住奈良県葛城市東室 27	☎ 0745-69-2121
葛城酒造	住奈良県御所市名柄 347-2	☎ 0745-66-1141
北岡本店	住奈良県吉野郡吉野町上市 61	☎ 0746-32-2777
八木酒造	住奈良県奈良市高畑町 915	☎ 0742-26-2300

和歌山

世界一統	住和歌山県和歌山市湊紺屋町 1-10	☎ 073-433-1441
田端酒造	住和歌山県和歌山市木広町 5-2-15	☎ 073-424-7121
中野BC	住和歌山県海南市藤白 758-45	☎ 073-482-1234
名手酒造店	住和歌山県海南市黒江 846	☎ 073-482-0005
吉村秀雄商店	住和歌山県岩出市畑毛 72	☎ 0736-62-2121

中国

鳥取

稲田本店	住鳥取県米子市夜見町 325-16	☎ 0859-29-1108
諏訪酒造	住鳥取県八頭郡智頭町智頭 451	☎ 0858-75-0618
千代むすび酒造	住鳥取県境港市大正町 131	☎ 0859-42-3191
山根酒造場	住鳥取県鳥取市青谷町大坪 249	☎ 0857-85-0730

島根

板倉酒造	住島根県出雲市塩冶町 468	☎ 0853-21-0434
隠岐酒造	住島根県隠岐郡隠岐の島町原田 174	☎ 08512-2-1111
日本海酒造	住島根県浜田市三隅町湊浦 80	☎ 0855-32-1221
簸上(ひかみ)清酒	住島根県仁多郡奥出雲町横田 1222	☎ 0854-52-1331
古橋酒造	住島根県鹿足郡津和野町後田口 196	☎ 0856-72-0048
吉田酒造	住島根県安来市広瀬町広瀬 1216	☎ 0854-32-2258
米田酒造	住島根県松江市東本町 3-59	☎ 0852-22-3232
李白酒造	住島根県松江市石橋町 335	☎ 0852-26-5555

岡山

赤磐酒造	住岡山県赤磐市河本 1113	☎ 086-955-0130
嘉美心酒造	住岡山県浅口市寄島町 7500-2	☎ 0865-54-3101
菊池酒造	住岡山県倉敷市玉島阿賀崎 1212	☎ 086-522-5145
髙祖酒造	住岡山県瀬戸内市牛窓町牛窓 4943-1	☎ 0869-34-2002
白菊酒造	住岡山県高梁市成羽町下日名 163-1	☎ 0866-42-3132
辻本店	住岡山県真庭市勝山 116	☎ 0867-44-3155
利守(としもり)酒造	住岡山県赤磐市西軽部 762-1	☎ 086-957-3117
三宅酒造	住岡山県総社市宿 355	☎ 0866-92-0075
宮下酒造	住岡山県岡山市中区西川原 184	☎ 086-272-5594
室町酒造	住岡山県赤磐市西中 1342-1	☎ 086-955-0029

広島

相原酒造	住広島県呉市仁方本町 1-25-15	☎ 0823-79-5008
榎酒造	住広島県呉市音戸町南隠渡 2-1-15	☎ 0823-52-1234
賀茂泉酒造	住広島県東広島市西条上市町 2-4	☎ 082-423-2118
賀茂鶴酒造	住広島県東広島市西条本町 4-31	☎ 082-422-2121
亀齢酒造	住広島県東広島市西条本町 8-18	☎ 082-422-2171
西條鶴醸造	住広島県東広島市西条本町 9-17	☎ 082-423-2345
酔心山根本店	住広島県三原市東町 1-5-58	☎ 0848-62-3251
比婆美人酒造	住広島県庄原市三日市町 232-1	☎ 0824-72-0589
藤井酒造	住広島県竹原市本町 3-4-14	☎ 0846-22-2029
三宅本店	住広島県呉市本通 7-9-10	☎ 0823-22-1029

山口

旭酒造	住山口県岩国市周東町獺越 2167-4	☎ 0827-86-0120
酒井酒造	住山口県岩国市中津町 1-1-31	☎ 0827-21-2177
新谷酒造	住山口県山口市徳地堀 1673-1	☎ 0835-52-0016
澄川酒造場	住山口県萩市大字中小川 611	☎ 08387-4-0001
中村酒造	住山口県萩市大字椿東 3108-4	☎ 0838-22-0137
山縣本店	住山口県周南市久米 2933	☎ 0834-25-0048

四国

徳島

斎藤酒造場	住徳島県徳島市佐古七番町 7-1	☎ 088-652-8340
日新酒類	住徳島県板野郡上板町上六條 283	☎ 088-694-8166
芳水酒造	住徳島県三好市井川町辻 231-2	☎ 0883-78-2014
本家松浦酒造場	住徳島県鳴門市大麻町池谷字柳ノ本 19	☎ 088-689-1110

香川

綾菊酒造	住香川県綾歌郡綾川町山田下 3393-1	☎ 087-878-2222
川鶴酒造	住香川県観音寺市本大町 836	☎ 0875-25-0001
西野金陵	住香川県仲多度郡琴平町 623	☎ 0877-73-4133

愛媛

梅錦山川	住愛媛県四国中央市金田町金川 14	☎ 0896-58-1211
栄光酒造	住愛媛県松山市溝辺町甲 443	☎ 089-977-0964
亀岡酒造	住愛媛県喜多郡内子町平岡甲 1592-1	☎ 0893-44-2201
成龍酒造	住愛媛県西条市周布 1301-1	☎ 0898-68-8566
八木酒造部	住愛媛県今治市旭町 3-3-8	☎ 0898-22-6700
雪雀(ゆきすずめ)酒造	住愛媛県松山市柳原 123	☎ 089-992-0025

高知

亀泉酒造	住高知県土佐市出間 2123-1	☎ 088-854-0811
酔鯨酒造	住高知県高知市長浜 566-1	☎ 088-841-4080
司牡丹酒造	住高知県高岡郡佐川町甲 1299	☎ 0889-22-1211
西岡酒造店	住高知県高岡郡中土佐町久礼 6154	☎ 0889-52-2018

九州

福岡
綾杉酒造場	住 福岡県福岡市南区塩原 1-12-37	☎ 092-541-3908
池亀酒造	住 福岡県久留米市三潴町草場 545	☎ 0942-64-3101
伊豆本店	住 福岡県宗像市武丸 1060	☎ 0940-32-3001
井上	住 福岡県三井郡大刀洗町栄田 1067-2	☎ 0942-77-0019
大賀酒造	住 福岡県筑紫野市二日市中央 4-9-1	☎ 092-922-2633
高橋商店	住 福岡県八女市本町 2-22-1	☎ 0943-23-5101
玉の井酒造	住 福岡県嘉麻市大隈町 1036-1	☎ 0948-57-0009
林酒造場	住 福岡県京都郡みやこ町犀川崎山 992-2	☎ 0930-42-0015
若竹屋酒造場	住 福岡県久留米市田主丸町田主丸 706	☎ 0943-72-2175

佐賀
天吹酒造	住 佐賀県三養基郡みやき町東尾 2894	☎ 0942-89-2001
松浦一酒造	住 佐賀県伊万里市山代町楠久 312	☎ 0955-28-0123
松尾酒造場	住 佐賀県西松浦郡有田町大木宿乙 617	☎ 0955-46-2411
窓乃梅酒造	住 佐賀県佐賀市久保田町大字新田 1833-1640	☎ 0952-68-2001

長崎
壱岐焼酎協業組合	住 長崎県壱岐市芦辺町湯岳本村触 520	☎ 0920-45-2111
潜龍酒造	住 長崎県北松浦郡江迎町長坂免 209	☎ 0956-65-2209
福田酒造	住 長崎県平戸市志々伎町 1475	☎ 0950-27-1111

熊本
亀萬酒造	住 熊本県葦北郡津奈木町津奈木 1192	☎ 0966-78-2001
河津酒造	住 熊本県阿蘇郡小国町宮原 1734-2	☎ 0967-46-2311
熊本県酒造研究所	住 熊本県熊本市島崎 1-7-20	☎ 096-352-4921
千代の園酒造	住 熊本県山鹿市山鹿 1782	☎ 0968-43-2161
通潤酒造	住 熊本県上益城郡山都町浜町 54	☎ 0967-72-1177
山村酒造	住 熊本県阿蘇郡高森町高森 1645	☎ 0967-62-0001

大分
萱島(かやしま)酒造	住 大分県国東市国東町綱井 392-1	☎ 0978-72-1181
クンチョウ酒造	住 大分県日田市豆田町 6-31	☎ 0973-23-6262
佐藤酒造	住 大分県竹田市久住町大字久住 6197	☎ 0974-76-0004
浜嶋酒造	住 大分県豊後大野市緒方町下自在 381	☎ 0974-42-2216
八鹿酒造	住 大分県玖珠郡九重町大字右田 3364	☎ 0973-76-2888

●著者紹介

木村克己（Katsumi Kimura）

1953年神戸市東灘区出身。日本酒造組合中央会認証日本酒スタイリスト。唎酒師呼称資格制度創設者。1985年度日本最高ソムリエ、1986年第1回パリ国際ソムリエコンクール日本代表、総合4位。TVチャンピオン「鼻大王選手権」初代チャンピオン。
ワイン、焼酎、日本酒・食品とサービス全般に造詣が深く、鋭敏な感覚からくるテイスティングには定評がある。
著書に「焼酎・泡盛　味わい銘酒事典」、「ワインの教科書」などがある。

日本酒の教科書

著　者	木村　克己
発行者	富永　靖弘
印刷所	慶昌堂印刷株式会社

発行所　東京都台東区台東4丁目7　株式会社 新星出版社
〒110-0016　☎03(3831)0743　振替00140-1-72233
URL http://www.shin-sei.co.jp/

Ⓒ Katsumi Kimura　　　　　　　　Printed in Japan

ISBN978-4-405-09188-7